我的第**1**本
Word书

一、同步素材文件　　二、同步结果文件

素材文件方便读者学习时同步练习使用，结果文件供读者参考

四、同步PPT课件

**同步的PPT教学课件，
方便教师教学使用**

一、如何学好、用好Word视频教程

1.1 Word最佳学习方法

1. 学习Word，要打好基础
2. 学习Word，要找准方法
3. 学习Word，要勤于实践
4. 学习Word，切勿中途放弃

1.2 用好Word的十大误区

误区一 不会合理选择文档的编辑视图

误区二 文档内容丢失后才知道要保存

误区三 Word页面显示的，不一定就会被打印

误区四 增加空行来调整段落间距和分页

误区五 滥用空格键设置段落对齐和首行缩进

误区六 标尺没有什么用武之地

误区七 使用格式刷设置长文档格式

误区八 认为文档目录都是手动添加的

误区九 遇到编号和项目符号就手动输入

误区十 页眉页脚内容借助文本框输入

1.3 Word技能全面提升的十大技法

1. Word文档页面设置有技巧
2. 不可小窥的查找和替换功能
3. 在Word中也能随意输入公式
4. 在Word中制作表格的技巧
5. 使用样式提高文档编辑速度
6. 借助文本框巧妙排版
7. 文档页眉页脚的设置技巧
8. 通过邮件合并批量制作文档
9. 插入表格和图片时自动添加题注
10. 你不得不知的Word快捷键

三、同步视频教学

长达14小时的与书同步视频教程，精心策划了"文档排版入门篇、文档格式设置篇、图文美化篇、高效排版篇、长文档处理篇、高级功能应用篇、商务办公实战应用篇"共7篇23章内容

➤ 304个"实战"案例　➤ 96个"妙招技法"　➤ 16个大型的"商务办公实战"

Word 2016 超强学习套餐

Part 1　本书同步资源

Part 2　超值赠送资源

Part 3　职场高效人士必学

一、5分钟教你学会番茄工作法（精华版）

第1节 拖延症反复发作，让番茄拯救你的一天
第2节 你的番茄工作法为什么没效果？
第3节 番茄工作法的外挂神器

二、5分钟教你学会番茄工作法（学习版）

第1节 没有谁在追我，而我追的只有时间
第2节 五分钟，让我教你学会番茄工作法
第3节 意外总在不经意中到来
第4节 要放弃了吗？请再坚持一下！
第5节 习惯已在不知不觉中养成
第6节 我已达到目的，你已学会工作

三、10招精通超级时间整理术视频教程

招数01 零散时间法——合理利用零散碎片时间
招数02 日程表法——有效的番茄工作法
招数03 重点关注法——每天五个重要事件
招数04 转化法——思路转化+焦虑转化
招数05 奖励法——奖励是个神奇的东西
招数06 合作法——团队的力量无穷大
招数07 效率法——效率是永恒的话题
招数08 因人制宜法——了解自己，用好自己
招数09 约束法——不知不觉才是时间真正的杀手
招数10 反问法——常问自己"时间去哪儿啦？"

二、500个高效办公模板

1.200个Word 办公模板
60个行政与文秘应用模板
68个人力资源管理模板
32个财务管理模板
22个市场营销管理模板
18个其他常用模板

2.200个Excel办公模板
19个行政与文秘应用模板
24个人力资源管理模板
29个财务管理模板
86个市场营销管理模板
42个其他常用模板

3.100个PPT模板
12个商务通用模板
9个品牌宣讲模板
21个教育培训模板
21个计划总结模板
6个婚庆生活模板
14个毕业答辩模板
17个综合案例模板

三、4小时 Windows 7视频教程

第1集 Windows7的安装、升级与卸载
第2集 Windows7的基本操作
第3集 Windows7的文件操作与资源管理
第4集 Windows7的个性化设置
第5集 Windows7的软硬件管理
第6集 Windows7用户账户配置及管理
第7集 Windows7的网络连接与配置
第8集 用Windows7的IE浏览器畅游互联网
第9集 Windows7的多媒体与娱乐功能
第10集 Windows7中相关小程序的使用
第11集 Windows7系统的日常维护与优化
第12集 Windows7系统的安全防护措施
第13集 Windows7虚拟系统的安装与应用

四、9小时 Windows 10 视频教程

第1课 Windows 10快速入门
第2课 系统的个性化设置操作
第3课 轻松学会电脑打字
第4课 电脑中的文件管理操作
第5课 软件的安装与管理
第6课 电脑网络的连接与配置
第7课 网上冲浪的基本操作
第8课 便利的网络生活
第9课 影音娱乐
第10课 电脑的优化与维护
第11课 系统资源的备份与还原

四、高效办公电子书

办公宝典

Word 2016
完全自学教程

凤凰高新教育　编著

北京大学出版社
PEKING UNIVERSITY PRESS

内 容 提 要

熟练使用 Word 操作，也已成为职场人士必备的职业技能。本书以 Word 2016 软件为平台，从办公人员的工作需求出发，配合大量典型实例，全面而系统地讲解 Word 2016 在文秘、人事、统计、财务、市场营销等多个领域中的办公应用，帮助读者轻松高效完成各项办公事务！

本书以"完全精通 Word"为出发点，以"用好 Word"为目标来安排内容，全书共 7 篇，分为 23 章。第 1 篇为基础篇（第 1 章~第 2 章），主要针对初学读者，从零开始，系统并全面地讲解 Word 2016 基本操作、新功能应用、文档视图的管理及页面设置；第 2 篇为文档格式设置篇（第 3 章~第 6 章），介绍 Word 2016 文档内容的输入与编辑方法、字体格式与段落格式设置方法、文档特殊格式及页眉页脚设置方法；第 3 篇为图文美化篇（第 7 章~第 9 章），介绍 Word 2016 文档中图形、图片、艺术字的插入与编辑排版，以及表格的制作方法、图表创建与应用；第 4 篇为高效排版篇（第 10 章~第 12 章），介绍 Word 2016 高效排版功能应用，包括样式的创建、修改与应用，模板的创建、修改与应用，内容的快速校正技巧；第 5 篇为长文档处理篇（第 13 章~第 15 章），介绍 Word 2016 长文档处理技巧，包括运用大纲视图、主控文档快速编辑长文档，题注、脚注、尾注的使用，目录与索引功能的使用；第 6 篇为高级功能应用篇（第 16 章~第 19 章），介绍 Word 2016 文档处理中相关高级功能应用，包括文档的审核修改与保护，邮件合并功能的应用，宏、域与控件的使用，Word 与其他组件的协同办公应用；第 7 篇为商务办公实战应用篇（第 20 章~第 23 章），通过 16 个综合应用案例，系统并全面地讲解 Word 2016 在行政文秘、人力资源管理、市场营销、财务会计等相关工作领域中的实战应用技能。

本书可作为需要使用 Word 软件处理日常办公事务的文秘、人事、财务、销售、市场营销、统计等专业人员的案头参考书，也可作为大中专职业院校、计算机培训班的相关专业教材参考用书。

图书在版编目(CIP)数据

Word 2016完全自学教程 / 凤凰高新教育编著. —北京：北京大学出版社，2017.7
ISBN 978-7-301-28266-3

Ⅰ.①W… Ⅱ.①凤… Ⅲ.①文字处理系统 – 教材 Ⅳ.①TP391.12

中国版本图书馆CIP数据核字(2017)第095199号

书　　　名	Word 2016完全自学教程
	WORD 2016 WANQUAN ZIXUE JIAOCHENG
著作责任者	凤凰高新教育　编著
责 任 编 辑	尹毅
标 准 书 号	ISBN 978-7-301-28266-3
出 版 发 行	北京大学出版社
地　　　址	北京市海淀区成府路205 号　100871
网　　　址	http://www.pup.cn　新浪微博:@北京大学出版社
电 子 信 箱	pup7@pup.cn
电　　　话	邮购部62752015　发行部62750672　编辑部62580653
印 刷 者	北京大学印刷厂
经 销 者	新华书店
	880毫米×1092毫米　16开本　26.25印张　插页2　889千字
	2017年7月第1版　2017年11月第2次印刷
印　　　数	4001–7000册
定　　　价	99.00 元

前 言

如果你是一个 Word 小白，把 Word 当成"记事本、写字板"使用；

如果你是一个 Word 菜鸟，只会简单的文字输入与编辑；

如果你经常用 Word 做报告、文档资料，但总是效率低、编排不好而被上司批评；

如果你觉得自己 Word 操作水平还可以，但缺乏足够的编辑和设计技巧，希望全面提升操作技能；

如果你想成为职场达人，轻松搞定日常工作；

那么《Word 2016 完全自学教程》一书是您最好的选择！

让我们来告诉你如何成为你所期望的职场达人！

当进入职场时，你才发现原来 Word 并不是打字速度快就可以了，纸质文件越来越少，电子文档越来越多。无论是领导，还是基层人员，几乎人人都在使用 Word。没错，当今我们已经进入了计算机办公时代，熟练掌握 Word 文字处理软件的相关知识技能已经是现代入职的一个必备条件。然而，经数据调查显示，现如今大部分的职场人员对于 Word 办公软件的了解还远远不够，所以在面临工作时，很多人都是事倍功半。针对这种情况，我们策划并编写了本书，旨在帮助那些有追求、有梦想，但又苦于技能欠缺的刚入职或在职人员。

本书适合 Word 初学者，但即便你是一个 Word 老手，这本书一样能让你大呼开卷有益。这本书将帮助你解决如下问题。

（1）快速掌握 Word 2016 最新版本的基本功能操作。

（2）快速拓展 Word 2016 文档内容输入与编排的方法与技巧。

（3）快速学会 Word 2016 表格制作、图文混排、模式与模板应用。

（4）快速掌握 Word 2016 长文档编辑、目录与索引、文档审阅与修订、邮件合并等高级技能。

（5）快速学会用 Word 全面、熟练地处理日常办公文档，提升办公效率。

我们不但告诉你怎样做，还要告诉你怎样操作最快、最好、最规范！要学会与精通 Word 办公软件，这本书就够了！

本书特色与特点

（1）讲解版本最新、内容常用实用。本书遵循"常用、实用"的原则，以微软最新 Word 2016 版本为写作标准，在书中还标识出 Word 2016 的相关"新功能"及"重点"知识。并且结合日常办公应用的实际需求，全书安排了 304 个"实战"案例、96 个"妙招技法"、16 个大型"商务办公实战"案例，系统并全面地讲解了 Word 2016 文字处理、排版等技能和实战应用。

（2）图解写作、一看即懂、一学就会。为了让读者更易学习和理解，本书采用"步骤引导＋图解操作"的写作方式进行讲解。将步骤进行分解，并在图上进行对应标识，非常方便读者学习掌握。只要按照书中讲述的步骤方法去操作练习，就可以做出与书同样的效果来。真正做到简单明了、一看即会、易学易懂的效果。另外，为了解决读者在自学过程中可能遇到的问题，我们在书中设置了"技术看板"栏目板块，解释在讲解中出现的或者在操作过程中可能会遇到的一些疑难问题；另外，我们还设置了"技能拓展"栏目板块，其目的是教会读者通过其他方法来解决同样的问题，通过技能的讲解，从而达到举一反三的作用。

（3）技能操作＋实用技巧＋办公实战＝应用大全

本书充分考虑到读者"学以致用"的原则，在全书内容安排上，精心策划了 7 篇内容，共 23 章，具体如下。

第 1 篇：基础篇（第 1 章～第 2 章），主要针对初学读者，从零开始，系统并全面地讲解 Word 2016 基本操作、新功能应用、文档视图的管理及页面设置。

第 2 篇：文档格式设置篇（第 3 章～第 6 章），介绍 Word 2016 文档内容的输入与编辑方法、字符格式与段落格式设置方法、文档特殊格式及页眉页脚设置方法。

第 3 篇：图文美化篇（第 7 章～第 9 章），介绍 Word 2016 文档中图形、图片、艺术字的插入与编辑排版，以及表格的制作方法、图表创建与应用。

第 4 篇：高效排版篇（第 10 章～第 12 章），介绍 Word 2016 高效排版功能应用，包括样式的创建、修改与应用，模板的创建、修改与应用，内容的快速校正技巧。

第 5 篇：长文档处理篇（第 13 章～第 15 章），介绍 Word 2016 长文档处理技巧，包括运用大纲视图、主控文档快速编辑长文档，题注、脚注、尾注的使用，目录与索引功能的使用。

第 6 篇：高级功能应用篇（第 16 章～第 19 章），介绍 Word 2016 文档处理中相关高级功能应用，包括文档的审核修改与保护，邮件合并功能的应用，宏、域与控件的使用，Word 与其他组件的协同办公应用。

第 7 篇：商务办公实战应用篇（第 20 章～第 23 章），通过 16 个综合应用案例，系统并全面地讲解 Word 2016 在行政文秘、人力资源管理、市场营销、财务会计等相关工作领域中的实战应用技能。

丰富的教学光盘，让您物超所值，学习更轻松

本书配套光盘内容丰富、实用，赠送了实用的办公模板、教学视频，让你花一本书的钱，得到多本的超值学习内容。光盘内容包括如下。

（1）同步素材文件。指本书中所有章节实例的素材文件。全部收录在光盘中的"素材文件\第*章"文件夹中。读者在学习时，可以参考图书讲解内容，打开对应的素材文件进行同步操作练习。

（2）同步结果文件。指本书中所有章节实例的最终效果文件。全部收录在光盘中的"结果文件\第*章"文件夹中。读者在学习时，可以打开结果文件，查看其实例效果，为自己在学习中的练习操作提供帮助。

（3）同步视频教学文件。本书为读者提供了长达 14 小时的与书同步的视频教程。读者可以通过相关的视频播放软件（Windows Media Player、暴风影音等）打开每章中的视频文件进行学习，就像看电视一样轻松学会。

（4）赠送"Windows 7 系统操作与应用"的视频教程。共 13 集 220 分钟，让读者完全掌握 Windows 7 系统的应用。

（5）赠送商务办公实用模板。200 个 Word 办公模板、200 个 Excel 办公模板、100 个 PPT 商务办公模板，实战中的典型案例，不必再花时间和心血去搜集，拿来即用。

（6）赠送高效办公电子书。"微信高手技巧随身查"电子书、"QQ 高手技巧随身查"电子书、"手机办公10 招就够"电子书，教会您移动办公诀窍。

（7）赠送"新手如何学好用好 Word"视频教程。时间长达 48 分钟，给读者分享 Word 专家学习与应用经验，内容包括：① Word 的最佳学习方法；② 新手学 Word 的十大误区；③ 全面提升 Word 应用技能的十大技法。

（8）赠送"5 分钟学会番茄工作法"讲解视频。教会读者在职场之中高效地工作、轻松应对职场那些事儿，真正让读者"不加班，只加薪"！

（9）赠送"10 招精通超级时间整理术"讲解视频。专家传授 10 招时间整理术，教会读者如何整理时间、有效利用时间。无论是职场，还是生活，都要学会时间整理。这是因为"时间"是人类最宝贵的财富，只有合理整理时间，充分利用时间，才能让人生价值最大化。

（10）赠送"Windows 10 系统操作与应用"的视频教程。

（11）赠送 PPT 课件，方便教师课堂教学。

另外，本书还赠送读者一本《高效人士效率倍增手册》小册子，教授日常办公中的一些管理技巧，让读者真正成为"早做完，不加班"的上班族。

本书不是单纯的一本 IT 技能 Office 办公书，而是一本职场综合技能传教的实用书籍！

　　本书可作为需要使用 Word 软件处理日常办公事务的文秘、人事、财务、销售、市场营销、统计等专业人员的案头参考书，也可作为大中专职业院校、计算机培训班的相关专业教材参考用书。

　　本书由凤凰高新教育策划并组织编写。全书由一线办公专家和多位微软 MVP 教师合作编写，他们具有丰富的 Word 软件应用技巧和办公实战经验，对于他们的辛苦付出在此表示衷心的感谢！同时，由于计算机技术发展非常迅速，书中疏漏和不足之处在所难免，敬请广大读者及专家指正。

　　若您在学习过程中产生疑问或有任何建议，可以通过 E-mail 或 QQ 群与我们联系。

　　投稿信箱：pup7@pup.cn

　　读者信箱：2751801073@qq.com

　　读者交流 QQ 群：218192911（办公之家）、363300209

目 录

第1篇 基础篇

Word 2016 是 Office 2016 中的一个重要组件，是由 Microsoft 公司推出的一款优秀的文字处理与排版应用程序，被广泛地应用于日常办公工作中。

第 2 篇　文档格式设置篇

文档也是需要包装的，精美包装后的文档，不仅能明确向大众传达设计者的意图和各种信息，还能增强视觉效果。

第3篇　图文美化篇

在文档中配上图片、艺术字、表格或图表等对象，会让呆板的版面一下子丰富起来，起到了更好的说明和调节作用，且阅读起来更加赏心悦目。

第 4 篇　高效排版篇

在 Word 文档中进行排版时，灵活运用样式、模板等功能，可以高效率地排版文档，从而达到事半功倍的效果。

第5篇　长文档处理篇

长文档的处理，一般包括大纲的使用、主控文档的使用、添加脚注与尾注，以及目录与索引的应用等。

第 6 篇　高级功能应用篇

熟练掌握前面章节的知识，相信读者能够轻而易举地制作并排版各类文档了。本篇将讲解一些 Word 的高级应用，让读者的技能得到进一步提升。

第7篇　商务办公实战应用篇

没有实战的学习只是纸上谈兵，为了让读者更好地理解和掌握学习到的知识和技巧，希望读者能动手练习本篇中所列举的具体案例。

第 1 篇

基础篇

Word 2016 是 Office 2016 中的一个重要组件，是由 Microsoft 公司推出的一款优秀的文字处理与排版应用程序，被广泛地应用于日常办公工作中。

第 1 章　Word 2016 快速入门

- ➥ Word 能做什么？Word 2016 新增了哪些功能？
- ➥ 状态栏中的【插入 / 改写】状态去哪儿了？
- ➥ 怎样将 Word 文档转换成 PDF 文档？
- ➥ 另类打开文档，你知道吗？
- ➥ 电脑死机了，Word 文档没及时保存怎么办？
- ➥ 不会打印文档怎么办？
- ➥ 你会使用 Word 帮助功能吗？

通过本章的学习，读者将了解并掌握 Word 的基本功能和用途，以及 Word 2016 新增功能给人们的学习工作带来极大的便利。

1.1　Word 有什么用途

提起 Word，许多用户都会认为使用 Word 只能制作一些类似会议通知的简单文档，或者类似访客登记表的简单表格，但实际上，Word 提供了不同类型排版任务的多种功能，既可以制作编写文字类的简单文档，也可以制作图、文、表混排的复杂文档，甚至是批量制作名片、邀请函、奖状等特色文档。

1.1.1　编写文字类的简单文档

Word 最简单、最常见的用途就是编写文字类的文档，如公司规章制度、会议通知等。这类文档结构比较简单，通常只包含文字，不包含图片、表格等其他内容，因此在排版上也是最基础、最简单的操作。例如，用 Word 制作的公司规章制度如图 1-1 所示。

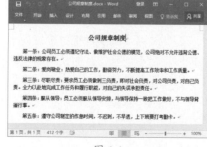

图 1-1

1.1.2　制作表格类文档

经常使用 Word 的用户会知道，表格类文档也是常见的文档形式，最简单的表格文档类似于访客登记表，效果如图 1-2 所示。这类表格制作非常简单，通常只需要创建指定行数和列数的表格，然后依次在单元格中输入相应的内容即可。

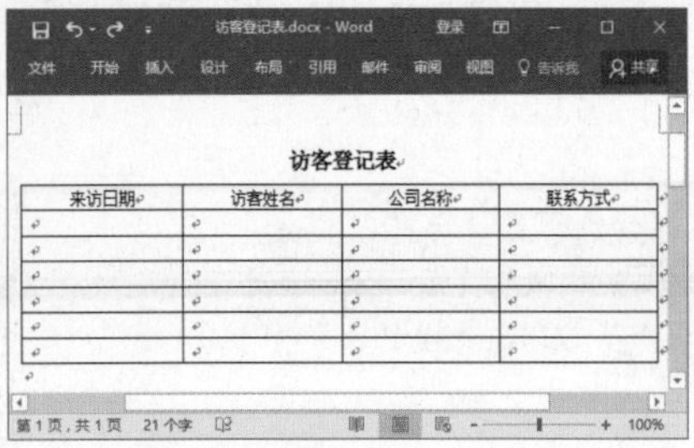

图 1-2

Word 并不局限于制作简单的表格，还能制作一些复杂结构的表格。如图 1-3 所示中的表格，就是稍微复杂的表格，表格中不仅对单元格进行了合并操作，还包含了文字对齐、单元格底纹及表格边框等格式的设置。

图 1-3

使用 Word 的表格功能时，还可以对表格中的数据进行排序、计算等操作，具体方法请参考本书第 8 章的内容。

1.1.3 制作图、文、表混排的复杂文档

使用 Word 制作文档时，还可以制作宣传海报、招聘简章等图文并茂的文档，这类文档一般包含了文字、表格、图片等多种类型的内容，如图 1-4 所示。

图 1-4

1.1.4 制作各类特色文档

在实际应用中，Word 还能制作各类特色文档，如制作信函和标签、制作数学试卷、制作小型折页手册、制作名片、制作奖状等。例如，使用 Word 制作的名片，如图 1-5 所示。

图 1-5

1.2 Word 文档排版原则

常言道，无规矩不成方圆，排版亦如此。要想高效地排版出精致的文档，我们必须遵循五大原则，分别是：紧凑对比原则、统一原则、对齐原则、自动化原则、重复使用原则。

1.2.1 紧凑对比原则

在 Word 排版中，要想页面内容错落有致，具有视觉上的协调性，就需要遵循紧凑对比原则。

顾名思义，紧凑是指将相关元素有组织地放在一起，从而使页面中的内容看起来更加清晰，整个页面更具结构化；对比是指让页面中的不同元素有鲜明的差别效果，以便突出重点内容，有效吸引读者的眼球。

例如，图 1-6 中，所有内容的格式几乎是千篇一律，看上去十分紧密，很难看出各段内容之间是否存在着联系，而且大大降低了阅读性。

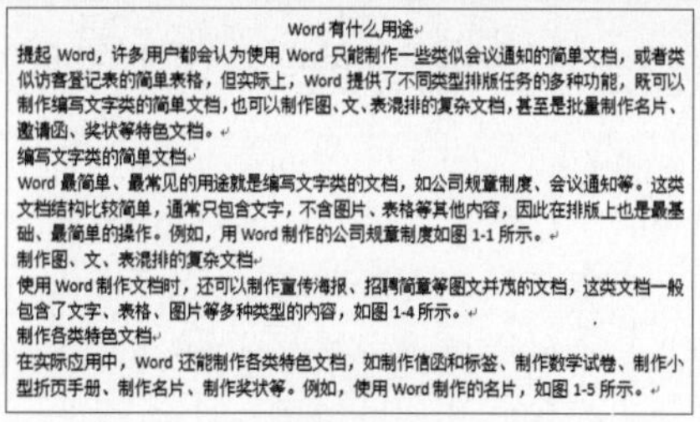

图 1-6

为了使文档内容结构清晰，页面内容引人注目，我们可以根据紧凑对比原则，适当调整段落之间的间距（段落间距的设置方法请参考本书第4章的内容），并对不同元素设置不同的字体、字号或加粗等格式（字体、字号等格式的设置方法请参考本书第4章的内容）。为了突出显示大标题内容，我们还设置了段落底纹效果（关于底纹的设置方法请参考本书第4章的内容），设置后的效果如图1-7所示。

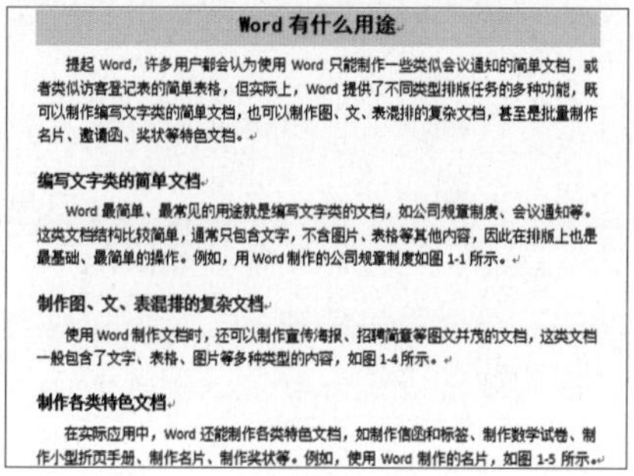

图 1-7

1.2.2 统一原则

当页面中某个元素重复出现多次，为了强调页面的统一性，以及增强页面的趣味性和专业性，可以根据统一原则，对该元素统一设置字体、颜色、大小、形状或图片等修饰。

例如，在图2-7的内容基础上，通过统一原则，在各标题的前端插入一个相同的符号（插入符号的方法请参考本书第3章的内容），并为它们添加下画线（下画线的设置方法请参

考本书第4章的内容），完成设置后，增强了各标题之间的统一性，以及视觉效果，如图1-8所示。

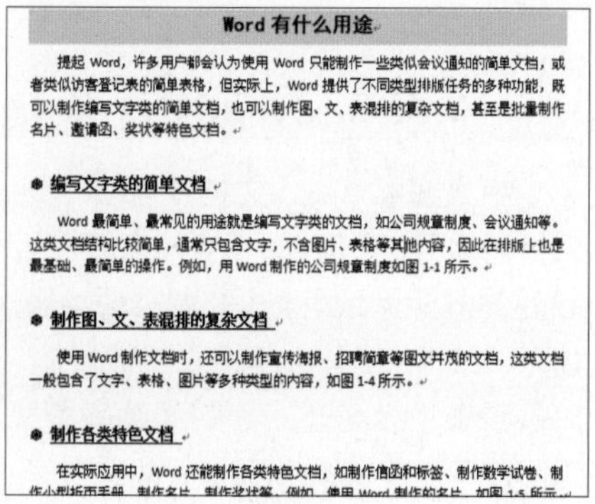

图 1-8

1.2.3 对齐原则

页面上的任何元素不是随意安放的，而是要错落有致。根据对齐原则，页面上的每个元素都应该与其他元素建立某种视觉联系，从而形成一个清爽的外观。

例如，在图1-9中，我们为不同元素设置了合理的段落对齐方式（段落对齐方式的设置请参考本书的第4章内容），从而形成一种视觉联系。

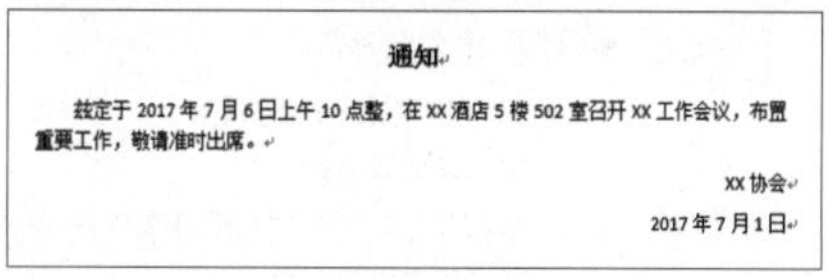

图 1-9

要建立视觉联系，不仅仅局限于设置段落对齐方式，还可以通过设置段落缩进来实现。例如，在图1-10中，我们通过制表位设置了悬挂缩进，从而使内容更具有清晰的条理性。

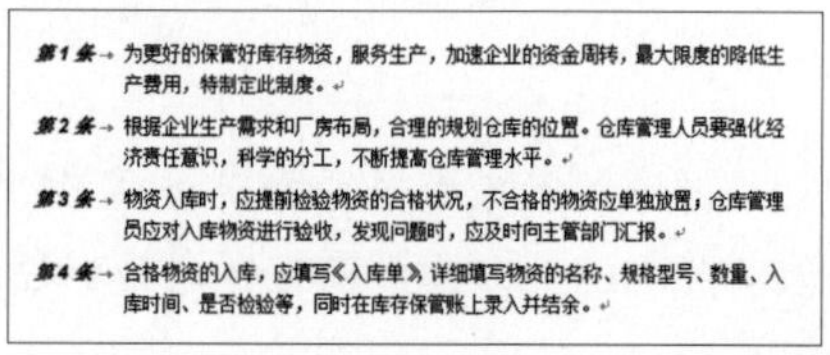

图 1-10

1.2.4 自动化原则

在对大型文档进行排版时，自动化原则尤为重要。对于一些可能发生变化的内容，我们最好合理运用Word的自动化功能进行处理，以便这些内容发生变化时，Word可以自动更新，避免了用户手动逐个进行修改的烦琐。

在使用自动化原则的过程中，比较常见的情况主要包括页码、自动编号、目录、题注、交叉引用等功能。

比如，使用Word的页码功能，可以自动为文档页面编号，当文档页面发生增减时，不必忧心编号的混乱，Word会自动进行更新调整；使用Word提供的自动编号功能，可以使标题编号自动化，这样就不必担心由于标题数量的增减或标题位置的调整而手动修改与之对应的编号；使用Word提供的目录功能可以生成自动目录，当文档标题内容或标题所在页码发生变化时，可以通过Word进行同步更新，而不需要去手动更改。

1.2.5 重复使用原则

在处理大型文档时，遵循重复使用原则，可以让你的排版工作省时又省力。

对于重复使用原则，主要体现在样式和模板等功能上。例如，当需要对各元素内容分别使用不同的格式，则通过样式功能，可以轻松实现；当有大量文档需要使用相同的版面设置、样式等元素，则可以事先建立一个模板，此后基于该模板创建新文档后，这些新建的文档就会拥有完全相同的版面设置，以及相同的样式，此时只需在此基础之上稍加修改，即可快速编辑出不一样的文档。

1.3 Word 排版中的常见问题

无论是初学者，还是能够熟练操作 Word 的用户，在 Word 排版过程中，通常都会遇见以下这些问题，如文档格式太花哨、使用空格键定位、手动输入标题编号等。

1.3.1 文档格式太花哨

无论是 Word 排版，还是做其他设计，都有一个通用原则，就是版面不能太花哨。如果一个版面使用太多格式，不仅会让版面显示凌乱，还会影响阅读。例如，在图 1-11 中，因为分别为每段文字设置了不同的格式，所以呈现出的排版效果会给人杂乱无章的感觉，大大降低了文档吸引力。

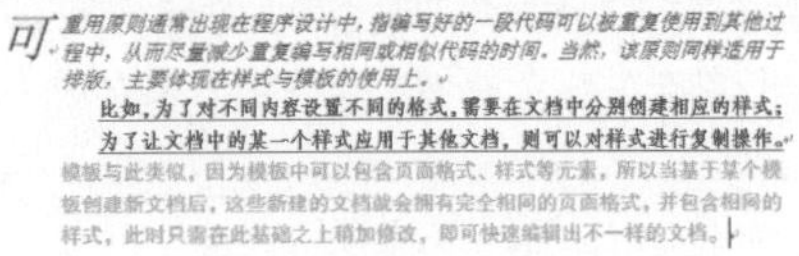
可重用原则通常出现在程序设计中，指编写好的一段代码可以被重复使用到其他过程中，从而尽量减少重复编写相同或相似代码的时间。当然，该原则同样适用于排版，主要体现在样式与模板的使用上。

比如，为了对不同内容设置不同的格式，需要在文档中分别创建相应的样式；为了让文档中的某一个样式应用于其他文档，则可以对样式进行复制操作。

模板与此类似，因为模板中可以包含页面格式、样式等元素，所以当基于某个模板创建新文档后，这些新建的文档就会拥有完全相同的页面格式，并包含相同的样式，此时只需在此基础之上稍加修改，即可快速编辑出不一样的文档。

图 1-11

1.3.2 使用空格键定位

在排版过程中，许多用户会使用空格键对文字进行定位，这是最常见的问题之一。在对中文内容进行排版时，通常每一个段落的第一行都会空两格，许多用户就会通过按空格键的方式来实现。这样的操作方法虽然很方便，但是在重新调整格式时会非常麻烦，因为空格的数量可能各不相同，所以在修改格式时需要手工处理这些空格。为了能够避免日后修改格式的烦琐，以及由此引发的一系列排版问题，需要用户使用 Word 的一些功能为文字进行定位，如为段落设置缩进、为段落设置对齐方式等。

1.3.3 手动输入标题编号

绝大多数 Word 文档中都会包含大量的编号，有简单的编号，如“1、2、3”这样的顺序编号，也有复杂的编号，如多级编号。这类编号不仅只有一层，而是包含了多个层次，每层编号格式相同，不同层则有不同格式的编号。

要想快速了解多级编号的一般结构，可查阅书籍的目录。例如，图 1-12 中就是一个多级编号的典型示例，它包含了 3 个级别的标题，第 1 个级别是章的名称，使用了阿拉伯数字进行编号；第二个级别是节的名称，以“a.b”的格式进行编号，a 表示当前章的序号；b 表示当前节在该章中的流水号；以此类推，第三个级别是小节的名称，以“a.b.c”的格式进行编号。

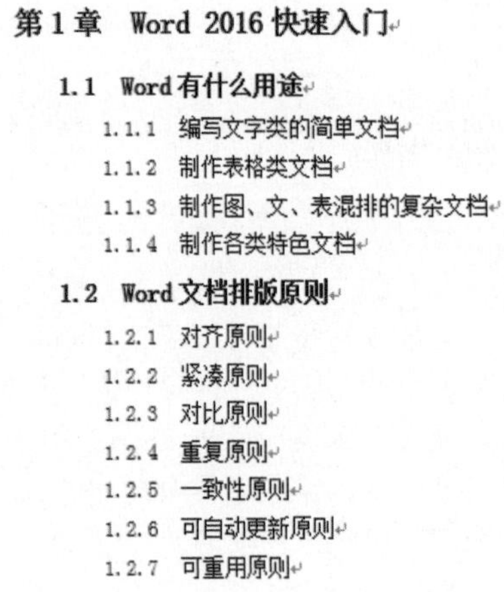
第 1 章　Word 2016 快速入门

1.1　Word 有什么用途

1.1.1　编写文字类的简单文档
1.1.2　制作表格类文档
1.1.3　制作图、文、表混排的复杂文档
1.1.4　制作各类特色文档

1.2　Word 文档排版原则

1.2.1　对齐原则
1.2.2　紧凑原则
1.2.3　对比原则
1.2.4　重复原则
1.2.5　一致性原则
1.2.6　可自动更新原则
1.2.7　可重用原则

图 1-12

像这类多级编号，如果以手工的方式输入，那么当需要重新调整标题的次序或者要增减标题内容时，就需要手动修改相应的编号，不仅增加了工作量，而且还容易出错。正确的做法应该是使用 Word 提供的多级编号功能进行统一编号（具体内容见本书第 5 章），不仅大大提高了工作效率，还利于文档的后期维护。

1.3.4 手动设置复杂格式

在排版过程中，如果要为段落手动设置复杂格式，那么也是非常烦琐的一个操作。

例如，要为多个段落设置这样的格式：字体“仿宋”，字号“四号”，字体颜色“紫色”，段落首行缩进两个字符，段前段后设置为 0.5 行。手动设置格式的方法大致分两种情况，如果是连续的段落，可以一次性选择这些段落，再进行设置；如果是不连续的，可能就会单独分别设置，或者先按照要求设置好一个段落的格式，然后通过格式刷复制格式。

如果是简单的小文档，那么这样的手动设置方法不会太影响排版速度；如果是大型文档，那么问题将接踵而来，一是严重影响排版速度，二是当后期需要修改段落格式时，则又是一个非常烦琐的工作量，而且还易出错。正确的做法应该是为不同的内容所要使用的格式单独创建一个样式，然后通过样式来快速为段落设置格式，具体的操作方法将在本书第 10 章进行讲解。

1.4 Word 2016 新增功能

随着最新版本 Office 2016 的推出，迎来了办公时代的新潮流。同样，作为组件之一的 Word 2016，不仅配合 Windows 10 做出了一些改变，且本身也新增了一些特色功能，下面对这些新增功能进行简单介绍。

★ 新功能 1.4.1 配合 Windows 10 的改变

微软在 Windows 10 上针对触控操作有了很多改进，而 Office 2016 也随之进行了适配。可以说，Office 2016 是针对 Windows 10 环境从零全新开发的通用应用（Universal App），无论从界面、功能，还是应用上，都和 Windows 10 保持着高度一致。

此外，Office 2016 在电脑、平板、手机等各种设备上的用户体验是完全一致的，尤其针对手机、平板触摸操作进行了全方位的优化，并保留了 Ribbon 界面元素，是第一个可以真正用于手机的 Office。

不仅如此，我们还可通过云端同步功能随时随地查阅文档。例如，当你正在 Windows 10 上阅读某个 Word 文档，若有事需要外出，在路上便可以拿出 Windows 10 Mobile 手机，接入 OneDrive，继续阅读该文档，而且是从刚才离开的地方继续阅读，阅读体验也是近乎完全一致的，只有屏幕大小不同而已。

★ 新功能 1.4.2 便利的组件进入界面

启动 Word 2016 后，可以看到打开的主界面充满了浓厚的 Windows 风格，效果如图 1-13 所示。

图 1-13

从图 1-13 中可看出，左面是最近使用的文件列表，右边更大的区域则是罗列了各种类型文件的模板供用户直接选择，这种设计更符合普通用户的使用习惯。

★ 新功能 1.4.3 主题色彩新增彩色和黑色

Word 2016 的主题色彩包括 4 种主题，分别是彩色、深灰色、黑色、白色，其中彩色和黑色是新增加的，而彩色是默认的主题颜色。Word 2016 设置为不同主题色彩下的效果如图 1-14 所示。

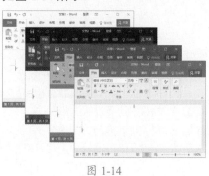

图 1-14

★ 新功能 1.4.4 界面扁平化新增触摸模式

新建文件后会发现，Word 2016 的主编辑界面与之前的变化并不大，对于用户来说都非常熟悉，而功能区上的图标和文字与整体的风格更加协调，依然充满了浓厚的 Windows 风格，同时将扁平化的设计进一步加重，按钮、复选框都彻底扁了。

为了更好地与 Windows 10 相适配，在顶部的快速访问工具栏中增加了一个手指标志按钮，该按钮为【触摸 / 鼠标模式】按钮，用于鼠标模式和触摸模式的切换，不同的模式界面显示效果略有不同。

> **技术看板**
>
> 默认情况下，快速访问工具栏中并未显示【触摸 / 鼠标模式】按钮，需要通过自定义快速访问工具栏将其显示出来，具体方法请参考本章 1.5 节的内容。

默认情况下，窗口界面处于鼠标模式，如图 1-15 所示。

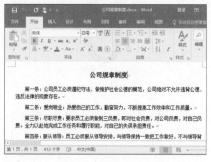

图 1-15

通过单击【触摸 / 鼠标模式】按钮，在弹出的下拉菜单中选择【触摸】选项，可使窗口切换到触摸模式，切换后的效果如图 1-16 所示。

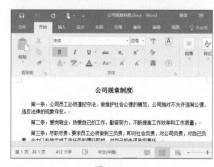

图 1-16

通过图 1-15 和图 1-16 的对比，可看出当窗口界面处于鼠标模式时，选项栏要窄一些，字体间距也小，显得比较紧凑，从而为编辑区域节省了更多的空间，更利于阅读；当窗口界面处于触摸模式时，选项栏要宽一些，且字体间隔更大，更利于使用手指直接操作。

★ 新功能 1.4.5 Clippy 助手回归——【Tell Me】搜索栏

十多年前，如果你用过 Word，一定会记得那个【大眼夹】——Clippy 助手，如图 1-17 所示。它虽然以小助手的身份出现，但是使用得并不多，显得非常多余，所以在 Word 2007 中便取消了该功能。

图 1-17

在 Word 2016 中，微软带来了 Clippy 的升级版——Tell Me。Tell Me 是全新的 Office 助手，它就是选项卡右侧新增的那个输入框，如图 1-18 所示。Tell Me 看着简单，却非常实用，它提供了一种全新的命令查找方式，非常智能。用户在使用 Word 的过程中，Tell Me 可以提供多种不同的帮助，如添加批注、更改表格的外观等，或者是解决其他故障问题。

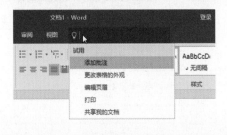

图 1-18

★ 新功能 1.4.6 【文件】菜单

在 Word 窗口选择【文件】选项卡，将进入自 Word 2007 以来便重点推广

的 BackStage 后台，而 Word 2016 版本重点对【打开】和【另存为】界面进行了改良，分别如图 1-19 和图 1-20 所示，存储位置排列、浏览功能、当前位置和最近使用的排列，都变得更加清晰明了。

图 1-19

图 1-20

与 Word 2013 版本中的【打开】和【另存为】界面相比较，Word 2016 将【计算机】改成了【这台电脑】，并且将原本位于【计算机】之下的【浏览】模块转移到了左侧的最下方，也就是将二级菜单提升为一级菜单了。由于大部分用户习惯将文档保存在本地电脑中，这样的做法可以直接浏览本地位置，减少了一次选择，所以增加了易用性，也更符合人们日常的使用习惯。

★ 新功能 1.4.7 手写公式

在以往的版本中，我们既可以插入公式，也可以手动输入一组自定义公式，但是自定义公式需要经过很多步骤才能完成，因而影响了工作效率。但在 Word 2016 中增加了一个相当强大而又实用的功能——墨迹公式，使用这个功能可以快速地在编辑区域手写输入数学公式，并能够将这些公式转换成为系统可识别的文本格式，如图 1-21 所示。

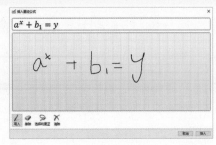

图 1-21

★ 新功能 1.4.8 简化文件分享操作

Word 2016 将共享功能和 One-Drive 进行了整合，在【文件】菜单的【共享】界面中，我们可以直接将文件保存到 OneDrive 中，然后邀请其他用户和我们一起来查看、编辑文档。除了 OneDrive 之外，还可以通过电子邮件、联机演示或发布至博客的方式共享给他人，如图 1-22 所示。此外，我们还可以通过【打开】界面，直接打开 OneDrive 下的文件。由此可见，在 Word 2016 中，微软对于 OneDrive 的整合已经到了非常人性化的地步。

图 1-22

技术看板

在保存或另存为新文档时，OneDrive 的存储路径是放在首要位置的，这和当下流行的云存储相吻合。以往，我们要借助 USB 等第三方介质进行文件的传输，而如今，我们只需将文件保存在云端，便可在任何设备上随时随地登录个人账户查看、编辑自己的文档。

1.5 打造舒适的排版环境

工欲善其事，必先利其器，在正式使用 Word 2016 之前，可以根据自己的使用习惯，来打造一个合适的工作环境。通过相应的设置，可以帮助用户更好地使用 Word 2016 进行学习和工作，避免发生一些不必要的麻烦。

★ 新功能 1.5.1 熟悉 Word 2016 的操作界面

在使用 Word 2016 之前，首先需要熟悉其操作界面。启动 Word 2016 之后，首先打开的窗口中显示了最近使用的文档和程序自带的模板缩略图预览，此时按下【Enter】键或【Esc】键可跳转到空白文档界面，这就是我们要进行文档编辑的工作界面，如图 1-23 所示。该界面主要由标题栏、【文件】菜单选项卡、功能区、导航窗格、文档编辑区、状态栏和视图栏 7 个部分组成。

图 1-23

❶ 标题栏；❷【文件】菜单选项卡；❸ 功能区；❹ 导航窗格；❺ 文档编辑区；❻ 状态栏；❼ 视图栏

1. 标题栏

标题栏位于窗口的最上方，从左到右依次为快速访问工具栏 ⌷⌷⌷ 、正在操作的文档的名称、程序的名称、【登录】按钮、【功能区显示选项】按钮 ⌷ 和窗口控制按钮 ⌷⌷⌷⌷ 。

➥ 快速访问工具栏：用于显示常用的工具按钮，默认显示的按钮有【保存】⌷、【撤销】⌷ 和【重复】⌷ 3 个按钮，单击这些按钮可执行相应的操作，用户还可根据需

要手动将其他常用工具按钮添加到快速访问工具栏。

➥【登录】按钮：单击该按钮，可登录 Microsoft 账户。

➥【功能区显示选项】按钮 ⌷：单击该按钮，会弹出一个下拉菜单，通过该菜单，可对功能区的显示方式进行设置。

➥ 窗口控制按钮：从左到右依次为【最小化】按钮 ⌷、【最大化】按钮 ⌷ /【向下还原】按钮 ⌷ 和【关闭】按钮 ⌷，用于对文档窗口大小和关闭进行相应的控制。

2. 【文件】菜单选项卡

选择【文件】选项卡，可打开【文件】菜单，其中包括了【新建】【打开】【保存】等常用命令。

3. 功能区

功能区中集合了各种重要功能，清晰可见，是 Word 的控制中心。默认情况下，功能区包含【开始】【插入】【设计】【布局】【引用】【邮件】【审阅】和【视图】8 个选项卡，单击某个选项卡可将其展开。此外，当在文档中选中图片、艺术字、文本框或表格等对象时，功能区中会显示与所选对象设置相关的选项卡。例如，在文档中选中表格后，功能区中会显示【表格工具 / 设计】和【表格工具 / 布局】两个选项卡。

每个选项卡由多个组组成。例如，【开始】选项卡由【剪贴板】【字体】【段落】【样式】和【编辑】5 个组组成。有些组的右下角有一个小图标 ⌷，我们将其称为【功能扩展】按钮，将鼠标指针指向该按钮时，可预览对应的对话框或窗格，单击该按钮，可弹出对应的对话框或窗格。

各个组又将执行指定类型任务时可能用到的所有命令放到一起，并在执行任务期间一直处于显示状态，保证可以随时使用。例如，【字体】组中显示了【字体】【字号】【加粗】等命令，这些命令用于对文本内容设置相应的字符格式。

4. 导航窗格

默认情况下，Word 2016 的操作界面显示了导航窗格，在导航窗格的搜索框中输入内容，程序会自动在当前文档中进行搜索。

在导航窗格中有【标题】【页面】和【结果】3 个标签，单击某个标签，可切换到相对应的界面。其中，【标题】界面显示的是当前文档的标题，【页面】界面中是以缩略图的形式显示当前文档的每页内容，【结果】界面中非常直观地显示搜索结果。

5. 文档编辑区

文档编辑区位于窗口中央，默认情况下以白色显示，是输入文字、编辑文本和处理图片的工作区域，并在该区域中向用户显示文档内容。

当文档内容超出窗口的显示范围时，编辑区右侧和底端会分别显示垂直与水平滚动条，拖动滚动条中的滚动块，或单击滚动条两端的小三角按钮，编辑区中显示的区域会随之滚动，从而可以查看到其他内容。

6. 状态栏

状态栏用于显示文档编辑的状态信息，默认显示了文档当前页数、总页数、字数、文档检错结果、输入法状态等信息，根据需要，用户可自定义状态栏中要显示的信息。

7. 视图栏

视图栏包含视图切换按钮 ▤▦▥▤ 和显示比例调节工具 ─────+ 100%，视图切换按钮用于切换当前文档的视图方式，显示比例调节工具用于调节和显示当前文档的显示比例。

1.5.2 实战：设置 Microsoft 账户

实例门类	软件功能
教学视频	光盘\视频\第 1 章\1.5.2.mp4

为了使用更多的 Office 功能，我们可以先创建一个 Microsoft 账户。Microsoft 账户由一个邮件地址和密码组成，用来登录所有的 Microsoft 网站和服务，包括 Outlook.com、Hotmail、Messenger 等。创建 Microsoft 账户的具体操作方法如下。

Step01 启动 IE 浏览器，打开 Microsoft 账户注册网址【https://login.live.com/】，单击【立即注册】链接，如图 1-24 所示。

图 1-24

Step02 进入【创建账户】界面，❶填写注册信息；❷单击【创建账户】按钮，如图 1-25 所示。

图 1-25

Step03 注册成功后，进入【Microsoft 账户】界面，此时可看到注册的账户信息，如图 1-26 所示。

图 1-26

Step04 启动 Word 2016，单击标题栏中的【登录】按钮，如图 1-27 所示。

图 1-27

Step05 打开【登录】窗口，❶在文本框中输入用户名，即刚才注册的邮件地址；❷单击【下一步】按钮，如图 1-28 所示。

图 1-28

Step06 在接下来打开的窗口中，❶在文本框中输入密码；❷单击【登录】按钮，如图 1-29 所示。

Step07 验证通过后即可登录 Microsoft 账户，标题栏中会显示个人账户信息，效果如图 1-30 所示。

图 1-29

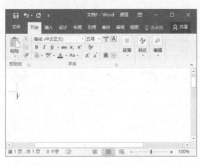

1-30

技能拓展——退出 Microsoft 账户

成功登录后，若要退出当前账户，可打开【文件】菜单，选择【账户】选项切换到【账户】界面，在账户信息栏中单击【注销】链接即可。

1.5.3 实战：自定义快速访问工具栏

实例门类	软件功能
教学视频	光盘\视频\第 1 章\1.5.3.mp4

快速访问工具栏用于显示常用的工具按钮，默认显示的按钮有【保存】▤、【撤销】↶和【重复】↻3 个按钮，

用户可以根据操作习惯，将其他常用的按钮添加到快速访问工具栏。

1. 添加下拉菜单中的命令

快速访问工具栏的右侧有一个下拉按钮 ▾，单击该按钮，会弹出一个下拉菜单，该菜单中提供了一些常用操作按钮，用户可快速将其添加到快速访问工具栏。例如，要将【触摸/鼠标模式】按钮添加到快速访问工具栏，具体操作方法如下。

Step01 在快速访问工具栏中，❶ 单击右侧的下拉按钮 ▾；❷ 在弹出的下拉菜单中选择【触摸/鼠标模式】选项，如图 1-31 所示。

图 1-31

Step02 执行上述操作后，在快速访问工具栏中可看见添加的【触摸/鼠标模式】按钮，效果如图 1-32 所示。

图 1-32

技能拓展——删除快速访问工具栏中的按钮

若要将快速访问工具栏中的某个按钮删除掉，可以右击该按钮，在弹出的快捷菜单中选择【从快速访问工具栏删除】选项即可。

2. 添加功能区中的命令

快速访问工具栏中的下拉菜单中提供的按钮数量毕竟有限，如果希望添加更多的按钮，可以将功能区中的按钮添加到快速访问工具栏，具体操作方法如下。

Step01 在功能区中，❶ 右击某个按钮，如【字体】组中的【字体颜色】按钮 A▾；❷ 在弹出的快捷菜单中选择【添加到快速访问工具栏】选项，如图 1-33 所示。

1-33

Step02 此时，【字体颜色】按钮 A▾ 添加到了快速访问工具栏，效果如图 1-34 所示。

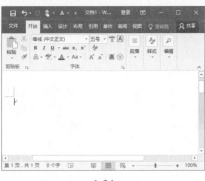

1-34

技能拓展——将组以按钮形式添加到快速访问工具栏

如果希望将某个组以按钮的形式添加到快速访问工具栏，只需右击该组的空白处，在弹出的快捷菜单中选择【添加到快速访问工具栏】选项即可。

3. 添加不在功能区中的命令

如果需要添加的按钮不在功能区中，则可通过【Word 选项】对话框进行设置，具体操作方法如下。

Step01 打开【文件】菜单，单击【选项】命令，如图 1-35 所示。

图 1-35

Step02 弹出【Word 选项】对话框，❶ 切换到【快速访问工具栏】选项卡；❷ 在【从下列位置选择命令】下拉列表中选择命令的来源位置，本操作中选择【不在功能区中的命令】选项；❸ 在左侧列表框中选择需要添加的命令，如【文本框转换为图文框】；❹ 单击【添加】按钮，将所选命令添加到了右侧列表框；❺ 单击【确定】按钮即可，如图 1-36 所示。

图 1-36

1.5.4 实战：设置功能区的显示方式

实例门类	软件功能
教学视频	光盘\视频\第1章\1.5.4.mp4

编辑文档的过程中，我们还可以根据操作习惯设置功能区的显示方式。默认情况下，功能区将选项卡和

命令都显示了出来，为了扩大文档编辑区的显示范围，可以通过设置只显示选项卡，具体操作方法如下。

Step01 ❶ 在标题栏中单击【功能区显示选项】按钮 ，❷ 在弹出的下拉菜单中选择【显示选项卡】选项，如图 1-37 所示。

图 1-37

Step02 此时，Word 窗口将只显示功能区选项卡，效果如图 1-38 所示。

图 1-38

技能拓展——隐藏整个功能区

单击【功能区显示选项】按钮 ，在弹出的下拉菜单中若选择【自动隐藏功能区】选项，则整个功能区都将会被隐藏起来，单击窗口顶端，可临时显示功能区。

通过上述设置后，此时若选择某个选项卡，便可临时显示相关的命令。此外，还可通过以下几种方式来实现仅显示功能区选项卡。

➥ 在功能区右下角单击【折叠功能区】按钮 ^。

➥ 双击除【文件】选项卡外的任意选项卡。

➥ 右击功能区的任意位置，在弹出的快捷菜单中选择【折叠功能区】

选项。

➥ 按【Ctrl+F1】组合键。

技能拓展——始终显示功能区的选项卡和命令

将功能区的显示方式设置为【显示选项卡】后，若还是希望始终显示选项卡和命令，可以按以下 3 种方法实现。①单击【功能区显示选项】按钮 ，在弹出的下拉菜单中单击【显示选项卡和命令】命令；②双击除【文件】选项卡外的任意选项卡；③按【Ctrl+F1】组合键。

1.5.5 实战：自定义功能区

实例门类	软件功能
教学视频	光盘\视频\第 1 章\1.5.5.mp4

根据操作习惯，我们不仅可以自定义快速访问工具栏，也可以自定义功能区。对功能区进行自定义时，大致分两种情况，一种是在现有的选项卡中添加命令，另一种是在新建的选项卡中添加命令。无论是哪种情况，都需要新建一个组，才能添加命令，而不能将命令直接添加到 Word 默认的组中。

例如，新建一个名为【常用工具】选项卡，在该选项卡中新建一个名为【文本操作】组，用于存放经常使用到的相关命令按钮，具体操作方法如下。

Step01 打开【文件】菜单，选择【选项】命令，如图 1-39 所示。

图 1-39

Step02 弹出【Word 选项】对话框，❶ 切换到【自定义功能区】选项卡；❷ 单击【新建选项卡】按钮，如图 1-40 所示。

图 1-40

Step03 即可新建一个选项卡，并自动新建了一个组，❶ 选择【新建选项卡（自定义）】选项；❷ 单击【重命名】按钮，如图 1-41 所示。

图 1-41

技术看板

因为在第 2 步操作中，左侧列表框中默认选择【开始】选项卡，所以执行新建选项卡操作后，将在【开始】选项卡的下方新建一个选项卡，并在 Word 窗口中显示在【开始】选项卡的右侧。

Step04 弹出【重命名】对话框，❶ 在【显示名称】文本框中输入选项卡名称【常用工具】；❷ 单击【确定】按钮，如图 1-42 所示。

图 1-42

Step05 返回【Word 选项】对话框，❶选择【新建组（自定义）】选项；❷单击【重命名】按钮，如图 1-43 所示。

图 1-43

Step06 弹出【重命名】对话框，❶在【显示名称】文本框中输入组的名称【文本操作】；❷单击【确定】按钮，如图 1-44 所示。

图 1-44

Step07 返回【Word 选项】对话框，❶在【从下列位置选择命令】下拉列表中选择命令的来源位置，如【常用命令】选项；❷在左侧列表框中选择需要添加的命令，通过单击【添加】按钮，将所选命令添加到了右侧列表

框；❸完成添加后单击【确定】按钮，如图 1-45 所示。

图 1-45

Step08 通过上述操作后，返回 Word 窗口，可看见【开始】选项卡的右边新建了一个名为【常用工具】的选项卡，在该选项卡中有一个名为【文本操作】的组，并包含了添加的按钮，效果如图 1-46 所示。

图 1-46

1.5.6 实战：设置文档的自动保存时间间隔

实例门类	软件功能
教学视频	光盘\视频\第 1 章\1.5.6.mp4

Word 提供了自动保存功能，每

隔一段时间会自动保存一次文档，从而最大限度地避免了因为停电、死机等意外情况导致当前编辑的内容丢失。

默认情况下，Word 会每隔 10 分钟自动保存一次文档，根据操作需要，我们可以改变这个时间间隔，具体操作方法如下。

Step01 打开【文件】菜单，选择【选项】命令，如图 1-47 所示。

图 1-47

Step02 弹出【Word 选项】对话框，❶切换到【保存】选项卡；❷在【保存文档】栏中，【保存自动恢复信息时间间隔】复选框默认为选中状态，此时只需在右侧的微调框中设置自动保存的时间间隔；❸单击【确定】按钮即可，如图 1-48 所示。

图 1-48

第 1 篇
第 2 篇
第 3 篇
第 4 篇
第 5 篇
第 6 篇
第 7 篇

1.5.7 实战：设置最近使用的文档的数目

实例门类	软件功能
教学视频	光盘\视频\第 1 章\1.5.7.mp4

使用 Word 2016 时，无论是在启动过程中，还是在【文件】菜单的【打开】界面中，都显示有最近使用的文档，通过单击文档选项，可快速打开这些文档。

默认情况下，Word 只能记录最近打开过的 25 个文档，我们可以通过设置来改变 Word 记录的文档数量，具体操作方法如下。

Step01 打开【文件】菜单，选择【选项】命令，如图 1-49 所示。

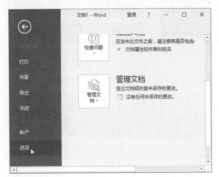

图 1-49

Step02 弹出【Word 选项】对话框，① 切换到【高级】选项卡；② 在【显示】栏中，通过【显示此数目的"最近使用的文档"】微调框设置文档显示数目；③ 单击【确定】按钮即可，如图 1-50 所示。

图 1-50

1.5.8 显示或隐藏编辑标记

默认情况下，Word 文档中只显示段落标记 ↵，但在排版过程中，建议用户将编辑标记显示出来，这样能够清晰地查看文档中的格式符号，如文档中是否有多余的空格 ·，是否有多余的制表符 →，文档中是否有分页符及分节符等。

显示编辑标记的方法为：在【开始】选项卡的【段落】组中，单击【显示/隐藏编辑标记】按钮 ↯，单击后，该按钮呈选中状态显示 ↯，如图 1-51 所示。若要取消显示编辑标记，则再次单击【显示/隐藏编辑标记】按钮 ↯，取消其选中状态即可。

图 1-51

技能拓展——显示指定的标记

通过单击【显示/隐藏编辑标记】按钮 ↯，是将所有编辑标记显示在了文档中，如果只需要显示指定的编辑标记，可打开【Word 选项】对话框，切换到【显示】选项卡，在【始终在屏幕上显示这些格式标记】栏中进行设置即可。

1.5.9 实战：在状态栏显示【插入/改写】状态

实例门类	软件功能
教学视频	光盘\视频\第 1 章\1.5.9.mp4

在以往的 Word 版本中，状态栏

中显示有【插入/改写】状态，而从 Word 2013 版本开始不再有【插入/改写】状态，根据操作习惯，我们可以将其显示出来，具体操作方法如下。

Step01 ① 右击状态栏的空白处；② 在弹出的快捷菜单中选择【改写 插入】选项，如图 1-52 所示。

图 1-52

Step02 返回 Word 窗口，此时状态栏中显示了【插入/改写】状态，如图 1-53 所示。

图 1-53

技术看板

参照上述操作方法，还可以将其他状态（如权限、修订等）显示在状态栏中。在快捷菜单中，其名称左侧带有选中标记的命令，表示已经被添加到状态栏中，如果不再需要某个状态显示在状态栏时，只需取消选中即可。

1.6 Word 文档的基本操作

Word 作为专业的文字处理软件，其操作对象被称为文档。在使用 Word 进行工作之前，需要先掌握 Word 文档的一些基本操作，如创建空白文档、使用联机模板创建文档、保存文档等，下面将分别进行具体的讲解。

1.6.1 实战：创建空白文档

实例门类	软件功能
教学视频	光盘\视频\第 1 章\1.6.1.mp4

创建空白文档是最频繁的一项操作之一，因为很多时候，我们会新建一篇空白文档来开始制作文档。在 Word 2010 及之前的版本中，启动 Word 程序便会直接创建空白文档，而在 Word 2013 及 2016 版本中，启动 Word 程序后，需要在启动界面中选择启动类型来创建空白文档。在 Word 2016 中启动程序创建空白文档的操作方法如下。

Step01 启动 Word 2016，进入 Word 程序的开始屏幕，选择【空白文档】选项（或按【Esc】键），如图 1-54 所示。

图 1-54

Step02 经过以上操作，即可创建空白文档，如图 1-55 所示。

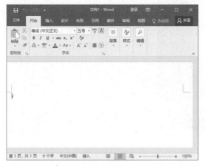

图 1-55

在 Word 环境下，我们可以通过以下两种方式创建空白文档。

➥ 按【Ctrl+N】组合键。
➥ 打开【文件】菜单，在左侧窗格选择【新建】命令，然后在右侧窗格中选择【空白文档】选项。

> **技能拓展——取消启动时的开始屏幕**
>
> 每次启动 Word 2016 程序时，都会出现开始屏幕，对于用惯了老版本的 Word 用户来说可能不太适应，根据操作习惯，我们可以取消启动时显示开始屏幕，具体方法为：打开【Word 选项】对话框，在【常规】选项卡的【启动选项】栏中，取消【此应用程序启动时显示开始屏幕】复选框的选中，然后单击【确定】按钮即可。

★ 重点 1.6.2 实战：使用模板创建文档

实例门类	软件功能
教学视频	光盘\视频\第 1 章\1.6.2.mp4

除了根据空白文档创建新文档外，还可以根据系统自带的模板创建新文档，这些模板中既包含已下载到计算机上的模板，也包含未下载的 Word 模板。

根据模板创建新文档时，可以在启动 Word 过程中出现的开始屏幕中选择模板，也可以在 Word 窗口的【文件】菜单中的【新建】界面中选择模板。例如，要在启动 Word 后出现的开始屏幕中选择模板进行创建新文档，具体操作方法如下。

Step01 启动 Word 2016，进入 Word 程序的开始屏幕，在右侧选择需要的模板，如【2016 年包含农历日期的季

节性插图日历】，如图 1-56 所示。

图 1-56

Step02 选择好模板后，在弹出的窗口中可以预览该模板的效果，单击【创建】按钮，如图 1-57 所示。

图 1-57

Step03 因为选择的是未下载过的模板，所以经过第 2 步操作后，Word 便开始下载模板，如图 1-58 所示。

图 1-58

Step 04 待模板下载完成后，将基于该模板新建一个文档，如图 1-59 所示。

图 1-59

★ **新功能 1.6.3 实战：保存文档**

实例门类	软件功能
教学视频	光盘\视频\第 1 章\1.6.3.mp4

在编辑文档的过程中，保存文档是非常重要的一个操作，尤其是新建文档，只有执行保存操作后才能存储到计算机硬盘或云端固定位置中，从而方便以后进行阅读和再次编辑。如果不保存，编辑的文档内容就会丢失。在保存新建文档时，需要选择保存的文件类型和保存位置，具体操作方法如下。

Step 01 在要保存的新建文档中，按【Ctrl+S】组合键，或者单击快速访问工具栏中的【保存】按钮 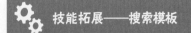，如图 1-60 所示。

图 1-60

Step 02 进入【文件】菜单的【另存为】界面，在中间栏中双击【这台电脑】选项，如图 1-61 所示。

图 1-61

Step 03 弹出【另存为】对话框；❶ 设置文档的存放位置；❷ 输入文件名称；❸ 选择文件保存类型；❹ 单击【保存】按钮即可保存当前文档，如图 1-62 所示。

图 1-62

如果需要将文档以新文件名保存或保存到新的路径，可按【F12】键，或在【文件】菜单的【另存为】界面中双击【这台电脑】选项，在弹出的【另存为】对话框中重新设置文档的保存名称、保存位置或保存类型等参数，然后单击【保存】按钮即可。

★ **重点 1.6.4 实战：将 Word 文档转换为 PDF 文件**

实例门类	软件功能
教学视频	光盘\视频\第 1 章\1.6.4.mp4

完成文档的编辑后，还可将其转换成 PDF 格式的文档。保存 PDF 文件后，不仅方便查看，还能防止其他用户随意修改内容。

将 Word 文档转换为 PDF 文件的方法最常见的有两种，一种是通过另存文档的方法打开【另存为】对话框，在【保存类型】下拉列表中选择【PDF（*.pdf）】选项，然后设置存放位置、保存名称等参数；另外一种是通过导出功能进行转换。

例如，要通过导出功能将 Word 文档转换为 PDF 文件，具体操作方法如下。

Step 01 打开"光盘\素材文件\第 1 章\2016 年日历表 .docx"的文件，❶ 在【文件】菜单中选择【导出】命令；❷ 在中间窗格双击【创建 PDF/XPS 文档】命令，如图 1-63 所示。

图 1-63

Step 02 弹出【发布为 PDF 或 XPS】

对话框，❶设置文件的保存路径；❷输入文件的保存名称；❸单击【发布】按钮，即可将当前 Word 文档转换为 PDF 文件，如图 1-64 所示。

图 1-64

技能拓展——通过 Adobe PDF 虚拟打印机转换 PDF 文件

如果计算机上安装了 Adobe Acrobat Professional 应用程序，便会自动在计算机上安装 Adobe PDF 虚拟打印机，通过 Adobe PDF 虚拟打印机，也可以将 Word 文档转换为 PDF 文件，方法为：在要转换为 PDF 文件的 Word 文档中，在【文件】菜单的【打印】界面中，在中间窗格的【打印机】下拉列表中选择【Adobe PDF】选项，单击【打印】按钮，在弹出的【另存 PDF 文件为】对话框中设置保存位置及文件名，然后单击【保存】按钮即可。

★ 新功能 1.6.5 实战：打开与关闭文档

实例门类	软件功能
教学视频	光盘\视频\第1章\1.6.5.mp4

若要对计算机中已有的文档进行编辑，首先需要将其打开。一般来说，先进入该文档的存放路径，再双击文档图标即可将其打开。此外，还可通过【打开】命令打开文档，具体操作方法如下。

Step01 在 Word 窗口中打开【文件】菜单，❶在左侧窗格中选择【打开】命令；❷在中间窗格双击【这台电脑】选项，如图 1-65 所示。

图 1-65

Step02 弹出【打开】对话框，❶进入文档存放的位置；❷在列表框中选择需要打开的文档；❸单击【打开】按钮即可打开文档，如图 1-66 所示。

图 1-66

技能拓展——一次性打开多个文档

在【打开】对话框中，按住【Shift】或【Ctrl】键的同时选择多个文件，然后单击【打开】按钮，可同时打开选择的多个文档。

对文档进行了各种编辑操作并保存后，如果确认不再对文档进行任何操作，可将其关闭，以减少所占用的系统内存。关闭文档的方法有以下几种。

➥ 在要关闭的文档中，单击右上角的【关闭】按钮×。
➥ 在要关闭的文档中，打开【文件】菜单，然后单击左侧窗格的【关闭】命令。
➥ 在要关闭的文档中，按【Alt+F4】组合键。

关闭 Word 文档时，若没有对各种编辑操作进行保存，则执行关闭操作后，系统会弹出如图 1-67 所示的提示框询问用户是否对文档所做的修改进行保存，此时可进行如下操作。

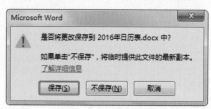

图 1-67

➥ 单击【保存】按钮，可保存当前文档，同时关闭该文档。
➥ 单击【不保存】按钮，将直接关闭文档，且不会对当前文档进行保存，即文档中所作的更改都会被放弃。
➥ 单击【取消】按钮，将关闭该提示框并返回文档，此时用户可根据实际需要进行相应的编辑。

★ 重点 1.6.6 实战：以只读方式打开文档

实例门类	软件功能
教学视频	光盘\视频\第1章\1.6.6.mp4

在要查阅某个文档时，为了防止无意对文档进行修改，可以以只读方式将其打开。以只读方式打开文档后，虽然还能对文档内容进行编辑，但是执行保存操作时，会弹出【另存为】对话框来另存修改后的文档。以只读方式打开文档的具体操作方法如下。

Step01 在 Word 窗口中打开【打开】对话框，❶选择需要以只读方式打开的文档；❷单击【打开】按钮右侧的下拉按钮▼；❸在弹出的下拉菜单中选择【以只读方式打开】选项，如图 1-68 所示。

图 1-68

Step02 即可以只读方式打开该文档，且标题栏中会显示【只读】字样，如图 1-69 所示。

图 1-69

★ **重点 1.6.7 实战：以副本方式打开文档**

实例门类	软件功能
教学视频	光盘 \ 视频 \ 第 1 章 \ 1.6.7.mp4

为了避免因误操作而造成重要文档数据丢失，我们可以以副本的方式打开文档。通过副本方式打开文档后，系统会自动生成一个一模一样的副本文件，且这个副本文件和原文档存放在同一位置，对该副本文件进行编辑后，可直接进行保存操作。以副本方式打开文档的具体操作方法如下。

Step01 在 Word 窗口中打开【打开】对话框，❶ 选择需要以副本方式打开的文档；❷ 单击【打开】按钮右侧的下拉按钮▼；❸ 在弹出的下拉菜单中选择【以副本方式打开】选项，如图 1-70 所示。

图 1-70

Step02 通过上述操作后，将以副本方式打开所选文档，且标题栏中会显示【副本（1）】字样，如图 1-71 所示。

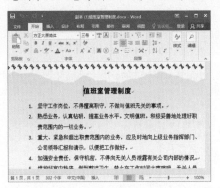

图 1-71

Step03 与此同时，在原文档所在的目录下，自动生成了一个副本文件，如图 1-72 所示。

图 1-72

1.6.8 实战：在受保护视图中打开文档

实例门类	软件功能
教学视频	光盘 \ 视频 \ 第 1 章 \ 1.6.8.mp4

为了保护计算机安全，对于存在安全隐患的文档，可以在受保护的视图中打开。在受保护视图模式下打开文档后，大多数编辑功能都将被禁用，此时用户可以检查文档中的内容，以便降低可能发生的任何危险。在受保护视图中打开文档的具体操作方法如下。

Step01 在 Word 窗口中打开【打开】对话框，❶ 选择需要打开的文档；❷ 单击【打开】按钮右侧的下拉按钮▼；❸ 在弹出的下拉菜单中选择【在受保护的视图中打开】选项，如图 1-73 所示。

图 1-73

Step02 所选文档即可在受保护视图模式下打开，此时功能区下方将显示警告信息，提示文件已在受保护的视图中打开，效果如图 1-74 所示。如果用户信任该文档并需要编辑，可单击【启用编辑】按钮获取编辑权限。

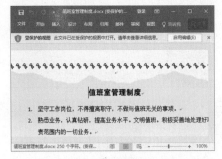

图 1-74

默认情况下，在直接打开来自Internet 源的文档时，系统会自动在受保护的视图中打开。

★ 重点 1.6.9 实战：恢复自动保存的文档

在前面讲解设置 Word 操作环境时，我们提到过 Word 有自动保存功能，即每隔一段时间会自动保存一次文档。但是，自动保存功能仅仅是将编辑的文档内容保存在草稿文件中，并未真正将内容保存到当前文档内，所以一旦在未手动保存文档的情况下而发生断电或死机等意外情况时，我们就需要恢复最近一次保存的草稿文件，以降低损失。

恢复自动保存文件的具体操作方法如下。

Step01 例如，我们对"素材文件\第1 章\值班室管理制度 .docx"文档进行了编辑，编辑后的效果如图 1-75所示。

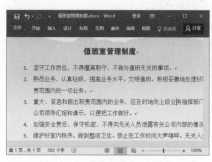

图 1-75

Step02 此时，因为意外情况 Word 文档自动关闭。再次启动 Word 程序，其窗口左侧的【文档恢复】窗格中将显示最近一次保存的文档选项，将鼠标指针指向时，会提示文档的属性版本以便用户选择，单击需要的草稿文档选项，如图 1-76 所示。

图 1-76

Step03 Word 窗口中将显示最近自动保存的一次编辑，如图 1-77 所示，然后对当前内容进行保存操作即可。

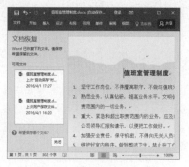

图 1-77

1.7 打印文档

现如今，无纸办公已成为一种潮流，但在一些正式的应用场合，仍然需要将文档内容打印到纸张上，本节将介绍一些常用的打印方法。

1.7.1 实战：直接打印日历表

实例门类	软件功能
教学视频	光盘\视频\第 1 章\1.7.1.mp4

将文档制作好后，便可通过Word 提供的打印功能将其打印出来，具体操作方法为：打开"光盘\素材文件\第 1 章\2016 年日历表 .docx"的文件，在【文件】菜单中选择【打印】命令，在中间窗格【打印机】下拉列表中选择可以执行打印任务的打印机，根据需要，还可以在【份数】微调框中设置需要打印的份数，然后单击【打印】按钮即可开始打印，如图 1-78 所示。

图 1-78

在资源管理器中，选中需要打印的一个或多个文档并右击，在弹出的快捷菜单中选择【打印】选项，可快速将选中的这些文档作为打印任务添加到默认的打印机上。

★ 重点 1.7.2 实战：打印指定的页面内容

实例门类	软件功能
教学视频	光盘\视频\第 1 章\1.7.2.mp4

在打印文档时，有时可能只需要打印部分页码的内容，其操作方法如下。

在要打印的文档中，在【文件】菜单中选择【打印】命令，在中间窗格的【设置】栏下第一个下拉列表中选择【自定义打印范围】选项，在【页码】文本框中输入要打印的页码范围，然后单击【打印】按钮进行打印即可，如图 1-79 所示。

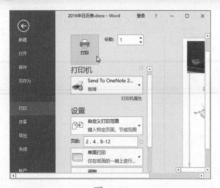

图 1-79

第 3 节第 9 页到第 4 节第 2 页的内容，输入【p4s2，p9s3-p2s4】。

★ 重点 1.7.3 实战：只打印选中的内容

实例门类	软件功能
教学视频	光盘\视频\第 1 章\1.7.3.mp4

打印文档时，除了以"页"为单位打印整页内容外，还可以打印选中的内容，它们可以是文本内容、图片、表格、图表等不同类型的内容。例如，只打印选中的内容，具体操作方法如下。

Step 01 在要打印的文档中，选中要打印的指定内容，如图 1-80 所示。

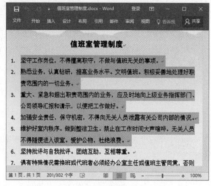

图 1-80

Step 02 打开【文件】菜单，❶ 在左侧窗格选择【打印】命令；❷ 在中间窗格的【设置】栏下第一个下拉列表中选择【打印所选内容】选项；❸ 单击【打印】按钮将只打印文档中选中的内容，如图 1-81 所示。

图 1-81

★ 重点 1.7.4 实战：在一页纸上打印多页内容

实例门类	软件功能
教学视频	光盘\视频\第 1 章\1.7.4.mp4

默认情况下，Word 文档中的每一个页面打印一张，也就是说文档有多少页，打印出的纸张就会有多少张。

有时为了满足特殊要求或者节省纸张，可以通过设置在一张纸上打印多个页面的内容，具体操作方法如下。

在要打印的文档中，打开【文件】菜单，在左侧窗格选择【打印】命令，在中间窗格的【设置】下方的最后一个下拉列表中，选择在每张纸上要打印的页面数量，如【每版打印 2 页】，单击【打印】按钮，将在每张纸张上打印 2 页内容，如图 1-82 所示。

图 1-82

技能拓展——打印当前页

在要打印的文档中，进入【文件】菜单的【打印】界面，在右侧窗格的预览界面中，通过单击 ◀ 或 ▶ 按钮来切换到需要打印的页面，然后在中间窗格的【设置】栏下第一个下拉列表中选择【打印当前页面】选项，然后单击【打印】按钮即可。

在输入要打印的页码范围时，其输入方式可以分以下几种情况。

➜ 打印连续的多个页面：使用【-】符号指定连续的页码范围。例如，要打印第 1~6 页，输入【1-6】。

➜ 打印不连续的多个页面：使用逗号【，】指定不连续的页面范围。例如，要打印第 4、7、9 页，输入【4，7，9】。

➜ 打印连续和不连续的页面：综合使用【-】和【，】符号，指定连续和不连续的页面范围。例如，要打印第 2、4、8~12 页，输入【2，4，8-12】。

➜ 打印包含节的页面：如果为文档设置了分节，就使用字母 p 表示页，字母 s 表示节，页在前、节在后。输入过程中，字母不区分大小写，也可以结合使用【-】和【，】符号。例如，要打印第 3 节第 6 页，输入【p6s3】；要打印第 1 节第 3 页到第 3 节第 8 页的内容，输入【p3s1-p8s3】；要打印第 2 节第 4 页、

技能拓展——取消打印任务

在打印过程中，如果发现打印选项设置错误，或者打印时间太长而无法完成打印，可停止打印，具体操作方法为：在系统任务栏的通知区域双击打印机图标，在打开的【打印任务】窗口中，右击要停止的打印任务，在弹出的快捷菜单中选择【取消】选项即可。

1.8 Word 版本兼容性问题

随着 Word 版本的不断更新、升级，功能也就越来越多，就涉及一个兼容性问题，下面对 Word 版本的兼容性问题进行一个简单的说明。

1.8.1 关于版本的兼容性

当用 Word 2007/2010/2013/2016 打开由 Word 2003 或更低版本创建的文档时，便会在 Word 窗口的标题栏中显示【兼容模式】字样，这是因为 Word 2003 或更低版本创建文档时，它们的文件格式为【.doc】。

使用 Word 2007 及以上的版本创建文档时，它们的文件格式均为【.docx】，因此大多数情况下，无论使用哪个版本的 Word，基本上都能打开【.docx】格式的文档。

虽然在大多数情况下，Word 2007 及以上的版本均能打开【.docx】格式的文档，但是不同版本之间依然存在兼容性问题。要想检查高版本与早期版本的 Word 之间的兼容性，以了解不受支持的功能，可通过检查问题功能实现。

例如，素材文件中的"2016 年日历表 .docx"文档是通过 Word 2016 创建的，此时可通过检查问题来查看该文件与早期版本之间的兼容性，具体操作方法如下。

Step01 打开"光盘\素材文件\第 1 章\2016 年日历表 .docx"的文件，打开【文件】菜单，❶ 在【信息】界面的中间窗格单击【检查问题】按钮；❷ 在弹出的下拉列表中选择【检查兼容性】选项，如图 1-83 所示。

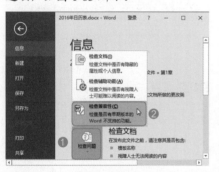

图 1-83

Step02 弹出【Microsoft Word 兼容性检查器】对话框，在【选择要显示的版本】下拉列表中选择要比较的版本，如【Word 2007】，如图 1-84 所示。

图 1-84

技术看板

在【Microsoft Word 兼容性检测器】对话框中，【保存文档时检查兼容性】复选框默认为选中状态，当将文档保存为早期版本时，Word 会自动检查兼容性问题，当发生兼容性问题时，会弹出提示框进行提示。

Step03 此时，【摘要】列表中将显示 Word 2016 和 Word 2007 版本之间的兼容性问题，如图 1-85 所示。查看完成后，单击【确定】按钮关闭【Microsoft Word 兼容性检测器】对话框即可。

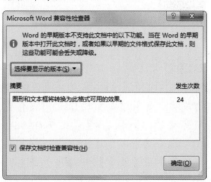

图 1-85

1.8.2 实战：不同 Word 版本之间的文件格式转换

实例门类	软件功能
教学视频	光盘\视频\第 1 章\1.8.2.mp4

当用 Word 2007/2010/2013/2016 打开由 Word 2003 或更低版本创建的文档时，便会在 Word 窗口的标题栏中显示【兼容模式】字样，同时 Word 高版本中的所有新增功能将被禁用。如果希望使用 Word 高版本提供的新功能，就需要升级文档格式，具体操作方法如下。

Step01 启动 Word 2007/2010/2013/2016 中的任一版本，本操作中启动 Word 2016，打开【文件】菜单，❶ 在左侧窗格选择【打开】命令；❷ 在中间窗格双击【这台电脑】选项，如图 1-86 所示。

图 1-86

Step02 弹出【打开】对话框，❶ 选择由 Word 2003 或更低版本创建的文档；❷ 单击【打开】按钮，如图 1-87 所示。

图 1-87

Step03 将在 Word 2016 中打开所选文档，打开【文件】菜单，在【信息】界面的中间窗格单击【转换】按钮，如图 1-88 所示。

图 1-88

Step04 弹出对话框询问是否要将文档升级到最新的文件格式，单击【确定】按钮即可，如图 1-89 所示。

图 1-89

Step05 将文档格式升级到 Word 2016 版本后，Word 窗口标题栏中的【兼容模式】字样会自动消失，如图 1-90 所示。

图 1-90

> **技能拓展——将 Word 2016 文档保存为低版本的兼容模式**
>
> 如果要将 Word 2016 文档保存为低版本格式的文档，以保证 Word 2003 或更低版本能打开该文档，可在 Word 2016 文档中打开【另存为】对话框，在【保存类型】下拉列表中选择【Word 97-2003 文档（*.doc）】选项即可。

1.9 使用 Word 2016 的帮助

学习是一个不断摸索进步的过程，在学习使用 Word 的过程中，或多或少会遇到一些自己不常用，或者不会的问题，此时可以使用 Word 提供的联机帮助来寻找解决相应问题的方法。

★ 新功能 1.9.1 实战：使用关键字搜索帮助

实例门类	软件功能
教学视频	光盘\视频\第 1 章\1.9.1.mp4

Word 提供的联机帮助是最权威、最系统，也是最好用的 Word 知识的学习资源之一。Word 2016 的操作界面中取消了老版本中的【帮助】按钮，需要在【文件】菜单中才能看到【帮助】按钮，通过该按钮，就能使用 Word 提供的联机帮助了，具体操作方法如下。

Step01 在 Word 2016 窗口中，打开【文件】菜单，单击右上角的【帮助】按钮，如图 1-91 所示。

图 1-91

Step02 打开【Word 2016 帮助】窗口，该窗口中显示了一些常见问题及相应的帮助。如果这些帮助信息中没有我们需要的，❶便在搜索框中输入要搜索的关键字，如【使用模板创建文档】；❷单击【搜索】按钮🔍，如图 1-92 所示。

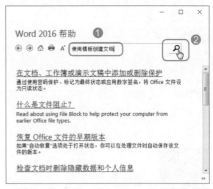

图 1-92

Step03 在接下来打开的窗口中将显示出所有搜索到的相关信息列表，单击需要查看的超级链接，如图 1-93 所示。

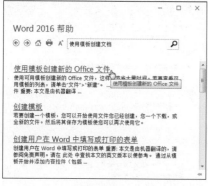

图 1-93

Step04 在接下来打开的页面中，将查看到具体的内容，查看完毕后单击【关闭】按钮关闭【帮助】窗口，如图 1-94 所示。

图 1-94

技能拓展——快速打开【Word 2016 帮助】窗口

在 Word 窗口中，随时按【F1】键，可快速打开【Word 2016 帮助】窗口。

★ 新功能 1.9.2　实战：Word 2016 的辅助新功能

实例门类	软件功能
教学视频	光盘\视频\第 1 章\1.9.2.mp4

虽然 Word 2016 在操作界面取消了老版本中的【帮助】按钮，但其实该功能融合在【Tell Me】功能中了。【Tell Me】的功能非常强大，只需在【Tell Me】搜索框中输入简洁的词语作为关键字，即可得到一组操作命令结果，还可以在最下方看到相关的帮助链接。【Tell Me】功能的具体使用方法如下。

Step01 ❶ 在【Tell Me】搜索框中输入关键字，如【批注】，在弹出的下拉菜单中显示了相关操作命令及帮助链接，单击某个操作命令可执行相应的操作；❷ 本操作中选择【获取有关"批注"的帮助】命令，如图 1-95 所示。

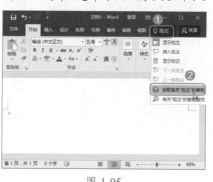

图 1-95

Step02 在打开的【Word 2016 帮助】窗口中将显示与【批注】有关的帮助信息，单击需要查看的超链接即可，如图 1-96 所示。

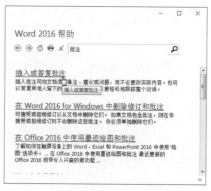

图 1-96

Step03 在接下来打开的页面中，将查看到具体的内容，查看完毕后单击【关闭】按钮关闭【帮助】窗口，如图 1-97 所示。

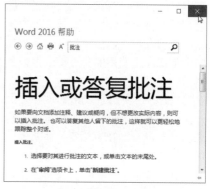

图 1-97

妙招技法

通过前面知识的学习，相信读者已经了解了 Word 2016 的相关基础知识了。下面结合本章内容，给大家介绍一些实用技巧。

技巧01：取消显示【浮动工具栏】

教学视频	光盘\视频\第 1 章\技巧 01.mp4

默认情况下，在文档中选择文本后将会自动显示浮动工具栏，通过该工具栏可以快速对选择的文本对象设置格式。如果不需要显示浮动工具栏，可以通过设置将其隐藏，具体操作方法如下。

Step01 在 Word 窗口中打开【文件】菜单，在左侧窗格选择【选项】命令。

Step02 弹出【Word 选项】对话框，在【常规】选项卡的【用户界面选项】栏中，❶ 取消【选择时显示浮动工具栏】复选框的选中；❷ 单击【确定】按钮即可，如图 1-98 所示。

图 1-98

中，此时 📌 图标会变成 📍 图标，如图 1-100 所示。单击 📍 图标，可取消对应文档的固定。

图 1-100

技巧 02：将常用文档固定在最近使用的文档列表中

教学视频	光盘＼视频＼第 1 章＼技巧 02.mp4

Word 2016 提供了最近使用文档列表，以便快速打开最近使用的文档。但当打开过许多文档后，最近使用列表中可能已经没有需要的文档了，因此，我们可以把需要频繁操作的文档固定在列表中，以便使用。将常用文档固定在最近使用的文档列表中的具体操作方法如下。

Step 01 先打开要经常使用的文档，打开【文件】菜单，❶ 在左侧窗格选择【打开】命令，在右侧窗格的最近使用文档列表中；❷ 将鼠标指向刚才打开的文档时，右侧会出现 📌 图标，单击该图标，如图 1-99 所示。

图 1-99

Step 02 单击 📌 图标后，即可将刚才打开的文档固定到最近使用文档列表

技巧 03：防止网络路径自动替换为超链接

教学视频	光盘＼视频＼第 1 章＼技巧 03.mp4

在编辑文档时，输入的网址均会自动变成超链接形式。如果不希望这些网址自动转换为超链接，可通过【Word 选项】对话框进行设置，具体操作方法如下。

Step 01 打开【Word 选项】对话框，❶ 切换到【校对】选项卡；❷ 在【自动更正选项】栏中单击【自动更正选项】按钮，如图 1-101 所示。

图 1-101

Step 02 弹出【自动更正】对话框，❶ 切换到【自动套用格式】选项卡；❷ 在【替换】栏中取消【Internet 及网络路径替换为超链接】复选框的选中，如图 1-102 所示。

图 1-102

Step 03 ❶ 切换到【键入时自动套用格式】选项卡；❷ 在【键入时自动替换】栏中取消【Internet 及网络路径替换为超链接】复选框的选中；❸ 单击【确定】按钮，如图 1-103 所示。

图 1-103

Step 04 返回【Word 选项】对话框，单击【确定】按钮保存设置即可。

技巧04：设置保存新文档时的默认文件格式

教学视频	光盘\视频\第1章\技巧04.mp4

虽然 Word 已经发展到 2016 版本了，但是仍然有用户还在使用 Word 2003 或更早版本。为了让制作的文档通用于使用不同 Word 版本的用户，通常会将文档保存为【Word 97-2003 文档】类型。

但是这样的方法太过烦琐，为了提高工作效率，我们可以通过设置，让 Word 每次都以【Word 97-2003 文档】为默认格式保存新文档，具体操作方法为：打开【Word 选项】对话框，切换到【保存】选项卡，在【保存文档】栏的【将文件保存为此格式】下拉列表中选择【Word 97-2003 文档（*.doc）】选项，然后单击【确定】按钮保存设置即可，如图 1-104 所示。

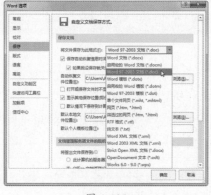

图 1-104

技巧05：为何无法打印文档背景和图形对象

教学视频	光盘\视频\第1章\技巧05.mp4

在打印文档时，如果没有将文档中包含的图形对象和文档背景打印出来，则需要通过【Word 选项】对话框进行设置，操作方法为：打开【Word 选项】对话框，切换到【显示】选项卡，在【打印选项】栏中，选中【打印在 Word 中创建的图形】和【打印背景色和图像】两个复选框，单击【确定】按钮保存设置即可，如图 1-105 所示。

图 1-105

本章小结

本章主要讲解了 Word 2016 的一些入门知识，主要包括 Word 文档排版原则、Word 2016 新增功能、设置 Word 2016 操作环境、Word 文档的基本操作、打印文档等内容。通过本章的学习，希望读者能对 Word 2016 有更进一步的了解，并且熟练掌握 Word 文档的新建、打开及打印等一些基础操作。

第2章 视图操作与页面设置

- ➡ 什么是文档视图，怎样来选择适合的文档视图？
- ➡ 用来辅助 Word 排版的工具有哪些？
- ➡ 文档页面由哪些部分组成？你知道可以对它们做出哪些调整吗？
- ➡ 厌烦了千篇一律的白色页面背景，你想怎么改变？

通过本章的学习，读者不仅可以学会在不同的视图模式下查看或编辑文档，还能了解用来辅助 Word 排版的工具有哪些，以及工作中所涉及的不同纸张的设计与背景的设置。

2.1 熟悉 Word 的文档视图

文档视图是指文档在屏幕中的显示方式，且不同的视图模式下配备的操作工具也有所不同。在排版过程中，可能会根据排版需求不同而切换到不同的视图模式，从而能更好地完成排版任务。Word 2016 提供了多种视图处理方式，用户可以根据编排情况选择对应的文档视图。

2.1.1 选择合适的视图模式

Word 2016 提供了页面视图、阅读视图、Web 版式视图、大纲视图和草稿视图 5 种视图模式，其中页面视图和大纲视图尤为常用。这些视图都有各自的作用和优点，下面将对它们的特点进行简单的介绍。

1. 页面视图

页面视图是 Word 文档的默认视图，也是使用得最多的视图方式。在页面视图中，我们可以看到文档的整个页面的分布情况，同时，它完美呈现了文档打印输出在纸张上的真实效果，可以说是"所见即所得"，如图 2-1 所示。

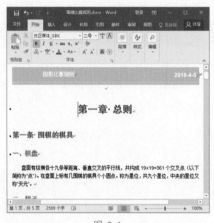

图 2-1

在页面视图中，我们可以非常方便地查看、调整排版格式，如进行页眉页脚设计、页面设计，以及处理图片、文本框等操作。所以说，页面视图是可以集浏览、编辑、排版于一体的视图模式，也是最方便的视图模式。

技能拓展——隐藏上下页间的空白部分

在 Word 文档中，页与页之间有部分空白，方便了在编辑文档时区分上下页。如果希望扩大文档内容的显示范围，可以将页与页之间的空白部分隐藏起来，以便阅读，具体操作方法为：在任意一个上下页面之间，将鼠标指针指向上下页面之间的空白处，当鼠标指针变为 ⊞ 形状时，双击鼠标即可隐藏上下页面间的空白部分，并以一条横线作为分割线来区分上下页。

此外，双击分割线，可将隐藏的空白区域显示出来。

2. 阅读视图

如果只是查看文档内容，则可以使用阅读视图，该视图模式最大的优点是利用最大的空间来阅读或批注文档。在阅读视图模式下，Word 隐藏了功能区，直接以全屏方式显示文档内容，效果如图 2-2 所示。

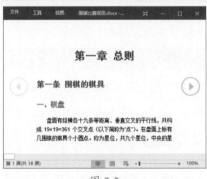

图 2-2

在阅读视图模式下查看文档时，不能对文档内容进行编辑操作，从而防止因为失误而改变文档内容。当需要翻页时，可通过单击页面左侧的箭头按钮 ◀ 向上翻页，单击页面右侧的箭头按钮 ▶ 向下翻页。在阅读视图模式下，可以通过阅读工具栏中的【工具】按钮选择需要的阅读定位工具，以及通过【视图】按钮设置视图的相关选项，如显示导航窗格、显示批注、调整页面颜色及页面布局等。

3. Web 版式视图

Web 版式视图是以网页的形式显示文档内容在 Web 浏览器中的外观。通常情况下，如果要编排用于互联网中展示的网页文档或邮件，便可以使用 Web 版式视图。当选择 Web 版式视图时，编辑窗口将显示得更大，并自动换行以适应窗口大小，如图 2-3 所示。

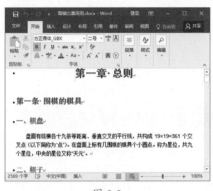

图 2-3

在 Web 版式视图下，不显示页眉、页码等信息，而显示为一个不带分页

符的长页。如果文档中含有超链接，超链接会显示为带下画线的文本。

4. 大纲视图

大纲视图是显示文档结构和大纲工具的视图，它将文档中的所有标题分级显示出来，层次分明，非常适合层次较多的文档。文档切换到大纲视图后的效果如图 2-4 所示。

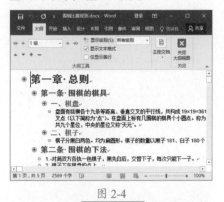

图 2-4

技术看板

在大纲视图模式下，我们可以非常方便地对文档标题进行升级、降级处理，以及移动和重组长文档，相关操作方法将在本书的第 13 章中进行讲解。

5. 草稿视图

顾名思义，草稿视图就是以草稿形式来显示文档内容，便于快速编辑文本。在草稿视图下，不会显示图片、页眉、页脚、分栏等元素，如图 2-5 所示。

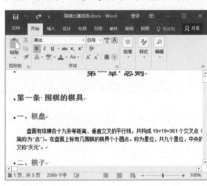

图 2-5

技术看板

在草稿视图模式下，图片、自选图形及艺术字等对象将以空白区域显示。此外，在该视图模式下，上下页面的空白处会以虚线的形式显示。

2.1.2 实战：切换视图模式

实例门类	软件功能
教学视频	光盘\视频\第 2 章\2.1.2.mp4

默认情况下，Word 的视图模式为页面视图，根据操作需要，我们可以通过【视图】选项卡或状态栏中的视图按钮来切换文档视图。

例如，在页面视图中切换到阅读视图模式，再切换到 Web 版式视图模式，具体操作方法如下。

Step01 打开"光盘\素材文件\第 2 章\围棋比赛规则 .docx"的文件，❶ 切换到【视图】选项卡；❷ 在【视图】组中单击【阅读视图】按钮，如图 2-6 所示。

图 2-6

Step02 文档即可切换到阅读视图模式，要从该模式切换到 Web 版式视图，在状态栏中单击【Web 版式视图】按钮 ，如图 2-7 所示。

图 2-7

Step 03 文档即可由阅读视图模式切换到 Web 版式视图，如图 2-8 所示。

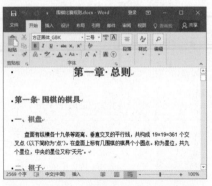

图 2-8

默认情况下，状态栏中只提供了页面视图、阅读视图和 Web 版式视图 3 种视图模式，如果需要切换到其他视图模式，需要通过【视图】选项卡实现。除了阅读视图模式外，在页面视图、Web 版式视图、大纲视图和草稿视图中，均可通过【视图】选项卡来切换到需要的视图模式。

2.1.3 实战：设置文档显示比例

实例门类	软件功能
教学视频	光盘\视频\第 2 章\2.1.3.mp4

文档内容默认的显示比例为 100%，有时为了浏览整个页面的版式布局，或者是更清楚地查看某一部分内容的细节，便需要设置合适的显示比例。设置文档显示比例的操作方法如下。

Step 01 打开"光盘\素材文件\第 2 章\围棋比赛规则 .docx"的文件，❶ 切换到【视图】选项卡；❷ 单击【显示比例】组中的【显示比例】按钮，如图 2-9 所示。

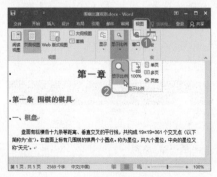

图 2-9

Step 02 弹出【显示比例】对话框，我们可以在【显示比例】栏中选择提供的比例，也可通过【百分比】微调框自定义设置需要的显示比例，❶ 本操作中通过微调框将显示比例设置为【110%】；❷ 单击【确定】按钮，如图 2-10 所示。

图 2-10

Step 03 返回文档，即可以 110% 的显示比例显示文档内容，如图 2-11 所示。

图 2-11

除了上述讲解的方法之外，我们还可以通过状态栏来调整文档内容的显示比例。在状态栏中，通过单击【放大】按钮 ➕，将以 10% 的大小增大显示比例；通过单击【缩小】按钮 ➖，将以 10% 的大小减小显示比例；通过拖动【缩放】滑块 ❙，可任意调整显示比例。此外，【放大】按钮 ➕ 右侧的数字表示文档内容当前的显示比例，且该数字是一个可以单击的按钮，对其单击，可以弹出【显示比例】对话框。

2.2 Word 排版的辅助工具

为了帮助用户编辑和排版文档，Word 还提供了许多排版辅助工具，如标尺、导航线和导航窗格等，下面将介绍这些辅助工具的使用方法。

2.2.1 标尺

在排版过程中，标尺是一个不可忽视的排版辅助工具之一，通过它，我们可以设置或查看段落缩进、制表位、页边距、表格大小和分栏栏宽等信息。

默认情况下，Word 窗口界面中并未显示标尺工具，若要将其显示出来，可切换到【视图】选项卡，在【显示】组中选中【标尺】复选框，即可在功能区的下方显示水平标尺，在文档窗口左侧显示垂直标尺，如图2-12所示。

图2-12

标尺虽然分水平标尺和垂直标尺，但使用频率最高的却是水平标尺。

在水平标尺中，其左右两端的明暗分界线（分别是【左边距】【右边距】）可用来调节页边距，标尺上的几个滑块可以用来调整段落缩进。水平标尺的结构示意图如图2-13所示。

图2-13

❶ 左边距；❷ 右边距；❸ 首行缩进；❹ 悬挂缩进；❺ 左缩进；❻ 右缩进

水平标尺中的几个元素的使用方法如下。

➥ 将鼠标指针指向【左边距】，当鼠标指针变为双向箭头 时，左右拖动标尺，可改变左侧页边距的大小。

➥ 将鼠标指针指向【右边距】，当鼠标指针变为双向箭头 时，左右拖动标尺，可改变右侧页边距的大小。

➥ 选中段落，拖动【首行缩进】滑块，可调整所选段落的首行缩进。

➥ 选中段落，拖动【悬挂缩进】滑

块，可调整所选段落的悬挂缩进。

➥ 选中段落，拖动【左缩进】滑块，可调整所选段落的左缩进。

➥ 选中段落，拖动【右缩进】滑块，可调整所选段落的右缩进。

技能拓展——妙用标尺栏中的分界线

若要通过标尺栏来调整表格大小、分栏栏宽等信息，就需要使用标尺上的分界线。例如，要调整表格大小，将光标定位在表格中，标尺上面就会显示分界线，拖动分界线，便可对当前表格的大小进行调整，在拖动的同时，若同时按住【Alt】键还可实现微调。

2.2.2 网格线

使用Word提供的网格线工具，可以方便地将文档中的对象沿网格线对齐，如移动对齐图形、文本框或艺术字等。网格线默认并未显示出来，需要切换到【视图】选项卡，在【显示】组中选中【网格线】复选框，文档中即可显示出网格线，如图2-14所示。

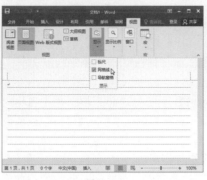

图2-14

2.2.3 导航窗格

从Word 2010版本开始，Word提供了【导航】窗格，该窗格替代了

以往版本中的【文档结构图】窗格。【导航】窗格是一个独立的窗格，主要用于显示文档标题，使文档结构一目了然。在【导航】窗格中，还可以按标题或页面的显示方式，通过搜索文本、图形或公式等对象来进行导航。

在Word窗口中，切换到【视图】选项卡，在【显示】组中选中【导航窗格】复选框，即可在窗口左侧显示【导航】窗格，如图2-15所示。

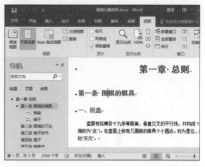

图2-15

在【导航】窗格中，有【标题】【页面】【结果】3个标签，单击某个标签可切换到对应的显示界面。

➥ 【标题】界面为默认界面，在该界面中清楚地显示了文档的标题结构，单击某个标题可快速定位到该标题。单击某标题左侧的 按钮，可折叠该标题，隐藏其标题下所有的从属标题。折叠某标题内容后， 按钮会变成 ，单击 按钮，可展开标题内容，将该标题下的从属标题显示出来。

➥ 在【页面】界面中，显示的是分页缩略图，单击某个缩略图，可快速定位到相关页面，大大提高了查阅速度。

➥ 【结果】页面，通常用于显示搜索结果，单击某个结果，可快速定位到需要搜索的位置。

2.3 窗口操作

当打开多个文档进行查看编辑时，就涉及窗口的操作问题，如拆分查看窗口、并排查看窗口、切换窗口等，下面将分别进行讲解。

2.3.1 实战：新建窗口

实例门类	软件功能
教学视频	光盘\视频\第2章\2.3.1.mp4

在编辑某篇文档时，有时需要在文档的不同部分进行操作，如果通过滚动文档或定位文档的方式来不断切换需要操作的位置，显得非常麻烦。为了提高编辑效率，可以通过新建窗口的方法，将同一个文档的内容分别显示在两个或多个窗口中，具体操作方法如下。

Step01 打开"光盘\素材文件\第2章\围棋比赛规则.docx"的文件，❶切换到【视图】选项卡；❷在【窗口】组中单击【新建窗口】按钮，如图2-16所示。

图2-16

Step02 即可基于原文档内容新建一个含相同内容的窗口。新建窗口后，标题栏中会用【：1、：2、：3…】这样的编号来区别新建的窗口。在本例中新建窗口后，原文档的标题名将自动显示为【围棋比赛规则.docx：1】，新建窗口的标题名显示为【围棋比赛规则.docx：2】，且【围棋比赛规则.docx：2】为当前活动窗口，如图2-17所示。

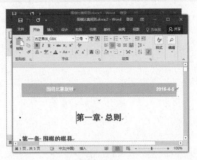

图2-17

Step03 此时，在任意一个窗口中进行操作，修改都会反映到其他的文档窗口中。例如，在【围棋比赛规则.docx：2】中，将文本【一、棋盘】的字体颜色设置为了【红色】，【围棋比赛规则.docx：1】文档窗口中也会发生同步变化，如图2-18所示。

图2-18

Step04 关闭新建的文档窗口【围棋比赛规则.docx：2】，【围棋比赛规则.docx：1】的标题名会自动恢复为【围棋比赛规则.docx】，同时保存【围棋比赛规则.docx：2】的修改，如图2-19所示。

图2-19

2.3.2 实战：全部重排

实例门类	软件功能
教学视频	光盘\视频\第2章\2.3.2.mp4

当用户打开了多个文档并进行编辑时，为了避免窗口之间的重复转换，可以通过窗口重排功能使Windows窗口中同时显示多个文档窗口，使用户可以一次性查看多个窗口，从而提高工作效率。重排窗口的操作方法如下。

Step01 打开"光盘\素材文件\第2章\诗词鉴赏—春晓.docx、诗词鉴赏—春夜喜雨.docx"的文件，如图2-20所示。

图2-20

Step02 在任意文档窗口中，❶切换到【视图】选项卡；❷在【窗口】组中单击【全部重排】按钮，如图2-21所示。

图2-21

Step03 执行上述操作后，即可对Windows窗口中显示的文档窗口进行重排，两个文档窗口都将显示在可视范围内，此时用户可以随心所欲地在两个窗口间进行编辑了，如图2-22所示。

图 2-22

★ 重点 2.3.3 实战：拆分窗口

实例门类	软件功能
教学视频	光盘\视频\第2章\2.3.3.mp4

　　顾名思义，拆分窗口就是将文档窗口进行拆分操作。在 Word 中，可以通过拆分窗口操作，将文档窗口拆分成两个子窗口，两个子窗口中显示的是同一个文档的内容，只是显示的内容部分不同而已。拆分窗口后，用户可以非常方便地对同一文档中的前后内容进行编辑操作，如复制、粘贴等。

　　拆分窗口和新建窗口类似，只要在其中的一个窗口中进行编辑操作，其他窗口会自动同步更新。拆分显示窗口的具体操作方法如下。

Step01 打开"光盘\素材文件\第2章\诗词鉴赏—春夜喜雨.docx"的文件，❶ 切换到【视图】选项卡；❷ 在【窗口】组中单击【拆分】按钮，如图2-23所示。

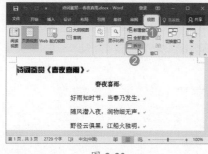

图 2-23

Step02 窗口将拆分成上、下两个子窗口，并独立显示文档内容，此时可分别对上边或下边的窗口进行编辑操作。例如，在上面子窗口中，对【好雨知时节，当春乃发生。】文本添加下画线，在下面子窗口中将【好雨：】文本的字体颜色设置为【蓝色】，如图2-24所示。

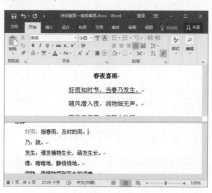

图 2-24

Step03 当不再需要拆分显示窗口时，在【窗口】组中单击【取消拆分】按钮取消拆分，如图2-25所示。

Step04 取消拆分窗口后，文档窗口将还原为独立的整体窗口，同时可发现所有的更改都得到了同步更新，如图2-26所示。

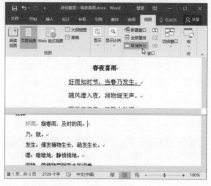

图 2-25

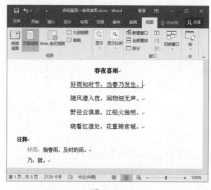

图 2-26

★ 重点 2.3.4 实战：并排查看窗口

实例门类	软件功能
教学视频	光盘\视频\第2章\2.3.4.mp4

　　通过并排查看窗口功能，可以同时查看两个文档，方便比较两个文档中的内容。并排查看窗口的具体操作方法如下。

第1篇
第2篇
第3篇
第4篇
第5篇
第6篇
第7篇

Step 01 打开"光盘\素材文件\第2章\诗词鉴赏—春夜喜雨.docx、诗词鉴赏—春夜喜雨（1）.docx"的文件，在诗词鉴赏—春夜喜雨.docx 文档中，❶切换到【视图】选项卡，❷在【窗口】组中单击【并排查看】按钮，如图 2-27 所示。

图 2-27

Step 02 弹出【并排比较】对话框，❶选择要并排查看比较的文档【诗词鉴赏—春夜喜雨（1）.docx】；❷单击【确定】按钮，如图 2-28 所示。

图 2-28

Step 03 此时，两个文档将会以并排的形式显示在屏幕中，如图 2-29 所示。

图 2-29

技能拓展——取消并排查看

并排查看文档后，【并排查看】按钮呈选中状态显示，单击该按钮取消选中状态，便可取消文档的并排查看。

Step 04 并排查看文档后，默认情况下可同时滚动查看文档，即拖动任意一个文档窗口中的滚动条，两个文档中的内容会一起滚动，如图 2-30 所示。如果不需要同时滚动查看文档，可单击【窗口】组中的【同步滚动】按钮，取消该按钮的选中状态。

图 2-30

技能拓展——重设窗口位置

并排查看文档后，如果因为拖动窗口位置或者改变窗口大小，而致使并排查看的两个文档窗口位置不一致，可单击【窗口】组中的【重设窗口位置】按钮，使两个文档窗口再次以并排的形式显示在屏幕中。

2.3.5 切换窗口

实例门类	软件功能
教学视频	光盘\视频\第2章\2.3.5.mp4

当打开了多个文档时，人们习惯通过任务栏中的窗口按钮来切换文档窗口。若任务栏中窗口按钮太多时，也会影响切换速度，此时我们可以通过 Word 自带的窗口切换功能快速切换，具体操作方法为：在当前文档窗口中切换到【视图】选项卡，单击【窗口】组中的【切换窗口】按钮，在弹出的下拉列表中选择需要切换的文档即可，如图 2-31 所示。

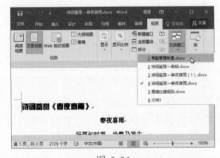

图 2-31

2.4 页面设置

无论对文档进行何种样式的排版，所有操作都是在页面中完成的，页面直接决定了版面中内容的多少及摆放位置。在排版过程中，我们可以使用默认的页面设置，也可以根据需要对页面进行设置，主要包括纸张大小、纸张方向、页边距等。为了保证版式的整洁，一般建议在排版文档之前先设置好页面。

2.4.1 页面结构与文档组成部分

在进行页面设置前，我们先来了解一下页面的基本结构和文档组成部分。

1. 页面结构

页面的基本结构主要由版心、页边距、页眉、页脚、天头和地脚几部分构成，如图 2-32 所示。

图 2-32

- 版心：由文档 4 个顶角上的灰色十字形围住的区域，即图 2-32 中的灰色矩形区域。
- 页边距：版心的 4 个边缘与页面的 4 个边缘之间的区域。
- 页眉：版心以上的区域。
- 页脚：版心以下的区域。
- 天头：在页眉中输入内容后，页眉以上剩余的空白部分为天头。
- 地脚：在页脚中输入内容后，页脚以下剩余的空白部分为地脚。

2. 文档组成部分

根据文档的复杂程度不同，文档的组成部分也会不同。最简单的文档可能只有一页，如放假通知，这样的文档只有一个页面，没有特别之处；复杂一些的文档可能由多个页面组成，而且按内容类型可能会分为几个部分，如产品使用手册；体系最为庞大的文档莫过于书籍了，它由多个部分组成，其结构和组成部分非常复杂。

一本书籍中，像类似第 1 章、第 2 章这样的内容，是书籍的正文，也是书籍中的核心部分，在整个书籍中占有很大的篇幅。正文之前的内容称

为文前，文前一般包含扉页、序言、前言、目录等内容。正文之后的内容称为文后，文后一般包含附录、索引等内容。总而言之，书籍的大致结构为：扉页→序言→前言→目录→正文→附录→索引。

★ 重点 2.4.2 实战：设置纸张样式

实例门类	软件功能
教学视频	光盘\视频\第 2 章\2.4.2.mp4

在制作一些特殊版式的文档时，如小学生作业本、信纸等，可以通过稿纸功能设置纸张样式。Word 提供了 3 种纸张样式，分别是方格式稿纸、行线式稿纸和外框式稿纸。设置纸张样式的具体操作方法如下。

Step01 新建空白文档，❶切换到【布局】选项卡；❷单击【稿纸】组中的【稿纸设置】按钮，如图 2-33 所示。

图 2-33

Step02 弹出【稿纸设置】对话框，❶在【格式】下拉列表中选择纸张样式，如"方格式稿纸"；❷在【行数×列数】下拉列表中选择行列数参数，如【20×20】；❸在【网格颜色】下拉列表中选择网格线颜色，如【青绿】；❹设置完成后单击【确认】按钮，如图 2-34 所示。

图 2-34

Step03 返回文档，即可按照所设参数生成方格式稿纸，效果如图 2-35 所示。

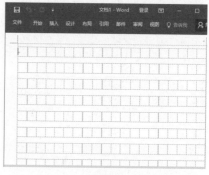

图 2-35

技能拓展——取消纸张样式

如果要取消设置的纸张样式，则打开【稿纸设置】对话框，在【格式】下拉列表中选择【非稿纸文档】选项，然后单击【确认】按钮即可。

★ 重点 2.4.3 实战：设置员工薪酬方案开本大小

实例门类	软件功能
教学视频	光盘\视频\第 2 章\2.4.3.mp4

进行页面设置时，通常是先确定页面的大小，即开本大小（纸张大小）。在设置开本大小前，先了解"开本"

和"印张"两个基本概念。

开本是指以整张纸为计算单位，将一整张纸裁切和折叠多少个均等的小张就称其为多少开本。例如，整张纸经过 1 次对折后为对开，经过 2 次对折后为 4 开，经过 3 次对折后为 8 开，经过 4 次对折后为 16 开，以此类推。为了便于计算，可以使用公式 2^n 来计算开本大小，其中 n 表示对折的次数。

印张是指整张纸的一个印刷面，每个印刷面包含指定数量的书页，书页的数量由开本决定。例如，一本书以 32 开来印刷，一共使用了 15 个印张，那么这本书的页数就是 32×15=480 页。反之，根据一本书的总页数和开本大小可以计算出需要使用的印张数。例如，一本 16 开 360 页的书，需要的印张数为 360÷16=22.5 个印张。

技术看板

国内生产的纸张常见大小主要有 787 mm×1092 mm、850 mm×1168 mm 和 880 mm×1320 mm 这 3 种。787 mm×1092 mm 这种尺寸是我们当前文化用纸的主要尺寸，国内现有的造纸、印刷机械绝大部分都是生产和使用这种尺寸的纸张；850 mm×1168 mm 这种尺寸主要用于较大的开本，如大 32 开的书籍就是用的这种纸张；880 mm×1320 mm 这种尺寸比其他同样开本的尺寸要大，是国际上通用的一种规格。

此外，还有一些特殊规格的纸张尺寸，如 787 mm×980 mm、890 mm×1240 mm、900 mm×1280 mm 等，像这些特殊规格的纸张需要由纸厂特殊生产。

Word 提供了内置纸张大小供用户快速选择，用户也可以根据需要自定义设置，具体操作方法如下。

Step01 打开"光盘\素材文件\第 2 章\员工薪酬方案.docx"的文件，

❶ 切换到【布局】选项卡；❷ 在【页面设置】组中单击【功能扩展】按钮 ⤢，如图 2-36 所示。

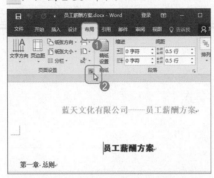

图 2-36

技能拓展——通过功能区设置纸张大小

在【页面设置】组中，单击【纸张大小】按钮，在弹出的下拉列表中可快速选择需要的纸张大小。

Step02 弹出【页面设置】对话框，❶ 切换到【纸张】选项卡；❷ 在【纸张大小】下拉列表中选择需要的纸张大小，如【16 开】；❸ 单击【确定】按钮即可，如图 2-37 所示。

图 2-37

技能拓展——自定义纸张大小

在【页面设置】对话框的【纸张】选项卡中，若【纸张大小】下拉列表中没有需要的纸张大小，可以通过【宽度】和【高度】微调框自定义纸张的大小。

★ 重点 2.4.4 实战：设置员工薪酬方案纸张方向

实例门类	软件功能
教学视频	光盘\视频\第 2 章\2.4.4.mp4

纸张的方向主要包括"纵向"与"横向"两种，纵向为 Word 文档的默认方向，根据需要，用户可以设置纸张方向，具体操作方法为：在"员工薪酬方案.docx"文档中，切换到【布局】选项卡，在【页面设置】组中单击【纸张方向】按钮，在弹出的下拉列表中选择需要的纸张方向即可，本例中选择【横向】选项，如图 2-38 所示。

图 2-38

技能拓展——通过对话框设置纸张方向

除了通过功能区设置纸张方向外，还可通过【页面设置】对话框设置纸张方向，方法为：打开【页面设置】对话框，在【页边距】选项卡的【纸张方向】栏中，选择需要的纸张方向，然后单击【确定】按钮即可。

★重点★ 新功能 2.4.5 实战：设置员工薪酬方案版心大小

实例门类	软件功能
教学视频	光盘\视频\第2章\2.4.5.mp4

确定了纸张大小和纸张方向后，便可设置版心大小了。版心的大小决定了可以在一页中输入的内容量，而版心大小由页面大小和页边距大小决定。简单地讲，版心的尺寸可以用下面的公式计算得到。

版心的宽度=纸张宽度-左边距-右边距

版心的高度=纸张高度-上边距-下边距

所以，在确定了页面的纸张大小后，只需要指定好页边距大小，即可完成对版心大小的设置。设置页边距大小的操作方法如下。

Step01 在"员工薪酬方案.docx"文档中，❶切换到【布局】选项卡；❷在【页面设置】组中单击【功能扩展】按钮，如图2-39所示。

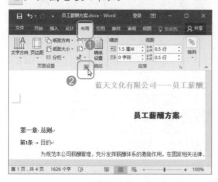

图 2-39

Step02 弹出【页面设置】对话框，❶切换到【页边距】选项卡；❷在【页边距】栏中通过【上】【下】【左】【右】微调框设置相应的值；❸完成设置后单击【确定】按钮即可，如图2-40所示。

图 2-40

技能拓展——设置装订线

如果需要将文档打印成纸质文档并进行装订，还可以设置装订线的位置和大小。装订线有左侧和顶端两个位置，大多数文件选择的左侧装订，尤其是要进行双面打印的文档都选择在左侧装订。

设置装订线的方法为：打开【页面设置】对话框，在【页边距】选项卡的【页边距】栏中，在【装订线位置】下拉列表中选择装订位置，在【装订线】微调框中设置装订线的宽度，然后单击【确定】按钮即可。

技术看板

若对一篇已经排版好的文档重新设置纸张大小、版心大小等参数，那么排版好的内容会因为这些参数的变化而发生改变，甚至变得凌乱无序，所以在开始排版前，先设置好纸张大小、版心大小等参数，以免在排版过程中做无用功。

★重点★ 新功能 2.4.6 实战：设置员工薪酬方案页眉和页脚的大小

实例门类	软件功能
教学视频	光盘\视频\第2章\2.4.6.mp4

确定了版心大小后，就可以设置页眉、页脚的大小了。页眉的大小取决于上边距和天头的大小，即页眉=上边距-天头；页脚的大小取决于下边距和地脚的大小，即页脚=下边距-地脚。

所以，在确定了页边距大小后，只需要设置好天头、地脚的大小，便可完成对页眉、页脚大小的设置。设置天头和地脚的具体操作方法如下。

Step01 在"员工薪酬方案.docx"文档中，❶切换到【布局】选项卡；❷在【页面设置】组中单击【功能扩展】按钮，如图2-41所示。

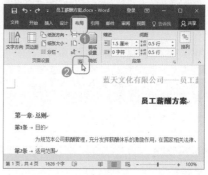

图 2-41

Step02 弹出【页面设置】对话框，❶切换到【版式】选项卡；❷在【页眉】微调框中设置页眉距离上边距的距离，即天头大小，在【页脚】微调框中设置页脚距离下边距的距离，即地脚大小；❸完成设置后单击【确定】按钮即可，如图2-42所示。

图 2-42

★ 新功能 2.4.7　实战：设置出师表的文字方向和字数

实例门类	软件功能
教学视频	光盘\视频\第2章\2.4.7.mp4

在编辑文档时，默认的文字方向为横向。当在编辑一些特殊文档时，如诗词之类的文档，可以将文字方向设置为纵向。此外，在排版文档时，还可以指定每页的行数及每行的字符数。设置文字方向和字数的具体操作方法如下。

Step01 打开"光盘\素材文件\第2章\出师表.docx"的文件，❶切换到【布局】选项卡；❷在【页面设置】组中单击【功能扩展】按钮 ，如图 2-43 所示。

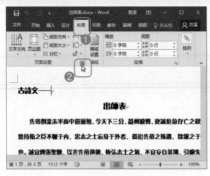

图 2-43

Step02 弹出【页面设置】对话框，❶切换到【文档网格】选项卡；❷在【方向】栏中设置文字方向，本例中选中【垂直】单选按钮；❸在【网格】栏中选择字符数指定方式，本例中选中【指定行和字符网格】单选按钮；❹在【字符数】栏中通过【每行】微调框设置每行需要显示的字符数，通过【跨度】微调框设置字符之间的距离；❺在【行数】栏中通过【每页】微调框设置每页需要显示的行数，通过【跨度】微调框设置每行之间的距离；❻设置完成后单击【确定】按钮，如图 2-44 所示。

图 2-44

Step03 返回文档，可查看设置后的效果，如图 2-45 所示。

图 2-45

2.4.8　实战：为员工薪酬方案插入封面

实例门类	软件功能
教学视频	光盘\视频\第2章\2.4.8.mp4

从 Word 2007 版本开始，Word提供了"封面"功能，通过该功能，可快速选择一种封面样式插入到文档中，然后在相应位置输入需要的文字即可，从而为用户省去了制作封面的麻烦。插入封面的具体操作方法如下。

Step01 在"员工薪酬方案.docx"文档中，❶切换到【插入】选项卡；❷在【页面】组中单击【封面】按钮；❸在弹出的下拉列表中选择需要的封面样式，如图 2-46 所示。

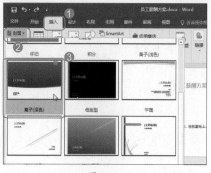

图 2-46

Step02 所选样式的封面将自动插入文档首页，此时用户只需在占位符中输入相关内容即可（根据实际操作，对于不需要的占位符可以自行删除），

最终效果如图 2-47 所示。

图 2-47

技能拓展——保存自定义封面

对于有美工基础的用户，可能喜欢手动制作封面。当制作好封面后，为了方便以后直接使用，可以将封面保存下来，方法为：选中设置好的封面，切换到【插入】选项卡，单击【页面】组中的【封面】按钮，在弹出的下拉列表中选择【将所选内容保存到封面库】选项，在弹出的【新建构建基块】对话框中设置保存参数，然后单击【确定】按钮即可。

2.5 设置页面背景

所谓设置页面背景，就是对文档底部进行相关设置，如添加水印、设置页面颜色及页面边框等，通过这一系列的设置，可以起到渲染文档的作用。

★ 重点 2.5.1 实战：设置考勤管理制度的水印效果

实例门类	软件功能
教学视频	光盘\视频\第2章\2.5.1.mp4

水印是指将文本或图片以水印的方式设置为页面背景，其中文字水印多用于说明文件的属性，通常用作提醒功能，而图片水印则大多用于修饰文档。

对于文字水印而言，Word 提供了几种文字水印样式，用户只需切换到【设计】选项卡，单击【页面背景】组中的【水印】按钮，在弹出的下拉列表中选择需要的水印样式即可，如图 2-48 所示。

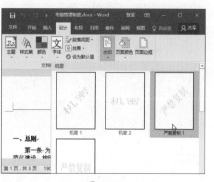

图 2-48

但在编排商务办公文档时，Word 提供的文字水印样式并不能满足用户的需求，此时就需要自定义文字水印，具体操作方法如下。

Step01 打开"光盘\素材文件\第2章\考勤管理制度.docx"的文件，❶切换到【设计】选项卡；❷单击【页面背景】组中的【水印】按钮；❸在弹出的下拉列表中选择【自定义水印】选项，如图 2-49 所示。

图 2-49

Step02 弹出【水印】对话框，❶选中【文字水印】单选按钮；❷在【文字】文本框中输入水印内容；❸根据操作需要对文字水印设置字体、字号等参数，完成设置后，单击【确定】按钮，如图 2-50 所示。

技能拓展——删除水印

在设置了水印的文档中，如果要删除水印，在【页面背景】组中单击【水印】按钮，在弹出的下拉列表中选择【删除水印】选项即可。

图 2-50

Step03 返回文档，即可查看设置后的效果，如图 2-51 所示。

图 2-51

技能拓展——设置图片水印

为了让文档页面看起来更加美观，我们还可以设计图片样式的水印，具体操作方法为：打开【水印】对话框后选中【图片水印】单选按钮，单击【选择图片】按钮，在弹出的【插入图片】页面中单击【浏览】按钮，弹出【选择图片】对话框，选择需要作为水印的图片，单击【插入】按钮，返回【水印】对话框，设置图片的缩放比例等参数，完成设置后单击【确定】按钮即可。

2.5.2 实战：设置财务盘点制度的填充效果

实例门类	软件功能
教学视频	光盘\视频\第 2 章\2.5.2.mp4

Word 默认的页面背景颜色为白色，为了让文档页面看起来更加赏心

悦目，我们可以对其设置填充效果，如纯色填充、渐变填充、纹理填充、图案填充、图片填充等。例如，要为文档设置图片填充效果，具体操作方法如下。

Step01 打开"光盘\素材文件\第 2 章\财务盘点制度.docx"的文件，❶ 切换到【设计】选项卡；❷ 在【页面背景】组中单击【页面颜色】按钮；❸ 在弹出的下拉列表中选择【填充效果】选项，如图 2-52 所示。

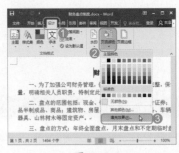

图 2-52

技能拓展——设置纯色填充效果

单击【页面背景】组中的【页面颜色】按钮后，在弹出的下拉列表中直接选择某个颜色选项，便可为文档设置纯色填充效果。

Step02 弹出【填充效果】对话框，❶ 切换到【图片】选项卡；❷ 单击【选择图片】按钮，如图 2-53 所示。

图 2-53

技术看板

在【填充效果】对话框中，切换到某个选项卡，便可设置对应的填充效果。例如，切换到【纹理】选项卡，便可对文档进行纹理效果填充。

Step03 打开【插入图片】界面，单击【浏览】按钮，如图 2-54 所示。

图 2-54

Step04 弹出【选择图片】对话框，❶ 选择需要作为填充背景的图片；❷ 单击【插入】按钮，如图 2-55 所示。

图 2-55

Step05 返回【填充效果】对话框，单击【确定】按钮，如图 2-56 所示。

图 2-56

Step 06 返回文档，即可查看设置的图片填充效果，如图 2-57 所示。

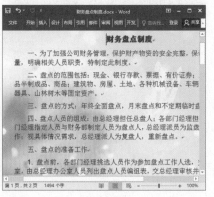

图 2-57

2.5.3 实战：设置财务盘点制度的页面边框

实例门类	软件功能
教学视频	光盘\视频\第2章\2.5.3.mp4

在编排文档时，我们还可以添加页面边框，让文档更加赏心悦目。添加页面边框的具体操作方法如下。

Step 01 在"财务盘点制度.docx"文档中，❶ 切换到【设计】选项卡；❷ 单击【页面背景】组中的【页面边框】按钮，如图 2-58 所示。

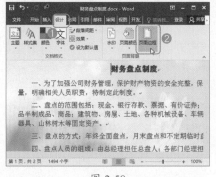

图 2-58

Step 02 弹出【边框和底纹】对话框，在【页面边框】选项卡中根据需要设置边框样式、宽度等参数，❶ 本例中在【艺术型】下拉列表中选择边框样式；❷ 在【宽度】微调框中设置边框宽度；❸ 设置完成后单击【确定】按钮，如图 2-59 所示。

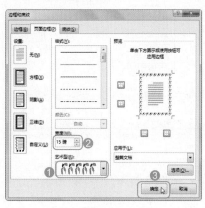

图 2-59

技术看板

对页面设置艺术型边框时，若所选样式的边框已经设置了黑色以外的颜色，则无法更改其颜色。

Step 03 返回文档，即可查看设置后的效果，如图 2-60 所示。

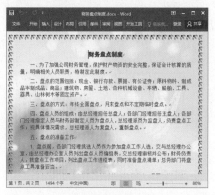

图 2-60

技能拓展——删除页面边框

设置页面边框后，再次打开【边框和底纹】对话框，在【页面边框】选项卡的【设置】栏中选择【无】选项，可清除边框效果。

妙招技法

通过前面知识的学习，相信读者已经掌握了视图操作及页面设置的相关操作方法。下面结合本章内容，给大家介绍一些实用技巧。

技巧 01：设置书籍折页效果

教学视频	光盘\视频\第2章\技巧01.mp4

如果希望将制作好的文档以书籍折页效果打印出来，即在纸页中间进行装订，因此就要求在一张纸上打印的两页内容是文档的第1页和最后1页。例如，文档共有28页，那么在

打印时需要在第1张纸页上同时打印文档的第1页和第28页，在第2张纸页上同时打印文档的第2页和第27页，以此类推。只有这样打印出来的纸页，才能实现在纸页中间进行装订，且文档的页码仍然是按顺序排列的。

要想实现书籍折页打印效果，就需要进行页面设置，具体操作方法

如下。

打开【页面设置】对话框，在【页边距】选项卡的【多页】下拉列表中选择【书籍折页】选项，此时，Word 会自动将页面方向调整为【横向】，并将【页边距】栏中的【左】改为【内侧】，【右】改为【外侧】，根据需要调整页边距的大小，然后单击【确定】按钮即可，如图 2-61 所示。

图 2-61

技巧 02：让文档内容自动在页面中居中对齐

教学视频	光盘\视频\第2章\技巧 02.mp4

默认情况下，文档内容总是以页面顶端为基准对齐，如果希望让文档内容自动置于页面中央，可通过页面设置实现，具体操作方法如下。

Step01 打开"光盘\素材文件\第2章\请假条.docx"的文件，❶切换到【布局】选项卡；❷在【页面设置】组中单击【功能扩展】按钮 ⤢，如图 2-62 所示。

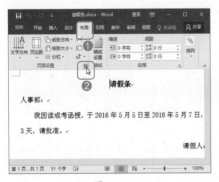

图 2-62

Step02 弹出【页面设置】对话框，❶切换到【版式】选项卡；❷在【垂直对齐方式】下拉列表中选择【居中】选项；❸单击【确定】按钮，如图 2-63 所示。

图 2-63

技术看板

在【垂直对齐方式】下拉列表中，有顶端对齐、居中、两端对齐和底端对齐4个选项。顶端对齐为默认的对齐方式，在该对齐方式下，未布满页面的文本页中，上下端与其他各页的上下端保持一致；在居中对齐方式下，未布满页面的文本页中，以页面上下边距为基准，将文本分布在中间位置；在两端对齐方式下，未布满页面的文本页中，上下两端与其他页的上下两端保持一致，且未布满页面的文本行距与其他页的行距不一致，并平均分布在页面上；在底端对齐方式下，未布满页面的文本页上，下端与其他各页的下端保持一致。

Step03 返回文档，可看见文档内容自

动在页面中居中显示，如图2-64所示。

图 2-64

技巧 03：设置对称页边距

教学视频	光盘\视频\第2章\技巧 03.mp4

在设置文档的页边距时，有时为了便于装订，通常会把左侧页边距设置得大一些。但是当进行双面打印时，左右页边距在纸张的两面正好相反，反而难于装订了。因此，对于需要双面打印的文档，最好设置对称页边距。

对称页边距是指设置双面文档的对称页面的页边距。例如，书籍或杂志，在这种情况下，左侧页面的页边距是右侧页面页边距的镜像（即内侧页边距等宽，外侧页边距等宽）。

对文档进行双面打印时，通过"对称页边距"功能，可以使纸张正反两面的内、外侧均具有同等大小，这样装订后会显得更整齐美观些。设置对称页边距的具体操作方法为：打开【页面设置】对话框，切换到【页边距】选项卡，在【多页】下拉列表中选择【对称页边距】选项，此时，【页边距】栏中的【左】改为【内侧】，【右】改为【外侧】，然后设置相应

的页边距大小，最后单击【确定】按钮即可，如图2-65所示。

图 2-65

技巧 04：在文档中显示行号

| 教学视频 | 光盘\视频\第2章\技巧04.mp4 |

某些特殊类型的文档（如源程序清单等），需要对行设置行号，以便用户可以快速查找需要的内容。行号一般显示在左面正文与页边之间，即左侧页边距内的空白区域。若是分栏的文档，则行号将显示在各栏的左侧。设置行号的操作方法如下。

Step01 打开"光盘\素材文件\第2章\诗词鉴赏—春晓.docx"的文件，打开【页面设置】对话框，❶切换到【版式】选项卡；❷单击【行号】按钮，如图2-66所示。

Step02 弹出【行号】对话框，❶选中【添加行号】复选框；❷在【起始编号】微调框内设置行号的起始值，在【距正文】微调框内设置行号与正文之间

的距离，在【行号间隔】微调框内设置几行需要一个行号；❸设置完成后单击【确定】按钮，如图2-67所示。

图 2-66

图 2-67

📖 技术看板

在【行号】对话框的【编号】栏中有3个选项，其作用分别为：【每页重新编号】表示以页为单位进行编号；【每节重新编号】表示以节为单位进行编号；【连续编号】表示以整篇文档为单位进行连续编号。

Step03 返回【页面设置】对话框，单击【确定】按钮，在返回的文档中即可查看设置行号后的效果，如图2-68所示。

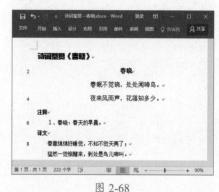

图 2-68

技巧 05：设置页面边框离页面的距离

| 教学视频 | 光盘\视频\第2章\技巧05.mp4 |

在对文档设置页面边框时，为了使页面边框达到更好的视觉效果，我们还可以设置页面边框离页面的距离，具体操作方法如下。

Step01 在"诗词鉴赏—春晓.docx"文档中，打开【边框和底纹】对话框，在【页面边框】选项卡中设置好页面边框样式后单击【选项】按钮，如图2-69所示。

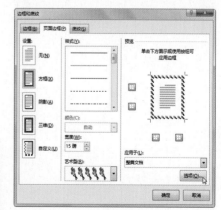

图 2-69

在【应用于】下拉列表中有4个选项，其作用分别为：【整篇文档】表示无论文档是否分节，页面边框应用于当前文档的所有页面；【本节】表示对于分节的文档，页面边框只应用于当前节；【本节—仅首页】表示对于分节的文档，页面边框只应用于本节的首页；【本节—除首页外的所有页】表示对于分节的文档，页面边框应用于本节除首页外的所有页。

Step02 弹出【边框和底纹选项】对话框，❶ 在【边距】栏中通过【上】【下】【左】【右】微调框设置页面边框离页面的距离；❷ 设置完成后单击【确定】按钮，如图2-70所示。

Step03 返回【边框和底纹】对话框，单击【确定】按钮即可。

图 2-70

本章小结

本章主要讲解了视图操作与页面设置的相关知识，包括选择视图模式、Word排版的辅助工具、窗口操作、页面设置及设置页面背景等内容。通过本章的学习，相信读者已经学会了Word排版前的准备工作，接下来将要开始新的篇章，正式启航Word的排版之旅。

第2篇 文档格式设置篇

文档也是需要包装的，精美包装后的文档，不仅能明确向大众传达设计者的意图和各种信息，还能增强视觉效果。

第3章 输入与编辑文档内容

➥ 还在用汉字输入法输入大量的大写中文数字吗？

➥ 你知道 Word 文档中还可以输入特殊符号、繁体字、偏旁部首吗？

➥ 还在为输入复杂公式发愁吗？

➥ 还在逐字逐句敲键盘吗？想提高录入效率吗？

➥ 编辑操作失误怎么办？

这些统统都不是问题，通过本章的学习，读者会发现以前让自己头疼的录入编辑问题原来可以如此的方便快捷，瞬间提高工作效率，快来一起学习吧！

3.1 输入文档内容

要使用 Word 编辑文档，就需要先输入各种文档内容，如输入普通的文本内容、输入特殊符号、输入大写中文数字等。掌握 Word 文档内容的输入方法，是编辑各种格式文档的前提。

3.1.1 定位光标插入点

启动 Word 后，在编辑区中不停闪动的光标"|"为光标插入点，光标插入点所在位置便是输入文本的位置。在文档中输入文本前，需要先定位好光标插入点，其方法有以下几种。

1. 通过鼠标定位

（1）在空白文档中定位光标插入点：在空白文档中，光标插入点就在文档的开始处，此时可直接输入文本。

（2）在已有文本的文档中定位光标插入点：若文档已有部分文本，当需要在某一具体位置输入文本时，可将鼠标指针指向该处，当鼠标指针呈"I"形状时，单击即可。

2. 通过键盘定位

（1）按光标移动键（【↑】【↓】【→】或【←】），光标插入点将向相应的方向进行移动。

（2）按【End】键，光标插入点向右移动至当前行行末；按下【Home】键，光标插入点向左移动至当前行行首。

（3）按【Ctrl+Home】组合键，光标插入点可移至文档开头；按【Ctrl+End】组合键，光标插入点可移至文档末尾。

（4）按【Page Up】键，光标插入点向上移动一页；按【Page Down】键，光标插入点向下移动一页。

3.1.2 实战：输入放假通知文本内容

实例门类	软件功能
教学视频	光盘\视频\第3章\3.1.2.mp4

在 Word 文档中定位好光标插入点，就可以输入文本内容了，具体操作方法如下。

Step01 新建一个名为"放假通知"的文档，切换到合适的汉字输入法，输入需要的内容，如图 3-1 所示。

图 3-1

Step02 ❶ 完成输入后按【Enter】键换行，输入第二行的内容；❷ 用同样的方法，继续输入其他文档内容，完成后的效果如图 3-2 所示。

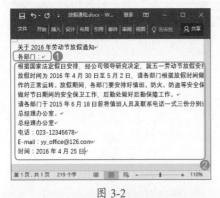

图 3-2

技能拓展——输入标点符号

在一篇文档中，标点符号起着举足轻重的作用。在输入标点符号时，需要注意以下几个方面的问题。

（1）标点符号分为中文和英文两种，分别在中文输入法和英文输入法状态下输入即可。

（2）常用的标点符号，如逗号","、句号"。"、顿号"、"等，都可直接通过键盘输入，只是用于输入标点符号的按键基本上都是双字符键，由上下两种不同的符号组成。如果直接按下按键，可以输入下面一排的符号；如果按住【Shift】键的同时再按下按键，可输入上面一排的符号。例如，【M】键右侧的【<（,）】键，若直接按下该键，则输入下档符号","；若按住【Shift】键，同时再按下该键，则输入上档符号"<"。

（3）在中文输入法状态下，按下【Shift+6】组合键，可以输入省略号"……"。

★ 重点 3.1.3 实战：在放假通知中插入符号

实例门类	软件功能
教学视频	光盘\视频\第3章\3.1.3.mp4

在输入文档内容的过程中，除了输入普通的文本之外，还可输入一些特殊文本，如"*""&""I"")"等符号。有些符号能够通过键盘直接输入，如"*""&"等，但有的符号却不能直接输入，如"I"")"等，这时可通过插入符号的方法进行输入，具体操作方法如下。

Step01 在"放假通知.docx"文档中，❶ 将光标插入点定位在需要插入符号的位置；❷ 切换到【插入】选项卡；❸ 在【符号】组中单击【符号】按钮；❹ 在弹出的下拉列表中选择【其他符号】选项，如图 3-3 所示。

Step02 弹出【符号】对话框，❶ 在【字体】下拉列表中选择字体集，如【Wingdings】；❷ 在列表框中选中

要插入的符号，如【☏】；❸ 单击【插入】按钮；❹ 此时对话框中原来的【取消】按钮变为【关闭】按钮，单击该按钮关闭对话框，如图 3-4 所示。

图 3-3

图 3-4

技术看板

在【符号】对话框中，【符号】选项卡用于插入字体中所带有的特殊符号；【特殊字符】选项卡用于插入文档中常用的特殊符号，其中的符号与字体无关。

Step03 返回文档，可看见光标所在位置插入了符号"☏"，如图 3-5 所示。

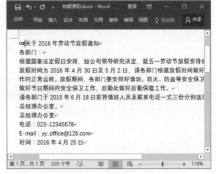

图 3-5

Step**04** 用同样的方法，在"通知"文本之后插入符号"**☪**"，效果如图3-6所示。

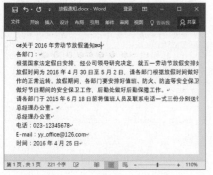

图 3-6

★ 重点 3.1.4　实战：在通知单文档中输入大写中文数字

实例门类	软件功能
教学视频	光盘\视频\第3章\3.1.4.mp4

在制作与金额相关的文档时，经常需要输入大写的中文数字。除了使用汉字输入法输入外，还可以使用Word提供的插入编号功能快速输入。例如，在"付款通知单.docx"文档中输入大写中文数字，具体操作方法如下。

Step**01** 打开"光盘\素材文件\第3章\付款通知单.docx"的文件，❶ 将光标插入点定位到需要输入大写中文数字的位置；❷ 切换到【插入】选项卡；❸ 单击【符号】组中的【编号】按钮，如图3-7所示。

图 3-7

Step**02** 弹出【编号】对话框，❶ 在【编号】文本框中输入阿拉伯数字形式的

数字，如【237840】；❷ 在【编号类型】列表中选择需要的编号类型，本例中选择【壹，贰，叁…】选项；❸ 单击【确定】按钮，如图3-8所示。

图 3-8

Step**03** 返回文档，即可在当前位置输入大写的中文数字，如图3-9所示。

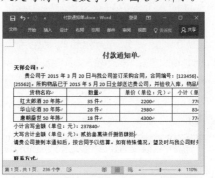

图 3-9

★ 重点 3.1.5　实战：输入繁体字

实例门类	软件功能
教学视频	光盘\视频\第3章\3.1.5.mp4

在编辑一些诗词类的文档时，一般需要输入繁体字。在编辑文档时，输入简体中文后，通过"中文简繁转换"功能就能将简体中文转换成繁体中文，从而实现繁体字的输入，具体操作方法如下。

Step**01** 新建一篇名为"秋风词"的空

白文档，❶ 输入文档内容并将其选中；❷ 切换到【审阅】选项卡；❸ 单击【中文简繁转换】组中的【简转繁】按钮，如图3-10所示。

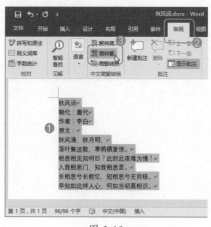

图 3-10

Step**02** 文档内容即可转换为繁体字，效果如图3-11所示。

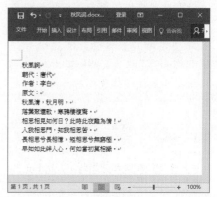

图 3-11

3.1.6　实战：在识字卡片中输入偏旁部首

实例门类	软件功能
教学视频	光盘\视频\第3章\3.1.6.mp4

使用Word纸张幼儿识字卡片时，就经常需要输入汉字的偏旁部首。许多用户会习惯性使用五笔输入法来输入偏旁部首，那么对于不会五笔输入法的用户来说，该怎么办呢？此时，我们可以通过Word的插入符号功能来输入，具体操作方法如下。

Step**01** 打开"光盘\素材文件\第3章\幼儿识字卡片.docx"的文件，❶ 将光标插入点定位到需要输入偏旁部首的位置；❷ 切换到【插入】选项卡；❸ 在【符号】组中单击【符号】按钮；❹ 在弹出的下拉列表中选择【其他符号】选项，如图3-12所示。

图 3-12

Step**02** 弹出【符号】对话框，❶ 在【字体】下拉列表中选择【（普通文本）】选项；❷ 在列表框中找到并选中需要插入的偏旁部首，本例中选择【犭】；❸ 单击【插入】按钮；❹ 此时对话框中原来的【取消】按钮变为【关闭】按钮，单击该按钮关闭对话框，如图3-13所示。

图 3-13

Step**03** 返回文档，即可看到光标插入点所在位置插入了偏旁部首"犭"，如图3-14所示。

图 3-14

3.1.7 实战：输入生僻字

实例门类	软件功能
教学视频	光盘\视频\第3章\3.1.7.mp4

对于使用拼音输入法的用户来说，在文档中输入一些不常见的汉字时，如"嵋""峡"等，由于不知道读音，便无法进行输入。此时，可以利用插入符号的功能进行输入，具体操作方法如下。

Step**01** 新建一篇名为"输入生僻字"的空白文档，❶ 切换到【插入】选项卡；❷ 在【符号】组中单击【符号】按钮；❸ 在弹出的下拉列表中选择【其他符号】选项，如图3-15所示。

图 3-15

Step**02** 弹出【符号】对话框，❶ 在【字体】下拉列表中选择【（普通文本）】选项；❷ 在列表框中找到并选中需要输入的生僻字；❸ 单击【插入】按钮；❹ 此时对话框中原来的【取消】按钮变为【关闭】按钮，单击该按钮关闭对话框，如图3-16所示。

图 3-16

Step**03** 返回文档，即可在光标插入点所在位置输入选择的生僻字。用同样的方法，插入其他需要输入的生僻字，效果如图3-17所示。

图 3-17

★ 重点 3.1.8 实战：从文件中导入文本

实例门类	软件功能
教学视频	光盘\视频\第3章\3.1.8.mp4

若要输入的内容已经存在于某个文档中，那么我们可以将该文档中的内容直接导入当前文档，从而提高文档输入效率。将现有文件内容导入当前文档的具体操作方法如下。

Step**01** 打开"光盘\素材文件\第3章\名酒介绍.docx"的文件，❶ 将光标插入点定位到需要输入内容的位置；❷ 切换到【插入】选项卡；❸ 在【文本】组单击【对象】按钮▣右侧的下拉按钮▾；④在弹出的的下拉列表中选择【文件中的文字】选项，如图3-18所示。

图 3-18

Step02 弹出【插入文件】对话框，❶选择包含要导入内容的文件，本例中选择"名酒介绍——郎酒.docx"文档；❷单击【插入】按钮，如图3-19所示。

图 3-19

Step03 返回文档，即可将"名酒介绍——郎酒.docx"文档中的内容导入"名酒介绍.docx"文档中，效果如图3-20所示。

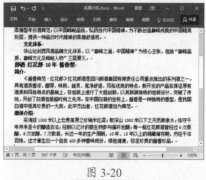

图 3-20

技术看板

除了 Word 文件外，我们还可以将文本文件、XML 文件、RTF 文件等不同类型文件中的文字导入到 Word 文档中。

3.2　输入公式

在编辑数学或物理试卷等类型的文档时，通常需要输入公式。通过 Word 2016 提供的公式功能，我们可以轻松输入各种公式。

3.2.1　实战：输入内置公式

实例门类	软件功能
教学视频	光盘\视频\第3章\3.2.1.mp4

Word 中内置了一些常用公式，用户直接选择需要的公式样式，即可快速在文档中插入相应的公式。插入公式后，还可以对其进行相应的修改，以变为自己需要的公式。插入内置公式的具体操作方法如下。

Step01 新建一篇名为"输入公式"的空白文档，❶输入文本内容，并将光标插入点定位到需要输入公式的位置；❷切换到【插入】选项卡；❸在【符号】组中单击【公式】按钮；❹在弹出的下拉列表中即可看见提供的内置公式，单击需要的公式，如图3-21所示。

图 3-21

Step02 即可在文档中插入所选公式，并默认以【整体居中】对齐方式进行显示，如图3-22所示。

图 3-22

Step03 如果要修改公式内容，则在公式编辑窗口中选中某个内容，按【Delete】键将其删除，再输入新的内容即可，完成后的效果如图3-23所示。

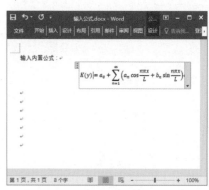

图 3-23

插入的公式默认以【整体居中】对齐方式进行显示，若要更改对齐方式，可单击公式编辑窗口右侧的下拉按钮▾，在弹出的下拉菜单中选择【两端对齐】命令，在弹出的子菜单中选择需要的对齐方式即可。

★ 重点 3.2.2 实战：输入自定义公式

实例门类	软件功能
教学视频	光盘\视频\第3章\3.2.2.mp4

如果内置公式中没有提供需要的公式样式，用户可以通过公式编辑器自行创建公式。例如，要输入两向量的夹角公式，具体操作方法如下。

Step01 在"输入公式.docx"文档中，❶ 先输入文本内容，然后定位光标插入点；❷ 切换到【插入】选项卡；❸ 单击【符号】组中的【公式】按钮；❹ 在弹出的下拉列表中选择【插入新公式】选项，如图3-24所示。

图 3-24

Step02 文档中会插入一个公式编辑窗口（即公式编辑器），且功能区中显示【公式工具/设计】选项卡，❶ 在【结构】组中选择需要的公式结构，本例中选择【函数】；❷ 在弹出的下拉列表中选择需要的函数样式，本例中选择余弦函数，如图3-25所示。

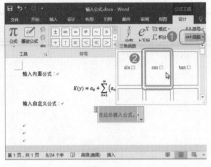

图 3-25

Step03 此时，公式编辑窗口中原来的占位符消失，由刚才插入的函数结构所代替，❶ 选中【cos】右侧的占位符；❷ 在【符号】组的列表框中选择需要的符号，这里选择【θ】，如图3-26所示。

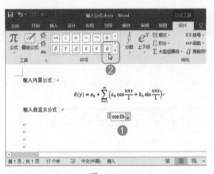

图 3-26

Step04 ❶ 在【θ】后面手动输入【=】，此时，光标自动定位在【=】的后面；❷ 在【结构】组中选择需要的公式结构，本例中选择【分数】；❸ 在弹出的下拉列表中选择需要的分数样式，本例中选择分数（竖式），如图3-27所示。

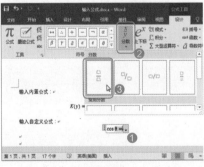

图 3-27

Step05 ❶ 选择分子中的占位符；❷ 在【结构】组中选择需要的公式结构，本例中选择【上下标】；❸ 在弹出的下拉列表中选择需要的上下标样式，本例中选择【下标】，如图3-28所示。

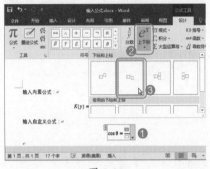

图 3-28

Step06 分子中将显示所选上下标样式的占位符，如图3-29所示。

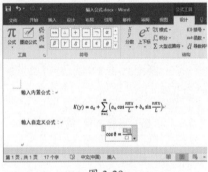

图 3-29

Step07 分别在占位符中输入相应的内容，如图3-30所示。

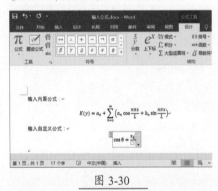

图 3-30

Step08 参照上述操作方法，输入公式其他内容，完成后的效果如图3-31所示。

图 3-31

输入公式时，一般需要先选中公式结构，插入公式结构后，选择占位符，输入相应的内容即可。

★ 新功能 3.2.3 实战：手写输入公式

Word 2016 新增了手写输入公式功能，即墨迹公式，该功能可以自动识别手写的数学公式，并将其转换成标准形式的公式插入文档。使用"墨迹公式"功能输入公式的具体操作方法如下。

Step01 在"输入公式 .docx"文档中，❶ 先输入文本内容，然后定位光标插入点；❷ 切换到【插入】选项卡；❸ 单击【符号】组中的【公式】按钮；❹ 在弹出的下拉列表中选择【墨迹公式】选项，如图 3-32 所示。

图 3-32

Step02 打开手写输入公式对话框，通过触摸屏或鼠标开始公式的手写输入，如图 3-33 所示。

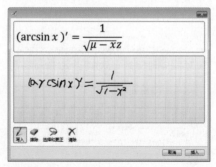

图 3-33

Step03 在书写过程中，如果出现了识别错误，可以单击【选择和更正】按钮，如图 3-34 所示。

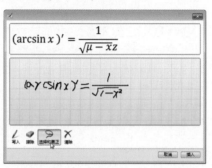

图 3-34

Step04 ❶ 单击公式中需要更正的字迹；❷ 会在弹出的下拉列表中提供与字迹接近的其他候选符号供选择修正，如果没有合适的修正方案，单击【关闭】选项，如图 3-35 所示。

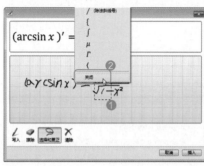

图 3-35

Step05 ❶ 单击【擦除】按钮；❷ 此时，鼠标光标将变为橡皮擦形状，对准要擦除的字迹单击、拖动，即可擦

除相应的字迹，如图 3-36 所示。

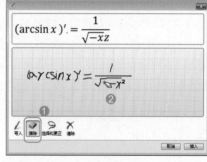

图 3-36

Step06 ❶ 单击【写入】按钮；❷ 重新输入公式内容；❸ 完成输入并确认无误后单击【插入】按钮，如图 3-37 所示。

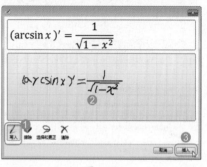

图 3-37

Step07 返回文档，即可看见文档中插入了刚才制作的公式，如图 3-38 所示。

图 3-38

3.3 文本的选择操作

若要对文档中的文本进行复制、移动或设置格式等操作，就要先选择需要操作的文本对象。在进行选择操作时，不仅可以通过鼠标或键盘选择文本，还可以将两者结合使用。

3.3.1 通过鼠标选择文本

通过鼠标选择文本时，根据选中文本内容的多少，可将选择文本分为以下几种情况。

➥ 选择任意文本：将光标插入点定位到需要选择的文本起始处，然后按住鼠标左键不放并拖动，直至需要选择的文本结尾处释放鼠标即可选中文本，选中的文本将以灰色背景显示，如图3-39所示。

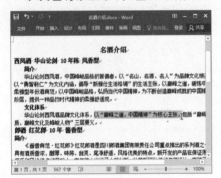

图 3-39

➥ 选择词组：双击要选择的词组，即可将其选中，如图3-40所示。

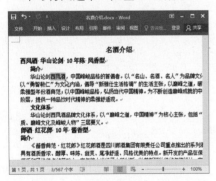

图 3-40

➥ 选择一行：将鼠标指针指向某行左边的空白处，即"选定栏"，当指针呈"◢"形状时，单击即可选中该行全部文本，如图3-41所示。

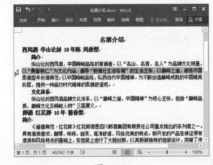

图 3-41

➥ 选择多行：将鼠标指针指向左边的空白处，当指针呈"◢"形状时，按住鼠标左键不放，并向下或向上拖动鼠标，到文本目标处释放鼠标，即可实现多行选择，如图3-42所示。

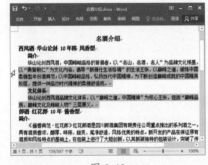

图 3-42

➥ 选择段落：将鼠标指针指向某段落左边的空白处，当指针呈"◢"形状时，双击即可选中当前段落，如图3-43所示。

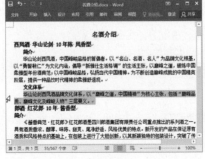

图 3-43

技能拓展——选择段落的其他方法

选择段落时，将光标插入点定位到某段落的任意位置，然后连续单击3次也可选中该段落。

➥ 选择整篇文档：将鼠标指针指向编辑区左边的空白处，当指针呈"◢"形状时，连续单击3次可选中整篇文档。

技能拓展——通过功能区选择整篇文档

在【开始】选项卡的【编辑】组中单击【选择】按钮，在弹出的下拉列表中选择【全选】选项，也可选中整篇文档。

3.3.2 通过键盘选择文本

键盘是计算机的重要输入设备，用户可以通过相应的按键快速选择目标文本。

1. 快捷键的使用

在选择文本对象时，若熟知许多快捷键的作用，可以提高工作效率。

➥ 【Shift+ →】：选中光标插入点所在位置右侧的一个或多个字符。

➥ 【Shift+ ←】：选中光标插入点所在位置左侧的一个或多个字符。

➥ 【Shift+ ↑】：选中光标插入点所在位置至上一行对应位置处的文本。

➥ 【Shift+ ↓】：选中光标插入点所在位置至下一行对应位置处的文本。

➥ 【Shift+Home】：选中光标插入点所在位置至行首的文本。

➥ 【Shift+End】：选中光标插入点所在位置至行尾的文本。

- 【Ctrl+A】：选中整篇文档。
- 【Ctrl+5】：选中整篇文档。
- 【Ctrl+ Shift+ →】：选中光标插入点所在位置右侧的单字或词组。
- 【Ctrl+ Shift+ ←】：选中光标插入点所在位置左侧的单字或词组。
- 【Ctrl+ Shift+↑】：与【Shift+Home】组合键的作用相同。
- 【Ctrl+ Shift+ ↓】：与【Shift+End】组合键的作用相同。
- 【Ctrl+Shift+Home】：选中光标插入点所在位置至文档开头的文本。
- 【Ctrl+ Shift+ End】：选中光标插入点所在位置至文档结尾的文本。

2. 【F8】键的妙用

【F8】键是一个比较特殊的按键，通过该键，也可以实现文本的选择操作。

- 首次按【F8】键，将打开文本选择模式。
- 再次按【F8】键，可以选中光标插入点所在位置右侧的短语。
- 第 3 次按【F8】键，可以选中光标插入点所在位置的整句话。
- 第 4 次按【F8】键，可以选中光标插入点所在位置的整个段落。
- 第 5 次按【F8】键，可以选中整篇文档。

> **技能拓展——退出文本选择模式**
>
> 在 Word 中按【F8】键后，便会打开文本选择模式，若要退出该模式，按【Esc】键即可。

3.3.3 鼠标与键盘的结合使用

若将鼠标与键盘结合使用，还可以进行特殊选择，如选择分散文本、垂直文本等。

- 选择一句话：按【Ctrl】键的同时，单击需要选择的句中任意位置，即可选中该句，如图 3-44 所示。

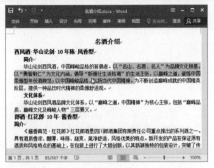

图 3-44

- 选择连续区域的文本：将光标插入点定位到需要选择的文本起始处，按住【Shift】键不放，单击要选择文本的结束位置，可实现连续区域文本的选择，如图 3-45 所示。

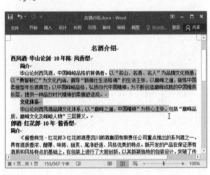

图 3-45

- 选择分散文本：先拖动鼠标选中第一个文本区域，再按住【Ctrl】键不放，然后拖动鼠标选择其他不相邻的文本，选择完成后释放【Ctrl】键，即可完成分散文本的选择操作，如图 3-46 所示。

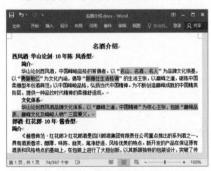

图 3-46

- 选中垂直文本：按住【Alt】键不放，然后按住鼠标左键拖动出一块矩形区域，选择完成后释放【Alt】键和鼠标，即可完成垂直文本的选择，如图 3-47 所示。

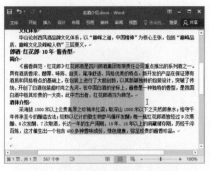

图 3-47

> **技术看板**
>
> 结合鼠标与键盘进行文本的选择时，操作是灵活多变的。鼠标与【Shift】键结合使用时，可以选择连续的多行、多段等；鼠标与【Ctrl】键结合使用时，可以选择不连续的多行、多段等。例如，要选择不连续的多个段落，先选择一段文本，然后按住【Ctrl】键不放，再依次选择其他需要选择的段落即可。所以，希望用户在学习过程中，能够举一反三，融会贯通，使工作达到事半功倍的效果。

3.4 编辑文本

在文档中输入好文本后，可能会根据需要对文本进行一些编辑操作，主要包括通过复制文本快速输入相同内容，移动文本的位置，删除多余的文本等，下面将详细介绍文本的编辑操作。

3.4.1 实战：复制公司简介文本

实例门类	软件功能
教学视频	光盘\视频\第3章\3.4.1.mp4

当要输入的内容与已有内容相同或相似时，可通过复制／粘贴操作加快文本的编辑速度，从而提高工作效率。

对于初学者来说，通过功能区对文本进行复制操作是首要选择。通过功能区进行文本复制的具体操作方法如下。

Step01 打开"光盘\素材文件\第3章\公司简介.docx"的文件，❶选中需要复制的文本；❷在【剪贴板】组中单击【复制】按钮，如图3-48所示。

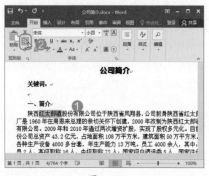

图 3-48

Step02 将光标插入点定位到需要粘贴的目标位置，单击【剪贴板】组中的【粘贴】按钮，如图3-49所示。

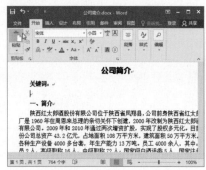

图 3-49

技术看板

如果要将复制的文本对象粘贴到其他文档中，则应先打开文档，再执行粘贴操作。

Step03 通过上述操作后，所选内容复制到了目标位置，效果如图3-50所示。

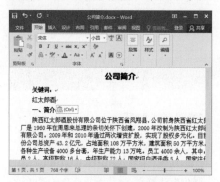

图 3-50

技能拓展——通过快捷键执行复制／粘贴操作

选中文本后，按【Ctrl+C】组合键，可快速对所选文本进行复制操作；将光标插入点定位在要输入相同内容的位置后，按【Ctrl+V】组合键，可快速实现粘贴操作。

3.4.2 实战：移动公司简介文本

实例门类	软件功能
教学视频	光盘\视频\第3章\3.4.2.mp4

在编辑文档的过程中，如果需要将某个词语或段落移动到其他位置，可通过剪切／粘贴操作来完成。通过剪切／粘贴操作移动文本位置的具体操作方法如下。

Step01 在"公司简介.docx"文档中，❶选中需要移动的文本内容；❷在【开始】选项卡的【剪贴板】组中单击【剪切】按钮，如图3-51所示。

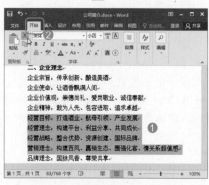

图 3-51

技能拓展——通过快捷键执行剪切操作

选中文本后按【Ctrl+X】组合键，可快速执行剪切操作。

Step02 ❶将光标插入点定位到要移动的目标位置；❷单击【剪贴板】组中的【粘贴】按钮，如图3-52所示。

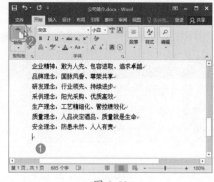

图 3-52

Step03 执行以上操作后，选中的文本就被移动到了新的位置，效果如图3-53所示。

图 3-53

技能拓展——通过拖动鼠标复制或移动文本

对文本进行复制或移动操作时，当目标位置与文本所在的原位置在同一屏幕显示范围内时，通过拖动鼠标的方式可快速实现文本的复制、移动操作。

选中文本后按住鼠标左键不放并拖动，当拖动至目标位置后释放鼠标，可实现文本的移动操作。在拖动过程中，若同时按住【Ctrl】键，可实现文本的复制操作。

3.4.3 实战：删除公司简介文本

实例门类	软件功能
教学视频	光盘\视频\第3章\3.4.3.mp4

当输入了错误或多余的内容时，可将其删除掉，具体操作方法如下。

Step01 在"公司简介.docx"文档中，选中需要删除的文本内容，如图 3-54 所示。

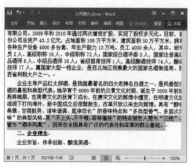

图 3-54

Step02 按【Delete】键或【Backspace】键，即可将所选文本删除掉，效果如图 3-55 所示。

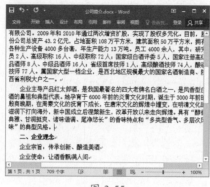

图 3-55

除了上述方法外，还可通过以下几种方法删除文本内容。

➡ 按下【Backspace】键，可以删除光标插入点前一个字符。
➡ 按下【Delete】键，可以删除光标插入点后一个字符。
➡ 按下【Ctrl+Backspace】组合键，可以删除光标插入点前一个单词或短语。
➡ 按下【Ctrl+Delete】组合键，可以删除光标插入点后一个单词或短语。

★ 重点 3.4.4 实战：选择性粘贴网页内容

实例门类	软件功能
教学视频	光盘\视频\第3章\3.4.4.mp4

在编辑文档的过程中，复制/粘贴是使用频率较高的操作。在执行粘贴操作时，我们可以使用 Word 提供的"选择性粘贴"功能实现更灵活的粘贴操作，如实现无格式粘贴（即只保留原文本内容），甚至还可以将文本或表格转换为图片格式等。

例如，在复制网页内容时，如果直接执行粘贴操作，不仅文本格式很多，而且还有图片，甚至会出现一些隐藏的内容。如果只需要复制网页上的文本内容，则可通过选择性粘贴实现，具体操作方法如下。

Step01 在网页上选中内容后按【Ctrl+C】组合键进行复制操作，如图 3-56 所示。

图 3-56

Step02 新建一篇名为"复制网页内容"的空白文档，① 在【剪贴板】组中单击【粘贴】按钮下方的下拉按钮；② 在弹出的下拉列表中选择粘贴方式，本例中选择【只保留文本】选项，如图 3-57 所示。

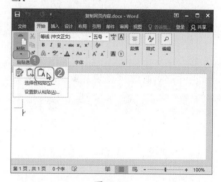

图 3-57

Step03 执行上述操作后，文档中将只粘贴了文本内容，效果如图 3-58 所示。

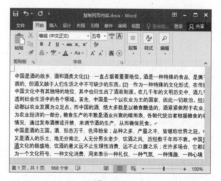

图 3-58

单击【粘贴】按钮下方的下拉按钮 后，在弹出的下拉列表中若选择【选择性粘贴】选项，则可以在弹出的【选择性粘贴】对话框中选择粘贴方式，如图 3-59 所示。

图 3-59

在【选择性粘贴】对话框的【形式】列表框中有 6 个粘贴选项，其作用分别如下。

→ Microsoft Office Word 文档对象：以 Word 对象的方式粘贴嵌入目标文档中，此后在目标文件中双击该嵌入的对象时，该对象将在新的 Word 窗口中打开，对其进行编辑的结果同样会反映在目标文件中。

→ 带格式文本（RTF）：粘贴时带RTF 格式，即与复制对象的格式一样。

→ 无格式文本：粘贴不带任何格式（如字体、字号等）的纯文本。

→ 图片（增强型图元文件）：将复制的内容作为增强型图元文件（EMF）粘贴到 Word 中。

→ HTML 格式：以 HTML 格式粘贴文本。

→ 无格式的 Unicode 文本：粘贴不带任何格式的纯文本。

技术看板

默认情况下，在 Word 文档中完成粘贴后，当前位置的右下角会出现一个"粘贴选项"按钮 (Ctrl)，对其单击，可在弹出的下拉菜单中选择粘贴方式。当执行其他操作时，该按钮会自动消失。

3.4.5 实战：设置默认粘贴方式

实例门类	软件功能
教学视频	光盘\视频\第 3 章\3.4.5.mp4

在默认情况下，复制内容时是以保留源格式的方式进行粘贴的，根据操作需要，可以对默认粘贴方式进行设置，具体操作方法为：打开【Word 选项】对话框，切换到【高级】选项卡，在【剪切、复制和粘贴】栏中针对粘贴选项进行设置，设置完成后单击【确定】按钮即可，如图 3-60 所示。

图 3-60

3.4.6 实战：剪贴板的使用与设置

实例门类	软件功能
教学视频	光盘\视频\第 3 章\3.4.6.mp4

在 Word 程序中，剪贴板可以保留最近24次的复制或剪切操作数据。在剪贴板中，不仅可以对这些数据进行粘贴、清除等操作，还可以对剪贴板进行设置。

1. 使用剪贴板

在 Word 2016 中使用剪贴板数据的具体操作方法如下。

Step 01 打开"光盘\素材文件\第 3 章\员工培训管理制度 .docx"的文件，依次选择不同的内容进行复制操作。

Step 02 在【开始】选项卡中，❶单击【剪贴板】中的【功能扩展】按钮；

❷ Word 窗口的左侧将打开【剪贴板】窗格，并显示最近复制或剪切的操作数据，将光标插入点定位到某个目标位置；❸ 在【剪贴板】窗格中单击某条要粘贴的数据，如图 3-61 所示。

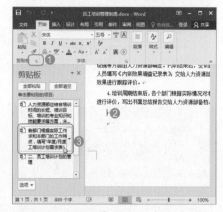

图 3-61

Step 03 被单击的数据即可粘贴到光标插入点所在位置，如图 3-62 所示。

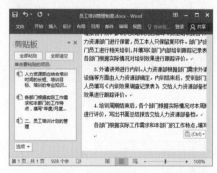

图 3-62

技术看板

上述操作是通过【剪贴板】窗格粘贴的单个数据，除此之外，我们还可以进行粘贴所有数据、删除所有数据等操作。将光标插入点定位到目标位置后，单击【剪贴板】窗格中的【全部粘贴】按钮，可粘贴所有数据；将鼠标指针指向某条数据，该数据的右侧将出现下拉按钮，对其单击，在弹出的下拉列表中选择【删除】选项，可删除该数据；在【剪贴板】窗格中单击【全部清空】按钮，可将【剪贴板】窗格的数据全部删除掉。

2. 设置剪贴板

在【剪贴板】窗格中，单击左下角的【选项】按钮，将弹出一个下拉菜单，如图 3-63 所示。

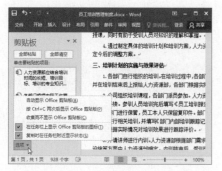

图 3-63

在下拉菜单中，用户可以对剪贴板进行如下设置。

➜ 若选择【自动显示 Office 剪贴板】选项，系统将自动选择【按 Ctrl+C 两次后显示 Office 剪贴板】选项，此后，执行两次复制操作后，就会自动打开【剪贴板】窗格。

➜ 若选择【收集而不显示 Office 剪贴板】选项，则每次执行复制或剪切操作时，会自动将数据存放在剪贴板中，但不会显示【剪贴板】窗格。

➜ 若选择【在任务栏上显示 Office 剪贴板的图标】选项，则当 Office 剪贴板处于活动状态时，将在任务栏的通知区域中显示【剪贴板】图标，对其双击可以打开【剪贴板】窗格。

➜ 若选择【复制时在任务栏附近显示状态】选项，则每次执行复制或剪切操作时，不仅会将项目存放在剪贴板中，还会在状态栏附近显示收集的项目信息。

3.4.7　实战：插入与改写文本

实例门类	软件功能
教学视频	光盘\视频\第 3 章\3.4.7.mp4

"插入"与"改写"是 Word 的

两个工作状态，通过状态栏可以查看当前状态。默认情况下，Word 2016 的状态栏中并未显示"插入/改写"状态，需要手动设置将其显示出来，具体操作方法请参考本书 1.5.9 节的内容。

当文档处于插入状态时，状态栏中会显示【插入】字样，如图 3-64 所示。

图 3-64

当文档处于改写状态时，状态栏中会显示【改写】字样，如图 3-65 所示。

图 3-65

默认情况下，Word 处于插入状态。如果要在插入与改写状态间进行切换，直接按【Insert】键，或者直接在状态栏中单击【插入】或【改写】按钮即可。

当 Word 处于插入状态时，可以在文档中直接插入文本，即输入的文字会插入到光标所在位置，且光标后面的文本按顺序后移；处于改写状态时，可以在文档中改写文本，即输入的文字会替换掉光标所在位置后面的文字，且其余文字位置不变。

下面通过具体实例来讲解文本的插入与改写操作，具体操作方法如下。

Step01 新建一篇名为"插入与改写文本"的空白文档，并输入文档内容，如图 3-66 所示。

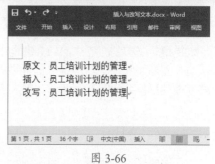

图 3-66

Step02 在插入状态下，将光标插入点定位到文本"插入："之后，输入文本"公司"，所输入的内容直接插入当前位置，如图 3-67 所示。

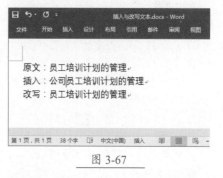

图 3-67

Step03 切换到改写状态，将光标插入点定位到文本"改写："之后，输入文本"公司"，可发现"公司"二字替换掉了"员工"二字，如图 3-68 所示。

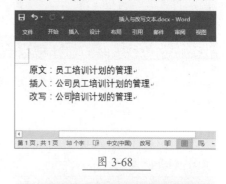

图 3-68

技术看板

在改写状态下，输入的文字将替换掉光标所在位置后面的文字，因此，输入的文本字数要与错误词组的字数一致，且修改完成后，要及时切换到插入状态下。

3.5 撤销、恢复与重复操作

在编辑文档的过程中，Word 会自动记录执行过的操作，当执行了错误操作时，可通过"撤销"功能来撤销前一操作，从而恢复到误操作之前的状态。当错误地撤销了某些操作时，可以通过"恢复"功能取消之前撤销的操作，使文档恢复到撤销操作前的状态。此外，用户还可以利用"重复"功能来重复执行上一步操作，从而提高编辑效率。

3.5.1 撤销操作

在编辑文档的过程中，当出现一些误操作时，都可利用 Word 提供的"撤销"功能来执行撤销操作，其方法有以下几种。

➡ 单击快速访问工具栏上的【撤销】按钮 ↺，可以撤销上一步操作，继续单击该按钮，可撤销多步操作，直到"无路可退"。

➡ 按【Ctrl+Z】组合键，可以撤销上一步操作，继续按下该组合键可撤销多步操作。

➡ 单击【撤销】按钮 ↺ 右侧的下拉按钮 ▾，在弹出的下拉列表中可选择撤销到某一指定的操作，如图 3-69 所示。

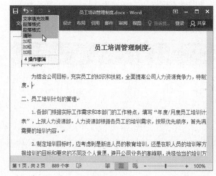

图 3-69

3.5.2 恢复操作

当撤销某一操作后，可以通过以下几种方法取消之前的撤销操作。

➡ 单击快速访问工具栏中的【恢复】按钮 ↻，可以恢复被撤销的上一步操作，继续单击该按钮，可恢复被撤销的多步操作。

➡ 按【Ctrl+Y】组合键，可以恢复被撤销的上一步操作，继续按下该组合键可恢复被撤销的多步操作。

技术看板

恢复操作与撤销操作是相辅相成的，只有在执行了撤销操作的时候，才能激活【恢复】按钮，进而执行恢复被撤销的操作。

3.5.3 重复操作

在没有进行任何撤销操作的情况下，【恢复】按钮 ↻ 会显示为【重复】按钮 ↻，单击【重复】按钮或者按下【F4】键，可重复上一步操作。

例如，在文档中选择某一文本对象，按【Ctrl+B】组合键，将其设置为加粗效果后，此时选中其他文本对象，直接单击【重复】按钮 ↻，可将选中的文本直接设置为加粗效果。

妙招技法

通过前面知识的学习，相信读者已经掌握了如何输入与编辑文档内容。下面结合本章内容，给大家介绍一些实用技巧。

技巧 01：防止输入英文时句首字母自动变大写

教学视频	光盘\视频\第 3 章\技巧 01.mp4

默认情况下，在文档中输入英文后按【Enter】键进行换行时，英文第一个单词的首字母会自动变为大写，如果希望在文档中输入的英文总是小写形式的，则需要通过设置防止句首字母自动变大写，具体操作方法如下。

Step01 打开【Word 选项】对话框，❶ 切换到【校对】选项卡；❷ 在【自动更正选项】栏中单击【自动更正选项】按钮，如图 3-70 所示。

图 3-70

Step02 弹出【自动更正】对话框，❶ 切换到【自动更正】选项卡；❷ 取消【句首字母大写】复选框的选中；❸ 单击【确定】按钮，如图 3-71 所示。

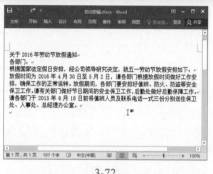

图 3-71

Step03 返回【Word 选项】对话框，单击【确定】按钮即可。

技巧 02：通过即点即输在任意位置输入文本

教学视频	光盘 \ 视频 \ 第 3 章 \ 技巧 02.mp4

用户在编辑文档时，有时需要在某个空白区域输入内容，最常见的做法是通过按【Enter】键或【Space】键的方法将光标插入点定位到指定位置，再输入内容。这种操作方法是有一定局限性的，特别是当排版出现变化时，需要反复修改文档，非常烦琐且不方便。

为了能够准确又快捷地定位光标插入点，实现在文档空白区域的指定位置输入内容，可以使用 Word 提供的"即点即输"功能，具体操作方法如下。

Step01 打开"光盘 \ 素材文件 \ 第 3 章 \ 即点即输 .docx"的文档，将鼠标指针指向要输入文本的任意空白位置并双击，如图 3-72 所示。

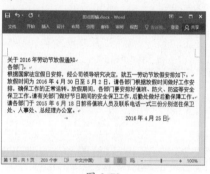

3-72

技术看板

在多栏方式、大纲视图及项目符号和编号的后面，无法使用"即点即输"功能。

Step02 光标插入点将定位在双击的位置，直接输入文本内容即可，如图 3-73 所示。

图 3-73

技能拓展——启用"即点即输"功能

在编辑文档时，有的用户无法使用"即点即输"功能在任意空白位置输入文本时，那是因为 Word 没有启用"即点即输"功能，需要手动开启，具体操作方法为：打开【Word 选项】对话框，切换到【高级】选项卡，在【编辑选项】栏中选中【启用"即点即输"】复选框，然后单击【确定】按钮即可。

技巧 03：输入常用箭头和线条

在编辑文档时，可能经常需要输入一些箭头和线条符号，下面介绍一些箭头和线条的快速输入方法。

➥ ←：在英文状态下输入【<】号和两个【-】号。

➥ ⇒：在英文状态下输入两个【-】号和【>】号。

➥ ⇐：在英文状态下输入【<】号和两个【=】号。

➥ →：在英文状态下输入两个【=】号和【>】号。

➥ ⇔：在英文状态下输入【<】【=】号和【>】号。

➥ 省略线：输入 3 个【*】号后，按【Enter】键。

➥ 波浪线：输入 3 个【~】号后，按【Enter】键。

➥ 实心线：输入 3 个【-】号后，按【Enter】键。

➥ 实心加粗线：输入 3 个【_】，即下画线，然后按【Enter】键。

➥ 实心等号线：输入 3 个【=】后，按【Enter】键。

技巧 04：快速输入常用货币和商标符号

在输入文本内容时，很多符号都可通过【符号】对话框输入，为了提高输入速度，有些货币和商标符号是可以通过快捷键输入的。

➥ 人民币符号￥：在中文输入法状态下，按【Shift ＋ 4】组合键输入。

➥ 美元符号 $：在英文输入状态下，按【Shift ＋ 4】组合键输入。

➥ 欧元符号€：不受输入法限制，按【Ctrl+Alt+E】组合键输入。

➥ 商标符号™：不受输入法限制，按【Ctrl+Alt+T】组合键输入。

➥ 注册商标符号 ®：不受输入法限制，按【Ctrl+Alt+R】组合键输入。

➥ 版权符号©：不受输入法限制，按【Ctrl+Alt+C】组合键输入。

技巧 05：输入虚拟内容

教学视频	光盘＼视频＼第 3 章＼技巧 05.mp4

如果希望在文档中快速输入一些文字以便测试某个排版效果，可以使用虚拟文本功能实现，具体操作方法如下。

Step01 新建一篇名为"排版测试"的空白文档，在新的段落起始位置输入公式"=rand(2,4)"，如图 3-74 所示。

图 3-74

Step02 按【Enter】键，即可在文档中自动插入两个段落，且每个段落包含 4 句话，如图 3-75 所示。

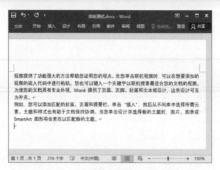

图 3-75

技术看板

rand 公式的语法为：=rand(p,s)，参数 p 表示要生成的内容包含的段落数，参数 s 表示每个段落中包含的句子数量。

技巧 06：禁止【Insert】键控制改写模式

教学视频	光盘＼视频＼第 3 章＼技巧 06.mp4

在 Word 中输入文本时，默认为插入输入状态，输入的文本会插入插入点所在位置，光标后面的文本会按顺序后移。当不小心按了键盘上的【Insert】键，就会切换到改写输入状态，此时输入的文本会替换掉光标所在位置后面的文本。

为了防止因为误按【Insert】键而切换到改写状态，使输入的文字替换掉了光标后面的文字，可以设置禁止【Insert】键控制改写模式，操作方法为：打开【Word 选项】对话框，切换到【高级】选项卡，在【编辑选项】栏中取消【用 Insert 键控制改写模式】复选框的选中，然后单击【确定】按钮即可，如图 3-76 所示。

图 3-76

本章小结

本章主要讲解如何在 Word 文档中输入与编辑内容，主要包括输入文档内容、输入公式、文本的选择操作及编辑文本等知识。通过本章的学习，希望读者能够融会贯通，高效地输入各种内容，灵活地对文本进行复制、移动等操作。

第4章　美化文本内容

- ➥ 怎样让文本加粗、倾斜显示？
- ➥ 文字下面的下画线是"画"上去的吗？
- ➥ 如何输入含上标、下标的文本？
- ➥ 文字间的距离也能调整吗？
- ➥ 希望突出显示重要内容，如何实现？
- ➥ 为文字标注拼音，你会吗？
- ➥ 不会输入 10 以上的带圈数字，怎么办？

　　读者是否常常感到自己所编辑的文档没有特色，不吸引人呢？怎样才能让自己的文档与众不同？通过本章文档格式设置内容的学习，将会编辑出有专业水准的文档。

4.1　设置字体格式

　　要想自己的文档从众多的文档中脱颖而出，就必须对其精雕细琢，通过对文本设置各种格式，如设置字体、字号、字体颜色、下画线及字符间距等，从而让文档变得更加生动。本节先讲解如何设置字体格式，主要包括设置字体、字号、字体颜色等。

4.1.1　实战：设置会议纪要的字体

实例门类	软件功能
教学视频	光盘\视频\第4章\4.1.1.mp4

　　字体是指文字的外观形状，如宋体、楷体、华文行楷、黑体等。对文本设置不同的字体，其效果也就不同，如图 4-1 所示为对文字设置不同字体后的效果。

宋体	黑体	楷体	隶书
方正粗圆简体	方正仿宋简体	**方正大黑简体**	万正综艺简体
汉仪粗宋简	汉仪大黑简	汉仪中等线简	汉仪中圆简
华文行楷	华文書书	华文细黑	华文新魏

图 4-1

　　设置字体的具体操作方法如下。

Step01 打开"光盘\素材文件\第 4 章\会议纪要 .docx"的文件，❶选中要设置字体的文本；❷在【开始】选项卡的【字体】组中，单击【字体】文本框 等线(中文正文) 右侧的下拉按钮 ，如图 4-2 所示。

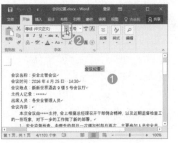

图 4-2

Step02 在弹出的下拉列表中，指向某字体选项时，可以预览效果，对其单击可将该字体应用到所选文本，如图 4-3 所示。

图 4-3

技能拓展——关闭实时预览

　　Word 提供了实时预览功能，通过该功能，对文字、段落或图片等对象设置格式时，只要在功能区中指向需要设置的格式，文档中的对象就会显示为所指格式，从而非常直观地预览到设置后的效果。如果不需要启用实时预览功能，可以将其关闭，操作方法为：打开【Word选项】对话框，在【常规】选项卡的【用户界面选项】栏中，取消【启用实施预览】复选框的选中即可。

Step03 用同样的方法，将文档中其他文本内容的字体设置为【宋体】，如图 4-4 所示。

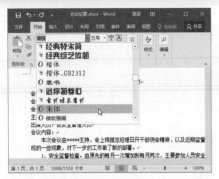

图 4-4

技能拓展——设置字体格式的其他方法

对选中的文本设置字体、字号、字体颜色、加粗、倾斜、下画线等格式时，不仅可以通过功能区设置，还可以通过浮动工具栏和【字体】对话框设置。

通过浮动工具栏设置：默认情况下，选中文本后会自动显示浮动工具栏，此时通过单击相应的按钮，便可设置相应的格式。

通过【字体】对话框设置：选中文本后，在【字体】组中单击【功能扩展】按钮，弹出【字体】对话框，在相应的选项中进行设置即可。

4.1.2 实战：设置会议纪要的字号

实例门类	软件功能
教学视频	光盘\视频\第4章\4.1.2.mp4

字号是指文本的大小，分中文字号和数字磅值两种形式。中文字号用汉字表示，称为"几"号字，如五号字、四号字等；数字磅值用阿拉伯数字表示。称为"磅"，如10磅、12磅等。

设置字号的具体操作方法如下。
Step01 在"会议纪要.docx"文档中，❶选中要设置字号的文本；❷在【开始】选项卡的【字体】组中，单击【字号】文本框 五号 右侧的下拉按钮

；❸在弹出的下拉列表中选择需要的字号，如【小二】，如图4-5所示。

图 4-5

Step02 用同样的方法，将文档中其他文本内容的字号设置为【四号】，如图4-6所示。

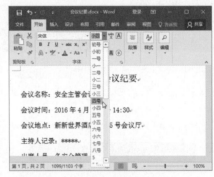

图 4-6

技能拓展——快速改变字号大小

选中文本内容后，按【Ctrl+Shift+>】组合键，或者单击【字体】组中的【增大字号】按钮，可以快速放大字号；按【Ctrl+Shift+<】组合键，或者单击【字体】组中的【减小字号】按钮，可以快速缩小字号。

4.1.3 实战：设置会议纪要的字体颜色

实例门类	软件功能
教学视频	光盘\视频\第4章\4.1.3.mp4

字体颜色是指文字的显示色彩，

如红色、蓝色、绿色等。编辑文档时，对文本内容设置不同的颜色，不仅可以起到强调区分的作用，还能达到美化文档的目的。设置字体颜色的具体操作方法如下。

Step01 在"会议纪要.docx"文档中，❶选中要设置字体颜色的文本；❷在【开始】选项卡的【字体】组中，单击【字体颜色】按钮 右侧的下拉按钮；❸在弹出的下拉列表中选择需要的颜色，如【橙色，个性色2，深色25%】，如图4-7所示。

图 4-7

Step02 用同样的方法，对其他文本内容设置相应的颜色即可，效果如图4-8所示。

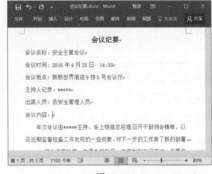

图 4-8

技术看板

在【字体颜色】下拉列表中，若选择【其他颜色】选项，可在弹出的【颜色】对话框中自定义字体颜色；若选择【渐变】选项，在弹出的级联列表中，将以所选文本的颜色为基准对该文本设置渐变色。

4.1.4 实战：设置会议纪要的文本效果

实例门类	软件功能
教学视频	光盘\视频\第4章\4.1.4.mp4

Word 提供了许多华丽的文字特效，我们只需通过简单的操作就可以让平凡普通的文本变得生动活泼，具体操作方法为：在"会议纪要.docx"文档中，选中需要设置文本效果的文本内容，在【开始】选项卡的【字体】组中，单击【文本效果和版式】按钮 ，在弹出的下拉列表中提供了多种文本效果样式，直接单击需要的文本效果样式即可，如图4-9所示。

图 4-9

技能拓展——自定义文本效果样式

设置文本效果时，若下拉列表中没有需要的文本效果样式，我们可以自定义文本效果样式，具体操作方法为：选中要设置文本效果的文本内容，单击【文本效果和版式】按钮 ，在弹出的下拉列表中通过选择【轮廓】【阴影】【映像】或【发光】选项，来设置相对应效果参数即可。

4.2 设置字体效果

设置文本格式时，还经常需要对一些文本内容设置加粗、倾斜、下画线等格式，下面将分别讲解这些格式的具体设置方法。

4.2.1 实战：设置会议纪要的加粗效果

实例门类	软件功能
教学视频	光盘\视频\第4章\4.2.1.mp4

为了强调重要内容，我们可以对其设置加粗效果，因为它可以让文本的笔画线条看起来更粗一些。设置加粗效果的具体操作方法如下。

Step01 在"会议纪要.docx"文档中，❶选中要设置加粗效果的文本；❷在【开始】选项卡的【字体】组中单击【加粗】按钮 B，如图4-10所示。

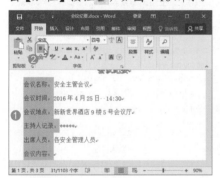

图 4-10

Step02 所选文本内容即可呈加粗显示，效果如图4-11所示。

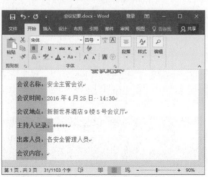

图 4-11

技能拓展——快速设置加粗效果

选中文本内容后，按【Ctrl+B】组合键，可快速对其设置加粗效果。

4.2.2 实战：设置会议纪要的倾斜效果

实例门类	软件功能
教学视频	光盘\视频\第4章\4.2.2.mp4

设置文本格式时，对重要内容设置倾斜效果，也可起到强调的作用。设置倾斜效果的具体操作方法如下。

Step01 在"会议纪要.docx"文档中，❶选中要设置倾斜效果的文本；❷在【开始】选项卡的【字体】组中单击【倾斜】按钮 I，如图4-12所示。

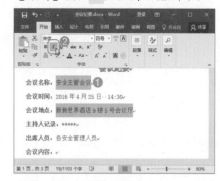

图 4-12

技能拓展——快速设置倾斜效果

选中文本内容后，按【Ctrl+I】组合键，可快速对其设置倾斜效果。

Step02 所选文本内容即可呈倾斜显示，效果如图 4-13 所示。

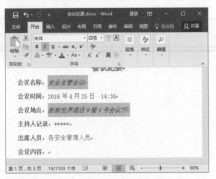

图 4-13

技能拓展——取消加粗、倾斜效果

对文本内容设置加粗或倾斜效果后，【加粗】或【倾斜】按钮会呈选中状态显示，此时，单击【加粗】或【倾斜】按钮，取消其选中状态，便可取消加粗或倾斜效果。

4.2.3 实战：设置会议纪要的下画线

实例门类	软件功能
教学视频	光盘\视频\第 4 章\4.2.3.mp4

人们在查阅书籍、报纸或文件等纸质文档时，通常会在重点词句的下方添加一条下画线以示强调。其实，在 Word 文档中同样可以为重点词句添加下画线，并且还可以为添加的下画线设置颜色，具体操作方法如下。

Step01 在"会议纪要.docx"文档中，❶选中需要添加下画线的文本；❷在【开始】选项卡的【字体】组中，单击【下画线】按钮 **U** 右侧的下拉按钮 ▼；❸在弹出的下拉列表选择需要的下画线样式，如图 4-14 所示。

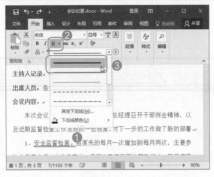

图 4-14

Step02 保持文本的选中状态，❶单击【下画线】按钮 **U** 右侧的下拉按钮 ▼；❷在弹出的下拉列表中选择【下画线颜色】选项；❸在弹出的级联列表中选择需要的下画线颜色即可，如图 4-15 所示。

图 4-15

技能拓展——快速添加下画线

选中文本内容后，按下【Ctrl+U】组合键，可快速对该文本添加单横线样式的下画线，下画线颜色为文本当前正在使用的字体颜色。

★ 重点 4.2.4 实战：为数学试题设置下标和上标

实例门类	软件功能
教学视频	光盘\视频\第 4 章\4.2.4.mp4

在编辑诸如数学试题这样的文档时，经常会需要输入"x1y1""ab2"

这样的数据，这就涉及设置上标或下标的方法，具体操作方法如下。

Step01 打开"光盘\素材文件\第 4 章\数学试题.docx"的文件，❶选中要设置为上标的文本；❷在【开始】选项卡的【字体】组中单击【上标】按钮 x^2，如图 4-16 所示。

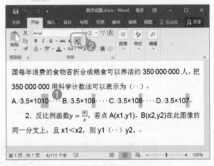

图 4-16

Step02 ❶选中要设置为下标的文本对象；❷在【字体】组中单击【下标】按钮 x_2，如图 4-17 所示。

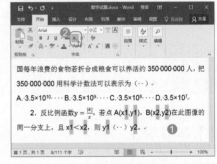

图 4-17

Step03 完成上标和下标的设置，效果如图 4-18 所示。

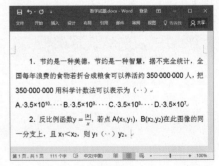

图 4-18

技能拓展——快速设置上标、下标

选中文本内容后，按【Ctrl+Shift+=】组合键可将其设置为上标，按【Ctrl+=】组合键可将其设置为下标。

4.2.5 实战：在会议纪要中使用删除线标识无用内容

实例门类	软件功能
教学视频	光盘\视频\第4章\4.2.5.mp4

对于文档中的一些无用内容，若暂时不想删除，但又想明确提醒浏览文档的相关人员该内容的含义，便可为这些文字设置删除线标记，具体操作方法如下。

Step01 在"会议纪要.docx"文档中，① 选中要设置删除线的文本；② 在【开始】选项卡的【字体】组中单击【删除线】按钮 abc，如图4-19所示。

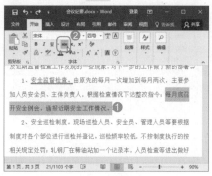

图 4-19

Step02 通过上述设置后，即可对文本设置删除线，效果如图4-20所示。

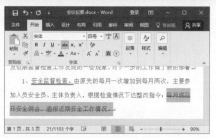

图 4-20

★ 重点 4.2.6 实战：在英文文档中切换英文的大小写

实例门类	软件功能
教学视频	光盘\视频\第4章\4.2.6.mp4

Word 提供了英文大小写切换功能，通过该功能，我们在编辑英文文档时，可以根据英文大小写的不同需要选择切换方式，具体操作方法如下。

Step01 打开"光盘\素材文件\第4章\Companionship of Books.docx"的文件，① 选中要转换英文大小写的文本；② 在【开始】选项卡的【字体】组中单击【更改大小写】按钮 Aa ▾；③ 在弹出的下拉列表中选择切换形式，如【全部大写】，如图4-21所示。

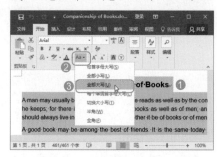

图 4-21

Step02 此时，所选文本将全部转换为大写形式，如图4-22所示。

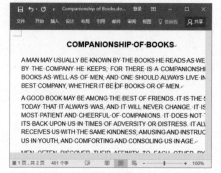

图 4-22

Word 提供了多种大小写切换形式，除了上述操作中介绍的"全部大写"形式之外，其他形式分别介绍如下。

➥ 句首字母大写：以句为单位，将每句句首第一个字母转换为大写形式。

➥ 全部小写：将所选内容中的英文字母全部转换为小写形式。

➥ 每个单词首字母大写：以单词为单位，将每个单词的第一个字母转换为大写形式。

➥ 切换大小写：将所选内容中的大写字母全部转换为小写字母，小写字母全部转换为大写字母。

4.3 设置字符缩放、间距与位置

排版文档时，为了让版面更加美观，有时还需要设置字符的缩放和间距效果，以及字符的摆放位置，接下来一一为读者进行演示。

4.3.1 实战：设置会议纪要的缩放大小

实例门类	软件功能
教学视频	光盘\视频\第4章\4.3.1.mp4

字符的缩放是指缩放字符的横向大小，默认为100%，根据操作需要，可以进行调整，具体操作方法如下。

Step01 在"会议纪要.docx"文档中，① 选中需要设置缩放大小的文字；② 在【开始】选项卡的【字体】组中，单击【功能扩展】按钮 ，如图4-23所示。

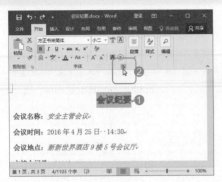

图 4-23

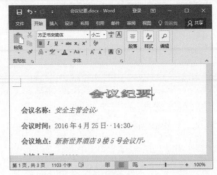

图 4-25

图 4-26

技能拓展——快速打开【字体】对话框

在 Word 文档中选择文本内容后，按【Ctrl+D】组合键，可快速打开【字体】对话框。

Step02 弹出【字体】对话框，❶ 切换到【高级】选项卡；❷ 在【缩放】下拉列表中选择需要的缩放比例，或者直接在文本框中输入需要的比例大小，本例中输入【180%】；❸ 单击【确定】按钮，如图 4-24 所示。

图 4-24

Step03 返回文档，可看见设置后的效果，如图 4-25 所示。

技能拓展——通过功能区设置字符缩放大小

除了上述操作方法外，我们还可以通过功能区设置字符的缩放大小，操作方法为：选中文本内容后，在【开始】选项卡的【段落】组中单击【中文版式】按钮 ✕ᵛ，在弹出的下拉列表中选择【字符缩放】选项，在弹出的级联列表中选择缩放比例即可。

4.3.2 实战：设置会议纪要的字符间距

实例门类	软件功能
教学视频	光盘\视频\第 4 章\4.3.2.mp4

顾名思义，字符间距就是指字符间的距离，通过调整字符间距可以使文字排列得更紧凑或者更疏散。Word 提供了"标准""加宽"和"紧缩" 3 种字符间距方式，其中默认以"标准"间距显示，若要调整字符间距，可按下面的操作方法实现。

Step01 在"会议纪要.docx"文档中，❶ 选中需要设置字符间距的文字；❷ 在【开始】选项卡的【字体】组中，单击【功能扩展】按钮，如图 4-26 所示。

Step02 弹出【字体】对话框，❶ 切换到【高级】选项卡；❷ 在【间距】下拉列表中选择间距类型，本例选择【加宽】，在右侧的【磅值】微调框中设置间距大小；❸ 设置完成后单击【确定】按钮，如图 4-27 所示。

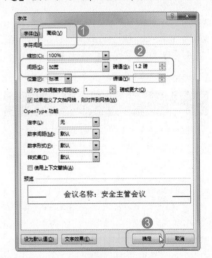

图 4-27

Step03 返回文档，可查看设置后的效果，如图 4-28 所示。

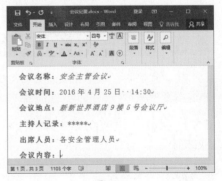

图 4-28

4.3.3 实战：设置会议纪要的字符位置

实例门类	软件功能
教学视频	光盘\视频\第4章\4.3.3.mp4

通过调整字符位置，可以设置字符在垂直方向的位置。Word 提供了"标准""提升"和"降低"3种选择，默认为"标准"，若要调整位置，可按下面的操作方法实现。

Step01 在"会议纪要.docx"文档中，❶ 选中需要设置位置的文字；❷ 在【开始】选项卡的【字体】组中，单击【功能扩展】按钮，如图4-29所示。

Step02 弹出【字体】对话框，❶ 切换到【高级】选项卡；❷ 在【位置】下拉列表中选择位置类型，本例选择【提升】，在右侧的【磅值】微调框中设置间距大小；❸ 设置完成后单击【确定】按钮，如图4-30所示。

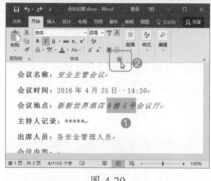

图 4-29

图 4-30

Step03 返回文档，可查看设置后的效果，如图4-31所示。

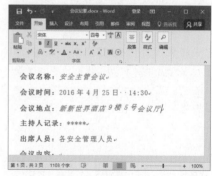

图 4-31

4.4 设置文本突出显示

在编辑文档时，对于一些特别重要的内容，或者是存在问题的内容，可以通过"突出显示"功能对它们进行颜色标记，使其在文档中显得特别醒目。

★ 重点 4.4.1 实战：设置会议纪要的突出显示

实例门类	软件功能
教学视频	光盘\视频\第4章\4.4.1.mp4

在 Word 文档中，使用"突出显示"功能来对重要文本进行标记后，文字看上去就像是用荧光笔作了标记一样，从而使文本更加醒目。设置文本突出显示的具体操作方法如下。

Step01 在"会议纪要.docx"文档中，❶ 选中需要突出显示的文本；❷ 在【开始】选项卡的【字体】组中，单击【以不同颜色突出显示文本】按钮

❷ ·右侧的下拉按钮 ▼；❸ 在弹出的下拉列表中选择需要的颜色，如图4-32所示。

图 4-32

Step02 用同样的方法，对其他内容设置颜色标记，效果如图4-33所示。

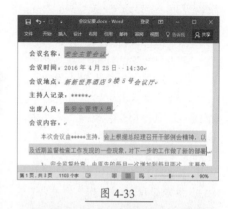

图 4-33

技能拓展——选中文本前设置突出显示

设置突出显示时，还可以先选择颜色，再选择需要设置突出显示的文

本，具体操作方法为：单击【以不同颜色突出显示文本】按钮 🖊 右侧的下拉按钮 ▾，在弹出的下拉列表中选择需要的颜色，鼠标指针将呈 ✐ 状，表示此时处于突出显示设置状态，按住鼠标左键并拖动，依次选择需要设置突出显示的文本即可。当不再需要设置突出显示时，按【Esc】键，即可退出突出显示设置状态。

4.4.2 实战：取消会议纪要的突出显示

实例门类	软件功能
教学视频	光盘\视频\第4章\4.4.2.mp4

设置突出显示后，如果不再需要

颜色标记，可进行清除操作，其操作方法为：在"会议纪要.docx"文档中，选中已经设置突出显示的文本，单击【以不同颜色突出显示文本】 🖊 右侧的下拉按钮 ▾，在弹出的下拉列表中选择【无颜色】选项即可，如图4-34所示。

图 4-34

技能拓展——快速取消突出显示

选中已经设置了突出显示的文本，直接单击【以不同颜色突出显示文本】按钮 🖊，可以快速取消突出显示。

4.5 其他字符格式

除了前面介绍的一些格式设置，我们还可以对文本设置边框、底纹、标识拼音等格式，以便让用户可以采用更多的方式来美化文档。

4.5.1 实战：设置会议纪要的字符边框

实例门类	软件功能
教学视频	光盘\视频\第4章\4.5.1.mp4

对文档进行排版时，还可以对文本设置边框效果，从而让文档更加美观漂亮，而且还能突出重点内容。为文本设置边框的具体操作方法如下。

Step01 在"会议纪要.docx"文档中，❶ 选中需要设置边框效果的文本；❷ 在【开始】选项卡的【段落】组中，单击【边框】按钮 ⊞ ▾ 右侧的下拉按钮 ▾；❸ 在弹出的下拉列表中选择【边框和底纹】选项，如图4-35所示。

Step02 弹出【边框和底纹】对话框，❶ 在【边框】选项卡的【设置】栏中

选择边框类型；❷ 在【样式】列表框中选择边框的样式；❸ 在【颜色】下拉列表中选择边框颜色；❹ 在【宽度】下拉列表中设置边框粗细；❺ 在【应用于】下拉列表中选择【文字】选项；❻ 单击【确定】按钮，如图4-36所示。

图 4-35

图 4-36

技术看板

设置好边框的样式、颜色等参数后，还可在【预览】栏中通过单击相关按钮，对相应的框线进行取消或显示操作。

Step03 返回文档，即可查看设置的边框效果，如图4-37所示。

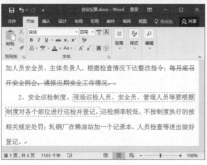

图 4-37

4.5.2 实战：设置会议纪要的字符底纹

实例门类	软件功能
教学视频	光盘\视频\第4章\4.5.2.mp4

除了设置边框效果外，还可以对文本设置底纹效果，以达到美化、强调的作用。为文本设置底纹效果的具体操作方法如下。

Step01 在"会议纪要.docx"文档中，❶ 选中要设置底纹效果的文本；❷ 在【开始】选项卡的【段落】组中，单击【边框】按钮 右侧的下拉 ；❸ 在弹出的下拉列表中选择【边框和底纹】选项，如图 4-38 所示。

图 4-38

Step02 弹出【边框和底纹】对话框，❶ 切换到【底纹】选项卡；❷ 在【填充】下拉列表中选择底纹颜色；❸ 在【应用于】下拉列表中选择【文字】选项；❹ 单击【确定】按钮，如图 4-39 所示。

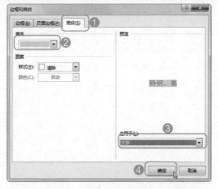

图 4-39

技能拓展——丰富底纹效果

设置底纹效果时，为了丰富底纹效果，用户还可以在【图案】下拉列表中选择填充图案，在【颜色】下拉列表中选择图案的填充颜色。

Step03 返回文档，即可查看设置的底纹效果，如图 4-40 所示。

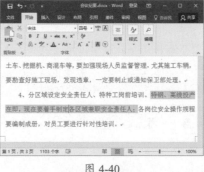

图 4-40

技能拓展——通过功能区设置边框和底纹效果

通过【边框和底纹】对话框，可以对所选文本自定义设置各种样式的边框和底纹效果。如果只需要设置简单的边框和底纹效果，可通过功能区快速实现，其操作方法有以下两种。

（1）选中要设置边框和底纹的文本，在【开始】选项卡的【字体】组中，单击【字符边框】按钮 A，可对所选文本设置默认效果的边框；单击【字符底纹】按钮 A，可对所选文本设置默认效果的底纹。

（2）选中要设置边框和底纹的文本，在【开始】选项卡的【段落】组中，单击【底纹】按钮 右侧的下拉按钮 ，在弹出的下拉列表中可以设置底纹颜色；单击【边框】按钮 右侧的下拉 ，在弹出的下拉列表中可以选择边框样式。

★ 重点 4.5.3 实战：设置会议纪要的带圈字符

实例门类	软件功能
教学视频	光盘\视频\第4章\4.5.3.mp4

Word 提供了带圈功能，利用该功能，可以通过圆圈或三角形等符号，将单个汉字、一位数或两位数，以及一个或两个字母圈起来。例如，要使用圆圈符号将汉字圈起来，具体操作方法如下。

Step01 在"会议纪要.docx"文档中，❶ 选中要设置带圈效果的汉字；❷ 在【开始】选项卡的【字体】组中单击【带圈字符】按钮 ，如图 4-41 所示。

图 4-41

Step02 弹出【带圈字符】对话框，❶ 在【样式】栏中选择带圈样式；❷ 在【圈号】列表框中选择需要的形状；❸ 单击【确定】按钮，如图 4-42 所示。

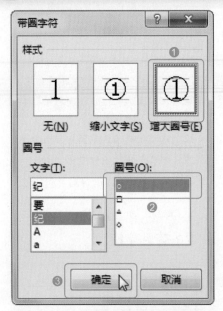

图 4-42

技术看板

在【样式】栏中，若选择【缩小文字】选项，则会缩小字符，让其适应圈的大小；若选择【增大圈号】选项，则会增大圈号，让其适应字符的大小。

Step03 返回文档，即可查看设置带圈后的效果，如图 4-43 所示。

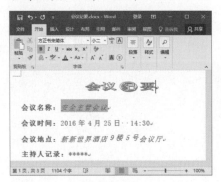

图 4-43

技能拓展——输入 10 以上的带圈数字

在编辑文档的过程中，有时候需要输入大量的带圈数字，而通过 Word 提供的插入符号功能，只能输入①～⑩，无法输入 10 以上的带圈数字，此时就需要用到带圈字符功能。例如，要输入 12，先在文档中输入【12】并将其选中，然后打开【带圈字符】对话框进行设置即可。

★ 重点 4.5.4 实战：为文本标注拼音

实例门类	软件功能
教学视频	光盘\视频\第 4 章\4.5.4.mp4

在编辑一些诸如小学课文这样的特殊文档时，往往需要对汉字标注拼音，以便阅读。为汉字标注拼音的具体操作方法如下。

Step01 打开"光盘\素材文件\第 4 章\春雨的色彩.docx"的文件；❶选中需要添加拼音的汉字；❷在【开始】选项卡的【字体】组中单击【拼音指南】按钮 ᵂᵉ̌ⁿ，如图 4-44 所示。

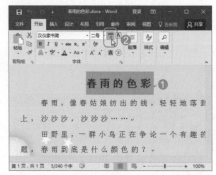

图 4-44

Step02 弹出【拼音指南】对话框，❶设置拼音的对齐方式、偏移量及字体等参数，其中【偏移量】是指拼音与汉字的距离；❷设置完成后单击【确定】按钮，如图 4-45 所示。

图 4-45

Step03 用同样的方法，对其他汉字添加拼音，效果如图 4-46 所示。

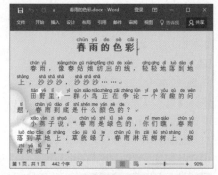

图 4-46

技术看板

对汉字标注拼音时，一次最多可以设置 30 个字词。默认情况下，【基准文字】栏中显示了需要添加拼音的汉字，【拼音文字】栏中显示了对应的汉字拼音，对于多音字，可手动修改。

妙招技法

通过前面知识的学习，相信读者已经学会了如何设置文本格式。下面结合本章内容，给大家介绍一些实用技巧。

技巧 01：设置特大号的文字

教学视频	光盘\视频\第 4 章\技巧 01.mp4

在设置文本字号时，【字号】下拉列表中的字号为八号到初号，或 52 磅到 72 磅，这对一般办公人员来说已经足够了。但是在一些特殊情况下，如打印海报、标语或大横幅时，则需要更大的字号，【字号】下拉列表中提供的字号选项就无法满足需求了，此时可以手动输入字号大小，具体操作方法如下。

Step01 打开"光盘\素材文件\第 4 章\横幅 .docx"的文件，❶ 选中需要设置特大字号的文本；❷ 在【开始】选项卡【字体】组中，在【字号】文本框中输入需要的字号大小磅值（1~1638），如图 4-47 所示。

图 4-47

Step02 完成输入后，按【Enter】键确认，即可查看设置后的效果，如图 4-48 所示。

图 4-48

技巧 02：单独设置中文字体和西文字体

教学视频	光盘\视频\第 4 章\技巧 02.mp4

若所选文本中既有中文，又有西文，为了实现更好的视觉效果，则可以分别对其设置字体，其方法有以下两种。

（1）选中文本后，在【开始】选项卡的【字体】组中的【字体】下拉列表中先选择中文字体，此时所选字体将应用到所选文本中，然后在【字体】下拉列表中选择西文字体，此时所选字体将仅仅应用到西文中。

（2）选中文本后，按【Ctrl+D】组合键打开【字体】对话框，在【中文字体】下拉列表中选择中文字体，在【西文字体】下拉列表中选择西文字体，然后单击【确定】按钮即可，如图 4-49 所示。

图 4-49

技巧 03：改变 Word 的默认字体格式

教学视频	光盘\视频\第 4 章\技巧 03.mp4

当用户经常需要使用某种字体

时，如某些公司会规定将某种字体格式作为文档内容特定的格式，则可以将该字体设置为默认的字体格式，从而避免反复设置字体格式的烦琐。设置默认字体格式的操作方法如下。

Step01 在任意一个 Word 文档中，直接按【Ctrl+D】组合键，打开【字体】对话框。

Step02 ❶ 设置好相应的字符格式，本操作中只设置中文字体和西文字体；❷ 设置好后单击【设为默认值】按钮，如图 4-50 所示。

图 4-50

Step03 ❶ 弹出提示框询问将默认字体应用到哪种类型的文档，选中【所有基于 Normal.dotm 模板的文档】单选按钮；❷ 然后单击【确定】按钮即可，如图 4-51 所示。

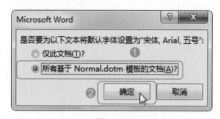

图 4-51

技巧 04：输入小数点循环

教学视频	光盘\视频\第 4 章\技巧 04.mp4

在日常计算中，我们经常会遇到

循环小数，在用笔进行书写时，只需要把循环小数的循环节的首末位上面用圆点"•"标示出来就可以了，那么在电子文档中又该如何输入呢？此时，我们可以通过拼音指南功能轻松解决问题，具体操作方法如下。

Step01 打开"光盘\素材文件\第4章\输入小数点循环.docx"的文件，通过【符号】对话框在文档中插入黑色圆点【•】，如图4-52所示。

图4-52

Step02 ① 选中【•】，按【Ctrl+C】组合键进行复制；② 选中数字【2】；③ 在【开始】选项卡的【字体】组中单击【拼音指南】按钮，如图4-53所示。

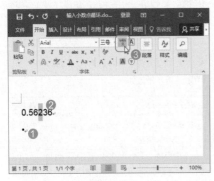

图4-53

Step03 弹出【拼音指南】对话框，① 在【拼音文字】栏将光标定位到对应的文本框中，按【Ctrl+V】组合键进行粘贴操作；② 单击【确定】按钮，如图4-54所示。

图4-54

Step04 返回文档，可看见数字【2】上面添加了圆点【•】，如图4-55所示。

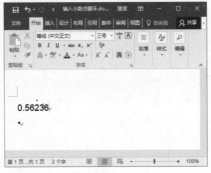

图4-55

Step05 用同样的方法，在数字【6】上面添加圆点【•】，完成后的效果如图4-56所示。

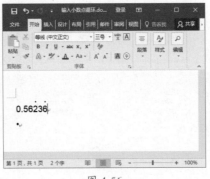

图4-56

技巧05：调整文本与下画线之间的距离

教学视频	光盘\视频\第4章\技巧05.mp4

默认情况下，为文字添加下画线后，下画线与文本之间的距离非常近，

为了美观，我们可以调整它们之间的距离，具体操作方法如下。

Step01 打开"光盘\素材文件\第4章\调整文本与下画线之间的距离.docx"的文件，选中文本并添加下画线，如图4-57所示。

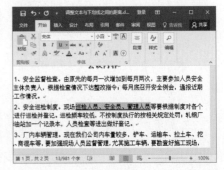

图4-57

Step02 ① 添加下画线后，在文本的左侧和右侧各按一次【Space】键输入空格，然后选择文字部分；② 在【开始】选项卡的【字体】组中，单击【功能扩展】按钮，如图4-58所示。

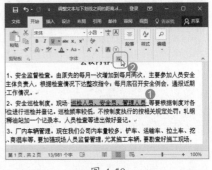

图4-58

Step03 弹出【字体】对话框，① 切换到【高级】选项卡；② 在【位置】下拉列表中选择【提升】选项，在右侧的【磅值】微调框中设置间距大小；③ 设置完成后单击【确定】按钮，如图4-59所示。

Step04 返回文档，可看到下画线与文字之间有了明显的距离，如图4-60所示。

图 4-59

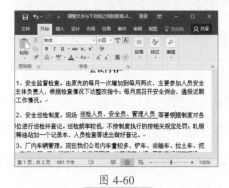

图 4-60

技巧06：如何一次性清除所有格式

教学视频	光盘\视频\第4章\技巧06.mp4

对文本设置各种格式后，如果需要还原为默认格式，就需要清除已经设置的格式。若逐个清除，会是非常烦琐的一项工作，此时就需要使用到 Word 提供的"清除格式"功能，通过该功能，用户可以快速清除文本的所有格式，具体操作方法如下。

Step01 打开"光盘\素材文件\第4章\会议纪要1.docx"的文件，❶选中需要清除所有格式的文本；❷单击【字体】组中的【清除所有格式】按钮，如图4-61所示。

图 4-61

Step02 所选文本设置的字体、颜色等格式即可被清除掉，并还原为默认格式，效果如图 4-62 所示。

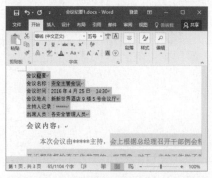

图 4-62

技术看板

通过"清除格式"功能清除格式时，对于一些比较特殊的格式是不能清除的，如突出显示、拼音指南、带圈字符等。

本章小结

本章主要讲解了如何对文本内容进行美化操作，主要包括设置字体格式、设置字体效果、设置文本突出显示等内容。通过本章的学习，希望读者能够熟练运用相应的功能对文本进行美化操作，从而让自己的文档从众多的文档中脱颖而出。

第5章 设置段落格式

➤ 如何让段落开端自动空两个字符？

➤ 内容太紧凑，怎么将段与段之间的距离调大一些？

➤ 手动编号太累，有更好的办法吗？

➤ 制表位有什么用？

一篇好的文档必定有一个好的段落格式，本章将通过不同类型的段落格式的设置，教读者如何设计出一篇令人满意的文档格式。还在等什么呢？赶快行动起来吧！

5.1 设置段落基本格式

段落格式是指以段落为单位的格式设置，是文档排版中主要操作的对象之一。与字体格式类似，段落格式也属于排版中的基本格式。对段落设置对齐方式、缩进、间距等基本格式时，不需要选择段落，只需要将插入点定位到该段落内即可。当然，如果需要对多个段落设置相同格式，就需要先选中这些段落，然后再进行设置。

5.1.1 什么是段落

在 Word 文档中输入内容时，按下【Enter】键将结束当前段落的编辑，同时开始下一个新的段落。在 Word 文档中按下【Enter】键后，会自动产生段落标记，该标记表示上一个段落的结束，在该标记之后的内容则位于下一个段落中，如图 5-1 所示中包含了两个段落。

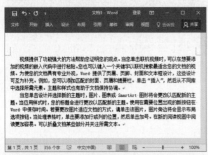

图 5-1

技术看板

段落标记属于非打印字符，即可

以在文档中看到该标记，但在打印文档时不会将该标记打印到纸张上。

段落中包含的格式存储于该段落结果的段落标记中，当按下【Enter】键后，下一个段落会延续上一段落的格式设置。例如，如果在上一段中设置了段前 0.5 行，那么在按【Enter】键后产生的新段落也会自动段前 0.5 行。

在移动或复制段落内容时，如果希望保留段落中的格式，那么在选择段落时就必须同时选中段落结尾的段落标记；反之，如果只需复制段落内容，但是不需要复制段落格式，则在选择段落内容时，不要选中段落结尾的段落标记。

5.1.2 硬回车与软回车的区别

在给读者讲解段落的概念时，我们有提到过段落标记是通过按

【Enter】键产生的，该标记俗称硬回车。如果按【Shift+Enter】组合键，将会得到 ↓ 标记，俗称软回车（也称手动换行符），该标记并不是段落标记。

在 和 ↓ 两种标记之后，看似都产生了一个新的段落，但本质上并不相同。如图 5-2 和图 5-3 所示中，便说明了这两种标记在段落格式上的不同之处。

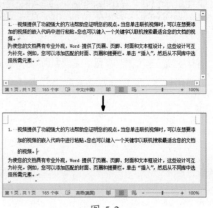

图 5-2

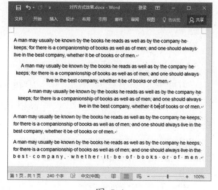

图中的内容（5-3）

5-3

在图 5-2 中，通过按【Enter】键将内容分成了两个部分，然后对第一部分的内容设置 1.5 倍行距，悬挂缩进 2 字符，此时可发现第二部分的内容并未受格式设置的影响，这是因为按【Enter】键产生的段落标记将两部分内容分成了格式独立的两个段落；在图 5-3 中，通过按【Shift+Enter】组合键将内容分成两个部分，然后对第一部分的内容设置 1.5 倍行距，悬挂缩进 2 字符，此时可发现第二部分的内容也应用了该格式，这是因为按【Shift+Enter】组合键后产生的不是段落标记，虽然看似分出了两段，但实质上这两部分内容仍属于同一个段落，并共享相同的段落格式。

★ 重点 5.1.3　实战：设置员工薪酬方案的段落对齐方式

实例门类	软件功能
教学视频	光盘\视频\第 5 章\5.1.3.mp4

对齐方式是指段落在页面上的分布规则，其规则主要有水平对齐和垂直对齐两种。

1. 水平对齐方式

水平对齐方式是最常设置的段落格式之一。当我们要对段落设置对齐方式时，通常就是指设置水平对齐方式。水平对齐方式主要包括左对齐、居中、右对齐、两端对齐和分散对齐 5 种，其含义如下。

➡ 左对齐：段落以页面左侧为基准对齐排列。

➡ 居中：段落以页面中间为基准对齐排列。

➡ 右对齐：段落以页面右侧为基准对齐排列。

➡ 两端对齐：段落的每行在页面中首尾对齐。当各行之间的字体大小不同时，Word 会自动调整字符间距。

➡ 分散对齐：与两端对齐相似，将段落在页面中分散对齐排列，并根据需要自动调整字符间距。与两端对齐相比较，最大的区别在于对段落最后一行的处理方式，当段落最后一行包含大量空白时，分散对齐会在最后一行文本之间调整字符间距，从而自动填满页面。

5 种对齐方式的效果如图 5-4 所示，从上到下依次为左对齐、居中对齐、右对齐、两端对齐、分散对齐。

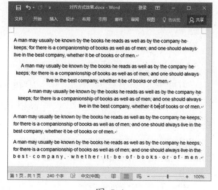

图 5-4

设置段落水平对齐方式的具体操作方法如下。

Step01 打开"光盘\素材文件\第 5 章\企业员工薪酬方案 .docx"的文件，❶ 选中需要设置对齐方式的段落；❷ 在【开始】选项卡的【段落】组中单击【居中】按钮 ≡，如图 5-5 所示。

图 5-5

Step02 此时，所选段落将以【居中】对齐方式进行显示，效果如图 5-6 所示。

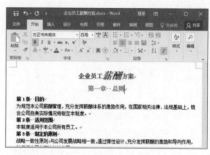

图 5-6

Step03 用同样的方式，对其他段落设置相应的对齐方式即可。

技能拓展——快速设置段落对齐方式

选中段落后，按【Ctrl+L】组合键可设置【左对齐】对齐方式，按【Ctrl+E】组合键可设置【居中】对齐方式，按【Ctrl+R】组合键可设置【右对齐】对齐方式，按【Ctrl+J】组合键可设置【两端对齐】方式，按【Ctrl+Shift+J】组合键可设置【分散对齐】方式。

2. 垂直对齐方式

当段落中存在不同字号的文字，或存在嵌入式图片时，对其设置垂直对齐方式，可以控制这些对象的相对位置。段落的垂直对齐方式主要包括顶端对齐、居中、基线对齐、底端对齐和自动设置 5 种。设置垂直对齐方式的具体操作方法如下。

Step01 在"企业员工薪酬方案.docx"文档中，❶将光标插入点定位在需要设置垂直对齐方式的段落中；❷在【开始】选项卡的【段落】组中单击【功能扩展】按钮，如图5-7所示。

图 5-7

Step02 弹出【段落】对话框，❶切换到【中文版式】选项卡；❷在【文本对齐方式】下拉列表中选择需要的垂直对齐方式，如【居中】；❸单击【确定】按钮，如图5-8所示。

图 5-8

Step03 返回文档，可查看设置后的效果，如图5-9所示。

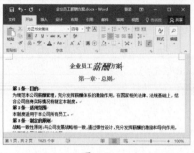

图 5-9

★ 重点 5.1.4 实战：设置员工薪酬方案的段落缩进

实例门类	软件功能
教学视频	光盘\视频\第5章\5.1.4.mp4

为了增强文档的层次感，提高可阅读性，可以对段落设置合适的缩进。段落的缩进方式有左缩进、右缩进、首行缩进和悬挂缩进4种，其含义如下。

➡ 左缩进：指整个段落左边界距离页面左侧的缩进量。

➡ 右缩进：指整个段落右边界距离页面右侧的缩进量。

➡ 首行缩进：指段落首行第1个字符的起始位置距离页面左侧的缩进量。

➡ 悬挂缩进：指段落中除首行以外的其他行距离页面左侧的缩进量。

4种缩进方式的效果如图5-10所示，从上到下依次为左缩进、右缩进、首行缩进、悬挂缩进。

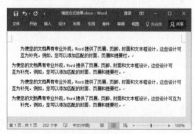

图 5-10

例如，要对段落设置首行缩进2字符，具体操作方法如下。

Step01 在"企业员工薪酬方案.docx"文档中，❶选中需要设置缩进的段落；❷在【开始】选项卡的【段落】组中单击【功能扩展】按钮，如图5-11所示。

图 5-11

Step02 弹出【段落】对话框，❶在【缩进】栏的【特殊格式】下拉列表中选择【首行缩进】选项；❷在右侧的【缩进值】微调框中设置【2字符】；❸单击【确定】按钮，如图5-12所示。

图 5-12

Step03 返回文档，可查看设置后的效果，如图5-13所示。

图 5-13

★ 重点 5.1.5　实战：使用标尺在员工薪酬方案中设置段落缩进

实例门类	软件功能
教学视频	光盘\视频\第 5 章\5.1.5.mp4

在本书第 2 章中，我们讲解了标尺的结构，以及可以通过标尺中的滑块设置段落缩进。例如，要通过标尺为段落设置首行缩进，具体操作方法如下。

Step01 在"企业员工薪酬方案 .docx"文档中，先将标尺显示出来，❶选中需要设置缩进的段落；❷在标尺上拖动【首行缩进】滑块▽，如图 5-14 所示。

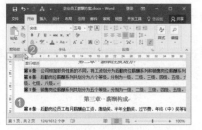

图 5-14

Step02 拖动到合适的缩进位置后释放鼠标即可，设置后的效果如图 5-15 所示。

图 5-15

Step03 采用同样的方法，对其他需要设置缩进的段落进行设置即可。

技术看板

通过标尺设置缩进虽然很快捷、方便，但是精度不够，如果排版要求非常精确，那么建议用户使用【段落】对话框来设置。

★ 重点 5.1.6　实战：设置员工薪酬方案的段落间距

实例门类	软件功能
教学视频	光盘\视频\第 5 章\5.1.6.mp4

正所谓距离产生美，那么对于文档也是同样的道理。对文档设置适当的间距或行距，不仅可以使文档看起来疏密有致，也能提高阅读舒适性。

段落间距是指相邻两个段落之间的距离，本节就先讲解段落间距的设置方法，具体操作方法如下。

Step01 在"企业员工薪酬方案 .docx"文档中，❶选中需要设置间距的段落；❷在【开始】选项卡的【段落】组中单击【功能扩展】按钮，如图 5-16 所示。

图 5-16

Step02 弹出【段落】对话框，❶在【间距】栏中通过【段前】微调框可以设置段前距离，通过【段后】微调框可以设置段后距离，本例中将设置【段前】0.5 行、【段后】0.5 行；❷单击【确定】按钮，如图 5-17 所示。

技能拓展——让文字不再与网格对齐

对文档进行页面设置时，如果指定了文档网格，则文字就会自动和网格对齐。为了使文档排版更精确美观，对段落设置格式时，建议在【段落】对话框中取消【如果定义了文档网格，则对齐网格】复选框的选中。

图 5-17

Step03 返回文档，可查看设置后的效果，如图 5-18 所示。

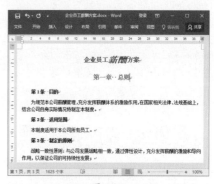

图 5-18

技能拓展——通过功能区设置段落间距

除了通过【段落】对话框设置段落间距外，还可以通过功能区设置段落间距，具体操作方法为：选中需要设置间距的段落，切换到【布局】选项卡，在【段落】组的【间距】栏中，分别通过【段前】微调框与【段后】微调框进行设置即可。

★ 重点 5.1.7 实战：设置员工薪酬方案的段落行距

实例门类	软件功能
教学视频	光盘\视频\第5章\5.1.7.mp4

行距是指段落中行与行之间的距离。设置行距的方法有两种，一种是通过功能区的【行和段落间距】按钮 ‡≡▾ 设置；另一种是通过【段落】对话框中的【行距】下拉列表设置，用户可自行选择。

例如，要通过功能区设置行距，具体操作方法为：在"企业员工薪酬方案 .docx"文档中，选中需要设置行距的段落，在【开始】选项卡的【段落】组中，单击【行和段落间距】按钮 ‡≡▾ ，在弹出的下拉列表中选择需要的行距选项即可（在下拉列表中，这些数值表示的是每行字体高度的倍数），如【1.15】，如图 5-19 所示。

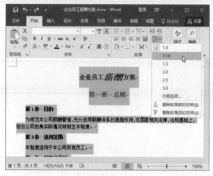

图 5-19

5.2 设置边框与底纹

编辑文档时，可以对某个段落设置边框或底纹，以便突出文档重要内容，以及达到美化文档的目的，下面将分别讲解边框与底纹的设置方法。

5.2.1 实战：设置员工薪酬方案的段落边框

实例门类	软件功能
教学视频	光盘\视频\第5章\5.2.1.mp4

段落边框的设置方法与字符边框类似，区别在于边框的应用范围不同，字符边框作用于所选文本，段落边框作用于整个段落，如图 5-20 所示为字符边框与段落边框的区别。

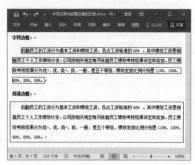

图 5-20

设置段落边框的具体操作方法如下。

Step01 在"企业员工薪酬方案 .docx"文档中，❶选中要设置边框的段落；❷在【开始】选项卡的【段落】组中，单击【边框】按钮 ▦▾ 右侧的下拉按钮 ▾ ；❸在弹出的下拉列表中选择【边框和底纹】选项，如图 5-21 所示。

图 5-21

Step02 弹出【边框和底纹】对话框，❶在【边框】选项卡的【设置】栏中选择边框类型；❷在【样式】列表框中选择边框的样式；❸在【颜色】下拉列表中选择边框颜色；❹在【宽度】下拉列表中选择边框粗细；❺单击【确定】按钮，如图 5-22 所示。

图 5-22

Step03 返回文档，可查看设置了边框后的效果，如图 5-23 所示。

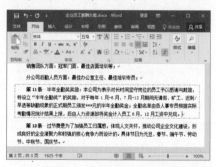

图 5-23

技术看板

设置字符边框或段落边框时，通过【边框和底纹】对话框中的【选项】按钮，可以调整边框线与文本或段落之间的距离。

5.2.2 实战：设置员工薪酬方案的段落底纹

实例门类	软件功能
教学视频	光盘\视频\第5章\5.2.2.mp4

同段落边框一样，段落底纹的设置方法与字符底纹的设置方法类似，

也是区别于应用范围不同，如图 5-24 所示为字符底纹与段落底纹的区别。

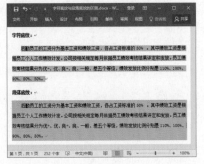

图 5-24

设置段落底纹的操作方法如下。

Step01 在"企业员工薪酬方案 .docx"文档中，❶ 选中要设置底纹的段落，❷ 在【开始】选项卡的【段落】组中，单击【边框】按钮⊞▾右侧的下拉按钮▾；❸ 在弹出的下拉列表中选择【边框和底纹】选项，如图 5-25 所示。

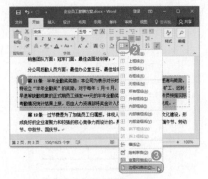

图 5-25

Step02 弹出【边框和底纹】对话框，❶ 切换到【底纹】选项卡；❷ 在【填充】下拉列表中选择底纹颜色；❸ 单击【确定】按钮，如图 5-26 所示。

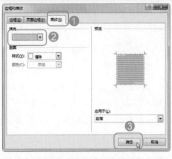

图 5-26

Step03 返回文档，即可看到设置的底纹效果，如图 5-27 所示。

图 5-27

5.3　项目符号的使用

项目符号是指添加在段落前的符号，一般用于并列关系的段落。为段落添加项目符号，可以更加直观、清晰地查看文本。

★ 重点 5.3.1　实战：为员工薪酬方案添加项目符号

实例门类	软件功能
教学视频	光盘\视频\第 5 章\5.3.1.mp4

对于文档中具有并列关系的内容而言，通常包含了多条信息，可以为它们添加项目符号，从而让这些内容的结构更清晰，也更具可读性。添加项目符号的具体操作方法如下。

Step01 在"企业员工薪酬方案 .docx"文档中，❶ 选中需要添加项目符号的段落；❷ 在【开始】选项卡的【段落】组中，单击【项目符号】按钮≡▾右侧的下拉按钮▾；❸ 在弹出的下拉列表中选择需要的项目符号样式，如图 5-28 所示。

图 5-28

Step02 应用了项目符号后的效果如图 5-29 所示。

图 5-29

技能拓展——取消添加的自动编号

在含有项目符号的段落中，按【Enter】键换到下一段时，会在下一段自动添加相同样式的项目符号，此时若直接按【Back Space】键或再次按【Enter】键，可取消自动添加的项目符号。

5.3.2　实战：为员工薪酬方案设置个性化项目符号

实例门类	软件功能
教学视频	光盘\视频\第 5 章\5.3.2.mp4

除了使用 Word 内置的项目符号外，还可以将喜欢的符号设置为项目

符号，具体操作方法如下。

Step01 在"企业员工薪酬方案.docx"文档中，❶选中需要添加项目符号的段落；❷在【开始】选项卡的【段落】组中，单击【项目符号】按钮≔·右侧的下拉按钮▼；❸在弹出的下拉列表中选择【定义新项目符号】选项，如图5-30所示。

图 5-30

Step02 弹出【定义新项目符号】对话框，单击【符号】按钮，如图5-31所示。

图 5-31

Step03 ❶在弹出的【符号】对话框中选择需要的符号；❷单击【确定】按钮，如图5-32所示。

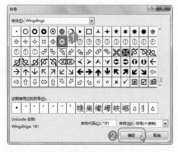

图 5-32

Step04 返回【定义新项目符号】对话框，在【预览】栏中可以预览所设置的效果，单击【确定】按钮，如图5-33所示。

图 5-33

技能拓展——使用图片作为项目符号

根据操作需要，我们还可以将图片设置为项目符号，操作方法为：选中需要设置项目符号的段落，打开【定义新项目符号】对话框，单击【图片】按钮，在打开的【插入图片】窗口中，选择计算机中的图片或网络图片设置为项目符号即可。

Step05 返回文档，保持段落的选中状态，❶单击【项目符号】按钮≔·右侧的下拉按钮▼；❷在弹出的下拉列表中选择之前设置的符号样式，此时，所选段落即可应用该样式，如图5-34所示。

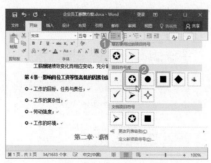

图 5-34

技术看板

为段落设置自定义样式的项目符号时，若段落设置了缩进，则需要执行第5步操作；若段落没有设置缩进，则不需要执行第5步操作。

★ **重点 5.3.3 实战：为仪表礼仪调整项目列表级别**

实例门类	软件功能
教学视频	光盘\视频\第5章\5.3.3.mp4

默认情况下，添加的项目符号级别为"1级"，用户可以根据需要更改级别，具体操作方法如下。

Step01 打开"光盘\素材文件\第5章\商务礼仪-仪表礼仪.docx"的文件，❶选中需要修改项目符号级别的段落；❷在【开始】选项卡的【段落】组中，单击【项目符号】按钮≔·右侧的下拉按钮▼；❸在弹出的下拉列表中选择【更改列表级别】选项；❹在弹出的级联列表中为项目符号选择所需要的级别，如【2级】，如图5-35所示。

图 5-35

Step02 所选段落的项目符号即可更改为2级，且项目符号会自动更改为该级别所对应的符号样式，如图5-36所示。

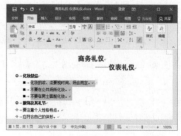

图 5-36

Step03 若不需要更改后的符号样式，❶ 可单击【项目符号】按钮 ☰ · 右侧的下拉按钮 ▾；❷ 在弹出的下拉列表中选择其他项目符号样式，如图 5-37 所示。

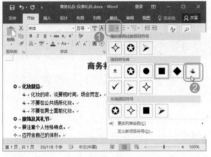

图 5-37

Step04 用同样的方法，对其他段落调整相应的项目符号级别，完成后的效果如图 5-38 所示。

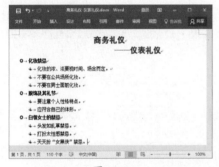

图 5-38

技能拓展——使用快捷键调整项目符号级别

将光标插入点定位在项目符号与文本之间，按【Tab】键，可以降低一个级别；按【Shift+Tab】组合键，可以提高一个级别。

5.3.4 实战：为员工薪酬方案设置项目符号格式

实例门类	软件功能
教学视频	光盘\视频\第5章\5.3.4mp4

如果为段落设置的是符号类型的项目符号，还可以通过设置格式的方

法来美化项目符号，具体操作方法如下。

Step01 在"企业员工薪酬方案.docx"文档中，❶ 选中需要设置项目符号格式的段落；❷ 在【开始】选项卡的【段落】组中，单击【项目符号】按钮 ☰ · 右侧的下拉按钮 ▾；❸ 在弹出的下拉列表中选择【定义新项目符号】选项，如图 5-39 所示。

图 5-39

Step02 弹出【定义新项目符号】对话框，单击【字体】按钮，如图 5-40 所示。

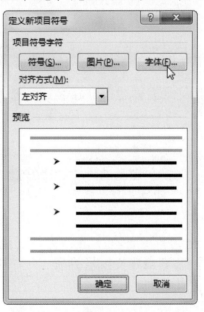

图 5-40

Step03 ❶ 在弹出的【字体】对话框中设置需要的格式，本例中设置了加粗和字体颜色；❷ 单击【确定】按钮，如图 5-41 所示。

Step04 返回【定义新项目符号】对话框，单击【确定】按钮，如图 5-42 所示。

图 5-41

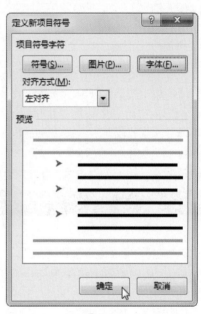

图 5-42

Step05 返回文档，可查看设置后的效果，如图 5-43 所示。

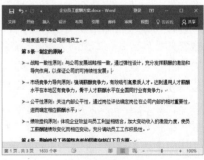

图 5-43

⚙ **技能拓展——删除项目符号**

对段落添加了项目符号之后，若要删除项目符号，可先选中段落，然后在【开始】选项卡的【段落】组中，单击【项目符号】按钮 ⃛ 右侧的下拉按钮 ⏷，在弹出的下拉列表中选择【无】选项即可。

5.4 编号列表的使用

在制作规章制度、管理条例等方面的文档时，除了使用项目符号外，还可以使用编号来组织内容，从而使文档层次分明、条理清晰。

★ 重点 5.4.1 实战：为员工薪酬方案添加编号

实例门类	软件功能
教学视频	光盘\视频\第5章\5.4.1.mp4

对于具有一定顺序或层次结构的段落，可以为其添加编号。默认情况下，在以"1."" （1）""①"或"a."等编号开始的段落中，按【Enter】键换到下一段时，下一段会自动产生连续的编号，如图5-44所示。

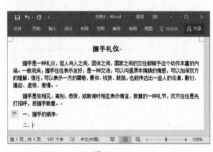

图 5-44

若要对已经输入好的段落添加编号，可通过【段落】组中的【编号】按钮实现，具体操作方法如下。

Step01 在"企业员工薪酬方案.docx"文档中，❶选中需要添加编号的段落；❷在【开始】选项卡的【段落】组中，单击【编号】按钮 ⃛ 右侧的下拉按钮 ⏷；❸在弹出的下拉列表中选择需要的编号样式，如图5-45所示。

Step02 应用了编号后的效果如图5-46

所示。

图 5-45

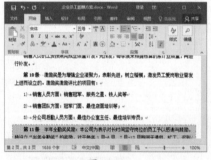

图 5-46

★ 重点 5.4.2 实战：为员工薪酬方案自定义编号列表

实例门类	软件功能
教学视频	光盘\视频\第5章\5.4.2.mp4

除了使用 Word 内置的编号样式外，还可以自定义编号样式。例如，要自定义一个"a 方法、b 方法……"的编号列表为例，具体操作方法如下。

Step01 在"企业员工薪酬方案.docx"文档中，❶选中需要添加编号的段落；❷在【开始】选项卡的【段落】组中，单击【编号】按钮 ⃛ 右侧的下拉按钮 ⏷；❸在弹出的下拉列表中选择【定义新编号格式】选项，如图5-47所示。

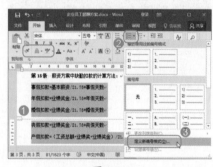

图 5-47

Step02 弹出【定义新编号格式】对话框，在【编号样式】下拉列表中选择编号样式，本例中需选择【a,b,c,…】，此时，【编号格式】文本框中将出现【a.】字样，且【a】以灰色显示，表示不可修改或删除，如图5-48所示。

Step03 ❶将【a】后面的【.】删除掉，然后输入文本【方法】；❷设置完成后单击【确定】按钮，如图5-49所示。

Step04 返回到文档，保持段落的选中状态，❶单击【编号】按钮 ⃛ 右侧的下拉按钮 ⏷；❷在弹出的下拉列表中选择设置的编号样式即可，如图5-50所示。

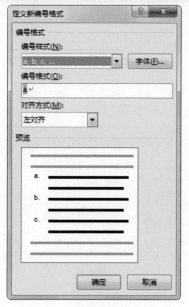

图 5-48

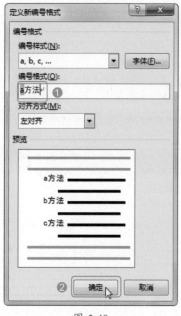

图 5-49

图 5-50

与自定义项目符号一样，若没有对段落设置缩进格式，则无须进行第4步操作。

★ 重点 5.4.3 实战：为出差管理制度使用多级列表

实例门类	软件功能
教学视频	光盘\视频\第5章\5.4.3.mp4

对于含有多个层次的段落，为了能清晰地体现层次结构，可对其添加多级列表。添加多级列表的操作方法如下。

Step01 打开"光盘\素材文件\第5章\员工出差管理制度.docx"的文件，❶选中需要添加列表的段落；❷在【开始】选项卡的【段落】组中单击【多级列表】按钮；❸在弹出的下拉列表中选择需要的列表样式，如图5-51所示。

图 5-51

Step02 此时所有段落的编号级别为1级，效果如图5-52所示。

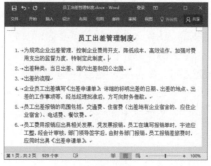

图 5-52

Step03 ❶选中需要调整级别的段落；❷单击【多级列表】按钮；❸在弹出的下拉列表中依次选择【更改列表级别】→【2级】选项，如图5-53所示。

图 5-53

Step04 此时，所选段落的级别调整为【2级】，其他段落的编号依次发生变化，如图5-54所示。

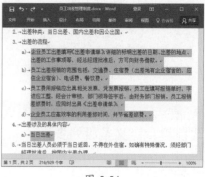

图 5-54

Step05 ❶选中需要调整级别的段落；❷单击【多级列表】按钮；❸在弹出的下拉列表中依次选择【更改列表级别】→【3级】选项，如图5-55所示。

图 5-55

Step06 此时,所选段落的级别调整为【3级】,其他段落的编号依次发生变化,如图 5-56 所示。

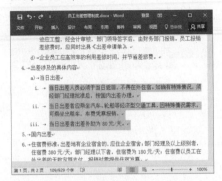

图 5-56

Step07 按照上述操作方法,对其他段落调整编号级别即可。

技能拓展——使用快捷键调整列表级别

将光标插入点定位在编号与文本之间,按【Tab】键,可以降低一个列表级别;按【Shift+Tab】组合键,可以提高一个列表级别。

★ 重点 5.4.4 实战:为文书管理制度自定义多级列表

实例门类	软件功能
教学视频	光盘\视频\第 5 章\5.4.4.mp4

除了使用内置的列表样式外,用户还可以定义新的多级列表样式,具体操作方法如下。

Step01 打开"光盘\素材文件\第 5 章\文书管理制度.docx"的文件,❶ 选中需要添加列表的段落;❷ 在【开始】选项卡的【段落】组中单击【多级列表】按钮;❸ 在弹出的下拉列表中选择【定义新的多级列表】选项,如图 5-57 所示。

Step02 弹出【定义新多级列表】对话框,❶ 在【单击要修改的级别】列表框中选择【1】选项;❷ 在【此级别的编号样式】下拉列表中选择该级别的编

号样式,如【一、二、三 (简)…】;❸ 在【输入编号的格式】文本框中将显示【一】字样,在【一】的前面输入【第】,在【一】的后面输入【条: 】,如图 5-58 所示。

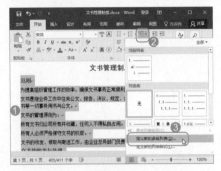

图 5-57

图 5-58

Step03 ❶ 在【单击要修改的级别】列表框中选择【2】选项;❷ 在【此级别的编号样式】下拉列表中选择该级别的编号样式,此时【输入编号的格式】文本框中显示为【一.I】,如图 5-59所示。

Step04 在【输入编号的格式】文本框中,将【一.】删除掉,如图 5-60 所示。

Step05 ❶ 在【单击要修改的级别】列表框中选择【3】选项;❷ 在【此级别的编号样式】下拉列表中选择该级别的编号样式,此时【输入编号的格式】文本框中显示为【一.I.1】,如图 5-61 所示。

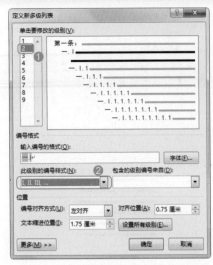

图 5-59

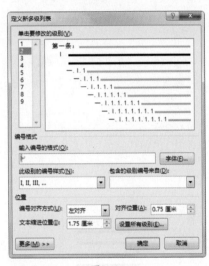

图 5-60

图 5-61

Step06 ❶ 在【输入编号的格式】文本框中，将【一.Ⅰ】删除掉；❷ 本例中所选段落仅有 3 个级别，因而只设置前 3 个级别的样式即可，相应级别的格式设置完成后，可以通过预览框进行预览，若确定当前样式，则单击【确定】按钮，如图 5-62 所示。

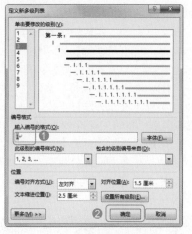

图 5-62

Step07 返回文档，所选段落的编号级别都为 1 级，如图 5-63 所示。

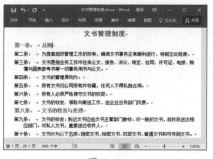

图 5-63

Step08 参照 5.4.3 节的操作方法，调整段落的列表级别，调整后的效果如图 5-64 所示。

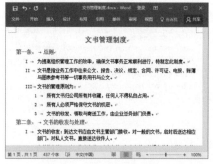

图 5-64

★ 重点 5.4.5　实战：为目录表设置起始编号

实例门类	软件功能
教学视频	光盘\视频\第 5 章\5.4.5.mp4

当文档前面已出现一组编号时，对其他段落添加相同样式的编号时，用户既可以重新单独编号，也可以继续前一组的编号，其效果分别如图 5-65 和图 5-66 所示。

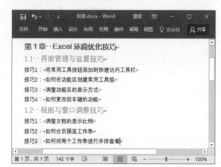

图 5-65

图 5-66

设置起始编号的具体操作方法如下。

Step01 打开"光盘\素材文件\第 5 章\目录.docx"的文件，❶ 选中需要重新编号的段落；❷ 在【开始】选项卡的【段落】组中，单击【编号】按钮≡·右侧的下拉按钮▼；❸ 在弹出的下拉列表中选择【设置编号值】选项，如图 5-67 所示。

Step02 弹出【起始编号】对话框，❶ 选中【开始新列表】单选按钮；❷ 在【值设置为】微调框中将值设置为【1】；❸ 单击【确定】按钮，如

图 5-68 所示。

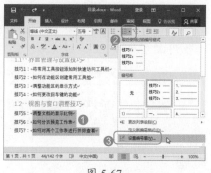

图 5-67

图 5-68

Step03 返回文档，可看见设置后的效果，如图 5-69 所示。

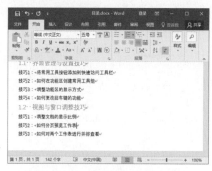

图 5-69

🔧 **技能拓展——继续上一列表的编号**

如果希望继续前一组编号，则选中需要继续编号的段落并右击，在弹出的快捷菜单中选择【继续编号】选项即可。

5.4.6 实战：为值班室管理制度设置编号格式

实例门类	软件功能
教学视频	光盘\视频\第5章\5.4.6.mp4

为段落添加编号列表后，为了使编号更加美观，还可以对其设置格式，具体操作方法如下。

Step01 打开"光盘\素材文件\第5章\值班室管理制度.docx"的文件，❶选中需要设置格式的编号；❷在【开始】选项卡的【段落】组中，单击【编号】按钮⚏·右侧的下拉按钮▼；❸在弹出的下拉列表中选择【定义新编号格式】选项，如图5-70所示。

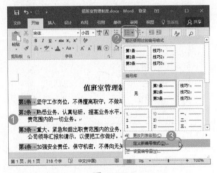

图 5-70

Step02 弹出【定义新编号格式】对话框，单击【字体】按钮，如图5-71所示。

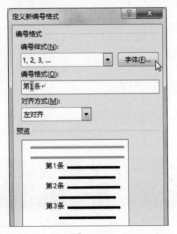

图 5-71

Step03 ❶在弹出的【字体】对话框中设置相应格式；❷单击【确定】按钮，如图5-72所示。

图 5-72

Step04 返回【定义新编号格式】对话框，单击【确定】按钮，如图5-73所示。

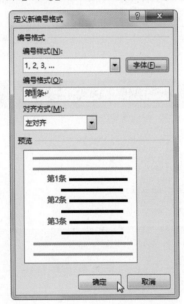

图 5-73

Step05 返回文档，可查看设置后的效果，如图5-74所示。

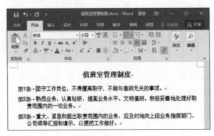

图 5-74

5.4.7 实战：为值班室管理制度调整编号与文本之间的距离

实例门类	软件功能
教学视频	光盘\视频\第5章\5.4.7.mp4

为段落添加项目符号或编号之后，可能会觉得项目符号/编号与其右侧文本之间的距离过大或过小，根据需要，可以借助标尺来调整项目符号/编号与文本之间的间距。

例如，要调整编号与文本之间的距离，具体操作方法如下。

Step01 在"值班室管理制度.docx"文档中，先将标尺显示出来，❶选中要调整编号与文本间距的段落；❷在标尺上拖动【悬挂缩进】滑块△，如图5-75所示。

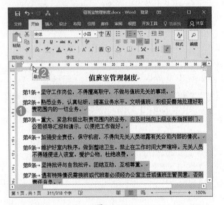

图 5-75

Step02 拖动至合适的位置后，释放鼠标即可，效果如图5-76所示。

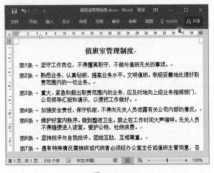

图 5-76

5.5 巧用制表位

制表位是指在水平标尺上的位置，指定文字缩进的距离或一栏文字开始之处。制表位的最大功能就是可以用来使光标插入点精确地定位到需要的地方，从而方便文字在工作区内排列。制表位的三要素包括制表位位置、制表位对齐方式和制表位的前导字符。

5.5.1 认识制表位与制表符

默认情况下，在输入文本内容时，每按一次【Tab】键，插入点会从当前位置向右移动2个字符的距离。每次按【Tab】键后，插入点定位到的新位置被称为【制表位】，制表位标记显示为 →，如图5-77所示。

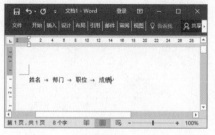
图 5-77

技术看板

默认情况下，Word 中的编辑标记只显示了段落标记，并未显示制表位标记，所以需要将制表位标记显示出来，具体操作方法请参考本书的第1章内容。

在使用制表位的时候，还必须要认识另外一个概念，即制表符。制表符是指标尺上显示制表位所在位置的标记。直接单击标尺上的某个位置，即可创建一个制表符，如图5-78所示中，标尺上的【└】标记便是制表符。

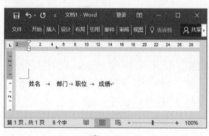
图 5-78

Word 提供了5种制表符，分别是左对齐 └、居中对齐 ┴、右对齐 ┘、小数点对齐 ┴、竖线对齐 ｜，它们用于指定文本的对齐方式。在标尺上设置制表位之前，先单击标尺左侧的标记按钮来切换制表符类型，再在标尺上设置制表位。默认情况下，标尺左侧的标记按钮显示为【左对齐式制表符】按钮 └，如图5-78所示中可看到，单击一次该按钮，可切换到另一种对齐方式的制表符，同时标记按钮也会发生变化，如图5-79所示中显示的是【右对齐式制表符】按钮 ┘。

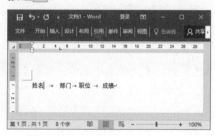
图 5-79

不同的制表符，用于指定不同的对齐方式，其作用分别如下。

➥ 左对齐：使文字靠左对齐。
➥ 居中对齐：使文字居中对齐。
➥ 右对齐：使文字靠右对齐。
➥ 小数点对齐：针对含有小数的数字进行的设置，以小数点为对齐中心。
➥ 竖线对齐：用处不大，【Tab】键对它几乎不起作用。

如图5-80所示为前4种对齐方式的效果。

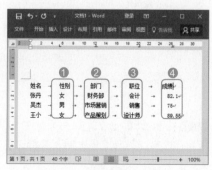
图 5-80

❶左对齐；❷居中对齐；❸右对齐；❹小数点对齐。

★ 重点 5.5.2 实战：使用标尺在成绩单中设置制表位

实例门类	软件功能
教学视频	光盘\视频\第5章\5.5.2.mp4

在标尺上单击某个位置，即可产生相应的制表位，下面通过具体实例来进行讲解。

Step01 新建一篇名为"员工培训成绩"的空白文档，输入内容，然后将标尺显示出来，如图5-81所示。

图 5-81

Step02 ❶选中所有段落；❷单击标记按钮切换到【居中式制表符】┴；

③ 在标尺上单击鼠标添加制表位，如图 5-82 所示。

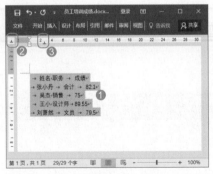

图 5-82

Step 03 添加制表位后，如果对位置不满意，还可以拖动【居中制表符标记】进行调整，如图 5-83 所示。

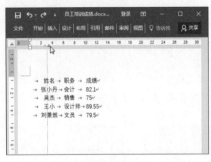

图 5-83

Step 04 用同样的方法，依次添加其他制表位即可，最终效果如图 5-84 所示。

图 5-84

技能拓展——精确调整制表位的位置

拖动标尺上的制表符标记调整制表位的位置时，如果按住【Alt】键的同时，再拖动鼠标，可精确调整制表位的位置。

★ **重点 5.5.3 实战：通过对话框在销售表中精确设置制表位**

实例门类	软件功能
教学视频	光盘\视频\第 5 章\5.5.3.mp4

除了通过标尺的方法来设置制表位外，还可以通过对话框来设置制表位，具体操作方法如下。

Step 01 新建一篇名为"食品销售表"的空白文档，并在其中输入内容。

Step 02 ❶ 选中要添加制表位的段落；❷ 在【开始】选项卡的【段落】组中单击【功能扩展】按钮 ，如图 5-85 所示。

图 5-85

Step 03 弹出【段落】对话框，单击【制表位】按钮，如图 5-86 所示。

图 5-86

Step 04 弹出【制表位】对话框，❶ 在【制表位位置】文本框中输入第一个制表位的位置，以【字符】为单位，本例中输入【12 字符】；❷ 在【对齐方式】栏中选择对齐方式，如【右对齐】；❸ 设置好后单击【设置】按钮，如图 5-87 所示。

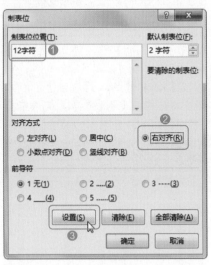

图 5-87

Step 05 列表框中将显示刚才设置的制表位，从而完成第一个制表位的创建，如图 5-88 所示。

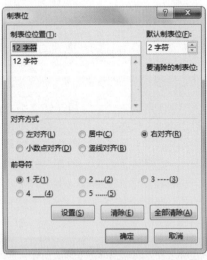

图 5-88

Step 06 ❶ 用同样的方法，创建其他制表位，将制表位位置依次设置为【20 字符】【28 字符】；❷ 单击【确定】按钮，如图 5-89 所示。

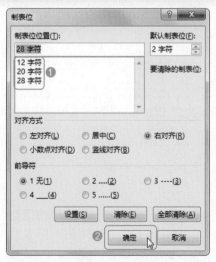

图 5-89

Step07 返回文档，可查看设置了制表位后的效果，如图 5-90 所示。

图 5-90

技能拓展——更改制表位的对齐方式

设置好制表位后，如果发现制表位的对齐方式有误，可以对其进行修改，具体操作方法为：选中要修改制表位对齐方式的段落，在标尺上双击任意一个制表位，弹出【制表位】对话框，在【制表位位置】列表框中选择需要修改对齐方式的制表位，然后在【对齐方式】栏中重新选择需要的对齐方式即可。

★ 重点 5.5.4 实战：在书籍目录中制作前导符

实例门类	软件功能
教学视频	光盘\视频\第5章\5.5.4.mp4

前导符是制表位的辅助符号，用来填充制表位前的空白区间。例如，在制作菜单价格目录时，就经常利用前导符来索引具体的菜品价钱，如图 5-91 所示。

图 5-91

前导符有实线、粗虚线、细虚线和点画线 4 种样式，用户可根据需要进行选择。设置前导符的具体操作方法如下。

Step01 打开"光盘\素材文件\第5章\书籍目录 .docx"的文件，❶ 选中要设置前导符的段落；❷ 在标尺中双击任意一个制表位，如图 5-92 所示。

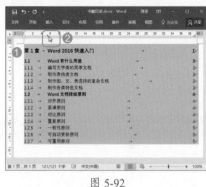

图 5-92

Step02 弹出【制表位】对话框，❶ 在列表框中选择需要设置前导符的制表位；❷ 在【前导符】栏中选择需要的前导符样式；❸ 单击【确定】按钮，

如图 5-93 所示。

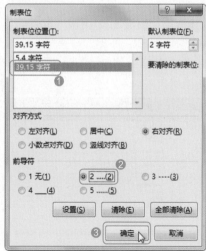

图 5-93

Step03 返回文档，可看见设置了前导符后的效果，如图 5-94 所示。

图 5-94

技能拓展——清除前导符

对于设置了前导符的段落，如果要清除前导符，则先选中这些段落，打开【制表位】对话框，在【前导符】栏中选择【1 无 (1)】选项即可，然后单击【确定】按钮即可。

5.5.5 实战：在书籍目录中删除制表位

实例门类	软件功能
教学视频	光盘\视频\第5章\5.5.5.mp4

对于不再需要的制表位，可以将其删除掉，具体操作方法如下。

Step01 在"书籍目录.docx"文档中，❶ 选中要删除制表位的段落；❷ 在标尺中双击任意一个制表位，如图5-95所示。

图 5-95

Step02 弹出【制表位】对话框，❶ 在列表框中选择需要删除的制表位；❷ 单击【清除】按钮，如图5-96所示。

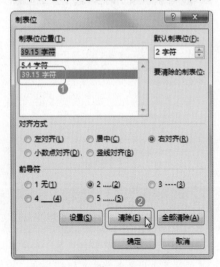

图 5-96

如果要一次性清除全部制表位，可先选中要清除制表位的段落，打开【制表位】对话框，单击【全部清除】按钮即可。

Step03 列表框中将不再显示刚才所选的制表位，单击【确定】按钮，如图5-97所示。

图 5-97

Step04 返回文档，可查看清除制表位后的效果，如图5-98所示。

图 5-98

将光标插入点定位到需要清除制表位的段落，将鼠标指针指向标尺上的某个制表位，然后按住鼠标左键不放，将制表位拖动出标尺范围以外，然后释放鼠标，即可清除该制表位。

妙招技法

通过前面知识的学习，相信读者已经掌握了段落格式的设置方法。下面将结合本章内容，给大家介绍一些实用技巧。

技巧 01：利用格式刷复制格式

教学视频	光盘\视频\第5章\技巧01.mp4

格式刷是一种快速应用格式的工具，能够将某文本对象的格式复制到另一个对象上，从而避免重复设置格式的麻烦。当需要对文档中的文本或段落设置相同格式时，便可通过格式刷复制格式，具体操作方法如下。

Step01 打开"光盘\素材文件\第5章\函数语法介绍.docx"的文件，

❶ 选中需要复制的格式所属文本；❷ 在【开始】选项卡的【剪贴板】组中单击【格式刷】按钮🖌️，如图 5-99 所示。

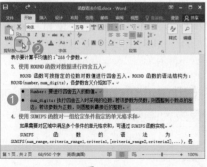

图 5-99

Step 02 鼠标指针将呈刷子形状🖌️，按住鼠标左键不放，然后拖动鼠标选择需要设置相同格式的文本，如图 5-100 所示。

图 5-100

Step 03 此时，被拖动的文本将应用相同格式，即应用了相同的底纹效果，如图 5-101 所示。

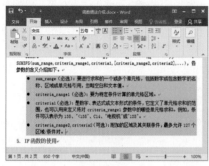

图 5-101

技能拓展——重复使用格式刷

当需要把一种格式复制到多个文本对象时，就需要连续使用格式刷，此时可双击【格式刷】按钮🖌️，使鼠标指针一直呈刷子状态🖌️。当不再需要复制格式时，可再次单击【格式刷】按钮🖌️或按【Esc】键退出复制格式状态。

技巧 02：让英文在单词中间换行

教学视频	光盘\视频\第 5 章\技巧02.mp4

默认情况下，当一行末尾的空间不足以容纳一个英文单词或连续英文内容时，Word 会自动转入下一行完成显示英文内容，而上一行的内容会在编辑区域均匀分布。若上一行的内容太少，则文字之间的间距就会很大，从而影响文档的美观，如图 5-102 所示。

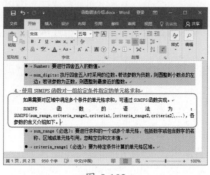

图 5-102

针对这样的情况，可以通过设置让英文在单词中间自动换行，具体操作方法如下。

Step 01 在 "函数语法介绍 .docx" 文档中，❶ 选中要设置的段落；❷ 在【开始】选项卡的【段落】组中单击【功能扩展】按钮，如图 5-103 所示。

Step 02 弹出【段落】对话框，❶ 切换

到【中文版式】选项卡；❷ 在【换行】栏中选中【允许西文在单词中间换行】复选框；❸ 单击【确定】按钮，如图 5-104 所示。

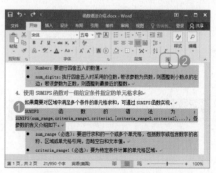

图 5-103

图 5-104

Step 03 返回文档，可查看设置后的效果，如图 5-105 所示。

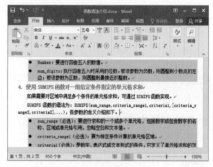

图 5-105

技巧 03：在同一页面显示完整的段落

教学视频	光盘＼视频＼第 5 章＼技巧 03.mp4

在编辑文档时，经常会遇到页面底端的段落分别显示在当前页底部和下一页顶部的情况，如图 5-106 所示。

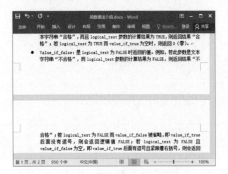

图 5-106

如果希望该段落包含的所有内容都显示在同一个页面中，那么可以对段落的换行和分页进行设置，具体操作方法如下。

Step01 在"函数语法介绍 .docx"文档中，❶ 选中要设置的段落；❷ 在【开始】选项卡的【段落】组中单击【功能扩展】按钮，如图 5-107 所示。

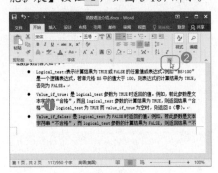

图 5-107

Step02 弹出【段落】对话框，❶ 切换到【换行和分页】选项卡；❷ 在【分页】栏中选中【段中不分页】复选框；❸ 单击【确定】按钮，如图 5-108 所示。

Step03 返回文档，可查看设置后的效果，如图 5-109 所示。

图 5-108

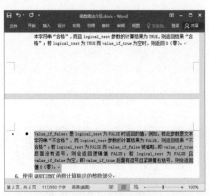

图 5-109

在【段落】对话框的【换行和分页】选项卡中，在【分页】栏中有以下 4 个选项供用户选择。

➡ 孤行控制：选中该项，可以避免段落的第一行位于当前页的页面底部，或者最后一行位于下一页的页面顶端。

➡ 与下段同页：选中该项，会将当前段落移动到下一段所在的页面中，使该段落与其下一段位于同一个页面中。该选项通常用于标题的设置，当标题位于一页的底部，而标题下方的内容位于下一页，通过设置该项，可以确保标题及其下方的内容位于同一页中。

➡ 段中不分页：选中该项，可以确保段落不被分到两个页面上。

➡ 段前分页：该项与分页符的效果相同。对段落设置该项后，该段落将位于一个新页面的顶部。

技巧 04：防止输入的数字自动转换为编号

教学视频	光盘＼视频＼第 5 章＼技巧 04.mp4

默认情况下，在以下两种情况时，Word 会自动对其进行编号列表。

在段落开始输入类似"1."
"（1）""①"等编号格式的字符时，然后按【Space】键或【Tab】键。

在以"1.""（1）""①"或"a."等编号格式的字符开始的段落中，按下【Enter】键换到下一段时。

这是因为 Word 提供了自动编号功能，如果希望防止输入的数字自动转换为编号，可设置 Word 的自动更正功能，具体操作方法如下。

Step01 打开【Word 选项】对话框，❶ 切换到【校对】选项卡；❷ 在【自动更正选项】栏中单击【自动更正选项】按钮，如图 5-110 所示。

图 5-110

Step02 弹出【自动更正】对话框，❶ 切换到【键入时自动套用格式】选项卡；❷在【键入时自动应用】栏中，取消【自动编号列表】复选框的选中；❸单击【确定】按钮，如图5-111所示。

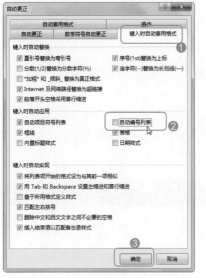

图 5-111

Step❸ 返回【Word】选项对话框，单击【确定】按钮即可。

技巧05：防止将插入的图标自动转换为项目符号

教学视频	光盘\视频\第5章\技巧05.mp4

默认情况下，在段落开始插入了一个图标，在图标右侧输入一些内容后按【Enter】键进行换行，Word会自动将图标转换为项目符号，如图5-112所示。

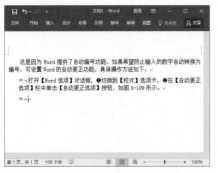

图 5-112

之所以出现这样的情况，是因为

Word 提供了自动项目符号功能，为了解决该问题，可设置 Word 的自动更正功能，其操作方法为：打开【自动更正】对话框，切换到【键入时自动套用格式】选项卡，在【键入时自动应用】栏中，取消【自动项目符号列表】复选框的选中，然后单击【确定】按钮即可，如图5-113所示。

图 5-113

技巧06：结合制表位设置悬挂缩进

教学视频	光盘\视频\第5章\技巧06.mp4

在编辑文档时，如果对段落使用的是手动编号，则会发现设置的悬挂缩进不是很整洁，如图5-114所示。

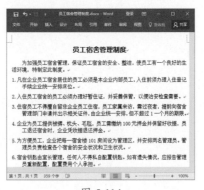

图 5-114

要想设置出漂亮整洁的悬挂缩进，就需要结合制表位的使用，具体操作方法如下。

Step❶ 打开"光盘\素材文件\第5章\员工宿舍管理制度.docx"的文件，在编号与文字之间通过按【Tab】键插入制表位，如图5-115所示。

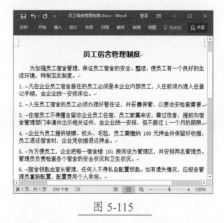

图 5-115

Step❷ ❶选中要设置悬挂缩进的段落；❷打开【段落】对话框，在【特殊格式】栏中设置悬挂缩进；❸完成设置后单击【确定】按钮，如图5-116所示。

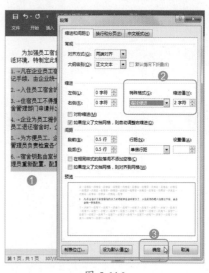

图 5-116

Step❸ 返回文档，可看见设置的悬挂缩进效果，如图5-117所示。

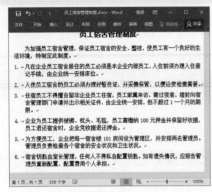

图 5-117

本章小结

本章主要讲解了段落格式的设置方法，主要包括设置段落基本格式、设置边框与底纹、使用项目符号与编号列表，以及制表位的使用等内容。通过本章的深入学习，希望读者能够熟练运用相关功能对段落格式进行合理的设置。

第6章 别具一格的排版风格

- ➥ 让文档第一段第一个字放大且占据三行显示，你会吗？
- ➥ 如何制作多部门联合发文标识？
- ➥ 不会分栏排版，怎么办？
- ➥ 分页与分节有什么区别？
- ➥ 怎样让每页的页面顶端自动显示相同内容？
- ➥ 如何让每页的页面底部自动显示连续页码？

通过对本章内容的学习，相信读者能快速掌握特殊段落格式的编排，学会如何轻松自如的分栏排版，编辑页眉页脚及设置页码。

6.1 设置特殊的段落格式

在设置段落格式时，还遇到一些比较常用的特殊格式，如首字下沉、双行合一、纵横混排等。那么，这些格式又是怎么设置的呢？下面就来一一揭晓答案。

★ 重点 6.1.1 实战：设置企业宣言首字下沉

实例门类	软件功能
教学视频	光盘\视频\第6章\6.1.1.mp4

首字下沉是一种段落修饰，是将文档中第一段第一个字放大并占几行显示，这种格式在报刊、杂志中比较常见。设置首字下沉的具体操作方法如下。

Step01 打开"光盘\素材文件\第6章\企业宣言.docx"的文件，❶将光标插入点定位在要设置首字下沉的段落中；❷切换到【插入】选项卡；❸单击【文本】组中的【首字下沉】按钮；❹在弹出的下拉列表中选择【首字下沉选项】选项，如图6-1所示。

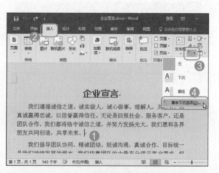

图 6-1

技术看板

在下拉列表中若直接选择【下沉】选项，Word将按默认设置对当前段落设置首字下沉格式。

Step02 弹出【首字下沉】对话框，❶在【位置】栏中选中【下沉】选项；❷在【选项】栏中设置首字的字体、下沉行数等参数；❸设置完成后单击【确定】按钮，如图6-2所示。

图 6-2

Step03 返回文档，可看见设置首字下沉后的效果，如图6-3所示。

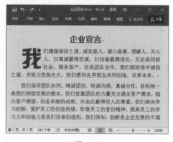

图 6-3

★ 重点 6.1.2 实战：设置集团简介首字悬挂

实例门类	软件功能
教学视频	光盘\视频\第 6 章\6.1.2.mp4

首字悬挂是另外一种段落修饰，设置方法与首字下沉相似，具体操作方法如下。

Step01 打开"光盘\素材文件\第 6 章\集团简介.docx"的文件，❶将光标插入点定位在要设置首字悬挂的段落中；❷切换到【插入】选项卡；❸单击【文本】组中的【首字下沉】按钮 ；❹在弹出的下拉列表中选择【首字下沉选项】选项，如图 6-4 所示。

图 6-4

Step02 弹出【首字下沉】对话框，❶在【位置】栏中选中【悬挂】选项；❷在【选项】栏中设置首字的字体、下沉行数等参数；❸设置完成后单击【确定】按钮，如图 6-5 所示。

图 6-5

Step03 返回文档，可看见设置首字悬挂后的效果，如图 6-6 所示。

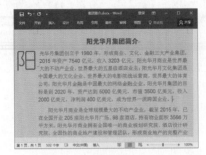

图 6-6

★ 重点 6.1.3 实战：双行合一

实例门类	软件功能
教学视频	光盘\视频\第 6 章\6.1.3.mp4

对于企业或政府部门的用户来说，经常需要制作多单位联合发文的文件，文件头如图 6-7 所示。

图 6-7

要想制作出图 6-7 中的文件头，可通过双行合一功能实现。双行合一是 Word 的一个特色功能，通过该功能，可以轻松地制作出两行合并成一行的效果，其操作方法如下。

Step01 新建一篇名为"制作联合公文头"的空白文档，在文档中输入【XX市人民政府妇女联合会文化厅文件】，并设置字体格式为【宋体】【四号】【红色】【加粗】，水平对齐方式设置为【居中】，垂直对齐方式设置为【居中】。

Step02 ❶选中【妇女联合会文化厅】；❷在【开始】选项卡的【段落】组中，单击【中文版式】按钮 ；❸在弹出的下拉列表中选择【双行合一】选项，如图 6-8 所示。

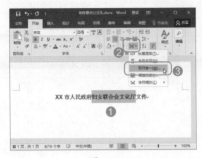

图 6-8

Step03 弹出【双行合一】对话框，在【预览】栏中可看见所选文字按字数平均分布在了两行，如图 6-9 所示。

图 6-9

Step04 因为两个联合发文机构名称的字数不同，所以合并效果并不理想，此时需要在【文字】文本框中，通过输入空格的方式对字数较少的机构名称进行调整。❶本例中分别在【文】与【化】的后面输入两个空格；❷在【预览】栏中确定效果无误后单击【确定】按钮，如图 6-10 所示。

图 6-10

如果希望制作带括号的双行合一效果，则在【双行合一】对话框中选中【带括号】复选框，然后在【括号样式】下拉列表中选择需要的括号样式即可。

Step 05 返回文档，选中【妇女联合会文化厅】，对其设置大一些的字号，如【初号】。至此，完成了联合公文头的制作，效果如图 6-11 所示。

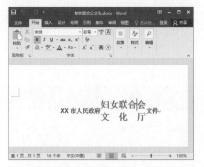

图 6-11

对文档中的文字设置了双行合一的效果后，如果要取消该效果，可先选中设置了双行合一效果的文本对象，打开【双行合一】对话框，单击【删除】按钮即可。

通过双行合一功能只能制作两个单位联合的公文头，若要制作两个以上单位联合的公文头，就需要使用到表格，关于表格的使用，详见本书第 8 章。

6.1.4　实战：合并字符

实例门类	软件功能
教学视频	光盘\视频\第 6 章\6.1.4.mp4

合并字符是指将多个字符以两行的形式显示在文档中的一行中，且只

占用一个字符的位置。合并后的文本将会作为一个字符看待，且不能对其进行编辑。

通过合并字符功能，可以制作简单的联合公文头，具体操作方法如下。

Step 01 新建一篇名为"联合公文头"的空白文档，在文档中输入【XX 市税务局财政局文件】，并设置字体格式为【宋体】【四号】【红色】【加粗】，水平对齐方式设置为【居中】，垂直对齐方式设置为【居中】。

Step 02 ❶ 选中【税务局财政局】；❷ 在【开始】选项卡的【段落】组中，单击【中文版式】按钮；❸ 在弹出的下拉列表中选择【合并字符】选项，如图 6-12 所示。

图 6-12

Step 03 弹出【合并字符】对话框，设置合并字符的字体、字号，设置好后单击【确定】按钮，如图 6-13 所示。

图 6-13

Step 04 返回文档，可查看设置后的效果，如图 6-14 所示。

图 6-14

通过合并字符功能，最多能将 6 个字符合并为一个字符。合并为一个字符后，可以对其设置字体、字号等格式，但不能对内容进行修改操作。

6.1.5　实战：在公司发展历程中使用纵横混排

实例门类	软件功能
教学视频	光盘\视频\第 6 章\6.1.5.mp4

纵横混排是指文档中有的文字进行纵向排列，有的文字进行横向排列。例如，对文档进行纵向排版时，数字也会向左旋转，这与用户的阅读习惯相悖，此时可以通过纵横混排功能将其正常显示，具体操作方法如下。

Step 01 打开"光盘\素材文件\第 6 章\公司发展历程.docx"的文件，❶ 选择需要纵横混排的文本；❷ 在【开始】选项卡的【段落】组中，单击【中文版式】按钮；❸ 在弹出的下拉列表中选择【纵横混排】选项，如图 6-15 所示。

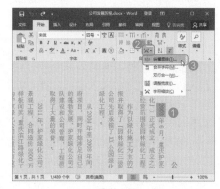

图 6-15

Step 02 弹出【纵横混排】对话框，在【预览】栏中可以预览设置后的效果，直接单击【确定】按钮，如图 6-16 所示。

图 6-16

Step03 返回文档，可查看设置后的效果，如图 6-17 所示。

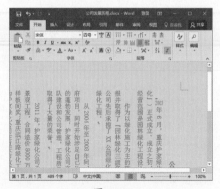

图 6-17

Step04 用同样的方法，对文档中其他数字设置纵横混排，完成后的效果如图 6-18 所示。

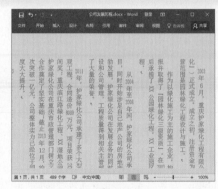

图 6-18

6.2 设置分页与分节

编排格式较复杂的 Word 文档时，分页、分节是两个必不可少的功能，所有读者有必要了解分页、分节的区别，以及如何进行分页、分节操作。

★ 重点 6.2.1 实战：为季度工作总结设置分页

实例门类	软件功能
教学视频	光盘\视频\第 6 章\6.2.1.mp4

当一页的内容没有填满并需要换到下一页，或者需要将一页的内容分成多页显示时，通常用户会通过按【Enter】键的方式输入空行，直到换到下一页为止。但是，一旦当内容有增减，则需要反复去调整空行的数量。

此时，我们可以通过插入分页符进行强制分页，从而轻松解决问题。插入分页符的具体操作方法如下。

Step01 打开"光盘\素材文件\第 6 章\2016 年一季度工作总结 .docx"的文件，❶将光标插入点定位到需要分页的位置；❷切换到【布局】选项卡；❸单击【页面设置】组中的【分隔符】按钮 ；❹弹出下拉列表，在【分页符】栏中选择【分页符】选项，如图 6-19 所示。

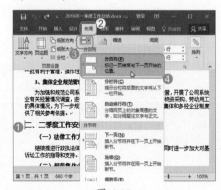

图 6-19

Step02 通过上述操作后，光标插入点所在位置后面的内容将自动显示在下一页。插入分页符后，上一页的内容结尾处会显示分页符标记，效果如图 6-20 所示。

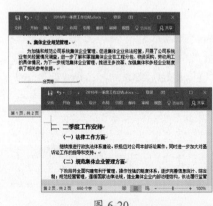

图 6-20

果与分页符相同。

自动换行符：表示从该处强制换行，并显示换行标记↓，即第5章中讲到过的软回车。

除了上述操作方法外，还可通过以下两种方式插入分页符。

➥ 将光标插入点定位到需要分页的位置，切换到【插入】选项卡，然后单击【页面】组中的【分页】按钮即可。

➥ 将光标插入点定位到需要分页的位置，按【Ctrl+Enter】组合键即可。

★ 重点 6.2.2 实战：为季度工作总结设置分节

实例门类	软件功能
教学视频	光盘\视频\第6章\6.2.2.mp4

在Word排版中，"节"是一个非常重要的概念，这个"节"并非书籍中的"章节"，而是文档格式化的最大单位，通俗地理解，"节"是指排版格式（包括页眉、页脚、页面设置等）要应用的范围。默认情况下，Word将整个文档视为一个"节"，所以对文档的页面设置、页眉设置等格式是应用于整篇文档的。若要在不同的页码范围设置不同的格式（如第1页采用纵向纸张方向，第2~7页采用横向纸张方向），只需插入分节符对文档进行分节，然后单独为每"节"设置格式即可。

插入分节符的具体操作方法如下。

Step01 在"2016年一季度工作总结.docx"文档中，❶将光标插入点定位到需要插入分节符的位置；❷切换到【布局】选项卡；❸单击【页面设置】组中的【分隔符】按钮；❹弹出下拉列表，在【分节符】栏中选择【下一页】选项，如图6-21所示。

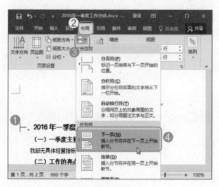

图 6-21

Step02 通过上述操作后，将在光标插入点所在位置插入分节符，并在下一页开始新节。插入分节符后，上一页的内容结尾处会显示分节符标记，如图6-22所示。

图 6-22

技术看板

对文档进行了分节、分页或分栏操作后，在文档中都会看到分隔标记，不过前提是Word设置了显示编辑标记（方法请参考本书第1章的内容）。

插入分节符时，在【分节符】栏中有4个选项，分别是【下一页】【连续】【偶数页】【奇数页】，选择不同的选项，可插入不同的分节符，在排版时，使用最为频繁的分节符是【下一页】。除了本例中介绍的【下一页】外，其他选项介绍如下。

➥ 连续：插入点后的内容可做新的格式或部分版面设置，但其内容不转到下一页显示，是从插入点所在位置换行开始显示。对文档混合分栏时，就会使用到该分节符。

➥ 偶数页：插入点所在位置以后的内容将会转到下一个偶数页上，Word会自动在两个偶数页之间空出一页。

➥ 奇数页：插入点所在位置以后的内容将会转到下一个奇数页上，Word会自动在两个奇数页之间空出一页。

技能拓展——分页符与分节符的区别

分页符与分节符最大的区别在于页眉页脚与页面设置，分页符只是纯粹的分页，前后还是同一节，且不会影响前后内容的格式设置；而分节符是对文档内容进行分节，可以是同一页中不同节，也可以在分节的同时跳转到下一页，分节后，可以为单独的某个节设置不同的版面格式。

6.3 对文档进行分栏排版

使用Word提供的分栏功能，可以将版面分成多栏，从而提高了文档的阅读性，且版面显得更加生动活泼。在分栏的外观设置上具有很大的灵活性，不仅可以控制栏数、栏宽及栏间距，还可以很方便地设置分栏长度。

6.3.1 实战：为会议管理制度创建分栏排版

实例门类	软件功能
教学视频	光盘\视频\第6章\6.3.1.mp4

默认情况下，页面中的内容呈单栏排列，如果希望文档分栏排版，可利用 Word 的分栏功能实现，具体操作方法如下。

Step01 打开"光盘\素材文件\第6章\会议管理制度.docx"的文件，❶切换到【布局】选项卡；❷单击【页面设置】组中的【分栏】按钮；❸在弹出的下拉列表中选择需要的分栏方式，如【两栏】，如图6-23所示。

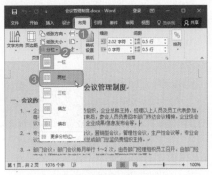

图 6-23

Step02 此时，Word 将按默认设置对文档进行双栏排版，如图6-24所示。

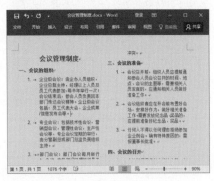

图 6-24

6.3.2 实战：在会议管理制度中显示分栏的分隔线

实例门类	软件功能
教学视频	光盘\视频\第6章\6.3.2.mp4

对文档进行分栏排版时，为了让分栏效果更加明显，可以将分隔线显示出来，具体操作方法如下。

Step01 在"会议管理制度.docx"文档中，❶切换到【布局】选项卡；❷单击【页面设置】组中的【分栏】按钮；❸在弹出的下拉列表中选择【更多分栏】选项，如图6-25所示。

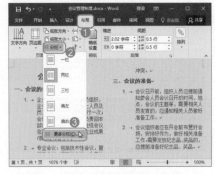

图 6-25

Step02 弹出【分栏】对话框，❶选中【分隔线】复选框；❷单击【确定】按钮，如图6-26所示。

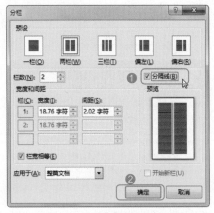

图 6-26

Step03 返回文档，即可看到显示了分隔线，且分栏效果更加明显了，如图6-27所示。

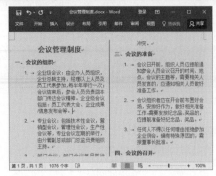

图 6-27

★ 重点 6.3.3 实战：为办公室行为规范调整栏数和栏宽

实例门类	软件功能
教学视频	光盘\视频\第6章\6.3.3.mp4

对文档分栏排版时，除了使用 Word 提供的内置方案外，还可以自定义设置栏数和栏宽，具体操作方法如下。

Step01 打开"光盘\素材文件\第6章\办公室行为规范.docx"的文件，❶切换到【布局】选项卡；❷单击【页面设置】组中的【分栏】按钮；❸在弹出的下拉列表中选择【更多分栏】选项，如图6-28所示。

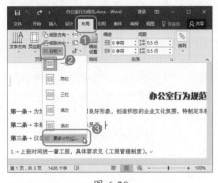

图 6-28

Step02 弹出【分栏】对话框，❶在【栏数】微调框中设置需要的栏数；❷在【宽度和间距】栏中设置栏宽，设置栏宽时，【间距】和【宽度】微调框中的值是彼此影响的，即设置其中一个微调框的值后，另外一个微调框中的值会自动做出适当的调整，例如，本例中将【间距】微调框的值设置为【0.5字符】，【宽度】微调框的值会自动调整为【16.97 字符】；③ 选中【分隔线】复选框；④ 单击【确定】按钮，如图 6-29 所示。

图 6-29

技术看板

在【分栏】对话框中，【栏宽相等】复选框默认为选中状态，因此只需要设置第一栏的栏宽，其他栏会自动与第一栏的栏宽相同。若取消【栏宽相等】复选框的选中，则可以分别为各栏设置栏宽。

Step③ 返回文档，可查看设置分栏后的效果，如图 6-30 所示。

图 6-30

技能拓展——拖动鼠标调整栏宽

对文档设置了分栏版式后，还可以通过拖动鼠标的方式调整栏宽，其操作方法为：在水平标尺上，将鼠标指针指向要改变栏宽的左边界或右边界处，待鼠标指针变成"⟷"形状时，按住鼠标左键，拖动栏的边界，即可调整栏宽。

★ 重点 6.3.4 实战：为办公室行为规范设置分栏的位置

实例门类	软件功能
教学视频	光盘\视频\第 6 章\6.3.4.mp4

在对文档进行分栏排版时，有时可能需要将文档中的段落分排在不同的栏中，即另栏排版。想要另栏排版，就需要控制栏中断，其方法有两种，下面分别进行介绍。

1. 通过【段落】对话框控制栏中断

当一个标题段落正好排在某一栏的最底部，而标题下的正文内容排在了下一栏的最顶部，为了便于文档的阅读，可以将标题放置到下一栏的开始位置，具体操作方法如下。

Step① 在"办公室行为规范.docx"文档中，① 选中需要设置栏中断的段落；② 在【开始】选项卡的【段落】组中单击【功能扩展】按钮，如图 6-31 所示。

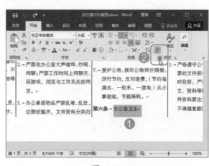

图 6-31

Step② 弹出【段落】对话框，切换到【换

行和分页】选项卡，① 在【分页】栏中选中【与下段同页】复选框；② 单击【确定】按钮，如图 6-32 所示。

图 6-32

Step③ 返回文档，可查看设置后的效果，如图 6-33 所示。

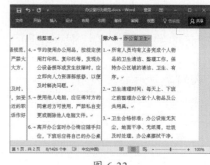

图 6-33

2. 插入分栏符控制栏中断

如果要对内容进行强制分栏，可通过插入分栏符的方法实现，具体操作方法如下。

Step① 在"办公室行为规范.docx"文档中，① 将光标插入点定位到需要强制分栏的地方；② 切换到【布局】选项卡；③ 单击【分隔符】按钮；④ 弹出下拉列表，在【分页符】栏中选择【分栏符】选项，如图6-34所示。

图 6-34

Step 02 光标插入点所在位置将插入一个分栏符，同时分栏符后面的内容跳转到下一栏的开始处，如图6-35所示。

图 6-35

★ **重点 6.3.5 实战：企业文化规范中的单栏、多栏混合排版**

实例门类	软件功能
教学视频	光盘\视频\第6章\6.3.5.mp4

单栏、多栏混合排版就比较灵活了，用户可以根据排版需要自行设计。例如，在一篇文档中，有的内容采用单栏排版，有的内容采用双栏排版，有的内容使用三栏排版等。进行混合排版时，需要先选中文本，然后单独设置分栏即可。混合排版的具体操作方法如下。

Step 01 打开"光盘\素材文件\第6章\企业文化规范.docx"的文件，❶选中需要分栏的文本；❷切换到【布局】选项卡；❸单击【页面设置】组中的【分栏】按钮；❹在弹出的

下拉列表中选择需要的分栏方式，如【两栏】，如图6-36所示。

图 6-36

Step 02 所选内容将以两栏形式分栏排版，且文本前后会自动插入连续分节符，如图6-37所示。

图 6-37

Step 03 ❶选中需要分栏的文本；❷切换到【布局】选项卡；❸单击【页面设置】组中的【分栏】按钮；❹在弹出的下拉列表中选择需要的分栏方式，如【三栏】，如图6-38所示。

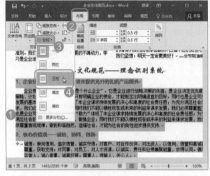

图 6-38

Step 04 通过上述设置后，文档中的内

容实现了混栏排版，效果如图6-39所示。

图 6-39

6.3.6 实战：为企业文化规范平均分配左右栏的内容

实例门类	软件功能
教学视频	光盘\视频\第6章\6.3.6.mp4

默认情况下，每一栏的长度都是由系统根据文本数量和页面大小自动设置的。当没有足够的文本填满一页时，往往会出现各栏内容不平衡的局面，即一栏内容很长，而另一栏内容很短，甚至是没有内容，如图6-40所示。

图 6-40

为了使文档的版面效果更好，就需要平衡栏长，具体操作方法如下。

Step 01 在"企业文化规范.docx"文档中，❶将光标插入点定位在需要平

衡栏长的文本结尾处；❷切换到【布局】选项卡；❸单击【分隔符】按钮；❹弹出下拉列表，在【分节符】栏中选择【连续】选项，如图 6-41 所示。

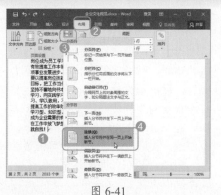

图 6-41

平衡，效果如图 6-42 所示。

图 6-42

Step02 通过设置后，各栏长即可得到

6.4 设置页眉页脚

　　页眉、页脚分别位于文档的最上方和最下方，编排文档时，在页眉和页脚处输入文本或插入图形，如页码、公司名称、书稿名称、日期或公司徽标等，可以对文档起到美化点缀的作用。

★ 重点 6.4.1　实战：为公司简介设置页眉、页脚内容

实例门类	软件功能
教学视频	光盘\视频\第 6 章\6.4.1.mp4

　　Word 提供了多种样式的页眉、页脚，用户可以根据实际需要进行选择，具体操作方法如下。

Step01 打开"光盘\素材文件\第 6 章\公司简介.docx"的文件，❶切换到【插入】选项卡；❷单击【页眉和页脚】组中的【页眉】按钮；❸在弹出的下拉列表中选择页眉样式，如图 6-43 所示。

图 6-43

Step02 所选样式的页眉将添加到页面顶端，同时文档自动进入到页眉编辑区，❶通过单击占位符在段落标记处输入并编辑页眉内容；❷完成页眉内容的编辑后，在【页眉和页脚工具 /设计】选项卡的【导航】组中单击【转至页脚】按钮，如图 6-44 所示。

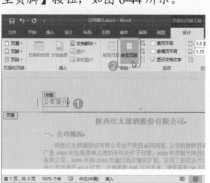

图 6-44

技术看板

　　编辑页眉页脚时，在【页眉和页脚工具 /设计】选项卡的【插入】组中，通过单击相应的按钮，可在页眉 /页脚中插入图片、剪贴画等对象，以及插入作者、文件路径等文档信息。

Step03 自动转至当前页的页脚，此时，页脚为空白样式，如果要更改其样式，❶在【页眉和页脚工具 /设计】选项卡的【页眉和页脚】组中单击【页脚】按钮；❷在弹出的下拉列表中选择需要的样式，如图 6-45 所示。

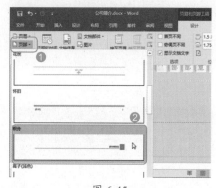

图 6-45

Step04 ❶通过单击占位符，在段落标记处输入并编辑页脚内容；❷完成页脚内容的编辑后，在【页眉和页脚工具 /设计】选项卡的【关闭】组中单击【关闭页眉和页脚】按钮，如图 6-46 所示。

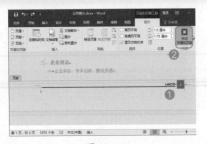

图 6-46

Step05 退出页眉 / 页脚编辑状态，即可看到设置了页眉页脚后的效果，如图 6-47 所示。

图 6-47

技能拓展——自定义页眉页脚

编辑页眉页脚时，还可以自定义页眉页脚，操作方法为：双击页眉或页脚，即文档上方或下方的页边距，进入页眉、页脚编辑区，此时根据需要直接编辑页眉、页脚内容即可。

★ **重点 6.4.2 实战：在薪酬方案中插入和设置页码**

实例门类	软件功能
教学视频	光盘 \ 视频 \ 第 6 章 \6.4.2.mp4

对文档进行排版时，页码是必不可少的。在使用 Word 提供的页眉、页脚样式中，部分样式提供了添加页码的功能，即插入某些样式的页眉页脚后，会自动添加页码。若使用的样式没有自动添加页码，则需要手动添加。在 Word 中，可以将页码插入页面顶端、页面底端、页边距等位置。

例如，要在页面底端插入页码，具体操作方法如下。

Step01 打开"光盘 \ 素材文件 \ 第 6 章 \ 企业员工薪酬方案 .docx"的文件，❶ 切换到【插入】选项卡；❷ 单击【页眉和页脚】组中的【页码】按钮；❸ 在弹出的下拉列表中选择【页面底端】选项；❹ 在弹出的级联列表中选择需要的页码样式，如图 6-48 所示。

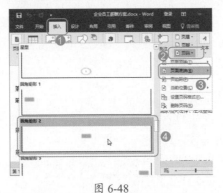

图 6-48

Step02 所选样式的页码将插入页面底端，❶ 在【页眉和页脚工具 / 设计】选项卡的【页眉和页脚】组中单击【页码】按钮；❷ 在弹出的下拉列表中选择【设置页码格式】选项，如图 6-49 所示。

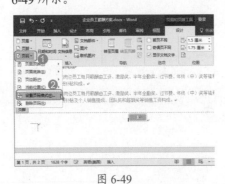

图 6-49

Step03 弹出【页码格式】对话框，

❶ 在【编号格式】下拉列表中可以选择需要的编号格式；❷ 单击【确定】按钮，如图 6-50 所示。

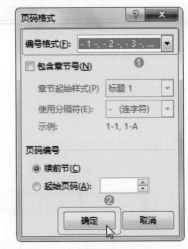

图 6-50

Step04 返回 Word 文档，在【页眉和页脚工具 / 设计】选项卡的【关闭】组中单击【关闭页眉和页脚】按钮，如图 6-51 所示。

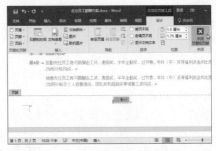

图 6-51

Step05 退出页眉页脚编辑状态，即可看到设置了页码后的效果，如图 6-52 所示。

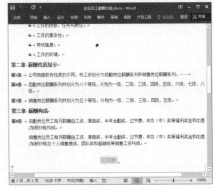

图 6-52

技能拓展——设置页码的起始值

插入页码后，根据操作需要，还可以设置页码的起始值。对于没有分节的文档，打开【页码格式】对话框后，在【页码编号】栏中选中【起始页码】单选按钮，然后直接在右侧的微调框中设置起始页码即可。

对于设置了分节的文档，打开【页码格式】对话框后，在【页码编号】栏中若选中【续前节】单选按钮，则页码与上一节相接续；若选中【起始页码】单选按钮，则可以自定义当前节的起始页码。

★ 重点 6.4.3 实战：为工作计划的首页创建不同的页眉和页脚

实例门类	软件功能
教学视频	光盘\视频\第6章\6.4.3.mp4

Word 提供了"首页不同"功能，通过该功能，可以单独为首页设置不同的页眉、页脚效果，具体操作方法如下。

Step01 打开"光盘\素材文件\第6章\人力资源部 2017 年工作计划 .docx"的文件，双击页眉或页脚进入编辑状态，❶切换到【页眉和页脚工具/设计】选项卡；❷选中【选项】组中的【首页不同】复选框；❸在首页页眉中编辑页眉内容；❹单击【导航】组中的【转至页脚】按钮，如图 6-53 所示。

图 6-53

技术看板

编辑页眉页脚内容时，依然可以对文本对象设置字体、段落等格式，操作方法和正文的操作方法相同。

Step02 自动转至当前页的页脚，❶编辑首页的页脚内容；❷单击【导航】组中的【下一节】按钮，如图 6-54 所示。

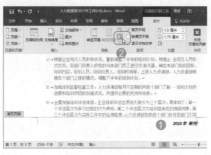

图 6-54

Step03 跳转到第 2 页的页脚，❶编辑页脚内容（本例中插入的页码）；❷单击【导航】组中的【转至页眉】按钮，如图 6-55 所示。

图 6-55

Step04 自动转至当前页的页眉，❶编辑页眉内容；❷在【关闭】组中单击【关闭页眉和页脚】按钮，如图 6-56 所示。

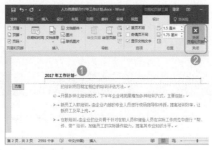

图 6-56

Step05 退出页眉页脚编辑状态，首页和其他任意一页的页眉页脚效果分别如图 6-57 和图 6-58 所示。

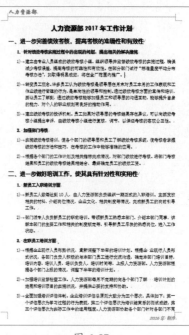

图 6-57

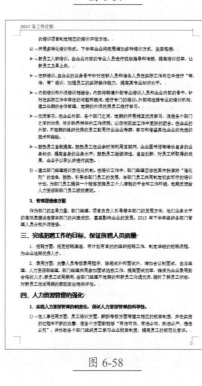

图 6-58

在本操作中，在第2页中编辑的页眉页脚将应用到除了首页外的所有页面，所以无须在其他页面单独设置页眉页脚。

★ 重点 6.4.4 实战：为产品介绍的奇、偶页创建不同的页眉和页脚

实例门类	软件功能
教学视频	光盘\视频\第6章\6.4.4.mp4

在实际应用中，有时还需要为奇、偶页创建不同的页眉和页脚，这需要通过 Word 提供的"奇偶页不同"功能来实现，具体操作方法如下。

Step01 打开"光盘\素材文件\第6章\产品介绍.docx"的文件，双击页眉或页脚进入编辑状态，❶切换到【页眉和页脚工具/设计】选项卡；❷选中【选项】组中的【奇偶页不同】复选框；❸在奇数页页眉中编辑页眉内容；❹单击【导航】组中的【转至页脚】按钮，如图6-59所示。

图 6-59

Step02 自动转至当前页的页脚，❶编辑奇数页的页脚内容；❷单击【导航】

组中的【下一节】按钮，如图6-60所示。

图 6-60

Step03 自动转至偶数页的页脚，❶编辑偶数页的页脚内容；❷单击【导航】组中的【转至页眉】按钮，如图6-61所示。

图 6-61

Step04 自动转至当前页的页眉，❶编辑偶数页的页眉内容；❷在【关闭】组中单击【关闭页眉和页脚】按钮，如图6-62所示。

图 6-62

Step05 退出页眉页脚编辑状态，奇数页和偶数页的页眉页脚效果分别如图6-63和图6-64所示。

图 6-63

图 6-64

妙招技法

通过前面知识的学习，相信读者已经掌握了分页、分节及页眉页脚等设置的相关操作方法。下面结合本章内容，给大家介绍一些实用技巧。

技巧 01：利用分节在同一文档设置两种纸张方向

教学视频	光盘\视频\第 6 章\技巧 01.mp4

在编辑比较复杂的文档时，如有的大型表格，在纵向页面中无法完全显示所有列的内容，这时可以将包含表格的页面改为横向来解决问题。但是在默认情况下，一旦改变文档中任意一页的方向，其他页也会自动改为相同方向。如果希望在同一个文档中同时包含纵向和横向的页面，就需要通过分节来实现。

假设文档中包含了 3 个纵向页面，希望前两页保持为纵向，将第 3 页改为横向，实现此要求的具体操作方法如下。

Step01 打开"光盘\素材文件\第 6 章\人事档案管理制度 .docx"的文件，❶ 将光标插入点定位到第 3 页的起始位置；❷ 切换到【布局】选项卡；❸ 单击【页面设置】组中的【分隔符】按钮；❹ 弹出下拉列表，在【分节符】栏中选择【下一页】选项，如图 6-65 所示。

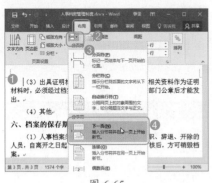

图 6-65

Step02 此时，第 2 页的内容结尾处插入一个分节符标记，如图 6-66 所示。

Step03 ❶ 将光标插入点定位在第 3 页的任意位置；❷ 在【布局】选项卡的【页面设置】组中单击【功能扩展】按钮，如图 6-67 所示。

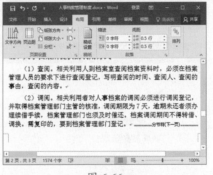

图 6-66

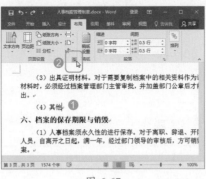

图 6-67

Step04 弹出【页面设置】对话框，❶ 在【纸张方向】栏中选择【横向】选项；❷ 在【应用于】下拉列表中选择【本节】选项；❸ 单击【确定】按钮，如图 6-68 所示。

图 6-68

Step05 返回文档，可发现第 3 页已经改为了横向，前两页保持不变，如图 6-69 所示。

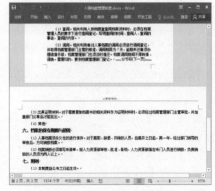

图 6-69

技巧 02：对文档分节后，为各节设置不同的页眉

教学视频	光盘\视频\第 6 章\技巧 02.mp4

在介绍分节时，提到过通过分节能设置不同的页眉、页脚效果，但在操作过程中，许多用户分节后依然无法设置不同的页眉、页脚效果，这是因为默认情况下，页眉和页脚在文档分节后默认"与上一节相同"，因此需要分别为各节进行简单的设置（第 1 节无须设置）。

例如，要为各节设置不同的页眉效果，具体操作方法为：双击页眉 / 页脚处，进入页眉 / 页脚编辑状态，将光标插入点定位到页眉处，在【页眉和页脚工具 / 设计】选项卡的【导航】组中，单击【链接到前一条页眉】按钮，如图 6-70 所示，取消该按钮的选中状态，从而使当前节断开与前一节的联系。用同样的操作方法，依次对其他节进行断开设置。通过上述设置后，分别为各节设置页眉效果即可。

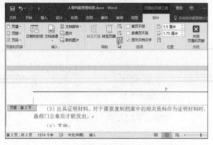

图 6-70

在设置页眉时，如果希望当前节与上一节设置相同的页眉效果，则将光标插入点定位在当前节的页眉处，单击【链接到前一条页眉】按钮，使该按钮呈选中状态即可。

技能拓展——同一文档设置多重页码格式

参照上述方法，还可以为文档设置多重页码格式。例如，对于一本书籍来说，希望目录部分使用罗马数字格式的页码，正文部分使用阿拉伯数字格式的页码。为了实现此效果，先插入分节符将目录与正文分开，然后通过单击【链接到前一条页眉】按钮，取消目录页脚与正文页脚之间的联系，最后分别在目录页脚、正文页脚中插入页码即可。

技巧 03：删除页眉中多余的横线

教学视频	光盘\视频\第 6 章\技巧 03.mp4

在文档中添加页眉后，页眉里面有时会出现一条多余的横线，且无法通过【Delete】键删除，此时可以通过隐藏边框线的方法实现，具体操作方法为：在"人事档案管理制度.docx"文档中，双击页眉/页脚处，进入页眉/页脚编辑状态，在页眉区中选中多余横线所在的段落，切换到【开始】选项卡，在【段落】组中单击【边框】按钮右侧的下拉按钮，在弹出

的下拉列表中选择【无框线】选项即可，如图 6-71 所示。

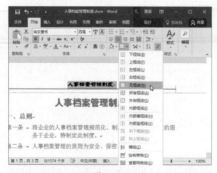

图 6-71

技巧 04：从第 n 页开始插入页码

教学视频	光盘\视频\第 6 章\技巧 04.mp4

在编辑论文之类的文档时，经常会将第 1 页作为目录页，第 2 页作为摘要页，第 3 页开始编辑正文内容，因此就需要从第 3 页开始编排页码。像这样的情况，可通过分节来实现，具体操作方法如下。

Step01 打开"光盘\素材文件\第 6 章\电算会计发展分析.docx"的文件，❶ 将光标插入点定位在第 3 页页首；❷ 切换到【布局】选项卡；❸ 单击【页面设置】组中的【分隔符】按钮；❹ 在弹出的下拉列表中选择【下一页】选项，如图 6-72 所示。

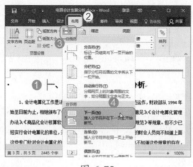

图 6-72

Step02 在第 3 页中，双击页眉/页脚处，进入页眉/页脚编辑状态，❶ 将光标

插入点定位在页脚处；❷ 切换到【页眉和页脚工具/设计】选项卡；❸ 单击【导航】组中的【链接到前一条页眉】按钮，断开同前一节的链接，如图 6-73 所示。

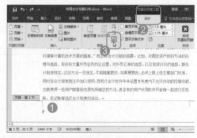

图 6-73

Step03 ❶ 单击【页眉和页脚】组中的【页码】按钮；❷ 在弹出的下拉列表中依次选择【当前位置】→【普通数字】选项，如图 6-74 所示。

图 6-74

Step04 即可在当前位置插入所选样式的页码，❶ 单击【页眉和页脚】组中的【页码】按钮；❷ 在弹出的下拉列表中选择【设置页码格式】选项，如图 6-75 所示。

图 6-75

Step05 弹出【页码格式】对话框，❶ 在【页码编号】栏中选中【起始页码】单选按钮，并在微调框中将值设

置为【1】；❷ 单击【确定】按钮即可，如图 6-76 所示。

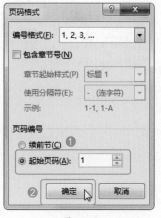

图 6-76

技巧 05：解决编辑页眉、页脚时文档正文自动消失的问题

教学视频	光盘 \ 视频 \ 第 6 章 \ 技巧 05.mp4

用户在编辑页眉 / 页脚时，有时可能会出现文档正文自动消失的情况，为了解决该问题，可进行一个简单的设置，其操作方法为：在页眉 / 页脚编辑状态下，在【页眉和页脚工具 / 设计】选项卡的【选项】组中，选中【显示文档文字】复选框即可，如图 6-77 所示。

图 6-77

本章小结

通过本章知识的学习和案例练习，相信读者能够制作出各种风格的文档了。另外，在实际应用中，分节与页眉页脚的设置是非常灵活的，结合这两者的使用，可以制作出各种漂亮、出色的页眉页脚样式。希望读者在学习的过程中要融会贯通，举一反三，从而制作出各种出色版式的文档。

3

图文美化篇

在文档中配上图片、艺术字、表格或图表等对象，会让呆板的版面一下子丰富起来，起到了更好的说明和调节作用，且阅读起来更加赏心悦目。

第 7 章　图片、图形与艺术字的应用

➥ Word 也能对屏幕截图，你知道吗？

➥ 使用 Word 删除图片背景，你会吗？

➥ 插入的图片颜色过暗，可以调整吗？

➥ 如何在形状中添加文字？

➥ 什么是绘图画布？

➥ 什么是 SmartArt 图形？ SmartArt 图形能做什么？

通过本章的学习，你会发现，不用其他图片编辑软件，也可以编辑图片。本章通过实例介绍，如何使用 Word 编辑日常工作、生活中的一些常用图片。

7.1　通过图片增强文档表现力

在制作产品说明书、企业内刊及公司宣传册等之类的文档时，可以通过 Word 的图片编辑功能插入图片，从而使文档图文并茂，给读者带来精美、直观的视觉冲击。

7.1.1　实战：在产品介绍中插入计算机中的图片

实例门类	软件功能
教学视频	光盘\视频\第 7 章\7.1.1.mp4

在制作文档的过程中，可以插入计算机中收藏的图片，以配合文档内容或美化文档。插入图片的具体操作方法如下。

Step 01 打开"光盘\素材文件\第 7 章\产品介绍 .docx"的文件，❶将光标插入点定位到需要插入图片的位置；❷切换到【插入】选项卡；❸单击【插图】组中的【图片】按钮，如图 7-1 所示。

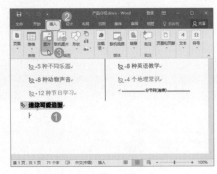

图 7-1

Step02 弹出【插入图片】对话框，❶ 选择需要插入的图片；❷ 单击【插入】按钮，如图7-2所示。

图 7-2

Step03 返回文档，选择的图片即可插入到光标插入点所在位置，如图7-3所示。

图 7-3

7.1.2 实战：在感谢信中插入联机图片

实例门类	软件功能
教学视频	光盘\视频\第7章\7.1.2.mp4

Word 2016提供了联机图片功能，通过该功能，可以从各种联机来源中查找和插入图片。插入联机图片的具体操作方法如下。

Step01 打开"光盘\素材文件\第7章\感谢信.docx"的文件，❶ 将光标插

入点定位到需要插入图片的位置；❷ 切换到【插入】选项卡；❸ 单击【插图】组中的【联机图片】按钮，如图7-4所示。

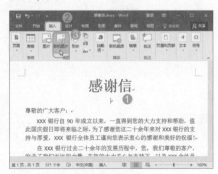

图 7-4

Step02 打开【插入图片】页面，❶ 在文本框中输入需要的图片类型，如【花边】；❷ 单击【搜索】按钮，如图7-5所示。

图 7-5

Step03 开始搜索图片，❶ 在搜索结果中选择需要插入的图片；❷ 单击【插入】按钮，如图7-6所示。

图 7-6

Step04 返回文档，选择的图片即可插入到光标插入点所在位置，如图7-7所示。

图 7-7

7.1.3 实战：插入屏幕截图

实例门类	软件功能
教学视频	光盘\视频\第7章\7.1.3.mp4

从Word 2010开始新增了屏幕截图功能，通过该功能，可以快速截取屏幕图像，并直接插入文档中。

1. 截取活动窗口

Word的"屏幕截图"功能会智能监视活动窗口（打开且没有最小化的窗口），可以很方便地截取活动窗口的图片并插入当前文档中，具体操作方法如下。

Step01 ❶ 将光标插入点定位在要插入图片的位置；❷ 切换到【插入】选项卡；❸ 单击【插图】组中的【屏幕截图】按钮；❹ 在弹出的下拉列表中的【可用的视窗】选项栏中，将以缩略图的形式显示当前所有活动窗口，单击要插入的窗口图，如图7-8所示。

图 7-8

Step02 此时，Word 2016会自动截取

该窗口图片并插入文档中，如图 7-9 所示。

图 7-9

2. 截取屏幕区域

使用 Word 2016 的截取屏幕区域功能，可以截取计算机屏幕上的任意图片，并将其插入文档中，具体操作方法如下。

Step01 ❶ 将光标插入点定位在需要插入图片的位置；❷ 切换到【插入】选项卡；❸ 单击【插图】组中的【屏幕截图】按钮 💻▾；❹ 在弹出的下拉列表中选择【屏幕剪辑】选项，如图 7-10 所示。

图 7-10

Step02 当前文档窗口自动缩小，整个屏幕将朦胧显示，这表示进入屏幕剪辑状态，这时用户可按住鼠标左键不放，拖动鼠标选择截取区域，被选中的区域将呈高亮显示，如图 7-11 所示。

图 7-11

Step03 截取好区域后，松开鼠标左键，Word 会自动将截取的屏幕图像插入文档中，如图 7-12 所示。

图 7-12

💡 技术看板

截取屏幕截图时，选择【屏幕剪辑】选项后，屏幕中显示的内容是打开当前文档之前所打开的窗口或对象。

进入屏幕剪辑状态后，如果又不想截图了，按【Esc】键退出截图状态即可。

7.2 编辑图片

插入图片之后，功能区中将显示【图片工具/格式】选项卡，通过该选项卡，用户可对选中的图片调整大小、调整图片色彩、设置图片样式和环绕方式等格式。

7.2.1 实战：调整图片大小和角度

实例门类	软件功能
教学视频	光盘\视频\第 7 章\7.2.1.mp4

在文档中插入图片后，首先需要调整图片大小，以避免图片过大而占据太多的文档空间。为了满足各种排版需要，还可以通过旋转图片的方式随意调整图片的角度。

1. 使用鼠标调整图片大小和角度

使用鼠标来调整图片大小和角度，既快速又便捷，所以许多用户都会习惯性使用鼠标来调整图片大小和角度。

→ 调整图片大小：打开"光盘\素材文件\第 7 章\调整图片大小和角度 .docx"的文件，选中图片，图片四周会出现控制点 ⭕，将鼠标指针停放在控制点上，当指针变成双向箭头形状时，按住鼠标左键并任意拖动，即可改变图片的大小，拖

动时，鼠标指针显示为"+"形状，如图 7-13 所示。

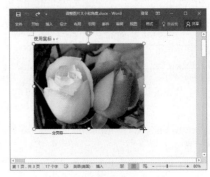

图 7-13

技术看板

若拖动图片4个角上的控制点，则图片会按等比例缩放大小；若拖动图片四边中线处的控制点，则只会改变图片的高度或宽度。

➡ 调整图片角度：鼠标指针指向旋转手柄 ⟲，此时指针显示为 ⟲，然后按住鼠标左键并进行拖动，可以旋转该图片，旋转时，鼠标指针显示为"⟲"形状，如图7-14所示，当拖动到合适角度后释放鼠标即可。

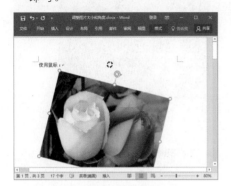

图 7-14

2. 通过功能区调整图片大小和角度

如果希望调整更为精确的图片大小和角度，可通过功能区实现。

➡ 调整图片大小：在"调整图片大小和角度.docx"文档中，选中图片，切换到【图片工具/格式】选项卡，在【大小】组中设置高度值和宽度值即可，如图7-15所示。

图 7-15

➡ 调整图片角度：在"调整图片大小和角度.docx"文档中，选中图片，切换到【图片工具/格式】选项卡，在【排列】组中单击【旋转】按钮 ⟳ ，在弹出的下拉列表中选择需要的旋转角度，如图7-16所示。

图 7-16

3. 通过对话框调整图片大小和角度

要想精确调整图片大小和角度，还可以通过对话框来设置，具体操作方法如下。

Step01 在"调整图片大小和角度.docx"文档中，❶选中图片；❷切换到【图片工具/格式】选项卡；❸在【大小】组中单击【功能扩展】按钮 ⌐ ，如图7-17所示。

图 7-17

Step02 弹出【布局】对话框，❶在【大小】选项卡的【高度】栏中设置图片高度值；❷此时【宽度】栏中的值会自动进行调整；❸在【旋转】栏中设置旋转度数；❹设置完成后单击【确定】按钮，如图7-18所示。

图 7-18

技能拓展——恢复图片原始大小

在【布局】对话框的【大小】选项卡中，单击【重置】按钮，可以使图片恢复到原始大小。原始大小并非是指将图片插入该文档时的图片大小，而是指图片本身的大小。图片的原始大小参数，可在【原始尺寸】栏中进行查看。

Step03 返回文档，可查看设置后的效果，如图7-19所示。

图 7-19

技术看板

在【布局】对话框调整图片大小时，还可以在【缩放】栏中通过【高度】或【宽度】微调框设置图片的缩放比例。

在【布局】对话框的【大小】选项卡中，【锁定纵横比】复选框默认为选中状态，所以通过功能区或对话框调整图片大小时，无论是高度还是宽度的值发生改变，另外一个值便会按图片的比例自动更正；反之，若取消【锁定纵横比】复选框的选中，则调整图片大小时，图片不会按照比例进行自动更正，容易出现图片变形的情况。

7.2.2 实战：裁剪图片

实例门类	软件功能
教学视频	光盘\视频\第7章\7.2.2.mp4

Word 提供了裁剪功能，通过该功能，可以非常方便地对图片进行裁剪操作，具体操作方法如下。

Step01 打开"光盘\素材文件\第7章\裁剪图片.docx"的文件，❶选中图片；❷切换到【图片工具/格式】选项卡；❸单击【大小】组中的【裁剪】按钮，如图7-20所示。

图 7-20

Step02 此时，图片将呈可裁剪状态，指向图片的某个裁剪标志，鼠标指针将变成裁剪状态，如图7-21所示。

图 7-21

技能拓展——退出裁剪状态

图片呈可裁剪状态时，按【Esc】键可退出裁剪状态。

Step03 鼠标指针呈裁剪状态时，拖动鼠标可以进行裁剪，如图7-22所示。

图 7-22

Step04 当拖动至需要的位置时释放鼠标，此时阴影部分表示将要被剪掉的部分，确认无误后按【Enter】键即可，如图7-23所示。

图 7-23

技能拓展——放弃当前裁剪

图片处于裁剪状态下时，拖动鼠标选择好要裁剪掉的部分后，若要放弃当前裁剪，按【Ctrl+Z】组合键即可。

Step05 完成裁剪，裁剪后的效果如图7-24所示。

图 7-24

技术看板

在 Word 2010 以上的版本中，选中要裁剪的图片后，单击【裁剪】按钮下方的下拉按钮 ，在弹出的下拉列表中还提供了【裁剪为形状】和【纵横比】两种裁剪方式，通过这两种方式，可直接选择预设好的裁剪方案。

★ 重点 7.2.3 实战：在产品介绍中删除图片背景

实例门类	软件功能
教学视频	光盘\视频\第7章\7.2.3.mp4

在编辑图片时，还可通过 Word 提供的"删除背景"功能删除图片背景，具体操作方法如下。

Step01 在"产品介绍.docx"文档中，❶选中图片；❷切换到【图片工具/格式】选项卡；❸单击【调整】组中的【删除背景】按钮，如图7-25所示。

图 7-25

Step02 图片将处于删除背景编辑状态，❶通过图片上的编辑框调整图片要保留的区域，确保需要保留部分全部包含在保留区域内；❷在【背景消除】选项卡的【关闭】组中单击【保留更改】按钮，如图 7-26 所示。

图 7-26

⚙️ **技能拓展——灵活删除图片背景**

如果希望更灵活地删除图片背景，则图片处于删除背景编辑状态时，在【背景消除】选项卡的【优化】组中，若单击【标记要保留的区域】按钮，可以在图片中标识出要保留下来的图片区域；若单击【标记要删除的区域】按钮，可以在图片中标识出要删除的图片区域。

Step03 图片的背景被删掉了，效果如图 7-27 所示。

图 7-27

💬 **技术看板**

Word 毕竟不是专业的图形图像处理软件，对于一些背景非常复杂的图片，建议用户使用图形图像软件进行处理。

7.2.4 实战：在团购套餐中设置图片效果

实例门类	软件功能
教学视频	光盘\视频\第 7 章\7.2.4.mp4

在 Word 中插入图片后，可以对其设置阴影、映像、柔化边缘等效果，以达到美化图片的目的。这些效果的设置方法相似，如要设置 25 磅的柔化边缘效果，具体操作方法为：打开"光盘\素材文件\第 7 章\婚纱摄影团购套餐 .docx"的文件，选中图片，切换到【图片工具/格式】选项卡，单击【图片样式】组中的【图片效果】按钮 🔘 ▾，在弹出的下拉列表中依次选择【柔化边缘】→【25 磅】选项即可，如图 7-28 所示。

图 7-28

★ 重点 7.2.5 实战：在团购套餐中设置图片边框

实例门类	软件功能
教学视频	光盘\视频\第 7 章\7.2.5.mp4

图片边框功能主要是针对图片边框是白色的图片。当图片边框是白色的时候，则图片四周没有明显的边界，插入文档后会影响视觉效果，这时可以通过为图片添加边框来改善显示效果。设置图片边框的具体操作方法如下。

Step01 在"婚纱摄影团购套餐 .docx"文档中，❶选中图片；❷切换到【图片工具/格式】选项卡；❸在【图片样式】组中单击【图片边框】按钮 ✏️ ▾右侧的下拉按钮 ▾；❹在弹出的下拉列表中选择【虚线】选项；❺在弹出的级联列表中选择边框线样式，如图 7-29 所示。

图 7-29

💬 **技术看板**

在【虚线】级联列表中，若选择【其他线条】选项，可在打开的【设置图片格式】窗格中进行更多的边框线参数设置。

Step02 保持图片的选中状态，❶单击【图片边框】按钮 ✏️ ▾右侧的下拉按钮 ▾；❷在弹出的下拉列表中选择【粗细】选项；❸在弹出的级联列表中选择边框线的粗细，如图 7-30 所示。

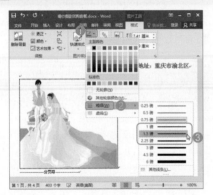

图 7-30

Step03 保持图片的选中状态，❶单击【图片边框】按钮 🖉 ▾ 右侧的下拉按钮 ▾；❷在弹出的下拉列表中选择边框线颜色，如图 7-31 所示。

图 7-31

★ 重点 7.2.6 实战：在团购套餐中调整图片色彩

实例门类	软件功能
教学视频	光盘\视频\第7章\7.2.6.mp4

在 Word 中插入图片后，还可以对图片的亮度、对比度，以及图片颜色的饱和度、色调进行调整，以达到更理想的色彩状态。调整图片色彩的具体操作方法如下。

Step01 在"婚纱摄影团购套餐.docx"文档中，❶选中图片；❷切换到【图片工具/格式】选项卡；❸单击【调整】组中的【更正】按钮；❹在弹出的下拉列表中的【亮度/对比度】栏中选择需要的调整方案，如图 7-32 所示。

图 7-32

技术看板

单击【更正】按钮后，在弹出的下拉列表中若选择【图片更正】选项，可在打开的【设置图片格式】窗格中自定义设置亮度和对比度的百分比值。

Step02 保持图片的选中状态，❶在【调整】组中单击【颜色】按钮；❷在弹出的下拉列表中的【颜色饱和度】栏中选择饱和度值，如图 7-33 所示。

图 7-33

Step03 保持图片的选中状态，❶在【调整】组中单击【颜色】按钮；❷在弹出的下拉列表中的【色调】栏中选择需要的色调值，如图 7-34 所示。

图 7-34

Step04 通过上述设置后，最终效果如图 7-35 所示。

图 7-35

技能拓展——改变图片的整体色彩

在文档中插入图片后，可以通过 Word 提供的重新着色功能改变图片的颜色，其操作方法为：选中图片后，在【调整】组中单击【颜色】按钮，在弹出的下拉列表中的【重新着色】栏中选择需要的颜色。若【重新着色】栏中没有需要的颜色，可以选择【其他变体】选项，在弹出的级联列表中进行选择即可。

7.2.7 实战：在团购套餐中设置图片的艺术效果

实例门类	软件功能
教学视频	光盘\视频\第7章\7.2.7.mp4

以前要对图片制作艺术效果，只能依赖于 Photoshop 这样的专业图形处理软件，现在可以直接在 Word 中轻松实现了。

在 Word 中设置图片艺术效果的具体操作方法为：在"婚纱摄影团购套餐.docx"文档中，选中图片，切换到【图片工具/格式】选项卡，单击【调整】组中的【艺术效果】按钮，在弹出的下拉列表中选择需要的艺术效果样式即可，如图 7-36 所示。

图 7-36

7.2.8 实战：在团购套餐中应用图片样式

实例门类	软件功能
教学视频	光盘\视频\第7章\7.2.8.mp4

从 Word 2007 开始，为插入的图片提供了多种内置样式，这些内置样式主要由阴影、映像、发光等效果元素创建的混合效果。

通过内置样式，可以快速为图片设置外观样式，具体操作方法为：在"婚纱摄影团购套餐.docx"文档中，选中图片，切换到【图片工具/格式】选项卡，在【图片样式】组的列表框中选择需要的样式即可，如图7-37所示。

图 7-37

技能拓展——快速还原图片

对图片进行大小调整、裁剪、删除背景或颜色调整等各种设置后，若要撤销这些操作，可通过 Word 提供的重设功能进行还原，操作方法为：选中图片，切换到【图片工具/格式】选项卡，在【调整】组中单击【重设图片】按钮右侧的下拉按钮 ，在弹出的下拉列表中若选择【重设图片】选项，将保留设置的大小，清除其余的全部格式；若选择【重设图片和大小】选项，将清除对图片设置的所有格式，并还原到图片的原始尺寸大小。

★ 重点 ★ 新功能 7.2.9 实战：在团购套餐中设置图片环绕方式

实例门类	软件功能
教学视频	光盘\视频\第7章\7.2.9.mp4

Word 提供了嵌入型、四周型、紧密型、穿越型、上下型、衬于文字下方和浮于文字上方 7 种文字环绕方式，不同的环绕方式可以为读者带来不一样的视觉感受。在文档中插入的图片默认版式为嵌入型，该版式类型的图片的行为方式与文字相同，若将图片插入到包含文字的段落中，该行的行高将以图片的高度为准。若将图片设置为"嵌入型"以外的任意一种环绕方式，图片将以不同形式与文字结合在一起，从而实现各种排版效果。

设置图片环绕方式的操作方法如下：

Step01 在"婚纱摄影团购套餐.docx"文档中，❶选中图片；❷切换到【图片工具/格式】选项卡；❸在【排列】组中单击【环绕文字】按钮；❹在弹出的下拉列表中选择需要的环绕方式，如图7-38所示。

图 7-38

Step02 对图片设置了"嵌入型"以外的环绕方式后，可任意拖动图片调整其位置，调整位置后的效果如图 7-39 所示。

图 7-39

技能拓展——图片与指定段落同步移动

对图片设置了"嵌入型"以外的环绕方式后，选中图片，图片附近的段落左侧会显示锁定标记 ，表示当前图片的位置依赖于该标记右侧的段落。当移动图片所依附的段落的位置时，图片会随着一起移动，而移动其他没有依附关系的段落时，图片不会移动。

如果想要改变图片依附的段落，则使用鼠标拖动锁定标记 到目标段落左侧即可。

除了上述操作方法之外，还可以通过以下两种方式设置图片的环绕方式。

➡ 右击图片，在弹出的快捷菜单中选择【环绕文字】命令，然后在弹出的子菜单中选择需要的环绕方式即可，如图 7-40 所示。

图 7-40

➡ 选中图片，图片右上角会自动显示【布局选项】按钮，单击该按钮，可在打开的【布局选项】

窗格中选择环绕方式，如图 7-41 所示。

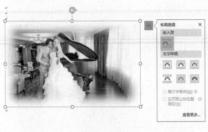

图 7-41

技能拓展——调整图片与文字之间的距离

对图片设置四周型、紧密型、穿越型、上下型这 4 种环绕方式后，还

可以调整图片与文字之间的距离，具体操作方法为：选中图片，切换到【图片工具/格式】选项卡，在【排列】组中单击【环绕文字】按钮，在弹出的下拉列表中选择【其他布局选项】选项，弹出【布局】对话框，在【文字环绕】选项卡的【距正文】栏中通过【上】【下】【左】【右】微调框进行调整即可。其中，"上下型"环绕方式只能设置【上】和【下】两个距离参数。

7.3 使用图形对象让文档更加生动

为了使文档内容更加丰富，可在其中插入形状、文本框或艺术字等图形对象进行点缀。在 Word 2016 中插入形状、文本框或艺术字后，要对它们进行美化编辑操作，都需要在【绘图工具/格式】选项卡中进行，所以它们的操作是有一定共性的。读者在学习的过程中，要融会贯通。

7.3.1 实战：在感恩母亲节中插入形状

实例门类	软件功能
教学视频	光盘\视频\第 7 章\7.3.1.mp4

为了满足用户在制作文档时的不同需要，Word 提供了多个类别的形状，如线条、矩形、基本形状、箭头等，用户可以从指定类别中找到需要使用的形状，然后将其插入到文档中。在文档中插入形状的具体操作方法如下。

Step01 打开"光盘\素材文件\第 7 章\感恩母亲节.docx"的文件，❶ 切换到【插入】选项卡；❷ 单击【插图】组中的【形状】按钮；❸ 在弹出的下拉列表中选择需要的绘图工具，如图 7-42 所示。

图 7-42

Step02 此时鼠标指针呈十字形状"＋"，在需要插入形状的位置按住鼠标左键不放，然后拖动鼠标进行绘制，如图 7-43 所示。

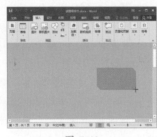

图 7-43

Step03 当绘制到合适大小时释放鼠标，即可完成绘制，如图 7-44 所示。

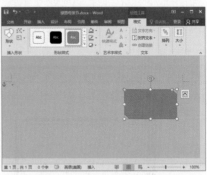

图 7-44

技术看板

在 Word 中插入形状、文本框或艺术字等对象后，都可以通过拖动鼠标的方式，调整它们的位置。

7.3.2　调整形状大小和角度

插入形状后，还可以调整形状的大小和角度，其方法和图片的调整方法相似，所以此处只进行简单的介绍。

➡ 使用鼠标调整：选中形状，形状四周会出现控制点○，将鼠标指针指向控制点，当指针变成双向箭头时，按住鼠标左键并任意拖动，即可改变形状的大小；将鼠标指针指向旋转手柄◉，鼠标指针将显示为✥，此时按住鼠标左键并进行拖动，可以旋转形状。

技术看板

有的形状（如7.3.1小节中插入的形状）选中后，还会出现黄色控制点○，对其拖动，可以改变形状的外观，甚至可以实现一些特殊的外观效果。

➡ 使用功能区调整：选中形状，切换到【绘图工具/格式】选项卡，在【大小】组中可以设置形状的大小，在【排列】组中单击【旋转】按钮，在弹出的下拉列表中可以选择形状的旋转角度。

➡ 使用对话框调整：选中形状，切换到【绘图工具/格式】选项卡，在【大小】组中单击【功能扩展】按钮，弹出【布局】对话框，在【大小】选项卡中可以设置形状大小和旋转度数。

技术看板

使用鼠标调整形状的大小时，按住【Shift】键的同时再拖动形状，可等比例缩放形状大小。

此外，形状大小和角度的调整方法，同样适用于文本框、艺术字编辑框的调整，后面的相关知识讲解中将不再赘述。

7.3.3　实战：在感恩母亲节中更改形状

实例门类	软件功能
教学视频	光盘\视频\第7章\7.3.3.mp4

在文档中绘制形状后，可以随时改变它们的形状。例如，要将7.3.1节中绘制的形状更改为云形，具体操作方法如下。

Step01 在"感恩母亲节.docx"文档中，❶选中形状；❷切换到【绘图工具/格式】选项卡；❸在【插入形状】组中单击【编辑形状】按钮；❹在弹出的下拉列表中依次选择【更改形状】→【云形】选项，如图7-45所示。

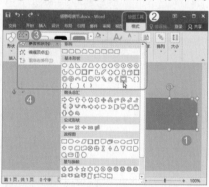

图 7-45

Step02 通过上述操作后，所选形状即可更改为云形，如图7-46所示。

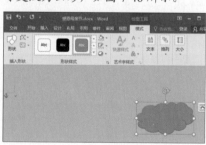

图 7-46

★ 重点 7.3.4　实战：为感恩母亲节中的形状添加文字

实例门类	软件功能
教学视频	光盘\视频\第7章\7.3.4.mp4

插入的形状中是不包含文字内容的，但是可以像文本框和艺术字那样，也可以在形状中输入文字，具体操作方法如下。

Step01 在"感恩母亲节.docx"文档中，❶右击形状；❷在弹出的快捷菜单中选择【添加文字】命令，如图7-47所示。

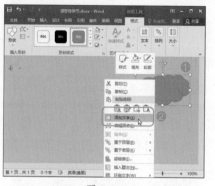

图 7-47

Step02 形状中将出现光标插入点，此时可直接输入文字内容，如图7-48所示。

图 7-48

Step03 选中输入的文字，通过【开始】选项卡的【字体】组设置字体格式，通过【段落】组设置段落格式，设置后的效果如图7-49所示。

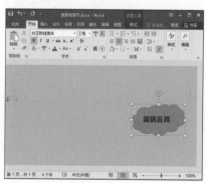

图 7-49

7.3.5 实战：在感恩母亲节中插入文本框

实例门类	软件功能
教学视频	光盘\视频\第7章\7.3.5.mp4

在编辑与排版文档时，文本框是最常使用的对象之一。若要在文档的任意位置插入文本，一般是通过插入文本框的方法实现。Word 提供了多种内置样式的文本框，用户可直接插入使用，具体操作方法如下。

Step01 在"感恩母亲节 .docx"文档中，❶切换到【插入】选项卡；❷单击【文本】组中的【文本框】按钮；❸在弹出的下拉列表中选择需要的文本框样式，如图 7-50 所示。

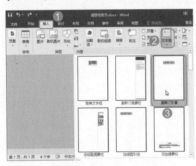

图 7-50

Step02 所选样式的文本框将自动插入到文档中，根据操作需要，选中文本框并拖动，以调整至合适的位置，效果如图 7-51 所示。

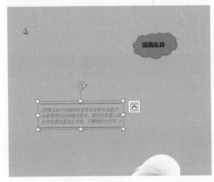

图 7-51

Step03 选中文本框中的占位符【使用文档中的独特引言……只需拖动它即可。】，按【Delete】键删除，然后输入文字内容，并对其设置字体格式和段落格式，设置后的效果如图 7-52 所示。

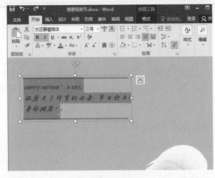

图 7-52

Step04 通过拖动鼠标的方式，调整文本框的大小，调整后的效果如图 7-53 所示。

图 7-53

Step05 参照上述方法，再在文档中插入一个文本框，输入并编辑文本内容，完成后的效果如图 7-54 所示。

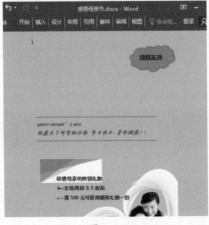

图 7-54

技能拓展——手动绘制文本框

插入内置文本框时，不同的文本框样式带有不同的格式。如果需要插入没有任何内容提示和格式设置的空白文本框，可手动绘制文本框，操作方法为：在【插入】选项卡的【文本】组中，单击【文本框】按钮，在弹出的下拉列表中若选择【绘制文本框】选项，可手动在文档中绘制横排文本框；若选择【绘制竖排文本框】选项，可在文档中手动绘制竖排文本框。

7.3.6 实战：在感恩母亲节中插入艺术字

实例门类	软件功能
教学视频	光盘\视频\第7章\7.3.6.mp4

在制作海报、广告宣传等之类的文档时，通常会使用艺术字来作为标题，以达到强烈、醒目的外观效果。之所以会选择艺术字来作为标题，是因为艺术字在创建之初就具有特殊的字体效果，可以直接使用而无须做太多额外的设置。从本质上讲，形状、文本框、艺术字都具有相同的功能。

插入艺术字的具体操作方法如下。

Step01 在"感恩母亲节 .docx"文档中，❶切换到【插入】选项卡；❷单击【文本】组中的【艺术字】按钮；❸在弹出的下拉菜单中选择需要的艺术字样式，如图 7-55 所示。

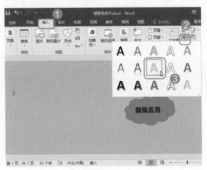

图 7-55

Step02 在文档的光标插入点所在位置将出现一个艺术字编辑框，占位符【请在此放置您的文字】为选中状态，如图7-56所示。

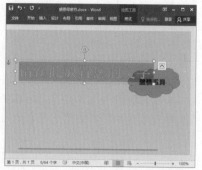

图7-56

Step03 按下【Delete】键删除占位符，输入艺术字内容，并对其设置字体格式，然后将艺术字拖动到合适位置，完成设置后的效果如图7-57所示。

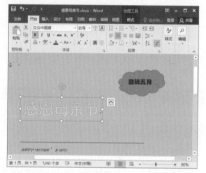

图7-57

技能拓展——更改艺术字样式

插入艺术字后，若对选择的样式不满意，可以进行更改，操作方法为：选中艺术字，切换到【绘图工具/格式】选项卡，在【艺术字样式】组的列表框中重新选择需要的样式即可。

7.3.7 实战：在感恩母亲节中设置艺术字样式

实例门类	软件功能
教学视频	光盘\视频\第7章\7.3.7.mp4

插入艺术字后，根据个人需要，还可以在【绘图工具/格式】选项卡中的【艺术字样式】组中，通过相关功能对艺术字的外观进行调整，具体操作方法如下。

Step01 在"感恩母亲节.docx"文档中，❶选中艺术字；❷切换到【绘图工具/格式】选项卡；❸在【艺术字样式】组中单击【文本填充】按钮▲右侧的下拉按钮▾；❹在弹出的下拉列表中选择文本的填充颜色，如图7-58所示。

图7-58

Step02 保持艺术字的选中状态，❶在【艺术字样式】组中单击【文本轮廓】按钮▲右侧的下拉按钮▾；❷在弹出的下拉列表中选择艺术字的轮廓颜色，如图7-59所示。

图7-59

Step03 保持艺术字的选中状态，❶在【艺术字样式】组中单击【文本效果】按钮▲；❷在弹出的下拉列表中选择需要设置的效果，如【阴影】；❸在弹出的级联列表中选择需要的阴影样式，如图7-60所示。

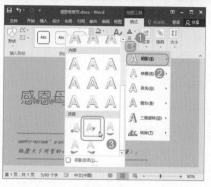

图7-60

Step04 保持艺术字的选中状态，❶在【艺术字样式】组中单击【文本效果】按钮▲；❷在弹出的下拉列表中选择需要设置的效果，如【转换】；❸在弹出的级联列表中选择转换样式，如图7-61所示。

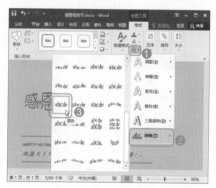

图7-61

Step05 至此，完成了对艺术字外观的设置，最终效果如图7-62所示。

图7-62

7.3.8 实战：在感恩母亲节中设置图形的边框和填充效果

实例门类	软件功能
教学视频	光盘\视频\第 7 章\7.3.8.mp4

对于形状、文本框和艺术字而言，都可以对它们设置边框和填充效果，至于是否需要特别设置边框和填充效果，则根据个人美感而定。

例如，要对形状设置边框和填充效果，具体操作方法如下。

Step01 在"感恩母亲节.docx"文档中，❶选中形状；❷切换到【绘图工具/格式】选项卡；❸在【形状样式】组中单击【形状填充】按钮 右侧的下拉按钮 ；❹在弹出的下拉列表中选择填充方案，本例中选择【无填充颜色】选项，如图 7-63 所示。

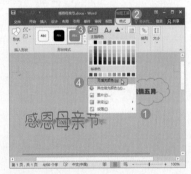

图 7-63

Step02 保持形状的选中状态，❶在【形状样式】组中单击【形状轮廓】按钮 右侧的下拉按钮 ；❷在弹出的下拉列表中选择形状的轮廓颜色，如图 7-64 所示。

图 7-64

Word 提供了大量的图形内置样式，以便用户快速美化图形。使用内置样式美化图形的操作方法为：选中图形，切换到【绘图工具/格式】选项卡，在【形状样式】组的列表框中选择需要的内置样式即可。

Step03 完成设置后的效果如图 7-65 所示。

图 7-65

★ 重点 7.3.9 实战：宣传板中的文字在文本框中流动

实例门类	软件功能
教学视频	光盘\视频\第 7 章\7.3.9.mp4

在对文本框的大小有限制的情况下，如果要放置到文本框中的内容过多时，则一个文本框可能无法完全显示这些内容。这时，可以创建多个文本框，然后将它们链接起来，链接之后的多个文本框中的内容可以连续显示。

例如，某微店要制作产品宣传板，宣传板是通过绘制形状而成的，设计过程中，希望将宣传内容分配到 4 个宣传板上，且要求这 4 个宣传板的内容是连续的，这时可以通过文本框的链接功能进行制作，具体操作方法如下。

Step01 新建一篇名为"微店产品宣传板.docx"的空白文档，将页边距的【上】【下】【左】【右】均设置为 2 厘米。

Step02 在文档中绘制 4 个大小相同的"圆角矩形"形状，并进行相应的格式设置，然后通过添加文字功能将这 4 个形状转换为文本框，最后将产品宣传内容全部添加到第一个文本框中，如图 7-66 所示。

图 7-66

Step03 ❶选中第 1 个形状；❷切换到【绘图工具/格式】选项卡；❸单击【文本】组中的【创建链接】按钮，如图 7-67 所示。

图 7-67

Step04 此时，鼠标指针变为 形状，将鼠标指针移动到第 2 个形状上时，鼠标指针变为 形状，如图 7-68 所示。

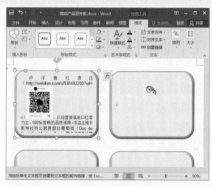

图 7-68

Step05 单击鼠标，即可在第 1 个形状和第 2 个形状之间创建链接，如图 7-69 所示。

图 7-69

Step06 用同样的方法，在第 2 个形状和第 3 个形状之间创建链接，效果如图 7-70 所示。

图 7-70

Step07 用同样的方法，在第 3 个形状和第 4 个形状之间创建链接，最终效果如图 7-71 所示。

图 7-71

★ 重点 7.3.10 实战：在产品介绍中将多个对象组合为一个整体

实例门类	软件功能
教学视频	光盘\视频\第 7 章\7.3.10.mp4

在编辑与排版 Word 文档时，可以通过设置排列层次和组合，对图片、文本框、艺术字等对象进行自由组合，以便达到自己需要的效果。将多个对象组合为一个整体后，便于整体移动和复制，且在调整大小时，不会改变各对象的相对大小和位置。

1. 设置对象的排列层次

默认情况下，当在文档中创建多个图形时，新绘制的图形位于最上层。为了达到最佳组合效果，有时还需要为对象的排列层次进行调整。

为图形对象设置排列层次的具体操作方法如下。

Step01 在"产品介绍 .docx"文档中，先将图片设置为"嵌入型"以外的任意环绕方式，如【四周型】，并拖动鼠标调整图片的位置；然后依次插入"云形标注""椭圆形标注"和"椭圆"3 个形状，并在"云形标注"和"椭圆形标注"形状中添加并编辑文字，最后分别调整这 3 个形状的位置、大小及外观样式等参数，上述设置后的效果如图 7-72 所示。

图 7-72

技术看板

在本操作中，之所以要先将图片设置为"嵌入型"以外的任意环绕方式，是因为在 Word 文档中，是无法对嵌入型的图形对象设置排列层次、组合等操作的。

Step02 ❶ 选中要设置排列层次的图形，本例中选择椭圆形状；❷ 切换到【绘图工具 / 格式】选项卡；❸ 在【排列】组中，单击【下移一层】按钮右侧的下拉按钮；❹ 在弹出的下拉列表中选择下移方式，本例中选择【置于底层】选项，如图 7-73 所示。

图 7-73

Step03 此时，所选的椭圆形状将置于所有图形的最底层，如图 7-74 所示。

图 7-74

为图形对象调整排列层次时，可以通过【排列】组中的【上移一层】或【下移一层】按钮灵活设置。

单击【上移一层】按钮右侧的下拉按钮，在弹出的下拉列表中提供了上移一层、置于顶层和浮于文字上方 3 种排列方式，如图 7-75 所示。这 3 种方式主要用来下移图形，其作用如下。

图 7-75

➡ 上移一层：将选中的图形移动到与其相邻的上方图形的上面。
➡ 置于顶层：将选中的图形移动到所有图形的最上面。
➡ 浮于文字上方：将选中的图形移动到文字的上方。

单击【下移一层】按钮右侧的下拉按钮，在弹出的下拉列表中提供了下移一层、置于底层和衬于文字下方 3 种排列方式（图 7-73），这 3 种方式主要用来下移图形，其作用如下。

➡ 下移一层：将选中的图形移动到与其相邻的上方图形的下面。

➡ 置于底层：将选中的图形移动到所有图形的最下面。
➡ 浮于文字下方：将选中的图形移动到文字的下方。

除了前面介绍的操作方法之外，还可以通过以下两种方式设置图形的排列层次。

➡ 右键菜单：选中图形并右击，在弹出的右键菜单中通过【置于顶层】或【置于底层】命令设置排列方式，如图 7-76 所示。

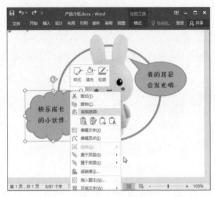

图 7-76

➡ 【选择】窗格：选中图形，在【排列】组中单击【选择窗格】按钮，打开【选择】窗格，在列表中选中要调整排列层次的图形名称，单击【上移一层】按钮 或【下移一层】按钮 进行调整即可，如图 7-77 所示。

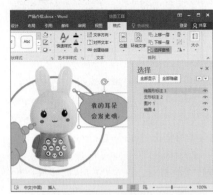

图 7-77

2. 组合对象

将各个图形的排列层次调整好后，便可将它们组合成一个整体了，其操作方法有以下两种。

➡ 在"产品介绍.docx"文档中，按住【Ctrl】键不放，依次单击需要组合的图形，再右击任意一个图形，在弹出的快捷菜单中依次选择【组合】→【组合】命令即可，如图 7-78 所示。

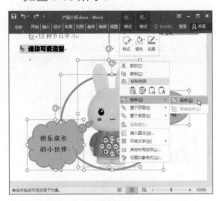

图 7-78

显得有些烦琐，此时可通过 Word 提供的选择功能进行快速选择，其操作方法为：切换到【开始】选项卡，单击【编辑】组中的【选择】按钮，在弹出的下拉列表中选择【选择对象】选项，此时鼠标指针呈 形状，按住鼠标左键并拖动，即可出现一个虚线矩形，拖动到合适位置后释放鼠标，矩形范围内的图形对象将被选中。

➜ 选中需要组合的多个图形后，切换到【绘图工具/格式】选项卡，单击【排列】组中的【组合】按钮 ，在弹出的下拉列表中选择【组合】选项即可，如图 7-79 所示。

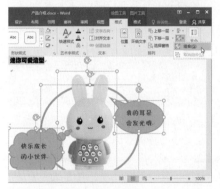

图 7-79

★ **重点 7.3.11 实战：使用绘图画布将多个零散图形组织到一起**

实例门类	软件功能
教学视频	光盘\视频\第 7 章\7.3.11.mp4

在上一节中，通过组合功能将各自独立的图形彼此连接在一起，从

而形成一个整体；而本节中要讲解的绘图画布则是提供了一个场所，可以在其中绘制多个图形，而且在以后任何时间均可在绘图画布中添加或删除图形。

使用绘图画布最大的优势是，无须再进行组合操作，且只要移动整个绘图画布，其内部的所有图形会随着一起移动，各自的相对位置也不会混乱。

绘图画布的使用方法如下。

Step 01 新建一个名为"绘图画布.docx"的空白文档，❶ 切换到【插入】选项卡；❷ 单击【插图】组中的【形状】按钮；❸ 在弹出的下拉列表中选择【新建绘图画布】选项，如图 7-80 所示。

图 7-80

Step 02 文档中将自动插入一个绘图画布，且默认为选中状态，如图 7-81 所示。

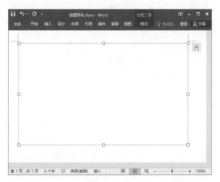

图 7-81

Step 03 保持绘图画布的选中状态，依次在其中插入并编辑各个对象，并调整好相应的位置。本例中在绘图画布中放入了一张图片、一个艺术字、一个文本框，其效果如图 7-82 所示。

图 7-82

Step 04 ❶ 添加好图形后，若绘图画布中有额外的空白部分，则可以右击绘图画布的边框；❷ 在弹出的快捷菜单中选择【调整】命令，如图 7-83 所示。

图 7-83

Step 05 绘图画布将根据其包含的内容多少而自动缩放，从而减少绘图画布中额外的空白部分，如图 7-84 所示。

图 7-84

7.4 插入与编辑 SmartArt 图形

SmartArt 图形主要用于表明单位、公司部门之间的关系，以及各种报告、分析之类的文件，并通过图形结构和文字说明有效地传达作者的观点和信息。

7.4.1 实战：在公司概况中插入 SmartArt 图形

实例门类	软件功能
教学视频	光盘\视频\第7章\7.4.1.mp4

编辑文档时，如果需要通过图形结构来传达信息，便可通过插入 SmartArt 图形轻松解决问题，具体操作方法如下。

Step01 打开"光盘\素材文件\第7章\公司概况.docx"的文件，❶ 将光标插入点定位到要插入 SmartArt 图形的位置；❷ 切换到【插入】选项卡；❸ 单击【插图】组中的【SmartArt】按钮，如图 7-85 所示。

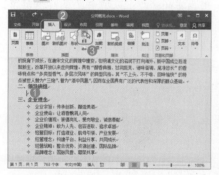

图 7-85

Step02 弹出【选择 SmartArt 图形】对话框，❶ 在左侧列表框中选择图形类型，本例中选择【层次结构】；❷ 在右侧列表框中选择具体的图形布局；❸ 单击【确定】按钮，如图 7-86 所示。

图 7-86

Step03 所选样式的 SmartArt 图形将插入到文档中，选中图形，其四周会出现控制点，将鼠标指针指向这些控制点，当鼠标指针呈双向箭头时拖动鼠标可调整其大小，调整后的效果如图 7-87 所示。

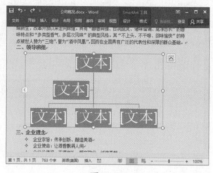

图 7-87

Step04 将光标插入点定位在某个形状内，【文本】字样的占位符将自动删除，此时可输入并编辑文本内容，完成输入后的效果如图 7-88 所示。

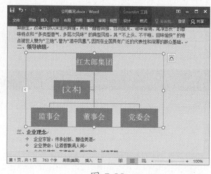

图 7-88

技术看板

选中 SmartArt 图形后，其左侧有一个三角按钮，对其单击，可在打开的【在此处键入文字】窗格中输入文本内容。

Step05 在本例中，"红太郎集团"下方的形状是不需要的，因此可将其选

中，然后按【Delete】键进行删除，最终效果如图 7-89 所示。

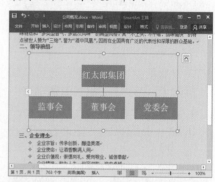

图 7-89

技能拓展——更改 SmartArt 图形的布局

插入 SmartArt 图形后，如果对选择的布局不满意，可以随时更改布局。选中 SmartArt 图形，切换到【SmartArt 工具/设计】选项卡，在【版式】组的列表框中可以选择同类型下的其他一种布局方式。若需要选择 SmartArt 图形的其他类型的布局，则单击列表框右侧的下拉按钮，在弹出的下拉列表中选择【其他布局】选项，在弹出的【选择 SmartArt 图形】对话框中进行选择即可。

★ 重点 7.4.2 实战：调整公司概况中的 SmartArt 图形结构

实例门类	软件功能
教学视频	光盘\视频\第7章\7.4.2.mp4

调整 SmartArt 的结构，主要是针对 SmartArt 图形内部包含的形状在级别和数量方面的调整。

像层次结构这种类型的 SmartArt 图形，其内部包含的形状具有上级、

下级之分，因此就涉及形状级别的调整，如将高级别形状降级，或将低级别形状升级。选中需要调整级别的形状，切换到【SmartArt 工具 / 设计】选项卡，在【创建图形】中单击【升级】按钮可提升级别，单击【降级】按钮可降低级别，如图 7-90 所示。

图 7-90

编辑 SmartArt 图形时，选中整个 SmartArt 图形，在【创建图形】组中单击【从右向左】按钮，可以将 SmartArt 图形进行左右方向的切换。

当 SmartArt 图形中包含的形状数目过少时，可以在相应位置添加形状。选中某个形状，切换到【SmartArt 工具 / 设计】选项卡，在【创建图形】组中单击【添加形状】按钮右侧的下拉按钮 ▼ ，在弹出的下拉列表中选择需要的形状，如图 7-91 所示。

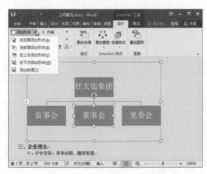

图 7-91

添加形状时，在弹出的下拉列表中有 5 个选项，其作用分别如下。

➡ 在后面添加形状：在选中的形状后面添加同一级别的形状。

➡ 在前面添加形状：在选中的形状前面添加同一级别的形状。

➡ 在上方添加形状：在选中的形状上方添加形状，且所选形状降低一个级别。

➡ 在下方添加形状：在选中的形状下方添加形状，且低于所选形状一个级别。

➡ 添加助理：为所选形状添加一个助理，且比所选形状低一个级别。

例如，要在上一节中创建的 SmartArt 图形中添加形状，具体操作方法如下。

Step01 在 "公司概况 .docx" 文档中，❶ 选中【监事会】形状；❷ 切换到【SmartArt 工具 / 设计】选项卡，❸ 在【创建图形】组中单击【添加形状】按钮右侧的下拉按钮 ▼ ；❹ 在弹出的下拉列表中选择【在下方添加形状】选项，如图 7-92 所示。

图 7-92

Step02 【监事会】下方将新增一个形状，将其选中，直接输入文本内容，如图 7-93 所示。

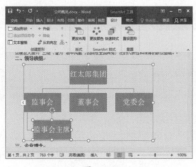

图 7-93

Step03 按照同样的方法，依次在其他相应位置添加形状并输入内容。完善 SmartArt 图形的内容后，根据实际需要调整 SmartArt 图形的大小，调整各个形状的大小，以及设置文本内容的字号，完成后的效果如图 7-94 所示。

图 7-94

7.4.3 实战：美化公司概况中的 SmartArt 图形

实例门类	软件功能
教学视频	光盘\视频\第 7 章\7.4.3.mp4

Word 为 SmartArt 图形提供了多种颜色和样式供用户选择，从而快速实现对 SmartArt 图形美化操作。美化 SmartArt 图形的具体操作方法如下。

Step01 在 "公司概况 .docx" 文档中，❶ 选中 SmartArt 图形；❷ 切换到【SmartArt 工具 / 设计】选项卡；❸ 在【SmartArt 样式】组的列表框中选择需要的 SmartArt 样式，如图 7-95 所示。

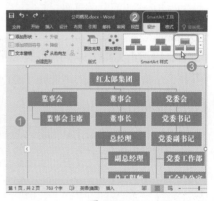

图 7-95

Step02 保持SmartArt图形的选中状态，❶ 在【SmartArt样式】组中单击【更改颜色】按钮；❷ 在弹出的下拉列表中选择需要的图形颜色，如图7-96所示。

图 7-96

Step03 保持SmartArt图形的选中状态，❶ 切换到【SmartArt工具/格式】选项卡；❷ 在【艺术字样式】组中，单击【文本填充】按钮▲▼右侧的下拉按钮▼；❸ 在弹出的下拉列表中选择需要的文本颜色，如图7-97所示。

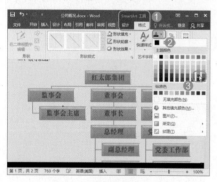

图 7-97

Step04 至此，完成了SmartArt图形的美化操作，最终效果如图7-98所示。

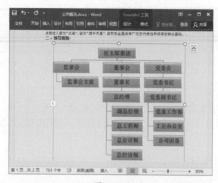

图 7-98

技术看板

根据操作需要，用户还可以对SmartArt内的形状单独设置外观，操作方法为：选择需要设置外观的形状，切换到【SmartArt工具/格式】选项卡，然后通过相关选项功能进行设置即可。

★ **重点 7.4.4 实战：将图片转换为 SmartArt 图形**

实例门类	软件功能
教学视频	光盘\视频\第7章\7.4.4.mp4

从 Word 2010 开始，可以非常方便地将图片直接转换为 SmartArt 图形。在转换时，如果图片的环绕方式是"嵌入型"，则一次只能转换一张图片。如果图片使用的环绕方式是"嵌入型"以外的方式，则可以选择多张图片，然后一次性将其转换为 SmartArt 图形。

将图片转换为 SmartArt 图形的操作方法如下。

Step01 打开"光盘\素材文件\第7章\图片转换为 SmartArt 图形 .docx"的文件，❶ 选中图片；❷ 切换到【图片工具/格式】选项卡；❸ 单击【图片样式】组中的【图片版式】按钮图▼；❹ 在弹出的下拉列表中选择一种 SmartArt 布局，如图 7-99 所示。

图 7-99

Step02 图片将转换为所选布局的 SmartArt 图形，直接在文本编辑框中输入文本内容即可，效果如图7-100所示。

图 7-100

妙招技法

通过前面知识的学习，相信读者已经掌握了如何在文档中插入并编辑各种图形对象。下面结合本章内容，给大家介绍一些实用技巧。

技巧01：设置在文档中插入图片的默认版式

教学视频	光盘\视频\第7章\技巧01.mp4

默认情况下，每次在文档中插入的图片都是"嵌入型"环绕方式。如果经常需要将插入的图片设置为某种环绕方式，如"四周型"，那么在排版时就需要逐个设置图片的环绕方式。

为了提高工作效率，可以将"四周型"设定为插入图片的默认版式，具体操作方法为：打开【Word选项】对话框，切换到【高级】选项卡，在【剪切、复制和粘贴】栏的【将

图片插入 / 粘贴为】下拉列表中选择需要设置默认版式的选项，本例中选中【四周型】选项，完成设置后单击【确定】按钮即可，如图 7-101 所示。

图 7-101

技巧 02：保留格式的情况下更换图片

教学视频	光盘 \ 视频 \ 第 7 章 \ 技巧 02.mp4

在文档中插入图片后，对图片的大小、外观、环绕方式等参数进行了设置，此时觉得图片并不适合文档内容，那么就需要更换图片。许多用户最常用的方法便是先选中该图片，然后按【Delete】键进行删除，最后重新插入并编辑图片。

如果新插入的图片需要设置和原图片一样的格式参数，那么为了提高工作效率，可以通过 Word 提供的更换图片功能，在不改变原有图片大小和外观的情况下快速更改图片，具体操作方法如下。

Step01 打开"光盘 \ 素材文件 \ 第 7 章 \ 企业简介 .docx"的文件，❶选中图片；❷切换到【图片工具 / 格式】选项卡；❸单击【调整】组中的【更改图片】按钮，如图 7-102 所示。

图 7-102

Step02 打开【插入图片】页面，单击【浏览】按钮，如图 7-103 所示。

图 7-103

Step03 ❶ 在弹出的【插入图片】对话框中选择新图片；❷单击【插入】按钮，如图 7-104 所示。

图 7-104

Step04 返回文档，可看见选择的新图片替换了原有图片，并保留了原有图片设置的特性，如图 7-105 所示。

图 7-105

技巧 03：解决图片显示不完全的问题

教学视频	光盘 \ 视频 \ 第 7 章 \ 技巧 03.mp4

在文档中插入图片时，有时图片不能完全显示，如图 7-106 所示。

图 7-106

出现这种情况，是因为图片所在段落的行距被设置为了固定值，而固定值小于图片的高度，所以导致图片不能完全显示。要解决该问题，只需要设置图片所在段落的行距即可，具体操作方法如下。

Step01 打开"光盘 \ 素材文件 \ 第 7 章 \ 图片显示不完全 .docx"的文件，❶将光标插入点定位到图片所在段落；❷在【开始】选项卡的【段落】组中单击【功能扩展】按钮，如图 7-107 所示。

图 7-107

Step02 弹出【段落】对话框，❶在【行距】下拉列表中选择【固定值】以外的任意一种行距方式，如【单倍行距】；❷ 单击【确定】按钮，如图 7-108 所示。

图 7-108

Step 03 返回文档，可以看见图片完全显示出来了，如图 7-109 所示。

图 7-109

技巧 04：导出文档中的图片

教学视频	光盘\视频\第 7 章\技巧 04.mp4

Word 提供了导出图片功能，即可以将 Word 文档中的图片保存为图片文件，根据操作需要，既可以导出单张图片，也可以一次性导出文档中包含的所有图片。

1. 导出单张图片

从 Word 2010 开始，提供了保存图片的功能，通过该功能，可以非常方便地将某张图片保存出来，具体操作方法如下。

Step 01 在"婚纱摄影团购套餐 .docx"文档中，❶ 右击需要保存的图片；❷ 在弹出的快捷菜单中选择【另存为图片】命令，如图 7-110 所示。

图 7-110

Step 02 ❶ 在弹出的【保存文件】对话框中设置图片的保存路径、文件名及保存类型等参数；❷ 单击【保存】按钮即可，如图 7-111 所示。

图 7-111

2. 一次性导出所有图片

如果希望一次性导出文档中包含的所有图片，可以通过将文档另存为网页格式的方法来实现，具体操作方法如下。

Step 01 在"婚纱摄影团购套餐 .docx"文档中，❶ 打开【文件】菜单，在左侧窗格选择【另存为】命令；❷ 在中间窗格双击【这台电脑】选项，如图 7-112 所示。

图 7-112

Step 02 ❶ 在弹出的【另存为】对话框中设置好存储路径及文件名；❷ 在【保存类型】下拉列表中选中【网页】选项；❸ 完成设置后单击【保存】按钮，如图 7-113 所示。

图 7-113

Step 03 通过上述操作后，将在指定的存储路径中看到一个网页文件，以及与网页文件同名的一个文件夹，打开该文件夹，便可看到对应文档中包含的所有图片，如图 7-114 所示。

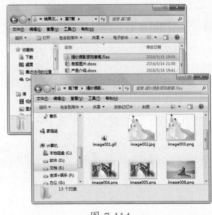

图 7-114

技巧05：连续使用同一绘图工具

教学视频	光盘\视频\第7章\技巧05.mp4

在绘制形状时，若要再次使用同一绘图工具，则需要再次进行选择。例如，完成矩形的绘制后，如果要再次绘制矩形，需再次选择【矩形】绘图工具。此时，为了提高工作效率，可锁定到某一绘图工具，以便连续多次使用。

锁定绘图工具的操作方法为：切换到【插入】选项卡，单击【插图】组中的【形状】按钮，在弹出的下拉列表中，右击某一绘图工具，如【矩形】，在弹出的快捷菜单中选择【锁定绘图模式】命令即可，如图7-115所示。

图 7-115

通过这样的操作后，可连续使用【矩形】绘图工具绘制矩形。当需要退出绘图模式时，按【Esc】键退出即可。

技巧06：巧妙使用【Shift】键画图形

教学视频	光盘\视频\第7章\技巧06.mp4

在绘制形状的过程中，配合【Shift】键可绘制出特殊形状。

例如，要绘制一个圆形，先选择【椭圆】绘图工具，然后按住【Shift】键不放，通过拖动鼠标进行绘制即可。用同样的方法，还可以绘制出其他特殊的图形。例如，绘制【矩形】图形时，同时按住【Shift】键不放，可绘制出一个正方形；绘制【平行四边形】图形时，同时按住【Shift】键不放，可绘制出一个菱形。

> ### 技能拓展——结合【Ctrl】键绘制图形
>
> 在绘制某个形状时，若按住【Ctrl】键不放进行绘制，则可以绘制一个以光标起点为中心点的图形；在绘制圆形、正方形或菱形等特殊形状时，若按住【Shift】键和【Ctrl】键不放进行绘制，则可以绘制一个以光标起点为中心点的特殊图形。

本章小结

本章主要讲解了各种图形对象在 Word 文档中的应用，主要包括图片的插入与编辑，形状、文本框、艺术字的插入与编辑，SmartArt 图形的插入与编辑等内容。通过本章知识的学习和案例练习，相信读者已经熟练掌握了各种对象的编辑，并能够制作出各种图文并茂的漂亮文档。

第8章 在 Word 文档中使用表格

- ➡ 创建表格的方法，你知道几种？
- ➡ 单元格中的斜线表头怎么制作？
- ➡ 在大型表格中，如何让表头显示在每页上？
- ➡ 表格与文本之间也能相互转换吗？
- ➡ 不会对表格中的数据进行计算，怎么办？
- ➡ 如何对表格中的数据进行排序？

不用 Excel 也能计算表格数据了，学习本章内容，读者将了解到如何使用 Word 来创建并设置表格，以及通过 Word 来计算表格中的相关数据。

8.1 创建表格

表格是将文字信息进行归纳和整理，通过条理化的方式呈现给读者，相比一大篇的文字，这种方式更易被读者接受。若要想通过表格处理文字信息，就需要先创建表格。创建表格的方法有很多种，可以通过 Word 提供的插入表格功能创建表格，也可以手动绘制表格，甚至还可以将输入好的文字转换为表格，灵活掌握这些方法，便可随心所欲创建自己需要的表格。

8.1.1 实战：虚拟表格的使用

实例门类	软件功能
教学视频	光盘\视频\第8章\8.1.1.mp4

Word 提供了虚拟表格功能，通过该功能，可快速在文档中插入表格。例如，要插入一个 4 列 6 行的表格，具体操作方法如下。

Step01 打开"光盘\素材文件\第8章\创建表格.docx"的文件，❶将光标插入点定位到需要插入表格的位置；❷切换到【插入】选项卡；❸单击【表格】组中的【表格】按钮，在弹出的下拉列表的【插入表格】栏中提供了一个 10 列 8 行的虚拟表格，如图 8-1 所示。

Step02 在虚拟表格中移动鼠标可选择表格的行列值。例如，将鼠标指针指向坐标为 5 列 6 行的单元格，鼠标前的区域将呈选中状态，并显示为橙色，

选择表格区域时，虚拟表格的上方会显示"5×6 表格"之类的提示文字，该信息表示鼠标指针滑过的表格范围，也意味着即将创建的表格大小。与此同时，文档中将模拟出所选大小的表格，但并没有将其真正意义上插入到文档中，如图 8-2 所示。

Step03 单击鼠标左键，即可在文档中插入一个 5 列 6 行的表格，如图 8-3 所示。

图 8-2

图 8-1

图 8-3

技能拓展——在表格中输入内容

创建表格后，就可以在表格中输入所需的内容了，其方法非常简单，只需要将光标插入点定位在需要输入内容的单元格内，然后直接输入文本内容即可，其方法与在文档中输入内容的方法相似。

8.1.2 实战：使用【插入表格】对话框

实例门类	软件功能
教学视频	光盘\视频\第8章\8.1.2.mp4

使用虚拟表格，最大只能创建10列8行的表格，若要创建的表格超出了这个范围，可以通过【插入表格】对话框进行创建，具体操作方法如下。

Step01 在"创建表格.docx"文档中，① 将光标插入点定位到需要插入表格的位置；② 切换到【插入】选项卡；③ 单击【表格】组中的【表格】按钮；④ 在弹出的下拉列表中选择【插入表格】选项，如图8-4所示。

图 8-4

Step02 弹出【插入表格】对话框，① 分别在【列数】和【行数】微调框中设置表格的列数和行数；② 设置好后单击【确定】按钮，如图8-5所示。

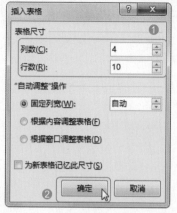

图 8-5

Step03 返回文档，可看见文档中插入了指定行、列数的表格，如图8-6所示。

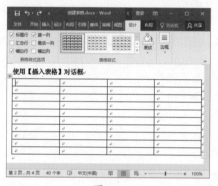

图 8-6

在【插入表格】对话框的【"自动调整"操作】栏中有3个单选按钮，其作用如下。

➡ 固定列宽：表格的宽度是固定的，表格大小不会随文档版心的宽度或表格内容的多少而自动调整，表格的列宽以"厘米"为单位。当单元格中的内容过多时，会自动进行换行。

➡ 根据内容调整表格：表格大小会根据表格内容的多少而自动调整。若选中该单选按钮，则创建的初始表格会缩小至最小状态。

➡ 根据窗口调整表格：插入的表格的总宽度与文档版心相同，当调整页面的左、右页边距时，表格的总宽度会自动随之改变。

技能拓展——重复使用同一表格尺寸

在【插入表格】对话框中设置好表格大小参数后，若选中【为新表格记忆此尺寸】复选框，则再次打开【插入表格】对话框时，该对话框中会自动显示之前设置的尺寸参数。

8.1.3 调用 Excel 电子表格

当涉及复杂的数据关系时，可以调用 Excel 电子表格。在【插入】选项卡的【表格】组中单击【表格】按钮，在弹出的下拉列表中选择【Excel电子表格】选项，将在 Word 文档中插入一个嵌入的 Excel 工作表并进入数据编辑状态，该工作表与在 Excel 应用程序中的操作相同。

关于在 Word 文档中插入并使用 Excel 工作表的具体操作方法，将在本书的第19章进行讲解，此处不再赘述。

8.1.4 实战：使用"快速表格"功能

实例门类	软件功能
教学视频	光盘\视频\第8章\8.1.4.mp4

Word 提供了"快速表格"功能，该功能提供了一些内置样式的表格，用户可以根据要创建的表格外观来选择相同或相似的样式，然后在此基础之上修改表格，从而提高了表格的创建和编辑速度。使用"快速表格"功能创建表格的具体操作方法如下。

Step01 在"创建表格.docx"文档中，① 将光标插入点定位到需要插入表格的位置；② 切换到【插入】选项卡；③ 单击【表格】组中的【表格】按钮；④ 在弹出的下拉列表中选择【快速表格】选项；⑤ 在弹出的级联列表中选择需要的表格样式，如图8-7所示。

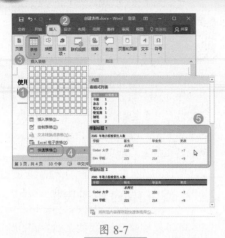

图 8-7

Step02 通过上述操作后，即可在文档中插入所选样式的表格，如图 8-8 所示。

图 8-9

Step02 进入表格绘制模式，此时鼠标指针呈笔状，将鼠标定位在要插入表格的起始位置，然后按住鼠标左键并进行拖动，即可在文档中画出一个虚线框，如图 8-10 所示。

图 8-12

Step05 如果发现某些边框线绘制错误，可按住【Shift】键不放，此时鼠标指针呈 "✐" 形状，直接单击错误的线条，如图 8-13 所示。

图 8-8

8.1.5 实战：手动绘制表格

实例门类	软件功能
教学视频	光盘\视频\第 8 章\8.1.5.mp4

一般情况下，通常不会通过手动绘制的方法来创建表格，除非是要创建极不规则结构的表格。手动绘制表格的具体操作方法如下。

Step01 在"创建表格.docx"文档中，❶切换到【插入】选项卡；❷单击【表格】组中的【表格】按钮；❸在弹出的下拉列表中单击【绘制表格】选项，如图 8-9 所示。

图 8-10

Step03 直至大小合适后，释放鼠标即可绘制出表的外框，如图 8-11 所示。

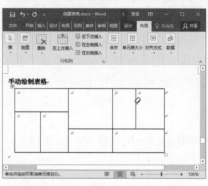

图 8-11

Step04 参照上述操作方法，在框内绘制出需要的横纵线即可，如图 8-12 所示。

图 8-13

Step06 被单击的线条即可被删除掉，如图 8-14 所示。

图 8-14

Step07 完成全部绘制工作后，按【Esc】键退出表格绘制模式即可。

8.2 表格的基本操作

插入表格后，还涉及表格的一些基本操作，如选择操作区域、设置行高与列宽、插入行或列、删除行或列、合并与拆分单元格等，本节将分别进行讲解。

8.2.1 选择操作区域

无论是要对整个表格进行操作，还是要对表格中的部分区域进行操作，在操作前都需要先选择它们。根据选择元素的不同，其选择方法也不同。

1. 选择单元格

单元格的选择主要分选择单个单元格、选择连续的多个单元格、选择分散的多个单元格3种情况，选择方法如下。

➡ 选择单个单元格：将鼠标指针指向某单元格的左侧，待指针呈黑色箭头形状时，单击鼠标左键可选中该单元格，如图8-15所示。

图 8-15

➡ 选择连续的多个单元格：将鼠标指针指向某个单元格的左侧，当指针呈黑色箭头形状时按住鼠标左键并拖动，拖动的起始位置到终止位置之间的单元格将被选中，如图8-16所示。

图 8-16

> **技能拓展——配合【Shift】键选择连续的多个单元格**
>
> 选择连续的多个单元格区域时，还可通过【Shift】键实现，方法为：先选中第一个单元格，然后按住【Shift】键不放，同时单击另一个单元格，此时这两个单元格包含的范围内的所有单元格将被选中。

➡ 选择分散的多个单元格：选中第一个要选择的单元格后按住【Ctrl】键不放，然后依次选择其他分散的单元格即可，如图8-17所示。

图 8-17

2. 选择行

行的选择主要分选择一行、选择连续的多行、选择分散的多行3种情况，选择方法如下。

➡ 选择一行：将鼠标指针指向某行的左侧，待指针呈白色箭头形状时，单击鼠标左键可选中该行，如图8-18所示。

图 8-18

➡ 选择连续的多行：将鼠标指针指向某行的左侧，待指针呈白色箭头形状时，按住鼠标左键不放并向上或向下拖动，即可选中连续的多行，如图8-19所示。

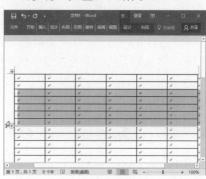

图 8-19

➡ 选中分散的多行：将鼠标指针指向某行的左侧，待指针呈白色箭头形状时，按住【Ctrl】键不放，然后依次单击要选择的行的左侧即可，如图8-20所示。

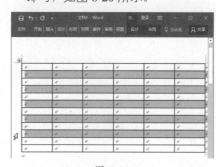

图 8-20

3. 选择列

列的选择主要分选择一列、选择连续的多列、选择分散的多列3种情况，选择方法如下。

➡ 选择一列：将鼠标指针指向某列的上边，待指针呈黑色箭头形状时，单击鼠标左键可选中该列，如图8-21所示。

图 8-21

➡ 选择连续的多列：将鼠标指针指向某列的上边，待指针呈黑色箭头形状↓时，按住鼠标左键不放并向左或向右拖动，即可选中连续的多列，如图 8-22 所示。

图 8-22

➡ 选中分散的多列：将鼠标指针指向某列的上边，待指针呈黑色箭头形状↓时，按住【Ctrl】键不放，然后依次单击要选择的列的上方即可，如图 8-23 所示。

图 8-23

4. 选择整个表格

选择整个表格的方法非常简单，

只需将光标插入点定位在表格内，表格左上角会出现 ✛ 标志，右下角会出现 ☐ 标志，单击任意一个标志，都可选中整个表格，如图 8-24 所示。

图 8-24

技能拓展——通过功能区选择操作区域

除了上述介绍的方法外，还可通过功能区选择操作区域。将光标插入点定位在某单元格内，切换到【表格工具/布局】选项卡，在【表】组中单击【选择】按钮，在弹出的下拉列表中选择某个选项可实现相应的选择操作。

8.2.2 实战：设置表格行高与列宽

实例门类	软件功能
教学视频	光盘\视频\第 8 章\8.2.2.mp4

插入表格后，可以根据操作需要调整表格的行高与列宽。调整时，既可使用鼠标任意调整，也可以通过对话框精确调整，甚至可以通过分布功能快速让各行、各列平均分布。

1. 使用鼠标调整

在设置行高或列宽时，拖动鼠标可以快速调整行高与列宽。

➡ 设置行高：打开"光盘\素材文件\第 8 章\设置表格行高与列宽 .docx"的文件，鼠标指针指向

行与行之间，待指针呈 ╪ 形状时，按下鼠标左键并拖动，表格中将出现虚线，待虚线到达合适位置时释放鼠标，即可实现行高的调整，如图 8-25 所示。

图 8-25

➡ 设置列宽：在"设置表格行高与列宽 .docx"文档中，将鼠标指针指向列与列之间，待指针呈 ╫ 形状时，按下鼠标左键并拖动，当出现的虚线到达合适位置时释放鼠标，即可实现列宽的调整，如图 8-26 所示。

图 8-26

技能拓展——只设置某个单元格的宽度

一般情况下，调整列宽时，都会同时改变该列中所有单元格的宽度，如果只想改变一列中某个单元格的宽度，则可以先选中该单元格，然后按住鼠标左键拖动单元格左右两侧的边框线，便可只改变该单元格的宽度，如图 8-27 所示。

图 8-27

2. 使用对话框调整

如果需要精确设置行高与列宽，则可以通过【表格属性】对话框来实现，具体操作方法如下。

Step01 在"设置表格行高与列宽.docx"文档中，❶将光标插入点定位到要调整的行或列中的任意单元格；❷切换到【表格工具 / 布局】选项卡；❸单击【单元格大小】组中的【功能扩展】按钮，如图 8-28 所示。

图 8-28

技术看板

将光标插入点定位到要调整的行或列中的任意单元格后，在【表格工具/布局】选项卡的【单元格大小】组中，通过【高度】微调框可设置当前单元格所在行的行高，通过【宽度】微调框可设置当前单元格所在列的列宽。

Step02 弹出【表格属性】对话框，❶切换到【行】选项卡；❷选中【指定高度】复选框，然后在右侧的微调框中设置当前单元格所在行的行高，如图 8-29 所示。

图 8-29

技术看板

在【表格属性】对话框的【行】选项卡中，单击【上一行】或【下一行】按钮，可切换到其他行并设置行高。

Step03 ❶切换到【列】选项卡；❷在【指定宽度】微调框中设置当前单元格所在列的列宽；❸完成设置后，单击【确定】按钮即可，如图 8-30 所示。

图 8-30

技术看板

在【表格属性】对话框的【列】选项卡中，单击【前一列】或【后一列】按钮，可切换到其他列并设置列宽。

3. 均分行高和列宽

为了表格美观整洁，通常希望表格中的所有行等高、所有列等宽。若表格中的行高或列宽参差不齐，则可以使用 Word 提供的功能快速均分多个行的行高或多个列的列宽，具体操作方法如下。

Step01 在"设置表格行高与列宽.docx"文档中，❶将光标插入点定位在表格内；❷切换到【表格工具 / 布局】选项卡；❸单击【单元格大小】组中的【分布行】按钮，如图 8-31 所示。

图 8-31

Step02 此时，表格中的所有行高将自动进行平均分布，如图 8-32 所示。

图 8-32

Step03 在【表格工具 / 布局】选项卡的【单元格大小】组中，单击【分布列】按钮，如图 8-33 所示。

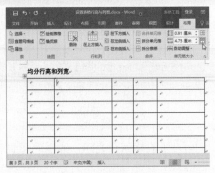

图 8-33

Step04 此时，表格中的所有列宽将自动进行平均分布，如图 8-34 所示。

图 8-34

8.2.3 实战：插入单元格、行或列

实例门类	软件功能
教学视频	光盘\视频\第 8 章\8.2.3.mp4

当表格范围无法满足数据的录入时，可以根据实际情况插入单元格、行或列。

1. 插入单元格

单元格的插入操作并不常用，下面只是进行一个简单的讲解。插入单元格的具体操作方法如下。

Step01 打开"光盘\素材文件\第 8 章\插入单元格、行或列 .docx"的文件，❶ 将光标插入点定位到某个单元格；❷ 切换到【表格工具 / 布局】选项卡；❸ 单击【行和列】组中的【功能扩展】按钮，如图 8-35 所示。

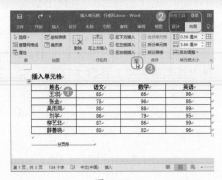

图 8-35

Step02 ❶ 弹出【插入单元格】对话框，选择相对于当前单元格将要插入的新单元格的位置，Word 提供了【活动单元格右移】和【活动单元格下移】两种方式，本例中选中【活动单元格下移】单选按钮；❷ 单击【确定】按钮，如图 8-36 所示。

图 8-36

Step03 返回文档，可看见当前单元格的上方插入一个新单元格，如图 8-37 所示。

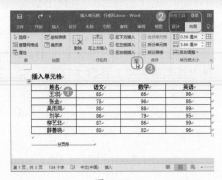

图 8-37

2. 插入行

当表格中没有额外的空行或空列来输入新内容时，就需要插入行或列。其中，插入行的具体操作方法如下。

Step01 在"插入单元格、行或列 .docx"

文档中，❶ 将光标插入点定位在某个单元格；❷ 切换到【表格工具 / 布局】选项卡；❸ 在【行和列】组中，选择相对于当前单元格将要插入的新行的位置，Word 提供了【在上方插入】和【在下方插入】两种方式，本例中单击【在上方插入】按钮，如图 8-38 所示。

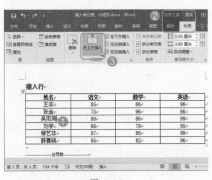

图 8-38

Step02 通过上述操作后，当前单元格所在行的上方将插入一个新行，如图 8-39 所示。

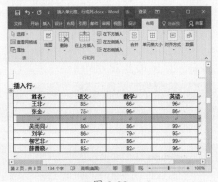

图 8-39

除了上述操作方法之外，还可通过以下几种方式插入新行。

➡ 将光标插入点定位在某行最后一个单元格的外边，按【Enter】键，即可在该行的下方添加一个新行。

➡ 将光标插入点定位在表格最后一个单元格内，若单元格内有内容，则将光标插入点定位在文字末尾，然后按【Tab】键，即可在表格底端插入一个新行。

➡ 在表格的左侧，将鼠标指针指向行与行之间的边界线时，将显示

⊕标记，单击⊕标记，即可在该标记的下方添加一个新行。

3. 插入列

要在表格中插入新列，其操作方法如下。

Step01 在"插入单元格、行或列.docx"文档中，❶将光标插入点定位在某个单元格；❷切换到【表格工具/布局】选项卡；❸在【行和列】组中选择相对于当前单元格将要插入的新列的位置，Word提供了【在左侧插入】和【在右侧插入】两种方式，本例中单击【在右侧插入】按钮，如图8-40所示。

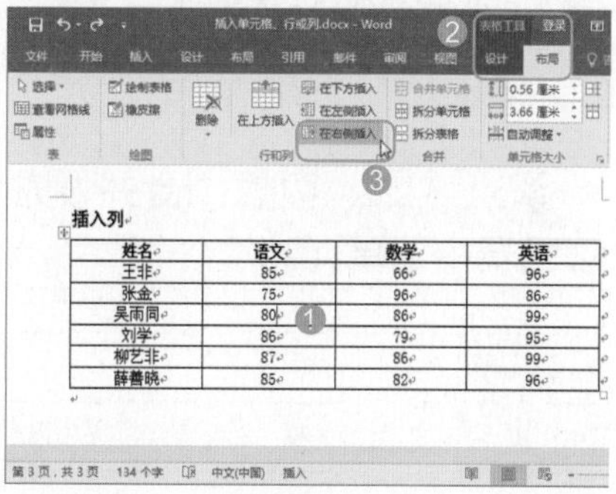

图 8-40

Step02 通过上述操作后，当前单元格所在列的右侧将插入一个新列，如图8-41所示。

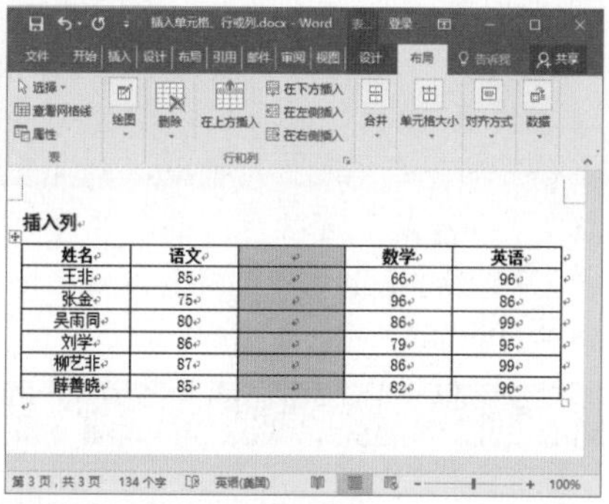

图 8-41

此外，在表格的顶端，将鼠标指针指向列与列的边界线时，将显示⊕标记，单击⊕标记，即可在该标记的右侧添加一个新列。

技能拓展——快速插入多行或多列

如果需要插入大量的新行或新列，可一次性插入多行或多列。一次性插入多行或多列的操作方法相似，下面就以一次性插入多行为例进行讲解。例如，要插入3个新行，则先选中连续的3行，然后在【表格工具/布局】选项卡的【行和列】组中单击【在下方插入】按钮，即可在所选对象的最后一行的下方插入3个新行。

8.2.4 实战：删除单元格、行或列

实例门类	软件功能
教学视频	光盘\视频\第8章\8.2.4.mp4

编辑表格时，对于多余的行或列，可以将其删除掉，从而使表格更加整洁。

1. 删除单元格

同插入单元格一样，单元格的操作也不常用。删除单元格的具体操作方法如下。

Step01 打开"光盘\素材文件\第8章\删除单元格、行或列.docx"的文件，❶选中需要删除的单元格；❷切换到【表格工具/布局】选项卡；❸单击【行和列】组中的【删除】按钮；❹在弹出的下拉列表中选择【删除单元格】选项，如图8-42所示。

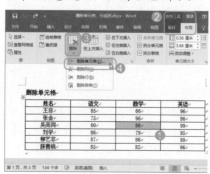

图 8-42

Step02 弹出【删除单元格】对话框，❶选择删除当前单元格后其右侧或下方单元格的移动方式，Word提供了【右侧单元格左移】和【下方单元格上移】两种方式，本例中选中【右侧单元格左移】单选按钮；❷单击【确定】按钮，如图8-43所示。

图 8-43

Step03 返回文档，可发现当前单元格已被删除，与此同时，该单元格右侧的所有单元格均向左移动了，如图8-44所示。

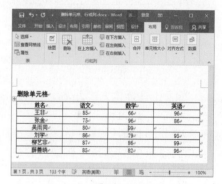

图 8-44

2. 删除行

要想将不需要的行删除掉，可按下面的操作方法实现。

Step01 在"删除单元格、行或列.docx"文档中，❶选中要删除的行；❷切换到【表格工具/布局】选项卡；❸单击【行和列】组中的【删除】按钮；❹在弹出的下拉列表中选择【删除行】选项，如图8-45所示。

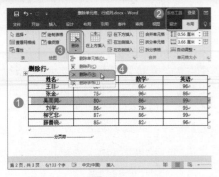

图 8-45

Step02 通过上述操作后，所选的行被删除掉了，如图 8-46 所示。

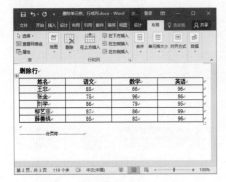

图 8-46

除了上述操作方式之外，还可通过以下几种方式删除行。

➡ 选中要删除的行并右击，在弹出的快捷菜单中选择【删除行】命令即可。

➡ 选中要删除的行，按【Backspace】键可快速将其删除。

3. 删除列

要想将不需要的列删除掉，可按下面的操作方法实现。

Step01 在"删除单元格、行或列.docx"文档中，❶ 选中要删除的列；❷ 切换到【表格工具 / 布局】选项卡；❸ 单击【行和列】组中的【删除】按钮；❹ 在弹出的下拉列表中选择【删除列】选项，如图 8-47 所示。

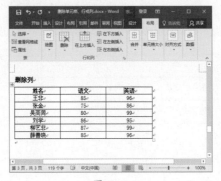

图 8-47

Step02 通过上述操作后，所选的列被删除掉了，如图 8-48 所示。

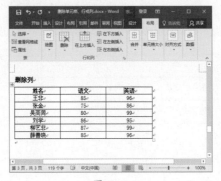

图 8-48

除了上述操作方式之外，还可通过以下几种方式删除列。

➡ 选中要删除的列并右击，在弹出的快捷菜单中选择【删除列】命令即可。

➡ 选中要删除的列，按【Backspace】键可快速将其删除。

8.2.5 实战：删除整个表格

实例门类	软件功能
教学视频	光盘\视频\第 8 章\8.2.5.mp4

在删除整个表格时，若选中表格后直接按【Delete】键，则只能删除表格中的全部内容，而无法删除表格。

删除整个表格的正确操作方法为：选中表格后，切换到【表格工具 / 布局】选项卡，单击【行和列】组中的【删除】按钮，在弹出的下拉列表中选择【删除表格】选项即可，如图

8-49 所示。

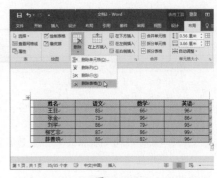

图 8-49

除了上述操作方法之外，还可通过以下几种方式删除表格。

➡ 选中表格后按【Backspace】键。

➡ 选中表格后按【Shift+Delete】组合键。

★ 重点 8.2.6 实战：合并设备信息表中的单元格

实例门类	软件功能
教学视频	光盘\视频\第 8 章\8.2.6.mp4

合并单元格是指对同一个表格内的多个单元格进行合并操作，以便容纳更多内容，或者满足表格结构上的需要。合并单元格的具体操作方法如下。

Step01 打开"光盘\素材文件\第 8 章\设备信息.docx"的文件，❶ 选中需要合并的多个单元格；❷ 切换到【表格工具 / 布局】选项卡；❸ 单击【合并】组中的【合并单元格】按钮，如图 8-50 所示。

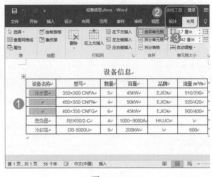

图 8-50

Step 02 通过上述操作后，选中的多个单元格合并为一个单元格，如图 8-51 所示。

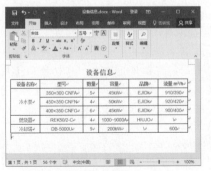

图 8-51

★ 重点 8.2.7 实战：拆分税收税率明细表中的单元格

实例门类	软件功能
教学视频	光盘\视频\第8章\8.2.7.mp4

在表格的实际应用中，为了满足内容的输入，将一个单元格拆分成多个单元格也是常有的事。拆分单元格的具体操作方法如下。

Step 01 打开"光盘\素材文件\第8章\税收税率明细表.docx"的文件，❶选中需要进行拆分的单元格；❷切换到【表格工具/布局】选项卡；❸单击【合并】组中的【拆分单元格】按钮，如图 8-52 所示。

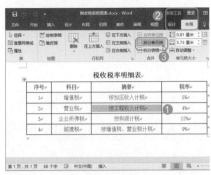

图 8-52

Step 02 弹出【拆分单元格】对话框，❶设置需要拆分的列数和行数；❷单击【确定】按钮，如图 8-53 所示。

图 8-53

Step 03 所选单元格将拆分成所设置的列数和行数，如图 8-54 所示。

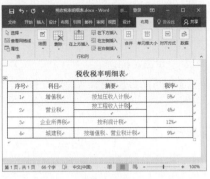

图 8-54

Step 04 参照上述操作方法，对第 3 行第 4 列的单元格进行拆分，完成拆分后，在空白单元格中输入相应的内容，最终效果如图 8-55 所示。

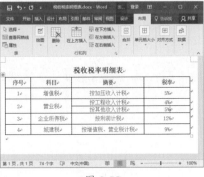

图 8-55

★ 重点 8.2.8 实战：在税收税率明细表中同时拆分多个单元格

实例门类	软件功能
教学视频	光盘\视频\第8章\8.2.8.mp4

在拆分单元格时，还可以同时对多个单元格进行拆分，具体操作方法如下。

Step 01 在"税收税率明细表.docx"文档中，❶选中要拆分的多个单元格；❷切换到【表格工具/布局】选项卡；❸单击【合并】组中的【拆分单元格】按钮，如图 8-56 所示。

图 8-56

Step 02 弹出【拆分单元格】对话框，❶取消【拆分前合并单元格】复选框的选中；❷设置需要拆分的列数和行数；❸单击【确定】按钮，如图 8-57 所示。

图 8-57

Step 03 此时，Word 会将选中的多个单元格视为各自独立的单元格，将每个单元格按照设置的列数和行数进行拆分，拆分后的效果如图 8-58 所示。

图 8-58

Step 04 在空白单元格中输入相应的内容，最终效果如图 8-59 所示。

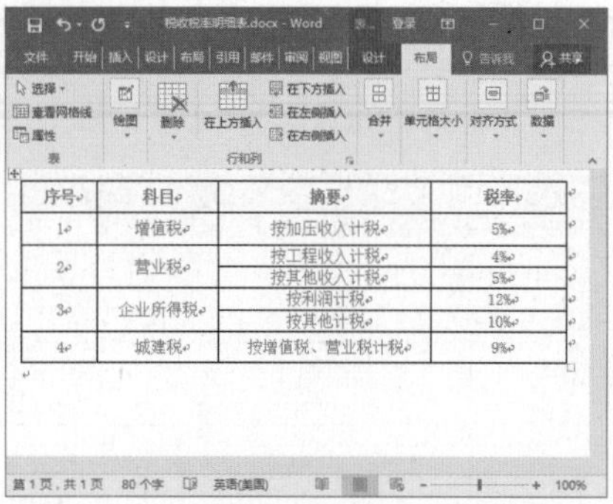

图 8-59

技术看板

默认情况下，【拆分单元格】对话框中的【拆分前合并单元格】复选框为选中状态。该复选框为选中状态时，则 Word 会在拆分前，先将选中的多个单元格进行合并操作，再按照设置的拆分行列数对合并后的单元格进行拆分。

★ 重点 8.2.9 实战：合并与拆分表格

实例门类	软件功能
教学视频	光盘\视频\第 8 章\8.2.9.mp4

合并表格就是将两个或两个以上的表格合并为一个表格，而拆分表格是将一个表格拆分成两个或两个以上的表格。

1. 合并表格

要将多个表格合并为一个表格，可按下面的操作方法实现。

Step 01 打开"光盘\素材文件\第 8 章\鲜花销售统计表 .docx"的文件，可看见两个表格是同一类型的表格，且都是 4 列的表格，如图 8-60 所示。

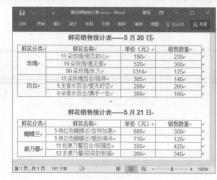

图 8-60

Step 02 删除两个表格之间所有的内容及空行，即可将两个表格合并为一个表格，如图 8-61 所示。

图 8-61

Step 03 合并表格后，可以发现表格中多了一行重复的内容，将其删除即可，效果如图 8-62 所示。

图 8-62

技术看板

对表格进行合并操作时，若它们各列的列宽不一样，则需要先调整其列宽，然后才能进行合并操作。

2. 拆分表格

若需要将表格进行拆分操作，可按下面的操作方法实现。

Step 01 打开"光盘\素材文件\第 8 章\2016 年 5 月份工资表 .docx"的文件，❶ 将光标插入点定位在要成为新表格首行的任意单元格中；❷ 切换到【表格工具/布局】选项卡；❸ 单击【合并】组中的【拆分表格】按钮，如图 8-63 所示。

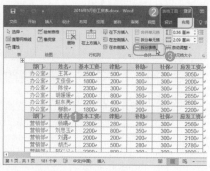

图 8-63

Step 02 执行上述操作后，将按照光标插入点所在位置对表格进行拆分，效果如图 8-64 所示。

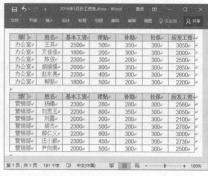

图 8-64

技能拓展——快速拆分表格

定位好光标插入点后，按【Ctrl+Shift+Enter】组合键，可快速对表格进行拆分操作。

★ 重点 8.2.10 实战：在成绩表中绘制斜线表头

实例门类	软件功能
教学视频	光盘\视频\第 8 章\8.2.10.mp4

斜线表头是比较常见的一种表格操作，其位置一般在第一行的第一列。绘制斜线表头的具体操作方法如下。

Step01 打开"光盘\素材文件\第 8 章\成绩表 .docx"的文件，❶ 选中要绘制斜线表头的单元格；❷ 切换到【表格工具 / 设计】选项卡；❸ 在【边框】组中单击【边框】按钮下方的下拉按钮 ；❹ 在弹出的下拉列表中选择【斜下框线】选项，如图 8-65 所示。

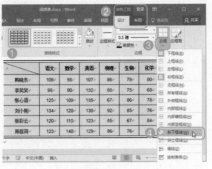

图 8-65

Step02 绘制好斜线表头后，在其中输入相应的内容，并设置好对齐方式即可，效果如图 8-66 所示。

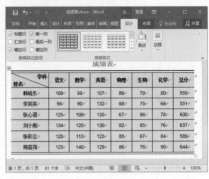

图 8-66

8.3 设置表格格式

插入表格后，要想表格更加赏心悦目，仅仅对表格内容设置字体格式是远远不够的，还需要对其设置样式、边框或底纹等格式。

8.3.1 实战：在付款通知单中设置表格对齐方式

实例门类	软件功能
教学视频	光盘\视频\第 8 章\8.3.1.mp4

默认情况下，表格的对齐方式为左对齐。如果需要更改对齐方式，可按下面的操作方法实现。

Step01 打开"光盘\素材文件\第 8 章\付款通知单 .docx"的文件，❶ 将光标插入点定位到表格内；❷ 切换到【表格工具 / 布局】选项卡；❸ 单击【表】组中的【属性】按钮，如图 8-67 所示。

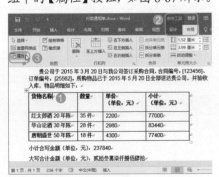

图 8-67

Step02 弹出【表格属性】对话框，❶ 切换到【表格】选项卡；❷ 在【对齐方式】栏中选择需要的对齐方式，如【居中】；❸ 单击【确定】按钮，如图 8-68 所示。

图 8-68

技能拓展——调整单元格的内容与边框之间的距离

在【表格属性】对话框的【表格】选项卡中，若单击【选项】按钮，可

弹出【表格选项】对话框，此时可通过【上】【下】【左】和【右】微调框调整单元格内容与单元格边框之间的距离。

Step03 返回文档，可看到当前表格以居中对齐方式进行显示，如图 8-69 所示。

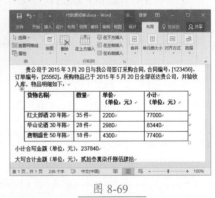

图 8-69

8.3.2 实战：在付款通知单中设置表格文字对齐方式

实例门类	软件功能
教学视频	光盘\视频\第 8 章\8.3.2.mp4

Word 为单元格中的文本内容提供了靠上两端对齐、靠上居中对齐、靠上右对齐等 9 种对齐方式，各种对齐方式的显示效果如图 8-70 所示。

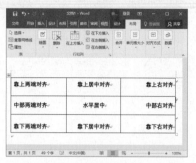

图 8-70

默认情况下，文本内容的对齐方式为靠上两端对齐，根据实际操作可以进行更改，具体操作方法如下。

Step01 在"付款通知单.docx"文档中，❶ 选中需要设置文字对齐方式的单元格；❷ 切换到【表格工具/布局】选项卡；❸ 在【对齐方式】组中单击某种对齐方式相对应的按钮，本例中单击【水平居中】按钮，如图 8-71 所示。

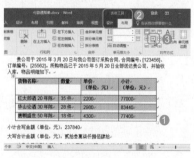

图 8-71

Step02 执行上述操作后，所选单元格中的文字将以水平居中对齐方式进行显示，如图 8-72。

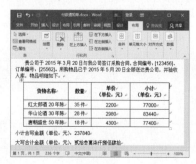

图 8-72

★ 重点 8.3.3 实战：为设备信息表设置边框与底纹

实例门类	软件功能
教学视频	光盘\视频\第 8 章\8.3.3.mp4

默认情况下，表格使用的是粗细相同的黑色边框线。在制作表格时，是可以对表格的边框线颜色、粗细等参数进行设置的。

另外，表格底纹是指为表格中的单元格设置一种颜色或图案。在制作表格时，许多用户喜欢为表格的标题行设置一种底纹颜色，以便区别于表格中的其他行。

为表格设置边框与底纹的操作方法如下。

Step01 在"设备信息.docx"文档中，❶ 选中表格；❷ 切换到【表格工具/设计】选项卡；❸ 在【边框】组中单击【功能扩展】按钮，如图 8-73 所示。

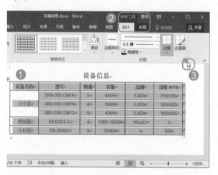

图 8-73

技术看板

选中表格或单元格后，在【表格工具/设计】选项卡的【边框】组中，单击【边框】按钮下方的下拉按钮，在弹出的下拉列表中可快速为所选对象设置需要的边框线。

Step02 弹出【边框和底纹】对话框，❶ 在【样式】列表框中选择边框样式；❷ 在【颜色】下拉列表中选择边框颜色；❸ 在【预览】栏中通过单击相

关按钮，设置需要使用当前格式的边框线，本例中选择上框线，如图 8-74 所示。

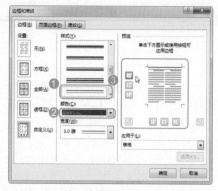

图 8-74

Step03 ❶ 在【样式】列表框中选择边框样式；❷ 在【颜色】下拉列表中选择边框颜色；❸ 在【预览】栏中通过单击相关按钮，设置需要使用当前格式的边框线，本例中选择下框线，如图 8-75 所示。

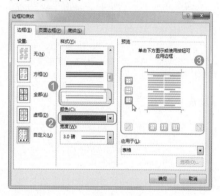

图 8-75

Step04 ❶ 在【样式】列表框中选择边框样式；❷ 在【颜色】下拉列表中选择边框颜色；❸ 在【宽度】下拉列表中选择边框粗细；❹ 在【预览】栏中通过单击相关按钮，设置需要使用当前格式的边框线，本例中选择内部横框线和内部竖框线；❺ 完成设置后单击【确定】按钮，如图 8-76 所示。

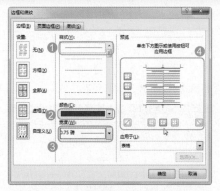

图 8-76

　　如果对表格设置了无框线，为了方便查看表格，则可以将表格边框的参考线显示出来，方法为：将光标插入点定位在表格内，切换到【表格工具/布局】选项卡，在【表】组中单击【查看网格线】按钮即可。

　　显示表格边框的参考线后，打印表格时不会打印这些参考线。

Step05 返回表格，① 选中需要设置底纹的单元格；② 在【表格工具/设计】选项卡的【表格样式】组中；③ 单击【底纹】按钮下方的下拉按钮；④ 在弹出的下拉列表中选择需要的底纹颜色即可，如图 8-77 所示。

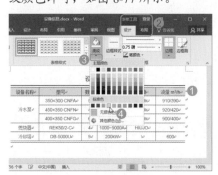

图 8-77

　　如果需要设置图案式表格底纹，可先选中要设置底纹的单元格，然后打开【边框和底纹】对话框，切换到【底纹】选项卡，在【图案】栏中设置图案样式和图案颜色即可。

8.3.4　实战：使用表样式美化新进员工考核表

实例门类	软件功能
教学视频	光盘\视频\第 8 章\8.3.4.mp4

　　Word 为表格提供了多种内置样式，通过这些样式，可快速达到美化表格的目的。应用表样式的操作方法如下。

Step01 打开"光盘\素材文件\第 8 章\新进员工考核表.docx"的文件，① 将光标插入点定位在表格内；② 切换到【表格工具/设计】选项卡；③ 在【表格样式】组的列表框中选中需要的表样式，如图 8-78 所示。

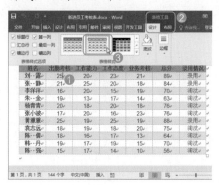

图 8-78

Step02 应用表样式后的效果如图 8-79所示。

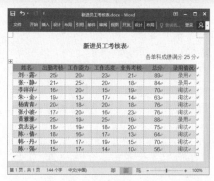

图 8-79

★ 重点 8.3.5　实战：为销售清单设置表头跨页

实例门类	软件功能
教学视频	光盘\视频\第 8 章\8.3.5.mp4

　　默认情况下，同一表格占用多个页面时，表头（即标题行）只在首页显示，而其他页面均不显示，从而影响阅读，如图 8-80 和图 8-81 所示分别为表格第 1 页、第 2 页的显示效果。

图 8-80

图 8-81

此时，需要通过设置，让标题行跨页重复显示，具体操作方法如下。

Step01 打开"光盘\素材文件\第8章\产品销售清单.docx"的文件，❶选中标题行；❷切换到【表格工具/布局】选项卡；❸单击【表】组中的【属性】按钮，如图8-82所示。

图 8-82

Step02 弹出【表格属性】对话框，❶切换到【行】选项卡；❷选中【在各页顶端以标题形式重复出现】复选框；❸单击【确定】按钮，如图8-83所示。

图 8-83

Step03 返回文档，可看见标题行跨页重复显示，如图8-84所示为表格第2页的显示效果。

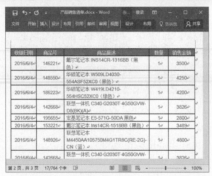

图 8-84

技能拓展——通过功能区设置标题行跨页显示

在表格中选中标题行后，切换到【表格工具/布局】选项卡，单击【数据】组中的【重复标题行】按钮，可快速实现标题行跨页重复显示。

★ **重点 8.3.6 实战：防止利润表中的内容跨页断行**

实例门类	软件功能
教学视频	光盘\视频\第8章\8.3.6.mp4

在同一页面中，当表格最后一行的内容超过单元格高度时，会在下一页以另一行的形式出现，从而导致同一单元格的内容被拆分到不同的页面上，影响了表格的美观及阅读效果，如图8-85所示。

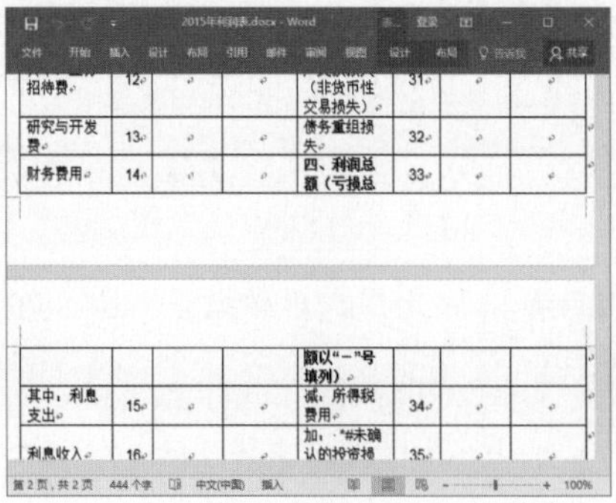

图 8-85

针对这样的情况，需要通过设置，以防止表格跨页断行，具体操作方法如下。

Step01 打开"光盘\素材文件\第8章\2015年利润表.docx"的文件，❶选中表格；❷切换到【表格工具/布局】选项卡；❸单击【表】组中的【属性】按钮，如图8-86所示。

图 8-86

Step02 弹出【表格属性】对话框，❶切换到【行】选项卡；❷取消【允许跨页断行】复选框的选中；❸单击【确定】按钮，如图8-87所示。

图 8-87

Step03 完成设置后的效果如图8-88所示。

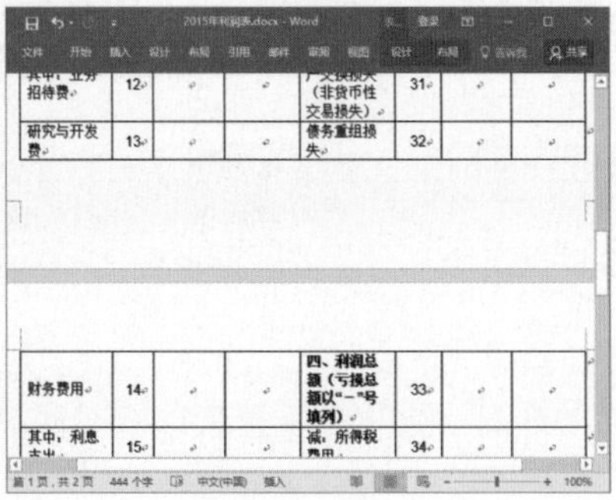

图 8-88

8.4 表格与文本相互转换

为了更加方便地编辑和处理数据，还可以在表格和文字之间相互转换，下面将详细讲解转换方法。

★ 重点 8.4.1 实战：将销售订单中的文字转换成表格

实例门类	软件功能
教学视频	光盘\视频\第8章\8.4.1.mp4

对于规范化的文字，即每项内容之间以特定的字符（如逗号、段落标记、制表位等）间隔，可以将其转换成表格。例如，要将以制表位为间隔的文本转换成表格，可按下面的操作方法实现。

Step 01 打开"光盘\素材文件\第8章\销售订单.docx"的文件，可看见已经输入好了以制表位为间隔的文本内容，如图8-89所示。

图 8-89

技术看板

在输入文本内容时，若要输入以逗号作为特定符号对文字内容进行间隔，则逗号必须要在英文状态下输入。

Step 02 ①选中文本；②切换到【插入】选项卡；③单击【表格】组中的【表格】按钮；④在弹出的下拉列表中选择【文本转换成表格】选项，如图8-90所示。

图 8-90

技术看板

选中文本内容后，在【插入】选项卡的【表格】组中单击【表格】按钮，在弹出的下拉列表中若选择【插入表格】选项，Word会自动对所选内容进行识别，并直接将其转换为表格。

Step 03 弹出【将文字转换成表格】对话框，该对话框会根据所选文本自动设置相应的参数，①确认信息无误（若有误，需手动更改）；②单击【确定】按钮，如图8-91所示。

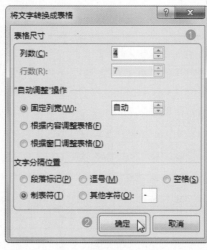

图 8-91

Step 04 返回文档，可看见所选文本转换成了表格，如图8-92所示。

图 8-92

技术看板

在输入文本时，如果连续的两个制表位之间没有输入内容，则转换成表格后，两个制表位之间的空白就会形成一个空白单元格。

8.4.2 实战：将员工基本信息表转换成文本

实例门类	软件功能
教学视频	光盘\视频\第8章\8.4.2.mp4

如果要将表格转换为文本，则可以按照下面的操作方法实现。

Step 01 打开"光盘\素材文件\第8章\员工基本信息表.docx"的文件，①选中需要转换为文本的表格；②切换到【表格工具/布局】选项卡；③单击【数据】组中的【转换为文本】按钮，如图8-93所示。

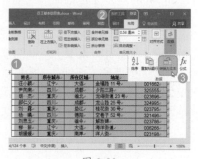

图 8-93

Step 02 弹出【表格转换成文本】对话框，❶ 在【文字分隔符】栏中选择文本的分隔符，如【逗号】；❷ 单击【确定】按钮，如图 8-94 所示。

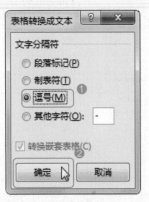

图 8-94

Step 03 返回文档，可看见当前表格转换为了以逗号为间隔的文本内容，如图 8-95 所示。

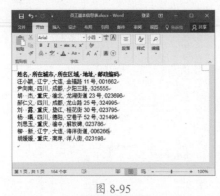

图 8-95

技能拓展——将表格"粘贴"成文本

要将表格转换为文字，还可通过粘贴的方式实现，具体操作方法为：选中表格后按【Ctrl+C】组合键进行复制，在【开始】选项卡的【剪贴板】组中，单击【粘贴】按钮下方的下拉按钮，在弹出的下拉列表中选择【只保留文本】选项，即可将表格转换为以制表位为间隔的文本内容。

8.5 处理表格数据

在 Word 文档中，不仅可以通过表格来表达文字内容，还可以对表格中的数据进行运算、排序等操作，下面将分别进行讲解。

★ 重点 8.5.1 实战：计算销售业绩表中的数据

实例门类	软件功能
教学视频	光盘\视频\第 8 章\8.5.1.mp4

Word 提供了 SUM、AVERAGE、MAX、MIN、IF 等常用函数，通过这些函数，可以对表格中的数据进行计算。

1. 单元格命名规则

对表格数据进行运算之前，需要先了解 Word 对单元格的命名规则，以便在编写计算公式时对单元格进行准确的引用。在 Word 表格中，单元格的命名与 Excel 中对单元格的命名相同，以"列编号 + 行编号"的形式对单元格进行命名，如图 8-96 所示为单元格命名方式。

	A	B	C	D	
1	A1	B1	C1	D1	…
2	A2	B2	C2	D2	…
3	A3	B3	C3	D3	…
4	A4	B4	C4	D4	…
5	A5	B5	C5	D5	…
	⋮	⋮	⋮	⋮	

图 8-96

如果表格中有合并单元格，则该单元格以合并前包含的所有单元格中的左上角单元格的地址进行命名，表格中其他单元格的命名不受合并单元格的影响，如图 8-97 所示为有合并单元格的命名方式。

	A	B	C	D	E	F	
1	A1	B1		D1	E1		…
2	A2	B2	C2	D2	E2	F2	…
3	A3	B3	C3	D3	E3	F3	…
4	A4	B4	C4		E4	F4	…
5	A5	B5			E5	F5	…
6	A6	B6			E6	F6	…
7	A7		C7	D7	E7	F7	…
	⋮	⋮	⋮	⋮	⋮	⋮	

图 8-97

2. 计算数据

了解了单元格的命名规则后，就可以对单元格数据进行运算了，具体操作方法如下。

Step 01 打开"光盘\素材文件\第 8 章\销售业绩表.docx"的文件，❶ 将光标插入点定位在需要显示运算结果的单元格；❷ 切换到【表格工具 / 布局】选项卡；❸ 单击【数据】组中的【公式】按钮，如图 8-98 所示。

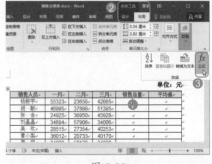

图 8-98

Step 02 弹出【公式】对话框，❶ 在【公式】文本框内输入运算公式，当前单元格的公式应为【=SUM(B2:D2)】，(其中，【SUM】为求和函数)；❷ 根据需要，可以在【编号格式】下拉列表中为计算结果选择一种数字格式，或者在【编号格式】文本框中自定义输入编号格式，本例中输入【￥0】；❸ 完成设置后单击【确定】按钮，如图 8-99 所示。

图 8-99

Step❸ 返回文档，可看到当前单元格的运算结果，如图 8-100 所示。

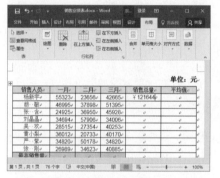

图 8-100

Step❹ 用同样的方法，使用【SUM】函数计算出其他销售人员的销售总量，效果如图 8-101 所示。

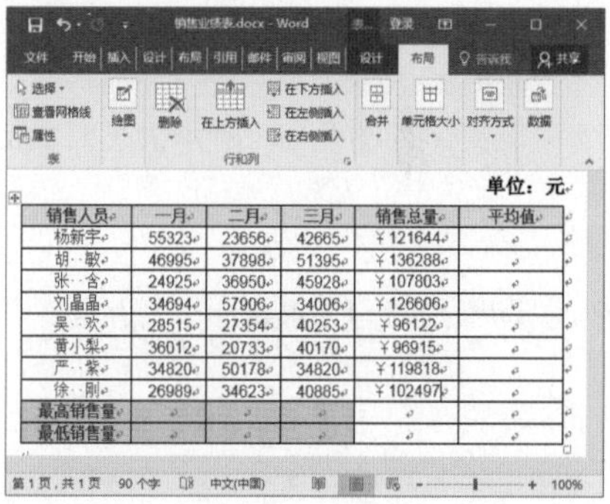

图 8-101

Step❺ ❶ 将光标插入点定位在需要显示运算结果的单元格；❷ 单击【数据】组中的【公式】按钮，如图 8-102 所示。

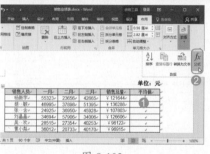

图 8-102

Step❻ 弹出【公式】对话框，❶ 在【公式】文本框内输入运算公式，当前单元格的公式应为【=AVERAGE(B2:D2)】（其中，【AVERAGE】为求平均值函数）；❷ 在【编号格式】文本框中为计算结果设置数字格式，本例中输入【￥0.00】；❸ 完成设置后单击【确定】按钮，如图 8-103 所示。

图 8-103

Step❼ 返回文档，可看到当前单元格的运算结果，如图 8-104 所示。

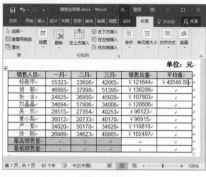

图 8-104

Step❽ 用同样的方法，使用【AVERAGE】函数计算出其他销售人员的平均销售量，如图 8-105 所示。

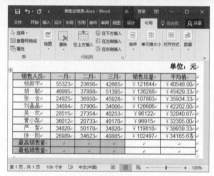

图 8-105

Step❾ ❶ 将光标插入点定位在需要显示运算结果的单元格；❷ 单击【数据】组中的【公式】按钮，如图 8-106 所示。

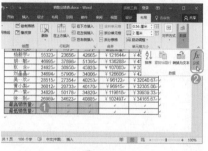

图 8-106

Step❿ 弹出【公式】对话框，❶ 在【公式】文本框内输入运算公式，当前单元格的公式应为【=MAX(B2:B9)】（其中，【MAX】为最大值函数）；❷ 单击【确定】按钮，如图 8-107 所示。

图 8-107

Step⓫ 返回文档，可看到当前单元格的运算结果，如图 8-108 所示。

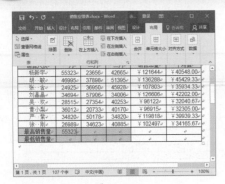

图 8-108

Step⑫ 用同样的方法，使用【MAX】函数计算出其他月份的最高销售量，如图 8-109 所示。

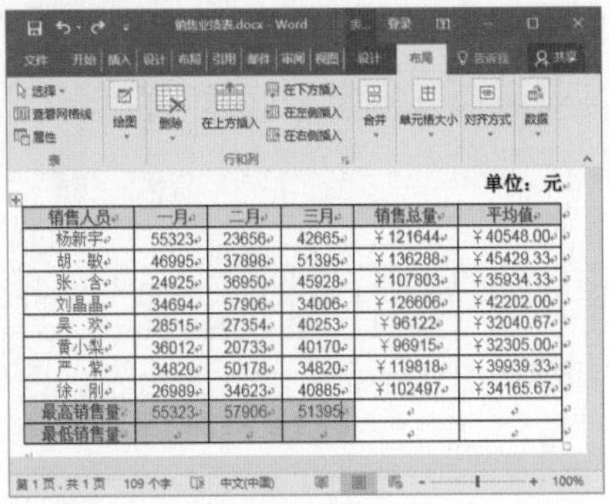

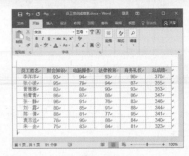

图 8-109

Step⑬ 参照上述操作方法，使用【MIN】函数计算出每个月份的最低销售量，效果如图 8-110 所示。

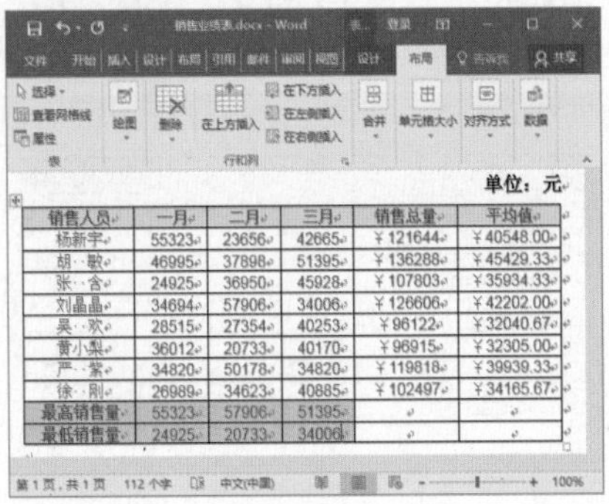

图 8-110

技术看板

【MIN】函数用于计算最小值，使用方法和【MAX】函数的使用相同，如本例中一月份的最低销售量的计算公式为【=MIN(B2:B9)】。

★ **重点 8.5.2 实战：对员工培训成绩表中的数据进行排序**

实例门类	软件功能
教学视频	光盘\视频\第8章\8.5.2.mp4

为了能直观地显示数据，可以对表格进行排序操作，具体操作方法如下。

Step①① 打开"光盘\素材文件\第8章\员工培训成绩表.docx"的文件，❶ 选中表格；❷ 切换到【表格工具/布局】选项卡；❸ 单击【数据】组中的【排序】按钮，如图 8-111 所示。

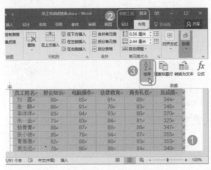

图 8-111

Step①② 弹出【排序】对话框，❶ 在【主要关键字】栏中设置排序依据；❷ 选择排序方式；❸ 单击【确定】按钮，如图 8-112 所示。

图 8-112

Step①③ 返回文档，当前表格中的数据将按上述设置的排序参数进行排序，如图 8-113 所示。

图 8-113

技能拓展——使用多个关键字排序

在实际运用中，有时还需要设置多个条件对表格数据进行排序，操作方法为：选中表格后打开【排序】对话框，在【主要关键字】栏中设置排序依据及排序方式，接着在【次要关键字】栏中设置排序依据及排序方式，设置完成后单击【确定】按钮即可。

另外，需要注意的是，在 Word 文档中对表格数据进行排序时，最多能设置 3 个关键字。

★ **重点 8.5.3 实战：筛选符合条件的数据记录**

实例门类	软件功能
教学视频	光盘\视频\第8章\8.5.3.mp4

在 Word 中，可以通过插入数据库功能对表格数据进行筛选，以提取符合条件的数据。

例如，如图 8-114 所示为"光盘\素材文件\第8章\员工培训成绩表.docx"文档中的数据。

图 8-114

现在，要将总成绩在350分以上的数据筛选出来，具体操作方法如下。

Step01 参照本书 1.5.3 小节所讲知识，将【插入数据库】按钮添加到快速访问工具栏。

Step02 新建一篇名为"筛选'员工培训成绩表'数据"的空白文档，单击快速访问工具栏中的【插入数据库】按钮，如图 8-115 所示。

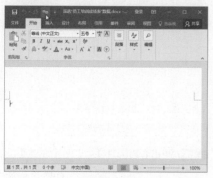

图 8-115

Step03 弹出【数据库】对话框，单击【数据源】栏中的【获取数据】按钮，如图 8-116 所示。

图 8-116

Step04 弹出【选取数据源】对话框，❶ 选择数据源文件；❷ 单击【打开】按钮，如图 8-117 所示。

图 8-117

Step05 返回【数据库】对话框，单击【数据选项】栏中的【查询选项】按钮，如图 8-118 所示。

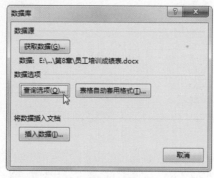

图 8-118

Step06 弹出【查询选项】对话框，❶设置筛选条件；❷ 单击【确定】按钮，如图 8-119 所示。

图 8-119

Step07 返回【数据库】对话框，在【将数据插入文档】栏中单击【插入数据】按钮，如图 8-120 所示。

图 8-120

Step08 弹出【插入数据】对话框，❶ 在【插入记录】栏中选中【全部】单选按钮；❷ 单击【确定】按钮，如图 8-121 所示。

图 8-121

Step09 此时，Word 会将符合筛选条件的数据筛选出来，并将结果显示在文档中，如图 8-122 所示。

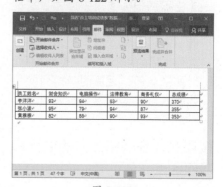

图 8-122

妙招技法

通过前面知识的学习，相信读者已经掌握了 Word 文档中表格的使用方法了。下面结合本章内容，给大家介绍一些实用技巧。

技巧 01：灵活调整表格大小

在调整表格大小时，绝大多数用户都会通过拖动鼠标的方式来调整行高或列宽，但这种方法会影响相邻单元格的行高或列宽。例如，调整某个单元格的列宽时，就会影响其右侧单元格的列宽，针对这样的情况，可以利用【Ctrl】键和【Shift】键来灵活调整表格大小。

下面以调整列宽为例，讲解这两个键的使用方法。

➡ 先按住【Ctrl】键，再拖动鼠标调整列宽，通过该方式达到的效果是：在不改变整体表格宽度的情况下，调整当前列宽。当前列以后的其他各列依次向后进行压缩，但表格的右边线是不变的，除非当前列以后的各列已经压缩至极限。

➡ 先按住【Shift】键，再拖动鼠标调整列宽，通过该方式达到的效果是：当前列宽发生变化但其他各列宽度不变，表格整体宽度会因此增加或减少。

➡ 先按住【Ctrl+Shift】组合键，再拖动鼠标调整列宽，通过该方式达到的效果是：在不改变表格宽的情况下，调整当前列宽，并将当前列之后的所有列宽调整为相同。但如果当前列之后的其他列的列宽向表格尾部压缩到极限时，表格会向右延。

技巧 02：在表格上方的空行输入内容

教学视频	光盘＼视频＼第 8 章＼技巧 02.mp4

在新建的空白文档中创建表格后，可能会发现无法通过定位光标插入点在表格上方输入文字。

要想在表格上方输入文字，可按下面的操作方法实现。

Step 01 先将光标插入点定位在表格左上角单元格内文本的开头，如图 8-123 所示。

图 8-123

Step 02 按【Enter】键，即可将表格下移，同时表格上方会空出一个新的段落，然后输入需要的内容即可，如图 8-124 所示。

图 8-124

技巧 03：利用文本文件中的数据创建表格

教学视频	光盘＼视频＼第 8 章＼技巧 03.mp4

在文档中制作表格时，还可以从文本文件中导入数据，从而提高输入速度。

如图 8-125 所示为文本文件中的数据，这些数据均使用了逗号作为分隔符。

图 8-125

现在要将图 8-125 中的数据导入到 Word 文档并生成表格，操作方法如下。

Step 01 参照本书 1.5.3 小节所讲知识，将【插入数据库】按钮添加到快速访问工具栏。

Step 02 新建一篇名为"导入文本文件数据生成表格"的空白文档，单击快速访问工具栏中的【插入数据库】按钮，如图 8-126 所示。

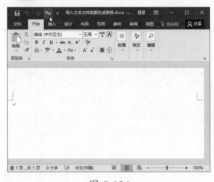

图 8-126

Step 03 弹出【数据库】对话框，单击【数据源】栏中的【获取数据】按钮，如图 8-127 所示。

图 8-127

Step 04 弹出【选取数据源】对话框，❶ 选择数据源文件；❷ 单击【打开】按钮，如图 8-128 所示。

图 8-128

Step 05 弹出【文件转换】对话框，单击【确定】按钮，如图 8-129 所示。

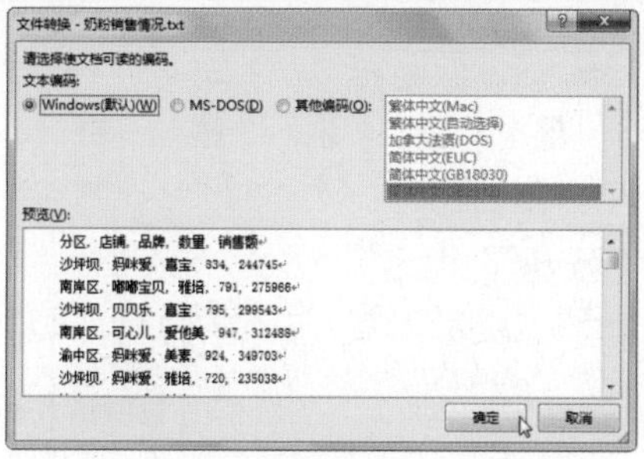

图 8-129

Step06 返回【数据库】对话框,在【将数据插入文档】栏中单击【插入数据】按钮,如图 8-130 所示。

图 8-130

Step07 弹出【插入数据】对话框,❶ 在【插入记录】栏中选中【全部】单选按钮;❷ 单击【确定】按钮,如图 8-131 所示

图 8-131

Step08 返回文档,可看见通过文本文件数据创建的表格,如图 8-132 所示。

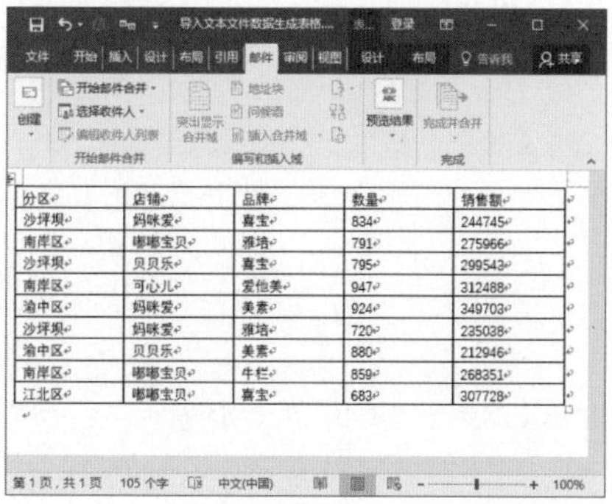

图 8-132

技巧 04:在表格中使用编号

教学视频	光盘 \ 视频 \ 第 8 章 \ 技巧 04.mp4

在输入表格数据时,若要输入连续的编号内容,可使用 Word 的编号功能进行自动编号,以避免手动输入编号的烦琐。

在表格中使用自动编号的操作方法为:打开"光盘 \ 素材文件 \ 第 8 章 \ 员工考核标准 .docx"的文件,选择需要输入编号的单元格,在【开始】选项卡的【段落】组中,单击【编号】按钮 三▾ 右侧的下拉按钮 ▾,在弹出的下拉列表中选择需要的编号样式即可,如图 8-133 所示。

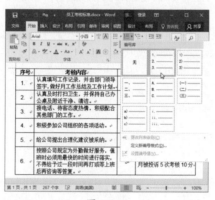

图 8-133

技巧 05:创建错行表格

教学视频	光盘 \ 视频 \ 第 8 章 \ 技巧 05.mp4

错行表格是指在一个包含两列的表格中,两列高度相同,但每列包含的行数不同。如图 8-134 所示就为一个错行表格。

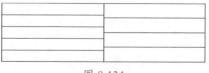

图 8-134

要想创建图 8-134 中的错行表格,通过 Word 的分栏功能可轻松实现,

具体操作方法如下。

Step01 新建一篇名为"创建错行表格"的空白文档,在文档中插入一个 9 行 1 列的表格。

Step02 ❶ 选中表格的前 5 行;❷ 切换到【表格工具 / 布局】选项卡;❸ 单击【表】组中的【属性】按钮,如图 8-135 所示。

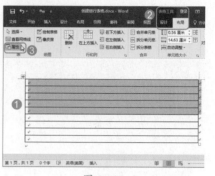

图 8-135

Step03 弹出【表格属性】对话框,❶ 切换到【行】选项卡;❷ 在【尺寸】栏中选中【指定高度】复选框,然后将高度设置为【0.8 厘米】;❸ 单击【确定】按钮,如图 8-136 所示。

图 8-136

Step04 返回文档,❶ 选中表格的后 4 行;❷ 打开【表格属性】对话框,切换到【行】选项卡;❸ 在【尺寸】栏中选中【指定高度】复选框,然后将高度设置为【1 厘米】,单击【确定】按钮,如图 8-137 所示。

图 8-137

Step05 返回文档，① 选中整个表格；② 切换到【布局】选项卡；③ 单击【页面设置】组中的【分栏】按钮；④ 在弹出的下拉列表中选择【更多分栏】选项，如图 8-138 所示。

图 8-138

Step06 弹出【分栏】对话框，① 在【预设】栏中选中【两栏】选项；② 将【间距】的值设置为【0字符】；③ 单击【确定】按钮，如图 8-139 所示。

Step07 返回文档，可看见原来的9行1列的表格变为了左列5行、右列4行的错行表格，如图 8-140 所示。

图 8-139

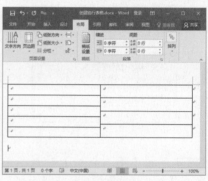

图 8-140

技术看板

之所以将后4行的高度设置为1厘米，是因为当前表格一共有9行，而要制作的错行表格为左列5行、右列4行。为了让左右两列可以对齐，需要确保左列和右列的总高度相同。本案例中，已经将前5行的高度设置为0.8厘米，那么前5行的总高度就为0.8×5=40厘米，而右列只有4行，为了让右列4行的总高度等于40厘米，则需要将右列每行的高度设置为40÷4=1厘米。

本章小结

本章的重点在于 Word 文档中插入与编辑表格，主要包括创建表格、表格的基本操作、设置表格格式、表格与文本相互转换、处理表格数据等内容。通过本章的学习，希望大家能够灵活自如地在 Word 中使用表格。

第9章 图片、图形与艺术字的应用

➥ 同一图表中可以使用两种图表类型吗？

➥ 怎样在图表中增加新的数据系列？

➥ 如何隐藏图表中的数据？

➥ 如何在图表中添加趋势线？

➥ 图表中也能筛选查看数据？

通过本章的学习，读者将了解并掌握如何将枯燥的表格转化为清楚、明了并且合适的图表，以及编辑修饰图表的技巧。

9.1 认识与创建图表

图表就是将表格中的数据以易于理解的图形方式呈现出来，是表格数据的可视化工具。因此，从某种意义上来说，图表比表格更易于表现数据之间的关系。

★ 新功能 9.1.1 认识图表分类

Word 2016 提供了多种类型的图表，主要包括柱形图、折线图、饼图、条形图、面积图、XY（散点图）、股价图等，并提供了一些常用的组合图表，以便用户选择使用。

1. 柱形图

在工作表中以列或行的形式排列的数据可以使用柱形图。柱形图主要用于显示一段时间内的数据变化或各项之间的比较情况。在柱形图中，通常沿水平轴显示类别数据，即 X 轴；而沿垂直轴显示数值，即 Y 轴。如图 9-1 所示为柱形图效果。

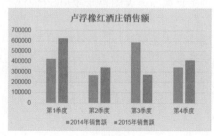

图 9-1

2. 折线图

在工作表中以列或行的形式排列的数据可以使用折线图。折线图可以显示随时间变化的连续数据，适用于显示在相等时间间隔下（如月、季度或财政年度）的数据趋势。

在折线图中，类别数据沿水平轴均匀分布，所有值数据沿垂直轴均匀分布。如图 9-2 所示为折线图效果。

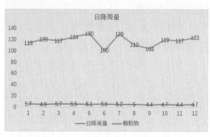

图 9-2

3. 饼图

在工作表中以列或行的形式排列的数据可以使用饼图。饼图用于显示一个数据系列中各项的大小与各项总和的比例，饼图中的数据点显示为整个饼图的百分比。如图 9-3 所示为饼图效果。

图 9-3

如果遇到以下情况，可以考虑使用饼图。

➥ 只有一个数据系列。

➥ 数据中的值没有负数。

➥ 数据中的值几乎没有零值。

➥ 类别数目不超过 7 个，并且这些类别共同构成了整个饼图。

4. 条形图

在工作表中以列或行的形式排列的数据可以使用条形图。条形图用于显示各个项目之间的比较情况。在条形图中，通常沿垂直坐标轴组织类别，沿水平坐标轴组织值。如图 9-4 所示为条形图效果。

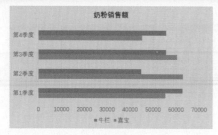

图 9-4

如果满足以下条件，可以考虑使用条形图。

➥ 轴标签过长。

➥ 显示的数值为持续型，如时间等。

5. 面积图

在工作表中以列或行的形式排列的数据可以使用面积图。面积图用于强调数量随时间而变化的程度，也可用于引起人们对总值趋势的关注。面积图还可以显示部分与整体的关系。如图 9-5 所示为面积图效果。

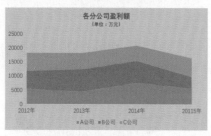

图 9-5

6. XY（散点图）

在工作表中以列或行的形式排列的数据可以使用 XY（散点图）。将 X 值放在一行或一列，然后在相邻的行或列中输入对应的 Y 值。

XY（散点图）用于显示若干数据系列中各数值之间的关系，或者将两组数绘制为 XY 坐标的一个系列。散点图通常用于显示和比较数值，如科学数据、统计数据、工程数据等。

XY（散点图）有两个数值轴，沿水平轴方向显示一组数值数据，即 X 轴；沿垂直轴方向显示另一组数值数据，即 Y 轴。如图 9-6 所示为 XY（散点图）效果。

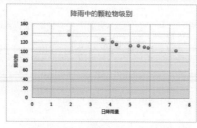

图 9-6

出现以下情况时，可以使用 XY（散点图）。

➥ 需要更改水平轴的刻度。

➥ 需要将轴的刻度转换为对数刻度。

➥ 水平轴上有许多数据点。

➥ 水平轴的数值不是均匀分布的。

➥ 需要有效地显示包含成对或成组数值集的工作表数据，并调整散点图的独立坐标轴刻度，以便显示关于成组数值的详细信息。

➥ 需要显示大型数据集之间的相似性而非数据点之间的区别。

在不考虑时间的情况下比较大量数据点，在散点图中包含的数据越多，所进行的比较的效果就越好。

7. 股价图

以特定顺序排列在工作表的列或行中的数据，可以绘制为股价图。

顾名思义，股价图可以用来显示股价的波动。此外，股价图也可以用来显示科学数据，如日降雨量或每年温度的波动等。股价图的数据在工作表中的组织方式非常重要，必须按照正确的顺序组织数据才能创建股价图。

例如，要创建一个简单的盘高—盘低—收盘股价图，根据按盘高、盘低和收盘次序输入的列标题来排列数据。如图 9-7 所示为股价图效果。

图 9-7

8. 曲面图

在工作表中以列或行的形式排列的数据可以绘制为曲面图。当希望找到两组数据之间的最佳组合，或者当类别和数据系列这两组数据都为数值时，可以使用曲面图。如图 9-8 所示为曲面图效果。

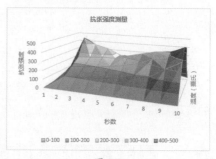

图 9-8

9. 雷达图

在工作表中以列或行的形式排列的数据可以绘制为雷达图。雷达图用于比较若干数据系列的聚合值。如图 9-9 所示为雷达图效果。

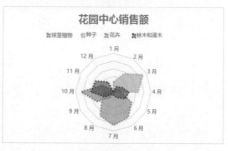

图 9-9

10. 树状图

树状图提供数据的分层视图，方便用户比较分类的不同级别。树状图按颜色和接近度显示类别，并可以轻松显示大量数据。当层次结构内存在空白单元格时可以绘制树状图，树状图非常适合比较层次结构内的比例。如图 9-10 所示为树状图效果。

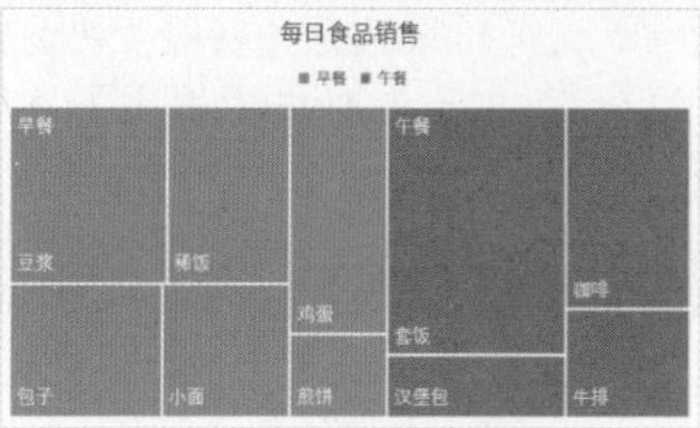

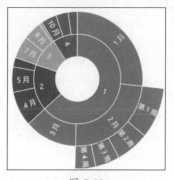

图 9-10

11. 旭日图

旭日图非常适合显示分层数据，当层次结构内存在空白单元格时可以绘制。层次结构的每个级别均通过一个环或圆形表示，最内层的圆表示层次结构的顶级。不含任何分层数据（类别的一个级别）的旭日图与圆环图类似。但具有多个级别的类别的旭日图显示外环与内环的关系。旭日图在显示一个环如何被划分为作用片段时最有效。如图 9-11 所示为旭日图效果。

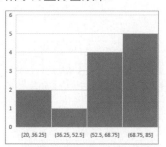

图 9-11

12. 直方图

直方图中绘制的数据显示分布内的频率。图表中的每一列称为箱，可以更改以便进一步分析数据。如图 9-12 所示为直方图效果。

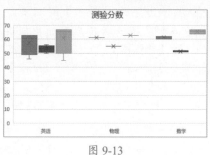

图 9-12

13. 箱形图

箱形图用于显示数据到四分位点的分布，突出显示平均值和离群值。

箱形可能具有可垂直延长的名为“须线”的线条。这些线条指示超出四分位点上限和下限的变化程度，处于这些线条或须线之外的任何点都被视为离群值。当有多个数据集以某种方式彼此相关时，请使用这种图表类型。如图 9-13 所示为箱形图效果。

图 9-13

14. 瀑布图

瀑布图用于显示加上或减去值时的财务数据累计汇总。在理解一系列正值和负值对初始值的影响时，这种图表非常有用。如图 9-14 所示为瀑布图效果。

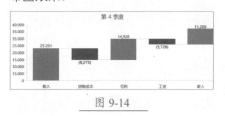

图 9-14

15. 组合图

以列和行的形式排列的数据可以绘制为组合图。组合图是将两种或更多图表类型组合在一起，以便让数据更容易理解。组合图表中使用了次坐标轴，所以非常直观易懂。当数据变化范围较大时，一般建议使用组合图。

如图 9-15 所示，使用柱形图显示 1 月到 6 月之间房屋销售量数据，使用折线图显示 1 月到 6 月之间房屋销售平均价格，从而让数据非常直观。

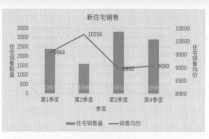

图 9-15

技术看板

Word 提供了众多的图表类型供选择，但最常用的图表类型主要包括柱形图、折线图、饼图、条形图、面积图和 XY（散点图），用户可根据实际需求进行选择。

9.1.2 图表的组成结构

图表由许多图表元素组成，在编辑图表的过程中，其实是在对这些元素进行操作。所以，在创建与编辑图表之前，有必要先来了解一下图表的组成结构。图 9-16 所示为柱形图图表，其中包含了大部分的图表元素，各元素的作用介绍如下。

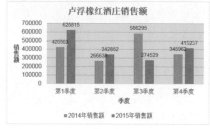

图 9-16

- 图表区：图表中最大的白色区域，用于容纳图表中其他元素。一般来说，选中整个图表，便能选中图表区。
- 绘图区：图表中黄色底纹部分为绘图区，其中包含了数据系列和数据标签。
- 图表标题：图表上方的文字，一般用来描述图表的功能或作用。
- 图例：图表中最底部带有颜色块的文字，用于标识不同数据系列代表的内容。

- ➜ 数据系列：绘图区中不同颜色的矩形，表示用于创建图表的数据区域中的行或列。

- ➜ 数据标签：数据系列外侧的数字，表示数据系列代表的具体数值。

- ➜ 横坐标轴：数据系列下方的诸如【第1季度】【第2季度】等内容，便是横坐标轴，用于显示数据的分类信息。

- ➜ 横坐标轴标题：横坐标轴下方的文字，用于说明横坐标轴的含义。

- ➜ 纵坐标轴：数据系列左侧的诸如【100000】【200000】等内容，便是纵坐标轴，用于显示数据的数值。

- ➜ 纵坐标轴标题：纵坐标轴左侧的文字，用于说明纵坐标轴的含义。

- ➜ 网格线：贯穿绘图区的线条，用于作为估算数据系列所处值的标准。

技术看板

除了上述介绍的图表元素外，还有其他一些元素，如数据表等。数据表通常显示在绘图区的下方，用于显示图表的源数据。但由于数据表占有的区域比较大，一般不在图表中显示，以便节省空间。

★ **新功能 9.1.3 实战：创建奶粉销售图表**

实例门类	软件功能
教学视频	光盘\视频\第9章\9.1.3.mp4

了解了图表的类型及组成结构后，接下来就可以创建图表了，具体操作方法如下。

Step01 新建一篇名为"奶粉销售情况"的空白文档，❶ 切换到【插入】选项卡；❷ 单击【插图】组中的【图表】按钮，如图9-17所示。

图 9-17

Step02 弹出【插入图表】对话框，❶ 在左侧列表中选择需要的图表类型，如【条形图】；❷ 在右侧栏中选择需要的图表样式；❸ 单击【确定】按钮，如图9-18所示。

图 9-18

Step03 文档中将插入所选样式的图表，同时自动打开一个 Excel 窗口，该窗口中显示了图表所使用的预置数据，如图9-19所示。

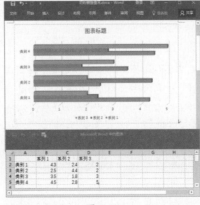

图 9-19

Step04 ❶ 在 Excel 窗口中输入需要的行列名称和对应的数据内容，Word

文档图表中的数据会自动同步更新，❷ 编辑完成后，单击【关闭】按钮 ✕ 关闭 Excel 窗口，如图9-20所示。

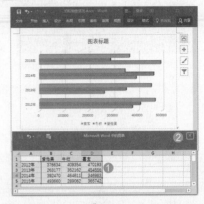

图 9-20

技术看板

在 Excel 窗口中的预置数据区域中，可以在右下角看到一个蓝色标记，该标记的位置表示绘制到图表中的数据区域的范围，将鼠标指针指向蓝色标记，当鼠标指针变为双向箭头形状时，拖动鼠标，可调整数据区域的范围。

Step05 在 Word 文档中，直接在【图表标题】框中输入图表标题内容，并对其设置字符格式，最终效果如图9-21所示。

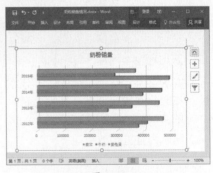

图 9-21

★ **重点 9.1.4 实战：在一个图表中使用多个图表类型**

实例门类	软件功能
教学视频	光盘\视频\第9章\9.1.4.mp4

若图表中包含两个及两个以上的数据系列，还可以为不同的数据系列设置不同的图表类型，即前面提到过的组合图。

1. 新建组合图表

Word 2016 提供了组合图表的功能，通过该功能，可以直接创建多图表类型的图表。例如，要创建一个包含两个数据系列的组合图表，具体操作方法如下。

Step01 新建一篇名为"新住宅销售"的空白文档，❶ 切换到【插入】选项卡；❷ 单击【插图】组中的【图表】按钮 📊，如图 9-22 所示。

图 9-22

Step02 弹出【插入图表】对话框，❶ 在左侧列表中选中【组合】选项；❷ 在右侧界面中，在【系列 1】栏右侧的下拉列表中选择图表类型；❸ 在【系列 2】栏右侧的下拉列表中选择图表类型，然后选中右边对应的复选框，使次坐标轴上显示该系列；❹ 完成设置后，单击【确定】按钮，如图 9-23 所示。

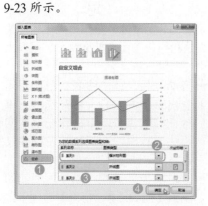

图 9-23

Step03 文档中将插入所选样式的组合图表，同时自动打开一个 Excel 窗口，该窗口中显示了图表所使用的预置数据，如图 9-24 所示。

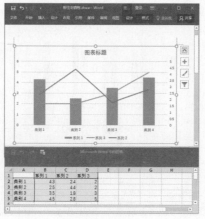

图 9-24

Step04 本例中只设置两个数据系列，通过拖动数据区域右下角的蓝色标记，调整数据区域的范围，如图 9-25 所示。

图 9-25

Step05 ❶ 在 Excel 窗口中输入需要的行列名称和对应的数据内容，Word 文档图表中的数据会自动同步更新；❷ 编辑完成后，单击【关闭】按钮 ❌ 关闭 Excel 窗口，如图 9-26 所示。

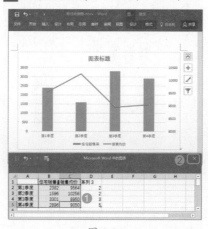

图 9-26

Step06 在 Word 文档中，直接在【图表标题】框中输入图表标题内容，并对其设置字符格式，最终效果如图 9-27 所示。

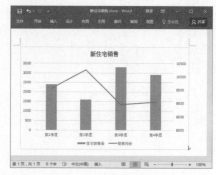

图 9-27

2. 将已有图表更改为组合图表

如果是已经创建好的图表，同样可以将其更改为组合图表。例如，在电器销售分析 .docx 文档中，要更改数据系列【盈利总额】的图表类型，具体操作方法如下。

Step01 打开"光盘 \ 素材文件 \ 第 9 章 \ 电器销售分析 .docx"的文件，❶ 选中需要设置不同图表类型的数据系列，如【电器销售分析 .docx】，使用鼠标右键对其单击；❷ 在弹出的快捷菜单中选择【更改系列图表类型】命令，如图 9-28 所示。

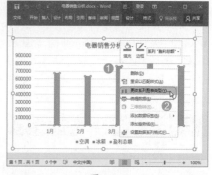

图 9-28

Step02 弹出【更改图表类型】对话框，左侧列表中自动选中【组合】选项，❶ 在右侧窗格中，在【盈利总额】右侧的下拉列表中选择该系列数据的图表类型，然后选中右边对应的复选框，使次坐标轴上显示该系列；❷单击【确定】按钮，如图 9-29 所示。

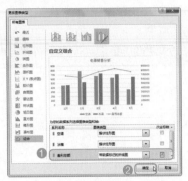

图 9-29

Step❸ 返回文档，即可查看设置后的效果，如图 9-30 所示。

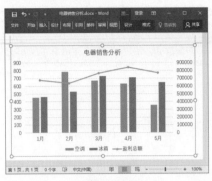

图 9-30

9.2 编辑图表

完成图表的创建后，可随时对图表进行编辑修改操作，如更改图表类型、修改图表数据、显示 / 隐藏图表元素、为图表添加趋势线等，下面将分别进行讲解。

9.2.1 实战：更改员工培训成绩的图表类型

实例门类	软件功能
教学视频	光盘 \ 视频 \ 第 9 章 \9.2.1.mp4

创建图表后，若图表的类型不符合用户的需求，则可以更改图表的类型，具体操作方法如下。

Step❶ 打开"光盘 \ 素材文件 \ 第 9 章 \ 员工培训成绩分析 .docx"的文件，❶ 选中整个图表；❷ 切换到【图表工具 / 设计】选项卡；❸ 单击【类型】组中的【更改图表类型】按钮，如图 9-31 所示。

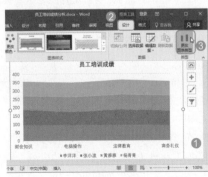

图 9-31

技能拓展——通过右键菜单打开【更改图表类型】对话框

选中图表后右击，在弹出的右键菜单中选择【更改图表类型】命令，也可以打开【更改图表类型】对话框。

Step❷ 弹出【更改图表类型】对话框，❶ 重新选择图表类型及样式；❷ 单击【确定】按钮，如图 9-32 所示。

图 9-32

Step❸ 返回文档，可看见图表的类型已经发生改变，效果如图 9-33 所示。

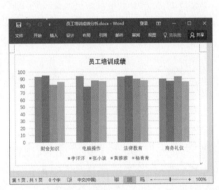

图 9-33

9.2.2 调整图表大小

为了便于查看图表中的数据，可以对图表大小进行调整，将其显示在可观察的范围内。与图片大小的调整方法相似，下面简单介绍一下图表大小的调整方法。

➜ 拖动鼠标：选中图表，图表四周会出现控制点 ◌，将鼠标指针停放在控制点上，当指针变成双向箭头形状时，按下鼠标左键并任意拖动，即可改变图表的大小。

➜ 通过功能区调整：选中图表，切换到【图表工具 / 格式】选项卡，在【大小】组中设置高度值和宽度值即可。

➥ 通过对话框调整：选中图表，切换到【图表工具/格式】选项卡，在【大小】组中单击【功能扩展】按钮 ⌐，弹出【布局】对话框，在【大小】选项卡设置需要的大小，设置完成后单击【确定】按钮即可。

★ 重点 9.2.3　实战：编辑员工培训成绩的图表数据

实例门类	软件功能
教学视频	光盘\视频\第 9 章\9.2.3.mp4

在文档中创建图表后，如果要对图表中的数据进行修改、增加或删除等操作，直接在与图表相关联的数据表中进行操作即可。

1. 修改图表数据

编辑好图表后，如果发现图表中的数据有误，就需要及时进行修改，具体操作方法如下。

Step01 在"员工培训成绩分析.docx"文档中，❶ 选中图表；❷ 切换到【图表工具/设计】选项卡；❸ 在【数据】组中单击【编辑数据】按钮下方的下拉按钮 ▾；❹ 在弹出的下拉列表中任选一个命令，本例中选择【编辑数据】选项，如图 9-34 所示。

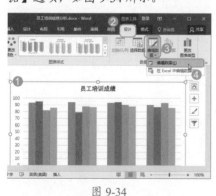

图 9-34

Step02 将打开 Excel 窗口，并显示了与当前图表相关联的数据，如图 9-35 所示。

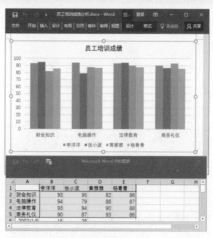

图 9-35

Step03 直接在 Excel 窗口中修改有误的数据，图表中的数据系列同步更新，完成修改后，单击【关闭】按钮 ✕ 关闭 Excel 窗口即可，如图 9-36 所示。

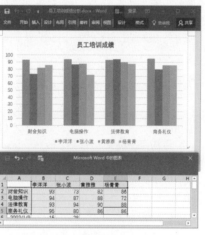

图 9-36

2. 增加或删除数据系列

根据操作需要，通过与图表相关联的工作表，还可以随时对数据系列进行增加或删除操作。

例如，在"员工培训成绩分析.docx"文档中，要在【杨青青】左侧新增一个员工数据系列，可按下面的操作方法实现。

Step01 在员工培训成绩分析.docx 文档中，❶ 选中图表；❷ 切换到【图表工具/设计】选项卡；❸ 在【数据】组中单击【编辑数据】按钮下方的下拉按钮 ▾；❹ 在弹出的下拉列表中选择【编辑数据】选项，如图 9-37 所示。

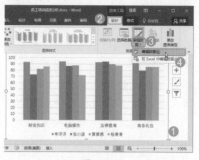

图 9-37

Step02 打开与当前图表相关联的 Excel 工作表，❶ 选中【杨青青】单元格并右击；❷ 在弹出的快捷菜单中依次选择【插入】→【在左侧插入表列】命令，如图 9-38 所示。

图 9-38

Step03 ❶ 即可在【杨青青】的左侧新增一个列，在其中输入新增员工的成绩信息，此时图表中的数据会同步更新，完成编辑后；❷ 单击【关闭】按钮 ✕ 关闭 Excel 窗口即可，如图 9-39 所示。

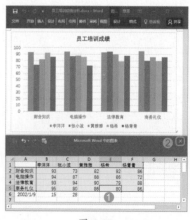

图 9-39

在本案例中，通过插入列的方式新增了一名员工数据系列。若要在横坐标轴中新增科目分类信息，就需要插入行来实现，方法为：选中要在其上方插入新行的单元格并右击，在弹出的快捷菜单中依次选择【插入】→【在上方插入表行】命令，然后在插入的新行中输入相应的数据即可。

若要删除数据系列，可通过以下两种方式实现。

➥ 打开与图表相关联的 Excel 工作表，选中某列并右击，在弹出的快捷菜单中选择【删除】命令，如图 9-40 所示，即可删除该列数据，同时图表中对应的数据系列也会被删除。

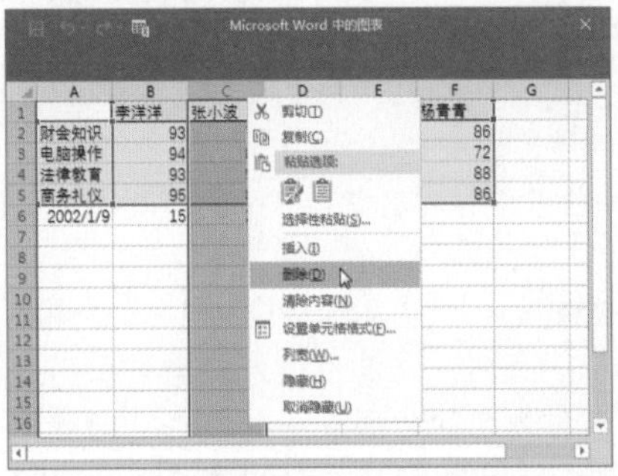

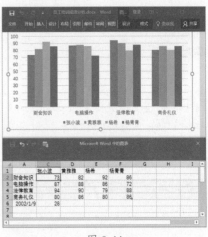
图 9-40

➥ 在图表中选中要删除的数据系列并右击，在弹出的快捷菜单中选择【删除】命令，如图 9-41 所示，即可删除该数据系列。通过此方法删除数据系列后，打开 Excel 窗口，可发现该数据系列对应的数据还在表格中，并没有随之删除。

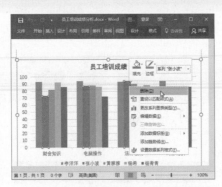
图 9-41

默认情况下，在 Excel 工作表中对列进行增加或删除操作，便是对图表中的数据系列进行增加或删除操作；在 Excel 工作表中对行进行增加或删除操作，便是对图表坐标轴中的分类信息进行增加或删除操作。

3. 隐藏或显示图表数据

在不删除表格数据的情况下，通过对数据表中的行或列进行隐藏或显示操作，可以控制数据在图表中的显示。

例如，在员工培训成绩分析 .docx 文档中，若要隐藏【李洋洋】数据系列，可按下面的操作方法实现。

Step①1 在"员工培训成绩分析 .docx"文档中，❶选中图表；❷切换到【图表工具 / 设计】选项卡；❸在【数据】组中单击【编辑数据】按钮下方的下拉按钮▼；❹在弹出的下拉列表中选择【编辑数据】选项，如图 9-42 所示。

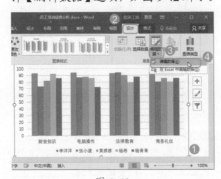
图 9-42

Step②2 打开与当前图表相关联的 Excel 工作表，❶选中【李洋洋】所在的 B 列，单击鼠标右键；❷在弹出的快捷菜单中依次选择【隐藏】命令，如图 9-43 所示。

图 9-43

Step③3 通过上述操作后，【李洋洋】所在的 B 列将被隐藏起来，且 A 列列标和 C 列列标之间的网格线显示为▌状，同时图表中也不再显示【李洋洋】数据系列，如图 9-44 所示。

图 9-44

将图表关联的工作表中的行或列隐藏后，还可以根据需要再次显示出来。例如，要将隐藏的列显示出来，可将鼠标指针指向被隐藏的列所处位置的▌标记，待鼠标指针显示为↔形状时，双击即可，如图 9-45 所示。

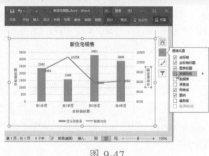

图 9-45

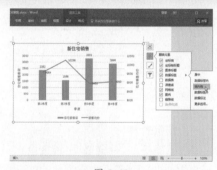

图 9-49

★ 重点 9.2.4 实战：显示 / 隐藏新住宅销售中的图表元素

实例门类	软件功能
教学视频	光盘\视频\第9章\9.2.4.mp4

创建图表后，为了便于查看和编辑图表，还可以根据需要对图表元素进行显示 / 隐藏操作，具体操作方法如下。

Step01 在"新住宅销售 .docx"文档中，❶选中图表；❷图表右侧会出现一个【图表元素】按钮 ➕，单击该按钮，如图 9-46 所示。

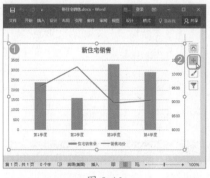

图 9-46

Step02 打开【图表元素】窗口，选中某个复选框，便可在图表中显示对应的元素；反之，取消某个复选框的选中，则会隐藏对应的元素。本例中选中【坐标轴标题】复选框和【数据标签】复选框，即可在各个坐标轴处显示相应的标题框，以及在数据系列中显示具体的数值，从而方便用户更好地查看图表，如图 9-47 所示。

Step03 再次单击【图表元素】按钮 ➕，可关闭【图表元素】窗口。在图表中的各个坐标轴标题框中输入标题内容，完成设置后的最终效果如图 9-48 所示。

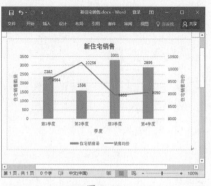

图 9-48

★ 重点 9.2.5 实战：在新住宅销售中设置图表元素的显示位置

实例门类	软件功能
教学视频	光盘\视频\第9章\9.2.5.mp4

将某个图表元素显示到图表后，还可以根据需要调整其显示位置，以便更好地查看图表。

例如，在"新住宅销售 .docx"文档中，要调整数据标签的显示位置，具体操作方法为：在新住宅销售 .docx 文档中，选中图表后打开【图表元素】窗口，将鼠标指针指向【数据标签】选项，右侧会出现一个 ▶ 按钮，选择该按钮，在弹出的列表中选择某个位置选项即可，如图 9-49 所示。

技能拓展——通过功能区设置图表元素的位置

选中图表后，切换到【图表工具 / 设计】选项卡，在【图表布局】组中单击【添加图表元素】按钮，在弹出的下拉列表中选择某个元素选项，在弹出的级联列表中选择显示位置，该元素即可显示到图表的指定位置。

9.2.6 实战：快速布局葡萄酒销量中的图表

实例门类	软件功能
教学视频	光盘\视频\第9章\9.2.6.mp4

对图表中的图表元素进行显示 / 隐藏，以及设置图表元素的显示位置等操作时，实质上就是对其进行自定义布局。Word 2016 为图表提供了几种内置布局样式，从而可以快速对图表进行布局，具体操作方法如下。

Step01 打开"光盘\素材文件\第9章\葡萄酒销量 .docx"的文件，❶选中图表；❷切换到【图表工具 / 设计】选项卡；❸在【图表布局】组单击【快速布局】按钮；❹在弹出的下拉列表中选择需要的布局方案，如图 9-50 所示。

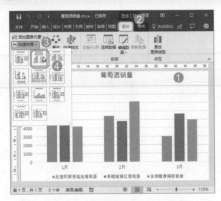

图 9-50

Step02 当前图表即可应用所选的布局方案，效果如图 9-51 所示。

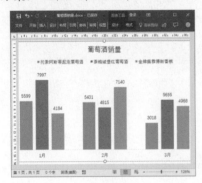

图 9-51

★ 重点 9.2.7 实战：为葡萄酒销量中的图表添加趋势线

实例门类	软件功能
教学视频	光盘\视频\第 9 章\9.2.7.mp4

一个图表通常由图表区、图表标题、图例及各个系列数据等元素组成，

创建图表后，为了能更加直观地对系列中的数据变化趋势进行分析与预测，可以为数据系列添加趋势线。

例如，在"葡萄酒销量 .docx"文档中，要为【茶檀城堡红葡萄酒】数据系列添加趋势线，具体操作方法如下。

Step01 在葡萄酒销量 .docx 文档中，❶ 选中图表；❷ 打开【图表元素】窗格，选中【趋势线】复选框，如图 9-52 所示。

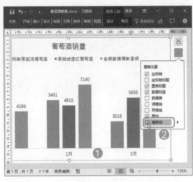

图 9-52

Step02 弹出【添加趋势线】对话框，❶ 在列表框中选择要添加趋势线的数据系列；本例中选择【茶檀城堡红葡萄酒】选项；❷ 单击【确定】按钮，如图 9-53 所示。

Step03 即可为【茶檀城堡红葡萄酒】数据系列添加趋势线，效果如图 9-54 所示。

图 9-53

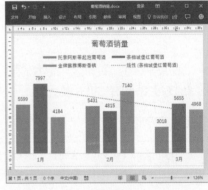

图 9-54

技能拓展——更改趋势线类型

添加趋势线后，若要更改其类型，可使用鼠标右键单击趋势线，在弹出的快捷菜单中选择【设置趋势线格式】命令，打开【设置趋势线格式】窗格，在【趋势线选项】界面中选择趋势线类型即可。

9.3 修饰图表

创建好图表后，用户还可以根据需要对图表进行修饰，如设置图表区格式、设置数据系列格式等，从而使图表更实用、更美观。

9.3.1 实战：精确选择图表元素

实例门类	软件功能
教学视频	光盘\视频\第 9 章\9.3.1.mp4

当要对某个元素对象进行操作时，需要先将其选中。

一般来说，通过鼠标单击某个对象，便可将其选中。当图表内容过多时，通过单击鼠标的方式，可能会选择错误，要想精确选择某元素，可以通过功能区实现。例如，通过功能区

选择绘图区，具体操作方法如下。

Step01 在"新住宅销售 .docx"文档中，❶ 选中图表；❷ 切换到【图表工具 / 格式】选项卡；❸ 在【当前所选内容】组的【图表元素】下拉列表中，选择需要选择的元素选项，如【绘图区】，如图 9-55 所示。

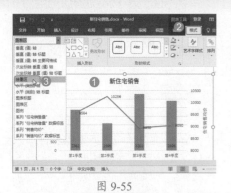

图 9-55

Step02 图表中的绘图区即可被选中，如图 9-56 所示。

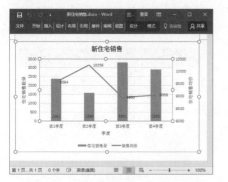

图 9-56

9.3.2 实战：设置新住宅销售的图表元素格式

实例门类	软件功能
教学视频	光盘\视频\第9章\9.3.2.mp4

在图表中选中图表区、绘图区或数据系列等元素后，可以在【图表工具/格式】选项卡的【形状样式】组中通过相关选项对它们进行美化操作，如设置填充效果、设置边框、设置形状效果等，从而使图表更加美观。

这些图表元素的格式设置方法大同小异，下面以图表区来举例说明，讲解格式的设置方法。

Step01 在"新住宅销售.docx"文档中，❶ 选中图表区；❷ 切换到【图表工具/格式】选项卡；❸ 在【形状样式】组中单击【形状填充】按钮 🎨 ▾ 右侧的下拉按钮 ▾；❹ 在弹出的下拉列表中选择需要的填充方案，本例中直接选择一种颜色作为纯色填充，如图 9-57 所示。

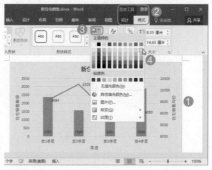

图 9-57

Step02 ❶ 在【形状样式】组中单击【形状轮廓】按钮 🖊 ▾ 右侧的下拉按钮 ▾；❷ 在弹出的下拉列表中设置轮廓参数，本例中仅设置轮廓颜色，如图 9-58 所示。

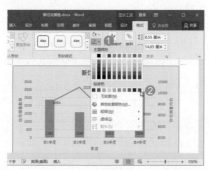

图 9-58

技能拓展——使用内置样式快速美化图表区

选中图表，切换到【图表工具/格式】选项卡，在【形状样式】组的列表框中提供了许多内置样式，选择某个样式，可以快速对图表区进行美化操作，以及对图表中文字的字体颜色进行设置。

Step03 若还要设置图表区的形状效果，例如要设置棱台效果，❶ 在【形状样式】组中单击【形状效果】按钮 🔲 ▾；❷ 在弹出的下拉列表中选择【棱台】选项；❸ 在弹出的级联列表中选择需要的棱台效果即可，如图 9-59 所示。

图 9-59

技术看板

选中图表区后，双击鼠标左键，可在打开的【设置图表区格式】窗格的【图表选项】界面中进行更详细的格式设置。

9.3.3 实战：设置新住宅销售的文本格式

实例门类	软件功能
教学视频	光盘\视频\第9章\9.3.3.mp4

编辑图表的过程中，有时还需要设置文本格式。根据操作需要，既可以一次性对图表中的文本设置格式，也可以单独对某部分文字设置格式，接下来简单介绍文本格式的设置方法。

Step01 在"新住宅销售.docx"文档中，❶ 选中图表；❷ 在【开始】选项卡的【字体】组中设置字符格式，本例中设置了字体、字号和字体颜色，此时可发现图表中所有文字的字符格式发生了变化，如图 9-60 所示。

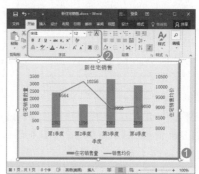

图 9-60

Step02 统一设置格式时，图表标题格式也会一起发生变化，只是字号会比其他文字略大一点，根据操作需要，选中图表标题文字单独调整字符格式，效果如图9-61所示。

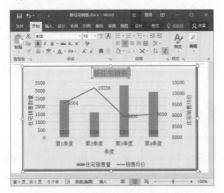

图 9-61

技能拓展——对文本设置艺术效果

选择要设置格式的文本对象后，切换到【图表工具/格式】选项卡，在【艺术字样式】组中可以对所选文本对象设置艺术效果。

Step03 ❶选中纵坐标轴的标题，单击鼠标右键；❷在弹出的快捷菜单中选择【设置坐标轴标题格式】命令，如图9-62所示。

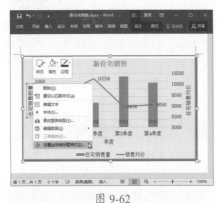

图 9-62

Step04 打开【设置坐标轴标题格式】窗口，❶切换到【文本选项】界面；❷切换到【布局属性】设置页面；❸在【文字方向】下拉列表中选中【竖排】选项；❹然后单击【关闭】按钮

✕，如图9-63所示。

图 9-63

Step05 在文档中，可看到纵坐标轴的标题以竖排方式进行显示，如图9-64所示。

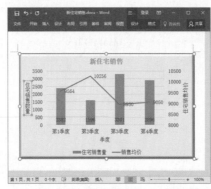

图 9-64

Step06 用同样的方法，将次坐标轴标题的文字方向设置为竖排，效果如图9-65所示。

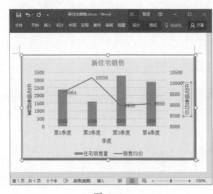

图 9-65

9.3.4 实战：使用图表样式美化葡萄酒销量

实例门类	软件功能
教学视频	光盘\视频\第9章\9.3.4.mp4

Word提供了许多内置图表样式，通过这些样式，可快速对图表进行美化操作，具体操作方法如下。

Step01 在"葡萄酒销量.docx"文档中，❶选中图表；❷切换到【图表工具/设计】选项卡；❸在【图表样式】组的列表框中选择需要的图表样式，如图9-66所示。

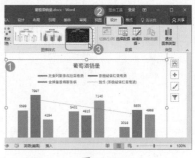

图 9-66

Step02 所选样式即可应用到图表中，如图9-67所示。

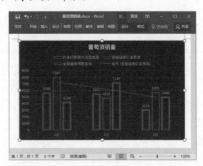

图 9-67

技能拓展——快速改变数据系列的颜色方案

选中图表后，切换到【图表工具/设计】选项卡，在【图表样式】组中单击【更改颜色】按钮，在弹出的下拉列表中可以为数据系列选择需要的颜色方案，从而省去了逐个设置的麻烦。

妙招技法

通过前面知识的学习，相信读者已经掌握了图表的使用方法。下面结合本章内容，给大家介绍一些实用技巧。

技巧 01： 分离饼形图扇区

教学视频	光盘\视频\第9章\技巧 01.mp4

在工作表中创建饼形图表后，所有的数据系列都是一个整体。根据操作需要，可以将饼图中的某扇区分离出来，以便突出显示该数据。分离扇区的具体操作方法如下。

Step01 打开"光盘\素材文件\第9章\文具销售情况.docx"文档，在图表中选择要分离的扇区，然后按住鼠标左键不放并进行拖动，如图9-68所示。

图 9-68

Step02 拖动至目标位置后，释放鼠标左键，即可实现该扇区的分离，如图9-69所示。

图 9-69

技巧 02： 设置饼图的标签值类型

教学视频	光盘\视频\第9章\技巧 02.mp4

在饼图类型的图表中，将数据标签显示出来后，默认显示的是具体数值，为了让饼图更加形象直观，可以将数值设置成百分比形式，具体操作方法如下。

Step01 在"文具销售情况.docx"文档中，参照本章9.2节的内容，在图表中将数据标签显示出来，显示位置设置为"数据标签内"，效果如图9-70所示。

图 9-70

Step02 ❶ 选中所有数据标签；❷ 单击鼠标右键，在弹出的快捷菜单中选择【设置数据标签格式】命令，如图9-71所示。

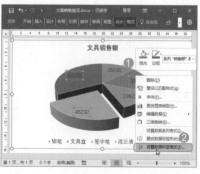

图 9-71

Step03 打开【设置数据标签格式】窗口，默认显示在【标签选项】界面，❶ 在【标签选项】设置页面中，在【标签包括】栏中选中【百分比】复选框，取消【值】复选框的选中；❷ 单击【关闭】按钮 关闭该窗口，如图9-72所示。

图 9-72

Step04 图表中的数据标签即可以百分比形式进行显示，效果如图9-73所示。

图 9-73

技巧 03： 将图表转换为图片

教学视频	光盘\视频\第9章\技巧 03.mp4

创建图表后，如果对数据源中的数据进行了修改，图表也会自动更新，

如果不想让图表再做任何更改，可将图表转换为图片，具体操作方法如下。

Step01 在"文具销售情况.docx"文档中，选中图表，按下【Ctrl+C】组合键进行复制操作。

Step02 ❶ 定位光标插入点；❷ 在【开始】选项卡的【剪贴板】组中，单击【粘贴】按钮下方的下拉按钮 ▼；❸ 在弹出的下拉列表中单击【图片】选项🖼，如图9-74所示。

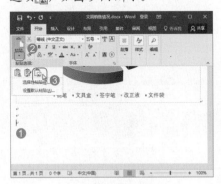

图 9-74

Step03 通过上述操作后，将在光标插入点所在位置插入一张图片，效果如图9-75所示。

图 9-75

技巧 04：筛选图表数据

教学视频	光盘＼视频＼第9章＼技巧04.mp4

创建图表后，还可以通过图表筛选器功能对图表数据进行筛选，将需要查看的数据筛选出来，从而帮助用户更好地查看与分析数据。

例如，在"员工培训成绩分析.docx"文档中，要将图表中数据系列为"张小波""黄雅雅""杨青青"，类别为"财会知识""电脑操作"的数据筛选出来，具体操作方法如下。

Step01 在"员工培训成绩分析.docx"文档中，❶ 选中图表；❷ 单击右侧【图表筛选器】按钮 🔽，如图9-76所示。

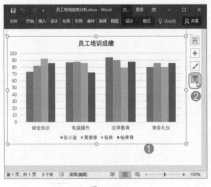

图 9-76

Step02 打开筛选窗格，❶ 在【数值】界面的【系列】栏中，选中要显示的数据系列；❷ 在【类别】栏中选中要显示的数据类别；❸ 单击【应用】按钮，如图9-77所示。

图 9-77

Step03 通过上述操作后，图表中将只显示数据系列为"张小波""黄雅雅""杨青青"，类别为"财会知识""电脑操作"的数据，如图9-78所示。

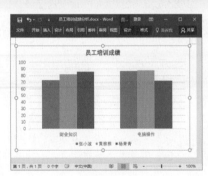

图 9-78

技巧 05：切换图表的行列显示方式

教学视频	光盘＼视频＼第9章＼技巧05.mp4

创建图表后，还可以对图表统计的行列方式进行随意切换，以便用户更好地查看和比较数据。切换图表行列显示方式的具体操作方法如下。

Step01 打开"光盘＼素材文件＼第9章＼化妆品销售统计.docx"文档，❶ 选中图表；❷ 切换到【图表工具/设计】选项卡；❸ 单击【数据】组中的【选择数据】按钮，如图9-79所示。

图 9-79

Step02 弹出【选择数据源】对话框，单击【切换行/列】按钮，如图9-80所示。

图 9-80

Step 03 此时，可发现【图例项（系列）】和【水平（分类）轴标签】列表框中的数据进行了交换，单击【确定】按钮确认，如图 9-81 所示。

图 9-81

Step 04 返回文档，可查看图表行列显示方式切换后的效果，如图 9-82 所示。

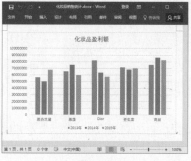

图 9-82

本章小结

　　本章主要讲解了通过图表展现与分析数据的方法，主要包括创建图表、编辑图表、修饰图表等知识。通过本章的学习，希望读者能够灵活运用图表功能查看与分析数据。

高效排版篇

在 Word 文档中进行排版时，灵活运用样式、模板等功能，可以高效率地排版文档，从而达到事半功倍的效果。

第**10**章　使用样式规范化排版

- ➥ 样式能做什么？如何创建样式？
- ➥ 如何有效管理样式？
- ➥ 样式集是什么？
- ➥ 主题是什么？

针对以上问题，本章将一一给出答案，相信通过本章的学习，读者将学会如何使用样式，以及更深一步了解样式、样式集与主题的使用。

10.1　样式的创建与使用

在编辑长文档或者要求具有统一格式风格的文档时，通常需要对多个段落设置相同的文本格式，若逐一设置或者通过格式刷复制格式，都会显得非常烦琐，此时可通过样式进行排版，以减少工作量，从而提高工作效率。

10.1.1　了解样式

对于从未接触过样式的用户来说，可以先阅读本节内容，从而快速了解样式的基本情况。

1．什么是样式

在排版 Word 文档的过程中，除了输入基础内容外，大部分工作都是在设置内容格式，这些格式主要包括字符格式、段落格式、项目符号和编号、边框和底纹等。

当需要为对同一内容设置多种格式时，则对该内容依次设置所需的多种格式即可。如果要对文档中的多处内容设置同样的多种格式，则需要分别为这些内容依次设置所需的多种格式，如图 10-1 所示。如果是处理大型文档，通过这样的方式设置格式，不仅费时费力，还容易出错。如果是要对其他文档的多处内容也设置相同的多种格式，操作起来会更加烦琐。

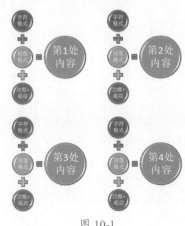

图 10-1

对于上述提到的情况，虽然可以通过使用格式刷来加快操作速度，但也只是临时的解决办法。样式的出现，解决了上述问题，而且还提供了许多可以提高效率的操作方式。

样式是一种集合了多种格式的复合格式。通俗地讲，样式是一组格式化命令，集合了字体、段落等相关格式，如图10-2所示。

图 10-2

使用样式来设置内容的格式，就会将样式中的所有格式一次性设置到内容中，避免了逐一设置格式的麻烦，并提高了文档编排的效率，如图10-3所示。

图 10-3

技术看板

在不同文档之间，还可以对样式进行复制操作，因此可以很轻松地对不同文档中的内容设置相同的格式。

2. 使用样式的理由

之所以使用样式排版文档，是因为使用样式能够简化操作，提高效率。除此之外，使用样式还具有以下两个明显的优点。

➔ 批量编辑：当使用样式对多个段落设置格式后，还可以非常方便地同时对这些段落进行一系列操作。例如，通过样式快速选择所有应用了该样式的段落，然后可以对这些段落进行复制、移动、删除等操作。

➔ 排查错误：在对复杂文档进行排版时，非常容易出错，而且某些错误很难被发现。但是使用样式格式化段落后，就很容易排查格式上的错误。例如，对多个段落应用同一个样式后，由于误操作，可能导致其中的某些段落没有成功应用该样式，这时可以使用【样式】窗格来排查错误。打开【样式】窗格，将光标插入点定位在需要检查的段落中，然后在【样式】窗格中查看是否自动选中了应该为该段落使用的样式，如果没有被选中，则说明当前段落没有使用该样式。

技术看板

样式的功能非常强大，不仅可以用来设置文本内容的格式，还可以用来设置图片、表格等嵌入型对象。对于非嵌入型对象中的文本框和艺术字而言，可以使用样式设置对象的格式。所以。

3. Word 中包含的样式类型

根据样式应用方向的不同，样式被划分为5个类型，分别是字符样式、段落样式、链接段落和字符样式、表格样式、列表样式。其中，前3类最常用，主要应用于文本，后两类样式的应用针对性很强，表格样式应用于表格，列表样式应用于包含自动多级编号的段落。下面主要对前3个类型样式进行简单的介绍。

➔ 字符样式：字符样式可以包含字体格式、边框和底纹格式，仅用于控制所选文字的字体格式。换言之，字符样式不能设置段落格式。

➔ 段落样式：段落样式可以同时包含字体格式、段落格式、编号格式、边框和底纹格式，用于控制整个段落的格式。无论是否选中段落，只要光标插入点定位于段落中，就可以将样式应用于当前段落。

➔ 链接段落和字符样式：链接段落和字符样式与段落样式包含的格式内容相同，唯一的区别就是设置效果不同。链接段落和字符样式将根据是否选中部分内容来决定格式的应用范围，如果只选择了段落内的部分文字，则将样式中的字符格式应用到选区上；如果选择整个段落或者将光标插入点定位在段落内，则会同时应用字符和段落两种格式。

10.1.2 实战：在工作总结中应用样式

实例门类	软件功能
教学视频	光盘\视频\第10章\10.1.2.mp4

样式的大多数操作都是在【样式】窗格中进行的，所以本节主要通过【样式】窗格来使用样式。

1. 打开与认识【样式】窗格

默认情况下，【样式】窗格并未打开，需要用户手动打开，具体操作方法如下。

Step01 在【开始】选项卡的【样式】组中，单击【功能扩展】按钮，如图10-4所示。

图 10-4

Step02 打开【样式】窗格，该窗格中显示了一些 Word 推荐的样式。如果是首次打开【样式】窗格，外观如图 10-5 所示。

图 10-5

Step03 在【样式】窗格中，若选中底部的【显示预览】复选框，则可以根据样式名的显示外观来大致了解此样式中包含的格式，如图 10-6 所示。

图 10-6

Step04 当不再使用【样式】窗格时，单击右上角的【关闭】按钮 ✕ 关闭该窗格即可。

技术看板

首次打开【样式】窗格时，该窗格默认为浮动在文档窗口中，双击窗格顶部的位置，可以将其固定在 Word 窗口的一侧，从而方便使用【样式】窗格。

在【样式】窗格中，每个样式名的右侧都显示了一个符号，如图

10-7 所示，这些符号用于指明样式的类型。

图 10-7

→ ↵ 符号：带此符号的样式是段落样式。

→ a 符号：带此符号的样式是字符样式。

→ ⤶a 符号：带此符号的样式是链接段落和字符样式。

2. 使用【样式】窗格应用样式

Word 提供有许多内置的样式，用户可直接使用内置样式来排版文档。要使用【样式】窗格来格式化文本，可按下面的操作方法实现。

Step01 打开"光盘\素材文件\第 10 章\2016 年一季度工作总结 .docx"的文件，❶ 选中要应用样式的段落（可以是多个段落）；❷ 在【样式】窗格中单击需要的样式，如图 10-8 所示。

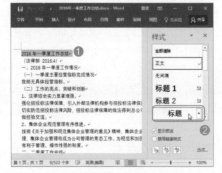

图 10-8

Step02 此时，该样式即可应用到所选段落中，效果如图 10-9 所示。

图 10-9

技能拓展——使用样式库格式化文本

除了【样式】窗格外，还可通过样式库来使用内置样式格式化文本，具体操作方法为：选中要应用样式的段落，在【开始】选项卡的【样式】组中，在列表框中选择需要的样式即可。

★ 重点 10.1.3 实战：为工作总结新建样式

实例门类	软件功能
教学视频	光盘\视频\第 10 章\10.1.3.mp4

除了使用内置样式排版文档外，还可以自己创建和设计样式，以便制作出独特风格的 Word 文档。

1. 了解【根据格式设置创建新样式】对话框中的参数

在【样式】窗格中单击【新建】按钮 ，可在弹出的【根据格式设置创建新样式】对话框中进行新样式的创建，如图 10-10 所示。

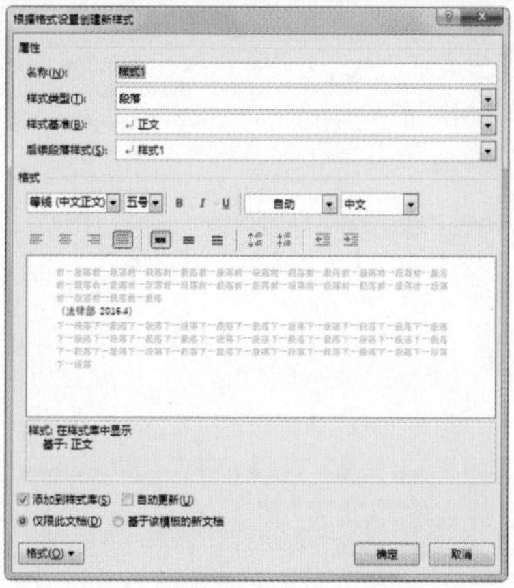

图 10-10

在【根据格式设置创建新样式】对话框创建新样式之前，先对该对话框中的一些参数设置进行简单的了解。

在【属性】栏中，主要设置样式的基本信息，如图 10-11 所示。各参数含义介绍如下。

图 10-11

→ 名称：设置样式的名称。在【样式】窗格和样式库中都将以该名称显示当前新建的样式。

→ 样式类型：选择新建样式的类型。

→ 样式基准：选择以哪种样式中的格式为参照来创建新样式，然后由此开始进行设置。需要注意的是，一旦在【样式基准】下拉列表中选择了一种样式，那么以后修改该样式的格式时，新建样式的格式也会随之发生变化，因为新建样式是基于该样式基础之上的。

→ 后续段落样式：在【后续段落样式】下拉列表中所选的样式将应用于下一段落。通俗地讲，就是在当前新建样式所应用的段落中按下【Enter】键换到下一段落后，下一段落所应用的样式便是在【后续段落样式】下拉列表中选择的样式。

在【格式】栏中，列出了一些常用字体格式和段落格式，如图 10-12 所示。如果创建的样式不是特别复杂，这里给出的格式基本够用。

图 10-12

在【预览】栏中，用于预览设置效果，即每一项设置参数生效后，都会在预览窗格中显示设置效果，这样可以方便用户大体了解样式的整体外观。同时，在预览窗格下方还会以文字的形式描述样式包含的具体格式信息，如图 10-13 所示。

图 10-13

在【预览】栏下方，提供了几个选项，用于设置样式的保存位置与更新方式，如图 10-14 所示。

图 10-14

→ 添加到样式库：默认为选中状态，可以使当前新建的样式添加到样式库中。

→ 自动更新：新建样式时，若选中了该复选框，以后如果手动对该样式所作用的内容的格式进行修改，那么该样式的格式会自动随手工修改的格式进行更新。在实际应用中，强烈建议不要选中该复选框，以免引起混乱效果。

→ 仅限此文档：默认选中该单选按钮，表示样式的创建与修改操作仅在当前文档内有效。

→ 基于该模板的新文档：若选中该单选按钮，则样式的创建与修改

将被传送到当前文档所依赖的模板中。选中该单选按钮后，模板中就会包含新建的样式，那么以后在使用该模板创建新文档时，会自动包含新建的样式。

在【根据格式设置创建新样式】对话框的左下角单击【格式】按钮，会弹出如图 10-15 所示中的菜单。该菜单中提供了众多选项，用于为样式定义更多的格式，选择要设置的格式类型，可在打开的相应对话框中进行详细设置。

图 10-15

2. 创建新样式

对【根据格式设置创建新样式】对话框中的各个参数有了一定的了解后，相信读者能够轻而易举地创建新样式了。下面通过具体实例来讲解创建新样式，具体操作方法如下。

Step01 在 "2016 年一季度工作总结 .docx" 文档中，❶ 将光标插入点定位到需要应用样式的段落中；❷ 在【样式】窗格中单击【新建样式】按钮，如图 10-16 所示。

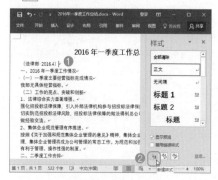

图 10-16

Step02 弹出【根据格式设置创建新样式】对话框，❶在【属性】栏中设置样式的名称、样式类型等参数；❷单击【格式】按钮；❸在弹出的菜单中选择【字体】命令，如图 10-17 所示。

图 10-17

Step03 ❶在弹出的【字体】对话框中设置字体格式参数；❷完成设置后单击【确定】按钮，如图 10-18 所示。

图 10-18

Step04 返回【根据格式设置创建新样式】对话框，❶单击【格式】按钮；❷在弹出的菜单中选择【段落】命令，如图 10-19 所示。

图 10-19

Step05 ❶在弹出的【段落】对话框中设置段落格式；❷完成设置后单击【确定】按钮，如图 10-20 所示。

图 10-20

Step06 返回【根据格式设置创建新样式】对话框，单击【确定】按钮，如图 10-21 所示。

Step07 返回文档，即可看见当前段落应用了新建的样式【工作总结 - 副标题】，如图 10-22 所示。

图 10-21

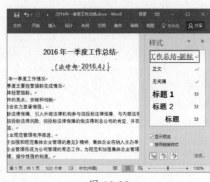

图 10-22

Step08 参照前面所讲知识，新建一个名为【工作总结 - 标题 2】的新样式，并应用到相关段落，如图 10-23 所示。

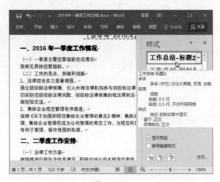

图 10-23

Step09 用同样的方法，新建一个名为【工作总结 - 标题 3】的新样式，并应用到相关段落，如图 10-24 所示。

Step10 用同样的方法，新建一个名为【工作总结 - 标题 4】的新样式，并应用到相关段落，如图10-25所示。

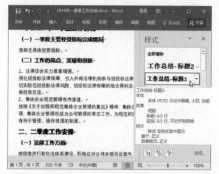

图 10-24

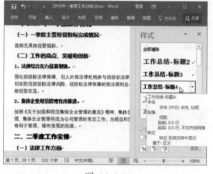

图 10-25

Step⓫ 用同样的方法，新建一个名为【工作总结-正文首行缩进2字符】的新样式，并应用到相关段落，如图10-26所示。至此，完成了对2016年一季度工作总结.docx文档的样式创建工作。

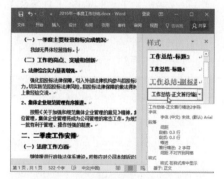

图 10-26

技能拓展——基于现有内容的格式创建新样式

如果文档中某个内容所具有的格式符合要求，可直接将该内容中包含

的格式提取出来创建新样式，操作方法为：将光标插入点定位到包含符合要求格式的段落内，在【样式】窗格中单击【新建样式】按钮，在弹出的【根据格式设置创建新样式】对话框中显示了该段落的格式参数，确认无误后，直接在【名称】文本框中输入样式名称，然后单击【确定】按钮即可。

★ 重点10.1.4 实战：创建表格样式

实例门类	软件功能
教学视频	光盘\视频\第10章\10.1.4.mp4

在第8章讲解了使用内置表样式美化表格，根据实际需要，还可以自己手动创建表样式。因为表样式是用来美化表格的，所以创建的表样式不会显示在【样式】窗格中，而是在【表格工具/设计】选项卡的【表格样式】组中的样式库中进行显示。

下面通过具体操作步骤来讲解表格样式的创建方法。

Step⓵ 新建一篇名为"创建表格样式"的空白文档，在【样式】窗格中单击【新建样式】按钮，如图10-27所示。

图 10-27

Step⓶ 弹出【根据格式设置创建新样式】对话框，❶在【名称】文本框中输入表样式名称；❷在【样式类型】下拉列表中选中【表格】选项；❸单击【格式】按钮；❹在弹出的菜单

中选择【边框和底纹】命令，如图10-28所示。

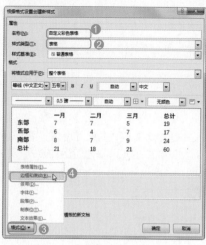

图 10-28

Step⓷ 弹出【边框和底纹】对话框，设置表格的上框线和下框线样式，如图10-29所示。

图 10-29

Step⓸ ❶设置表格的内部框线；❷完成设置后单击【确定】按钮，如图10-30所示。

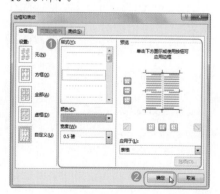

图 10-30

关于表格边框线的设置，此处就不详解了，具体操作方法请参考本书的第8章内容。

Step05 返回【根据格式设置创建新样式】对话框，❶ 在【将格式应用于】下拉列表中选中【标题行】选项；❷ 进入标题行设置模式，设置字体、字号、加粗和字符颜色，如图 10-31 所示。

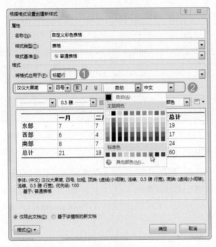

图 10-31

Step06 在【填充颜色】下拉列表中为标题行设置底纹颜色，如图 10-32 所示。

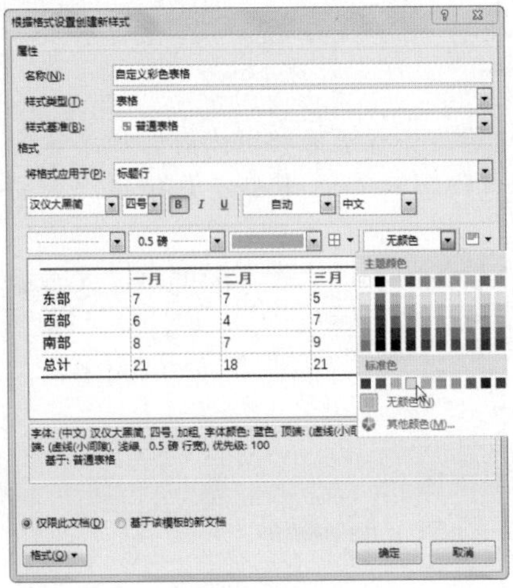

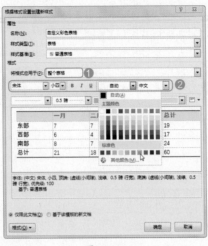

图 10-32

Step07 ❶ 在【将格式应用于】下拉列

表中选中【整个表格】选项；❷ 进入整个表格的设置模式，设置字体、字号和字符颜色，如图 10-33 所示。

图 10-33

Step08 ❶ 在【将格式应用于】下拉列表中选中【偶条带行】选项；❷ 进入偶数行的设置模式，在【填充颜色】下拉列表中为标题行设置底纹颜色，如图 10-34 所示。

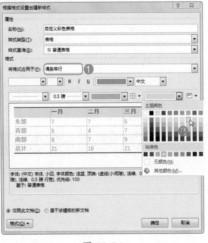

图 10-34

Step09 完成设置后，通过预览栏可预览应用效果，确认无误后单击【确定】按钮，如图 10-35 所示。

Step10 返回文档，完成表样式的创建。❶ 若要使用表样式美化表格，可先在文档中插入一个表格，然后将光标插入点定位到表格内；❷ 切换到【表格

工具 / 设计】选项卡；❸ 在【表格样式】组的样式库中单击下拉按钮▾，如图 10-36 所示。

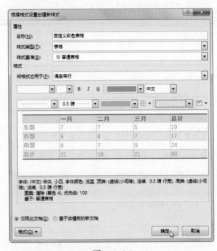

图 10-35

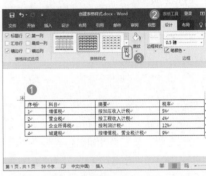

图 10-36

Step11 在弹出的下拉列表的【自定义】栏中，可看见自定义的表样式，直接对其单击，可将该样式应用到当前表格，如图 10-37 所示。

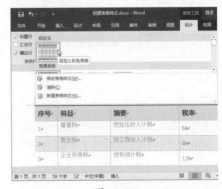

图 10-37

技能拓展——修改表样式

若要修改表样式的设置参数，可在样式库中右击要修改的表样式，在弹出的快捷菜单中选择【修改表格样式】命令，在弹出的【修改样式】对话框中进行相应的设置即可。

10.1.5 实战：通过样式来选择相同格式的文本

实例门类	软件功能
教学视频	光盘\视频\第10章\10.1.5.mp4

对文档中的多处内容应用同一样式后，可以通过样式快速选择这些内容，具体操作方法如下。

Step01 在"2016年一季度工作总结.docx"文档中，❶在【样式】窗格中右击某样式，如【工作总结-标题2】；❷在弹出的快捷菜单中选择【选择所有 n 个实例】命令，其中【n】表示当前文档中应用该样式的实例个数，如图10-38所示。

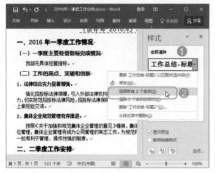

图 10-38

Step02 此时，文档中应用了【工作总结-标题2】样式的所有内容呈选中状态，如图10-39所示。

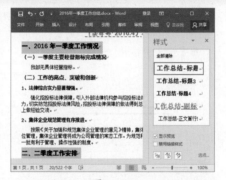

图 10-39

技术看板

通过样式批量选择文本后，可以很方便地对这些文本重新应用其他样式，或者进行复制、删除等操作。

★ 重点 10.1.6 实战：在书稿中将多级列表与样式关联

实例门类	软件功能
教学视频	光盘\视频\第10章\10.1.6.mp4

在第5章内容中，讲解了多级列表的使用。其实在实际应用中，还可以将多级列表与样式关联在一起，这样就可以让多级列表具有样式中包含的字体和段落格式。同时，使用这些样式为文档内容设置格式时，文档中的内容也会自动应用样式中包含的多级列表编号。

需要注意的是，与多级列表关联的样式必须是 Word 内置的样式，用户手动创建的样式无法与多级列表相关联。大多情况下，多级列表与样式关联主要用于设置标题格式，具体操作方法如下。

Step01 打开"光盘\素材文件\第10章\书稿.docx"的文件，❶在【开始】选项卡的【段落】组中单击【多级列表】按钮；❷在弹出的下拉列表中选择【定义新的多级列表】选项，如图10-40所示。

图 10-40

Step02 弹出【定义新多级列表】对话框，单击【更多】按钮，如图10-41所示。

图 10-41

Step03 展开【定义新多级列表】对话框，❶在【单击要修改的级别】列表框中选中【1】选项；❷在【此级别的编号样式】下拉列表中选择该级别的编号样式；❸在【输入编号的格式】文本框中，在【1】的前面输入【第】，在【1】的后面输入【章】；❹在【将级别链接到样式】下拉列表中选择要与当前编号关联的样式，这里选择【标题1】，如图10-42所示。

图 10-42

Step**04** 参照上述方法，设置 2 级编号样式，并与【标题 2】相关联，如图 10-43 所示。

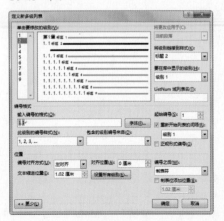

图 10-43

Step**05** 参照上述方法，设置 3 级编号样式，并与【标题 3】相关联，完成设置后，单击【确定】按钮，如图 10-44 所示。

图 10-44

Step**06** 返回文档，在【样式】窗格中可以看到，在建立了关联的样式名称中会显示对应的编号，将这些样式应用到相应的标题中即可，如图 10-45 所示。

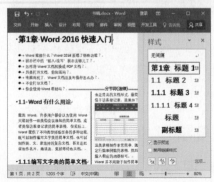

图 10-45

10.2 管理样式

在文档中创建样式后，还可对样式进行合理的管理操作，如重命名样式、修改样式、显示或隐藏样式等操作，下面将分别对这些操作进行讲解。

10.2.1 实战：重命名工作总结中的样式

实例门类	软件功能
教学视频	光盘\视频\第 10 章\10.2.1.mp4

为了方便使用样式来排版文档，样式名称通常表示该样式的作用。若样式名称不能体现出相应的作用，则可以对样式进行重新命名，具体操作方法如下。

Step**01** 在 "2016 年一季度工作总结 .docx" 文档中，❶ 在【样式】窗格中右击需要重命名的样式；❷ 在弹出的快捷菜单中选择【修改】命令，如图 10-46 所示。

Step**02** 弹出【修改样式】对话框，❶ 在【名称】文本框中输入样式新名称；❷ 单击【确定】按钮即可，如图 10-47 所示。

图 10-46

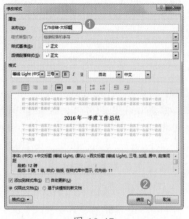

图 10-47

10.2.2 实战：修改工作总结中的样式

实例门类	软件功能
教学视频	光盘\视频\第 10 章\10.2.2.mp4

通过内置样式或新建的样式排版文档后，若对某些格式不满意，可直接对样式的格式参数进行修改，修改样式后，所有应用了该样式的文本都会发生相应的格式变化，从而提高了排版效率。

1. 通过对话框修改

修改样式的方法主要有两种，一是通过对话框修改，二是通过文本修改样式。接下来先讲解通过对话框修改样式的操作方法。例如，在 "2016 年一季度工作总结 .docx" 文档中，要对【工作总结 - 副标题】样式进行修改，具体操作方法如下。

Step**01** 在 "2016 年一季度工作总

结 .docx" 文档中，❶ 在【样式】窗格中使用鼠标右键单击【工作总结 - 副标题】样式；❷ 在弹出的快捷菜单中选择【修改】命令，如图 10-48 所示。

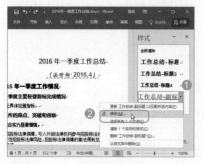

图 10-48

Step02 弹出【修改样式】对话框，❶ 单击【格式】按钮；❷ 在弹出的菜单中选择【字体】命令，如图 10-49 所示。

图 10-49

Step03 ❶ 在弹出的【字体】对话框中修改字符格式；❷ 完成修改后单击【确定】按钮，如图 10-50 所示。

图 10-50

Step04 返回【修改样式】对话框，若已经完成格式的修改，则单击【确定】按钮，如图 10-51 所示。

图 10-51

Step05 返回文档，可看见应用了【工作总结 - 副标题】样式的文本发生了格式变化，如图 10-52 所示。

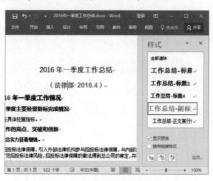

图 10-52

2. 通过文本修改样式

通过对话框修改样式时，可发现和新建样式的方法相似，接下来就讲解如何通过文本修改样式。例如，在"2016 年一季度工作总结 .docx"文档中，要对【工作总结 - 标题 2】样式进行修改，具体操作方法如下。

Step01 在"2016 年一季度工作总结 .docx"文档中，❶ 选中【工作总结 - 标题 2】样式所应用的任意一个段落；❷ 然后将该段落设置为需要的样式，如将字体颜色设置为紫色，如

图 10-53 所示。

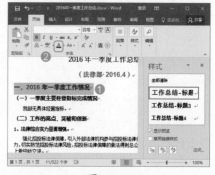

图 10-53

Step02 ❶ 在【样式】窗格中，使用鼠标右键单击【工作总结 - 标题 2】样式；❷ 在弹出的快捷菜单中选择【更新 工作总结 - 标题 2 以匹配所选内容】命令，如图 10-54 所示。

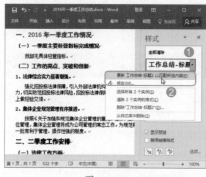

图 10-54

Step03 此时，文档中所有应用【工作总结 - 标题 2】样式的文本即可更新为最新修改，如图 10-55 所示。

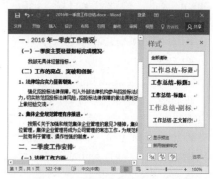

图 10-55

★ 重点 10.2.3 实战：为工作总结中的样式指定快捷键

实例门类	软件功能
教学视频	光盘\视频\第10章\10.2.3.mp4

使用样式排版文档时，对于一些使用频繁较高的样式，可以对其设置快捷键，从而加快文档的排版速度。

例如，在"2016年一季度工作总结.docx"文档中，要对【工作总结-正文首行缩进2字符】样式设置快捷键，具体操作方法如下。

Step01 在"2016年一季度工作总结.docx"文档中，❶在【样式】窗格中使用鼠标右键单击【工作总结-正文首行缩进2字符】样式；❷在弹出的快捷菜单中选择【修改】命令，如图10-56所示。

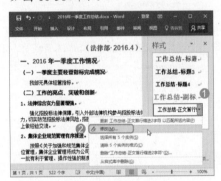

图 10-56

Step02 弹出【修改样式】对话框，❶单击【格式】按钮；❷在弹出的菜单中选择【快捷键】命令，如图10-57所示。

Step03 弹出【自定义键盘】对话框，❶光标插入点将自动定位到【请按新快捷键】文本框中，在键盘上按下需要的快捷键，如按【Alt+Ctrl+K】组合键，该组合键即可显示在文本框中；❷在【将更改保存在】下拉列表框中选择保存位置；❸单击【指定】按钮，如图10-58所示。

图 10-57

图 10-58

Step04 对样式指定快捷键后，该快捷键将移动到【当前快捷键】列表中，单击【关闭】按钮关闭【自定义键盘】对话框，如图10-59所示。

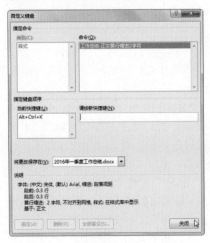

图 10-59

Step05 返回【修改样式】对话框，单击【确定】按钮确认即可，如图10-60所示。

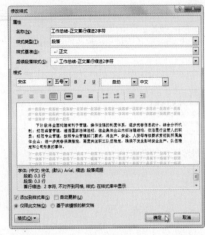

图 10-60

Step06 通过上述设置后，选中某段落，然后按下【Alt+Ctrl+K】组合键，所选段落即可应用【工作总结-正文首行缩进2字符】样式。

★ 重点 10.2.4 实战：复制工作总结中的样式

实例门类	软件功能
教学视频	光盘\视频\第10章\10.2.4.mp4

在编辑文档或模板文件时，如果需要使用其他文档或模板中的样式，可以对样式进行复制操作，从而免去了新建样式的烦琐。

例如，要将"2016年一季度工作总结.docx"文档中的【工作总结-正文首行缩进2字符】样式复制到"复制样式.docx"文档中，具体操作方法如下。

Step01 在"2016年一季度工作总结.docx"文档中，单击【样式】窗格中的【管理样式】按钮，如图10-61所示。

Step02 弹出【管理样式】对话框，单击【导入/导出】按钮，如图10-62所示。

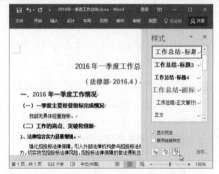

图 10-61

图 10-62

Step03 弹出【管理器】对话框，在左侧窗格显示了当前文档及包含的样式。右侧窗格默认显示的是【Normal.dotm（共用模板）】及包含的样式，因为本例中是要将样式复制到"复制样式.docx"文档，因此需要在右侧窗格中单击【关闭文件】按钮，如图10-63所示。

图 10-63

Step04 此时，【关闭文件】按钮变成

了【打开文件】按钮，单击该按钮，如图 10-64 所示。

图 10-64

Step05 弹出【打开】对话框，❶在【文件类型】下拉列表中选择【Word文档（*.docx）】选项；❷找到并选中要使用样式的目标文档；❸单击【打开】按钮，如图10-65所示。

图 10-65

Step06 返回【管理器】对话框，❶在左侧窗格的列表框中选择需要复制的样式，本例中选择【工作总结-正文首行缩进2字符】；❷单击【复制】按钮，如图10-66所示。

图 10-66

Step07 此时，所选样式将被复制到右侧窗格的列表框中，表示将样式复制到了"复制样式.docx"文档中，完成样式的复制后，单击【关闭】按钮，如图10-67所示。

图 10-67

技术看板

复制样式时，如果遇到同名样式，会显示如图10-68所示的提示信息，如果需要使用新样式，则单击【是】按钮，让新样式覆盖旧样式即可。

图 10-68

Step08 弹出提示框，询问是否保存更改，单击【保存】按钮保存即可，如图 10-69 所示。

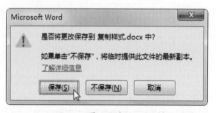

图 10-69

技能拓展——复制文本的同时复制样式

通过复制文本的方式，可以快速实现样式的复制。分别打开源文档和目标文档，在源文档中，选中需要复制的样式所应用的任意一个段落（必须含有段落标记↵），按【Ctrl+C】组合键进行复制操作，在目标文档中按【Ctrl+V】组合键进行粘贴，所选段落文本将以带格式的形式粘贴到目标文档，从而实现了样式的复制。

如果目标文档中含有同名的样式，执行粘贴操作后，新样式无法覆盖旧样式，目标文档中依然会使用旧样式。

10.2.5 实战：删除文档中多余样式

实例门类	软件功能
教学视频	光盘\视频\第 10 章\10.2.5.mp4

对于文档中多余的样式，可以将其删除，以便更好地应用样式。删除样式的具体操作方法如下。

Step01 在要编辑的文档中，❶ 在【样式】窗格中使用鼠标右键单击需要删除的样式；❷ 在弹出的快捷菜单中选择【删除……】命令，如图 10-70 所示。

图 10-70

Step02 弹出提示框询问是否要删除，单击【是】按钮即可，如图 10-71 所示。

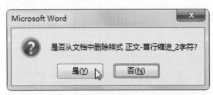

图 10-71

技术看板

删除样式时，Word 提供的内置样式是无法删除的。另外，在新建样式时，若样式基准选择的是除了【正文】以外的其他内置样式，则删除方法略有不同。例如，新建样式时，选择的样式基准是【无间隔】，则在删除该样式时，需要在快捷菜单中选择【还原为无间隔】命令。

★ 重点 10.2.6 实战：显示或隐藏工作总结中的样式

实例门类	软件功能
教学视频	光盘\视频\第 10 章\10.2.6.mp4

在删除文档中的样式时，会发现无法删除内置样式。那么对于不需要的内置样式，可以将其隐藏起来，以提高样式的使用效率。隐藏样式的具体操作方法如下。

Step01 在"2016 年一季度工作总结 .docx"文档中，单击【样式】窗格中的【管理样式】按钮，如图 10-72 所示。

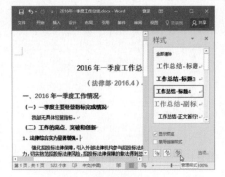

图 10-72

Step02 弹出【管理样式】对话框，❶ 切换到【推荐】选项卡；❷ 在列表框中选择需要隐藏的样式；❸ 在【设置查看推荐的样式时是否显示该样式】栏中单击【隐藏】按钮，如图 10-73 所示。

图 10-73

Step03 此时，设置隐藏后的样式会显示为灰色，且还会出现【始终隐藏】字样，完成设置后单击【确定】按钮保存设置即可，如图 10-74 所示。

图 10-74

隐藏样式后，若要将其显示出来，则在【管理样式】对话框的【推荐】选项卡中，在列表框中选择需要显示的样式，然后单击【显示】按钮即可，如图 10-75 所示。

图 10-75

10.2.7 实战：样式检查器的使用

实例门类	软件功能
教学视频	光盘\视频\第10章\10.2.7.mp4

若希望能够非常清晰地查看某内容的全部格式，并能对应用两种不同格式的文本进行比较，则可以通过 Word 提供的样式检查器实现，具体操作方法如下。

Step01 在"2016年一季度工作总结.docx"文档中，单击【样式】窗格中的【样式检查器】按钮，如图 10-76 所示。

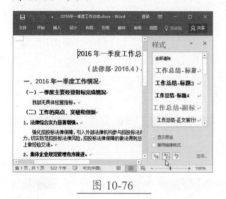

图 10-76

Step02 打开【样式检查器】窗格，单击【显示格式】按钮，如图 10-77 所示。

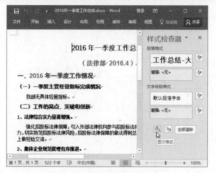

图 10-77

Step03 打开【显示格式】窗格，将光标插入点定位到需要查看格式详情的段落中，即可在【显示格式】窗格中显示当前段落的所有格式，如图 10-78 所示。

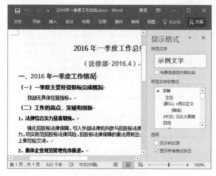

图 10-78

Step04 若要对应用了两种不同格式的文本进行比较，① 在【显示格式】窗格中选中【与其他选定内容比较】复选框；② 将光标插入点定位到需要比较格式的段落中，此时【显示格式】窗格中将显示两处文本内容的格式区别，如图 10-79 所示。

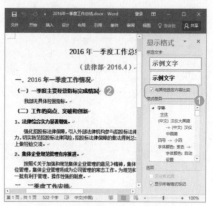

图 10-79

10.3 样式集与主题的使用

样式集与主题都是统一改变文档格式的工具，只是它们针对的格式类型有所不同。使用样式集，可以改变文档的字体格式和段落格式；使用主题，可以改变文档的字体、颜色及图形图像的效果（这里所说的图形图像的效果是指图形对象的填充色、边框色，以及阴影、发光等特效）。

10.3.1 实战：使用样式集设置公司简介格式

实例门类	软件功能
教学视频	光盘\视频\第10章\10.3.1.mp4

Word 2016 提供了多套样式集，每套样式集都提供了成套的内置样式，分别用于设置文档标题、副标题等文本的格式。在排版文档的过程中，可以先选择需要的样式集，再使用内置样式或新建样式排版文档，具体操作方法如下。

Step01 打开"光盘\素材文件\第10章\公司简介.docx"的文件，① 切换到【设计】选项卡；② 在【文档格式】组的列表框中选择需要的样式集，如图 10-80 所示。

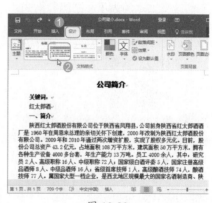

图 10-80

Step 02 确定样式集后，此时可以通过内置样式来排版文档内容，排版后的效果如图 10-81 所示。

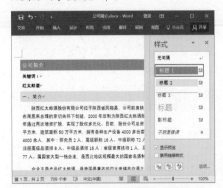

图 10-81

技术看板

将文档格式调整好后，若再重新选择样式集，则文档中内容的格式也会发生相应的变化。

10.3.2 实战：使用主题改变公司简介外观

实例门类	软件功能
教学视频	光盘\视频\第 10 章\10.3.2.mp4

使用主题可以快速改变整个文档的外观，与样式集不同的是，主题将不同的字体、颜色、形状效果组合在一起，形成多种不同的界面设计方案。使用主题时，不能改变段落格式，且主题中的字体只能改变文本内容的字体格式（即宋体、仿宋、黑体等），不能改变文本的大小、加粗等格式。

在排版文档时，如果希望同时改变文档的字体格式、段落格式及图形对象的外观，需要同时使用样式集和主题。

使用主题的操作方法如下。

Step 01 在"公司简介.docx"文档中，❶切换到【设计】选项卡；❷单击【文档格式】组中的【主题】按钮；❸在弹出的下拉列表中选择需要的主题，如图 10-82 所示。

图 10-82

Step 02 应用所选主题后，文档中的风格发生改变，如图 10-83 所示。

图 10-83

选择一种主题方案后，还可在此基础之上选择不同的主题字体、主题颜色或主题效果，从而搭配出不同外观风格的文档。

➡ 设置主题字体：在【设计】选项卡的【文档格式】组中，单击【字体】按钮，在弹出的下拉列表中选择需要的主题字体即可，如图 10-84 所示。

图 10-84

➡ 设置主题颜色：在【设计】选项

卡的【文档格式】组中，单击【颜色】按钮，在弹出的下拉列表中选择需要的主题颜色即可，如图 10-85 所示。

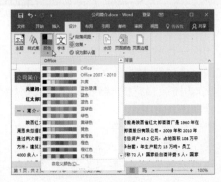

图 10-85

➡ 设置主题效果：在【设计】选项卡的【文档格式】组中，单击【效果】按钮，在弹出的下拉列表中选择需要的主题效果即可，如图 10-86 所示。

图 10-86

★ 重点 10.3.3 实战：自定义主题字体

实例门类	软件功能
教学视频	光盘\视频\第 10 章\10.3.3.mp4

除了使用 Word 内置的主题字体外，用户还可根据操作需要自定义主题字体，具体操作方法如下。

Step 01 ❶切换到【设计】选项卡；❷单击【文档格式】组中的【字体】按钮；❸在弹出的下拉列表中选择【自定义字体】选项，如图 10-87 所示。

图 10-87

Step 02 弹出【新建主题字体】对话框，❶ 在【名称】文本框中输入新建主题字体的名称；❷ 在【西文】栏中分别设置标题文本和正文文本的西文字体；❸ 在【中文】栏中分别设置标题文本和正文文本的中文字体；❹ 完成设置后单击【保存】按钮，如图10-88 所示。

图 10-88

Step 03 新建的主题字体将被保存到主题字体库中，打开主题字体列表时，在【自定义】栏中可看到新建的主题字体，单击该主题字体，可将其应用到当前文档中，如图 10-89 所示。

图 10-89

★ **重点 10.3.4 实战：自定义主题颜色**

实例门类	软件功能
教学视频	光盘\视频\第 10 章\10.3.4.mp4

除了使用 Word 内置的主题颜色外，用户还可根据操作需要自定义主题颜色，具体操作方法如下。

Step 01 ❶ 切换到【设计】选项卡；❷ 单击【文档格式】组中的【颜色】按钮；❸ 在弹出的下拉列表中选择【自定义颜色】选项，如图 10-90 所示。

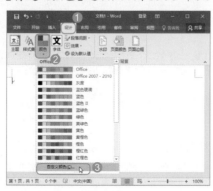

图 10-90

Step 02 弹出【新建主题颜色】对话框，❶ 在【名称】文本框中输入新建主题颜色的名称；❷ 在【主题颜色】栏中自定义各个项目的颜色；❸ 完成设置后单击【保存】按钮，如图10-91 所示。

将各个项目的颜色定义好后，若不满意这些颜色，可单击【重置】按钮快速恢复到设置之前的状态，然后重新进行设置即可。

图 10-91

Step 03 新建的主题颜色将被保存到主题颜色库中，打开主题颜色列表时，在【自定义】栏中可看到新建的主题颜色，单击该主题颜色，可将其应用到当前文档中，如图 10-92 所示。

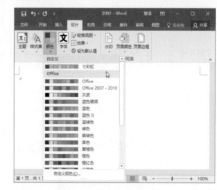

图 10-92

★ 重点 10.3.5 实战：保存自定义主题

实例门类	软件功能
教学视频	光盘\视频\第10章\10.3.5.mp4

为了搭配不同外观风格的文档，有时会在文档中分别设置主题字体、主题颜色和主题效果。进行各种组合设置后，如果对当前的文档外观比较满意，可以将当前外观设置保存为新的主题，以便以后直接设置这样的外观。保存新主题的操作方法如下。

Step01 ❶切换到【设计】选项卡；❷单击【文档格式】组中的【主题】按钮；❸在弹出的下拉列表中选择【保存当前主题】选项，如图10-93所示。

Step02 弹出【保存当前主题】对话框，保存位置会自动定位到【Document Themes】文件夹中，该文件夹是存放Office主题的默认位置，❶直接在【文件名】文本框中输入新主题的名称；❷单击【保存】按钮，如图10-94所示。

图 10-93

图 10-94

图 10-95

技术看板

在【Document Themes】文件夹中，包含了3个子文件夹，其中，【Theme Fonts】文件夹用于存放自定义主题字体，【Theme Colors】文件夹用于存放自定义主题颜色，【Theme Effects】文件夹用于存放自定义主题效果。

Step03 新主题将被保存到主题库中，打开主题列表，在【自定义】栏中可看到新主题，单击该主题，可将其应用到当前文档中，如图10-95所示。

妙招技法

通过前面知识的学习，相信读者已经学会了如何使用样式来编排文档。下面结合本章内容，给大家介绍一些实用技巧。

技巧01：如何保护样式不被修改

教学视频	光盘\视频\第10章\技巧01.mp4

在文档中新建样式后，若要将文档发送给其他用户查看，但不希望别人修改新建的样式，此时，可以启动强制保护，防止其他用户修改。

Step01 打开"光盘\素材文件\第10章\员工培训管理制度.docx"的文件，单击【样式】窗格中的【管理样式】按钮，如图10-96所示。

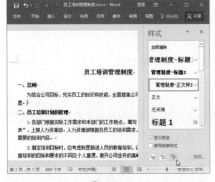

图 10-96

Step02 弹出【管理样式】对话框，❶切换到【限制】选项卡；❷在列表框中选择需要保护的一个样式或多个样式（按住【Ctrl】键不放，依次单击需要保护的样式）；❸选中【仅限对允许的样式进行格式设置】复选框；❹单击【限制】按钮，如图10-97所示。

图 10-97

Step 03 此时，所选样式的前面会添加带锁标记🔒，单击【确定】按钮，如图 10-98 所示。

图 10-98

Step 04 弹出【启动强制保护】对话框，❶ 设置密码；❷ 单击【确定】按钮即可，如图 10-99 所示。

图 10-99

技巧 02：设置样式的显示方式

教学视频	光盘\视频\第 10 章\技巧 02.mp4

在使用【样式】窗格中的样式排版文档时，有时会发现该窗格中显示了很多用不上的样式。为了更好地使用【样式】窗格，可以设置【样式】窗格中的样式显示方式，具体操作方法如下。

Step 01 在"员工培训管理制度 .docx"文档中，单击【样式】窗格中的【选项】链接，如图 10-100 所示。

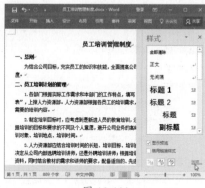

图 10-100

Step 02 弹出【样式窗格选项】对话框，❶ 在【选择要显示的样式】下拉列表中选择样式显示方式，一般推荐选择【当前文档中的样式】；❷ 然后单击【确定】按钮即可，如图 10-101 所示。

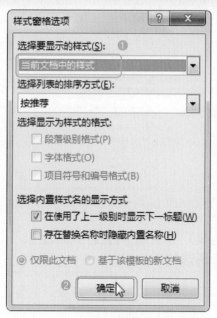

图 10-101

> **技能拓展——设置样式的排序方式**
>
> 根据操作需要，还可对【样式】窗格中的样式进行排序操作，方法为：打开【样式窗格选项】对话框，在【选择列表的排序方式】下拉列表中选择需要的排序方式即可。

技巧 03：将字体嵌入文件

教学视频	光盘\视频\第 10 章\技巧 03.mp4

当计算机中安装了一些非系统默认的字体，并在文档中设置字符格式或新建样式时使用了这些字体，而在其他没有安装这些字体的计算机中打开该文档时，就会出现显示不正常的问题。

为了解决这问题，可以将字体嵌入到文件中，具体操作方法为：打开【Word 选项】对话框，切换到【保存】选项卡，在【共享该文档时保留保真度】栏中选中【将字体嵌入文件】复选框，然后单击【确定】按钮即可，如图 10-102 所示。

图 10-102

技巧 04：让内置样式名显示不再混乱

教学视频	光盘\视频\第 10 章\技巧 04.mp4

默认情况下，对内置样式的名称进行修改后，新名称和旧名称会同时显示在【样式】窗格中，如图 10-103 和图 10-104 所示分别为修改前和修改后的效果。

图 10-103

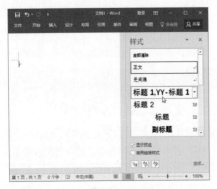

图 10-104

如果希望【样式】窗格中的内置样式只显示修改后的新名称，可按下面的操作方法实现。

Step01 在要编辑的文档中，单击【样式】窗格中的【选项】链接，如图 10-105 所示。

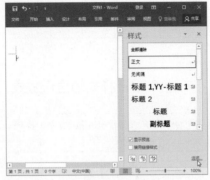

图 10-105

Step02 弹出【样式窗格选项】对话框，❶ 在【选择内置样式名的显示方式】栏中选中【存在替换名称时隐藏内置名称】复选框；❷ 单击【确定】按钮，如图 10-106 所示。

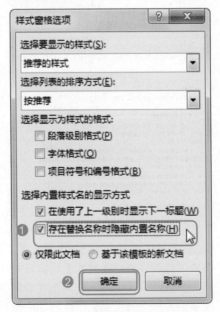

图 10-106

Step03 返回文档，可看见内置样式只显示了新名称，如图 10-107 所示。

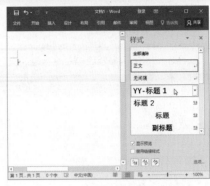

图 10-107

技巧 05：设置默认的样式集和主题

教学视频	光盘\视频\第 10 章\技巧 05.mp4

如果用户需要长期使用某一样式集和主题，可以将它们设置为默认值。设置默认的样式集和主题后，此后新建空白 Word 文档时，将直接使用该样式集和主题。设置默认样式集和主题的具体操作方法如下。

Step01 新建一篇空白文档，切换到【设计】选项卡，然后设置好需要使用的样式集和主题。

Step02 在【设计】选项卡的【文档格式】组中单击【设为默认值】按钮，如图 10-108 所示。

图 10-108

Step03 弹出提示框询问是否要将当前样式集和主题设置为默认值，单击【是】按钮即可，如图 10-109 所示。

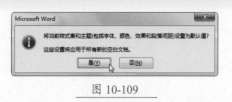

图 10-109

本章小结

　　本章主要讲解了使用样式、样式集或主题来排版美化文档，主要包括样式的创建与使用、管理样式、样式集与主题的使用等内容。通过本章的学习，相信读者的排版能力会得到提升，从而能够制作出版面更加漂亮的文档。

第11章 使用模板统筹布局

- ➡ 模板与普通文档有何区别？
- ➡ 如何查看当前文档正在使用什么模板？
- ➡ 模板是怎么创建的？
- ➡ 可以对模板文件设置密码保护吗？

在人们日常工作中，会经常使用到模板文档，模板到底是如何运用的呢？通过本章的学习，相信读者能从根本上了解模板，并且学会编排与设置人们需要的模板样式，从而大大提高工作效率。

11.1 了解模板

模板决定了文档的基本结构，新建的文档都是基于模板创建的，例如，新建的空白文档，是基于默认的"Normal.dotm"模板进行创建的。熟练使用模板，对于样式的传承是非常重要的。

11.1.1 为什么创建模板

在第1章中讲解了根据 Word 提供的模板创建新文档，让读者对模板有了一个初步了解。模板是所有 Word 文档的起点，基于同一模板创建出的多个文档包含了统一的页面格式、样式，甚至是内容。

在以模板为基准创建新文档时，新建的文档中会自动包含模板中的所有内容。因此，当经常需要创建某一种文档时，最好先按这种文档的格式创建一个模板，然后利用这个模板批量创建这类文档，如图 11-1 所示为模板使用示意图。

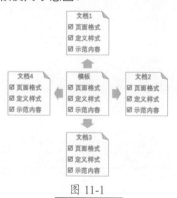

图 11-1

例如，财务部每个月都要制作一份财务报告，并且，每份财务报告中的标题和正文内容的文字与字体格式都是统一的，像这样的的情况，使用模板，可以高效完成工作。

所以，模板在批量创建相同文档方面具有极大的优势。模板中可以存储以下几类信息。

- ➡ 页面格式：包括纸张大小、页面方向、页边距、页眉/页脚等设置。
- ➡ 样式：包括 Word 内置样式和用户新建的样式。
- ➡ 示范内容：预先输入好的文字，以及插入的图片、表格等实际内容。

11.1.2 模板与普通文档的区别

为了让读者更好地了解模板，下面简单介绍一下模板与普通文档的区别。

- ➡ 文档格式 dotx 或 dotm，普通的 Word 文档的文件扩展名是 doc、docx 或 docm。通俗地理解，扩展名的第 3 个字母是 t，则是模板文档；扩展名的第 3 个字母是 c，则是普通文档。

- ➡ 功能和用法：本质上讲，模板和普通文档都是 Word 文件，但是模板用于批量生成与模板具有相同格式的数个普通文档，普通文档则是实实在在供用户直接使用的文档。简而言之，Word 模板相当于模具，而 Word 文档相当于通过模具批量生产出来的产品。

11.1.3 实战：查看文档使用的模板

实例门类	软件功能
教学视频	光盘\视频\第 11 章\11.1.3.mp4

在 Word 中，无论是新建的文档，还是打开的现有文档，都在使用模板。如果要查看文档使用的什么模板，可按下面的操作方法实现。

1. 在资源管理器中查看

当文档处于关闭状态时，可以通过资源管理器查看文档使用的模板，具体操作方法如下。

Step01 打开文件资源管理器，❶ 进入文档所在文件夹；❷右击要查看的文档；❸在弹出的快捷菜单中选择【属性】命令，如图11-2所示。

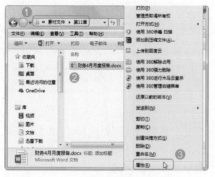

图 11-2

Step02 弹出文档的【属性】对话框，❶切换到【详细信息】选项卡；❷在【内容】栏中可看到该文档所使用的模板名称，如图11-3所示。

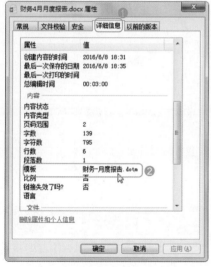

图 11-3

2. 通过【开发工具】选项卡查看

对于当前已打开的文档，可以通过【开发工具】选项卡（需要自定义功能区显示出来）查看文档所使用的模板，具体操作方法如下。

Step01 打开【Word选项】对话框，❶切换到【自定义功能区】选项卡；❷在右侧列表框中选中【开发工具】复选框；❸单击【确定】按钮，如图

11-4所示。

图 11-4

Step02 【开发工具】选项卡将显示在Word操作界面的功能区，单击【模板】组中的【文档模板】按钮，如图11-5所示。

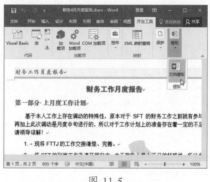

图 11-5

Step03 弹出【模板和加载项】对话框，在【模板】选项卡的【文档模板】文本框中可看到当前文档所使用的模板，如图11-6所示。

图 11-6

11.1.4 模板的存放位置

如果使用Word预置的模板，那么用户没有必要知道模板位于何处，直接使用即可。但是如果要根据自己制作的模板来创建新文档，那么就需要了解模板的存放位置，以便于后期的使用与管理。

在Word 2016中，用户创建的模板默认存放在"自定义Office模板"文件夹内。如果将Windows操作系统安装到了C盘，那么"自定义Office模板"文件夹默认位于"C:\Users\Administrator\Documents\"目录下，其中"Administrator"指当前登录Windows操作系统的用户名称。

根据操作需要，可以为模板自定义设置默认的存放路径及文件夹，具体操作方法为：打开【Word选项】对话框，切换到【保存】选项卡，在【保存文档】栏的【默认个人模板位置】文本框中输入常用存储路径，单击【确定】按钮即可，如图11-7所示。

图 11-7

11.1.5 实战：认识Normal模板与全局模板

实例门类	软件功能
教学视频	光盘\视频\第11章\11.1.5.mp4

通过启动Word或按【Ctrl+N】组合键的方式，都可以创建新空白文档，这些空白文档是基于名为Normal的模板创建的，该模板

是 Word 中的通用模板，主要有以下特点。

→ 所有默认新建的文档都是以 Normal 模板为基准。

→ 存储在 Normal 模板中的样式和内容都可被所有文档使用。

→ 存储在 Normal 模板中的宏可被所有文档使用。

因为 Normal 模板具有以上几个优势，所以根据个人操作需要，可以将有用的内容都放在 Normal 模板中，这样 Normal 模板中的所有功能和内容都可以传承到新建的文档中。但是，当 Normal 模板中包含过多的内容，就会出现以下两个问题。

→ Normal 模板中的内容过多，会影响 Word 程序的启动速度。

→ 如果 Normal 模板中的内容不堪重负，容易导致 Normal 模板出错，甚至可能会导致 Word 无法正常启动。

由于 Normal 模板文件的好坏会影响到 Word 程序的启动状态，因此最好是使用全局模板。所谓全局模板，就是指模板中的内容可以被当前打开的所有文档使用，即使没有打开任何文档，全局模板中的一些设置也可以作用于 Word 程序本身。

全局模板可以实现 Normal 模板中的大部分功能，而且还不会影响到 Word 的启动状态，制作方式和包含的内容类型与普通模板几乎相同。全局模板与普通模板的主要区别在于模板的作用范围和载入时机不同，全局模板作用于当前打开的所有文档，而普通模板只针对于基于它创建的文档。

使用全局模板的具体操作方法如下。

Step01 ❶ 切换到【开发工具】选项卡，❷ 单击【模板】组中的【文档模板】按钮，如图 11-8 所示。

图 11-8

Step02 弹出【模板和加载项】对话框，在【模板】选项卡的【共用模板及加载项】栏中单击【添加】按钮，如图 11-9 所示。

图 11-9

Step03 ❶ 弹出【添加模板】对话框，选择需要作为全局模板的文件；❷ 单击【确定】按钮，如图 11-10 所示。

图 11-10

Step04 返回【模板和加载项】对话框，刚才所选模板文件将加载到【共用模板及加载项】栏的列表框中，如图 11-11 所示。此后，在所有打开的文档中就可以使用该模板中包含的功能了。

图 11-11

技术看板

在【共用模板及加载项】栏的列表框中，对于不再需要使用的模板，可以先选中该模板，然后单击【删除】按钮将其删除；如果只是想暂时禁用某个模板，可以取消选中该模板对应的复选框。

11.2 创建与使用模板

在使用模板的过程中，如果 Word 内置的模板不能满足用户的使用需求，那么可以手动创建模板。对于没有接触过模板的用户而言，也许会觉得模板的创建与使用非常难。但事实上，创建与使用模板的过程非常简单，接下来就可以亲身体验。

★ 重点 11.2.1 实战：创建报告模板

实例门类	软件功能
教学视频	光盘\视频\第 11 章\11.2.1.mp4

模板的创建过程非常简单，只需先创建一个普通文档，然后在该文档中设置页面版式、创建样式等操作，最后保存为模板文件类型即可，如图 11-12 所示为创建模板的流程图。

图 11-12

通过图 11-12 中的流程图不难发现，创建模板的过程与创建普通文档并无太大区别，最主要的区别在于保存文件时的格式不同。模板具有特殊的文件格式，Word 2003 模板的文件扩展名为 dot，Word 2007 以及 Word 更高版本的模板文件的扩展名为 dotx 或 dotm；Dotx 为不包含 VBA 代码的模板；Dotm 模板可以包含 VBA 代码。

技术看板

创建模板后，可以通过模板文件的图标来区分模板是否可以包含 VBA 代码。图标上带有叹号的模板文件（如图 11-13 所示），表示可以包含 VBA 代码；若图标上没有带有叹号的模板文件（如图 11-14 所示），表示不能包含 VBA 代码。

图 11-13	图 11-14

创建模板的具体操作方法如下。

Step01 新建一篇普通空白文档，并在该文档中设置相应的内容，设置后的效果如图 11-15 所示。

图 11-15

Step02 按【F12】键，弹出【另存为】对话框，❶ 在【保存类型】下拉列表中选择模板的文件类型，本例中选择【启用宏的 Word 模板 (*.dotm)】；❷ 此时保存路径将自动设置为模板的存放路径，直接在【文件名】文本框中输入模板的文件名；❸ 单击【保存】按钮即可，如图 11-16 所示。

图 11-16

技能拓展——在【另存为】对话框中重新选择存放位置

保存模板文件时，选择了模板类型后，保存路径会自动定位到模板的存放位置，如果不需要将当前模板保存到指定的存放位置，可以在【另存为】对话框中重新选择存放位置。

★ 新功能 11.2.2 实战：使用报告模板创建新文档

实例门类	软件功能
教学视频	光盘\视频\第 11 章\11.2.2.mp4

创建好模板后，就可以基于模板创建任意数量的文档了，具体操作方法如下。

Step01 在 Word 窗口中打开【文件】菜单，❶ 在左侧窗格单击【新建】命令；❷ 在右侧窗格中将看到【特色】和【个人】两个类别，选择【个人】类别，如图 11-17 所示。

图 11-17

Step02 在【个人】类别界面中将看到自己创建的模板，单击该模板选项，如图 11-18 所示。

图 11-18

Step03 即可基于所选模板创建新文档，如图 11-19 所示。

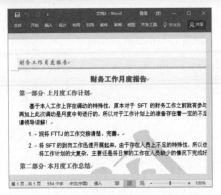

图 11-19

技术看板

在创建模板文件时，如果是手动设置的保存位置（即没有保存到模板的指定存放位置），则使用该模板创建新文档时，需要先打开文件资源管理器，进入模板所在文件夹，然后双击模板文件，即可基于该模板创建新文档。

★ 重点 11.2.3 实战：将样式的修改结果保存到模板中

实例门类	软件功能
教学视频	光盘\视频\第 11 章\11.2.3.mp4

基于某个模板创建文档后，对文档中的某个样式进行了修改，如果希望以后基于该模板创建新文档时直接使用这个新样式，则可以将文档中的修改结果保存到模板中。

例如，基于模板文件"人力 - 月度报告 .dotm"创建了一个"人力资源部 6 月月度工作报告 .docx"文档，现将"人力资源部 6 月月度工作报告 .docx"中的样式"报告 - 标题 2"

进行了更改，希望修改结果保存到模板"人力 - 月度报告 .dotm"中，具体操作方法如下。

Step01 打开"光盘\素材文件\第 11 章\人力资源部 6 月月度工作报告 .docx"的文件，❶在【样式】窗格中使用鼠标右键单击【报告 - 标题 2】；❷在弹出的快捷菜单中选择【修改】命令，如图 11-20 所示。

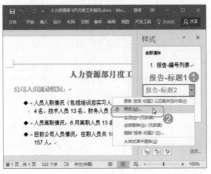

图 11-20

Step02 弹出【修改样式】对话框，❶对样式格式参数进行修改，本例中将字体颜色更改为了【绿色】；❷选中【基于该模板的新文档】单选按钮；❸单击【确定】按钮，如图 11-21 所示。

图 11-21

Step03 返回文档，单击快速访问工具栏中的【保存】按钮 进行保存，如图 11-22 所示。

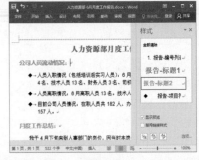

图 11-22

Step04 此时将弹出提示框询问是否保存对文档模板的修改，单击【是】按钮，如图 11-23 所示。

图 11-23

Step05 打开文档使用的模板"人力 - 月度报告 .dotm"，此时可发现该模板中的样式也得到了即时更新，如图 11-24 所示。

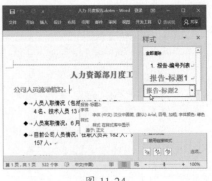

图 11-24

11.3 管理模板

为了更好地使用模板，可以对模板进行有效的管理，如分类存放模板、加密模板文件以及共享模板中的样式等，接下来将分别进行讲解。

11.3.1 修改模板中的内容

创建模板后，根据需要还可对模板进行修改操作，如修改示范内容、修改页面格式，以及对样式进行修改、创建、删除等操作。修改模板与修改普通文档没什么区别，只需在 Word 程序中打开模板文件，然后按常规的编辑方法修改模板中的内容和设置格式即可。

只是在打开模板文件时，不能直接双击模板文件，否则将基于模板文件创建新的文档。模板文件的打开方式主要有以下两种。

➜ 打开文件资源管理器，进入模板所在文件夹，使用鼠标右键单击需要编辑的模板文件，在弹出的快捷菜单中选择【打开】命令即可，如图 11-25 所示。

图 11-25

➜ 在 Word 窗口中弹出【打开】对话框，在其中找到并选中需要编辑的模板文件，然后单击【打开】按钮即可，如图 11-26 所示。

图 11-26

★ 重点 ★ 新功能 11.3.2 实战：将模板分类存放

实例门类	软件功能
教学视频	光盘\视频\第 11 章\11.3.2.mp4

当创建的模板越来越多时，会发现在基于模板新建文档时，很难快速找到需要的那个模板。为了方便使用模板，可以像文件夹组织文件那样对模板进行分类存放，从而提高查找模板的效率。分类管理模板的具体操作方法如下。

Step01 打开资源管理器，进入模板文件的存放路径，然后按照用途或者其他方式对模板进行类别的划分，并确定好每个类别的名称，如图 11-27 所示。

图 11-27

Step02 完成上述操作后，启动 Word 程序，基于自定义模板创建新文档时，在【新建】界面中选择【个人】类别，此时可看到表示模板类别的多个文件夹图标，它们的名称对应于之前创建的多个文件夹的名称，如图 11-28 所示。

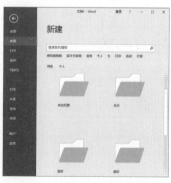

图 11-28

技术看板

在为模板分类时，如果创建了空文件夹，则在【个人】类别下不会显示该类别。

Step03 单击某个文件夹图标，即可进入其中并看到该类别下的模板，如图 11-29 所示，单击某个模板，即可基于该模板创建新文档。

图 11-29

★ 重点 11.3.3 实战：加密报告模板文件

实例门类	软件功能
教学视频	光盘\视频\第 11 章\11.3.3.mp4

如果不希望别人随意修改模板中的格式和内容，则可以为模板设置密码保护，具体操作方法如下。

Step01 在"财务-月度报告.dotm"模板中，按【F12】键打开【另存为】对话框，❶ 单击【工具】按钮，❷ 在弹出的菜单中选择【常规选项】命令，如图 11-30 所示。

图 11-30

Step02 弹出【常规选项】对话框，❶ 在【修改文件时的密码】文本框中输入密码【123】；❷ 单击【确定】按钮，如图 11-31 所示。

图 11-31

技能拓展——设置模板文件的打开密码

如果不希望其他用户查看和使用模板文件，也可以设置密码保护，方法为：在要进行保护的模板文件中打开【常规选项】对话框，在【打开文件时的密码】文本框中输入密码即可。此后打开该模板时，会弹出【密码】对话框，此时只有输入正确的密码才能打开该模板。

此外，对模板文件设置打开密码保护后，基于该模板新建的文档会自动添加和模板一样的密码。

Step03 弹出【确认密码】对话框，❶ 在文本框中再次输入密码【123】，❷ 单击【确定】按钮，如图 11-32 所示。

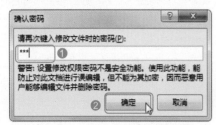

图 11-32

Step04 返回【另存为】对话框，直接单击【保存】按钮保存设置，如图 11-33 所示。

图 11-33

Step05 设置密码保护后，此后打开"财务 - 月度报告 .dotm"模板时，会弹出【密码】对话框，此时只有输入正确的密码才能打开该模板并修改其中的内容。否则，只有通过单击【只读】按钮，以只读模式打开该模板，如图 11-34 所示。

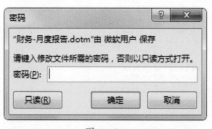

图 11-34

技能拓展——取消密码保护

对模板设置修改密码后，若要取消密码，则先打开该模板，再打开【常规选项】对话框，在【修改文件时的密码】文本框中删除密码即可。

★ 重点 11.3.4 实战：直接使用模板中的样式

实例门类	软件功能
教学视频	光盘\视频\第 11 章\11.3.4.mp4

在编辑文档时，如果需要使用某个模板中的样式，不仅可以通过复制样式（参考第 10 章相关知识）的方法实现，还可以按照下面的操作方法实现。

Step01 新建一篇名为"使用模板中的样式"的空白文档，❶ 切换到【开发工具】选项卡；❷ 单击【模板】组中的【文档模板】按钮，如图 11-35 所示。

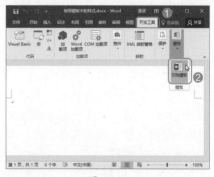

图 11-35

Step02 弹出【模板和加载项】对话框，在【模板】选项卡的【文档模板】栏中单击【选用】按钮，如图 11-36 所示。

图 11-36

Step03 ❶ 在弹出的【选用模板】对话框中选择需要的模板；❷ 单击【打开】按钮，如图 11-37 所示。

图 11-37

Step④ 返回【模板和加载项】对话框，此时在【文档模板】文本框中将显示添加的模板文件名和路径，❶选中【自动更新文档样式】复选框；❷单击【确定】按钮，如图11-38所示。

Step⑤ 返回文档，即可将所选模板中的样式添加到文档中，如图11-39所示。

图 11-38

图 11-39

妙招技法

通过前面知识的学习，相信读者朋友已经学会了如何使用模板来统一文档的格式了。下面结合本章内容，给大家介绍一些实用技巧。

技巧01：如何在新建文档时预览模板内容

教学视频	光盘\视频\第11章\技巧01.mp4

在基于用户创建的模板新建文档时，可能在选择模板时无法预览模板中的内容。为了更好地选择使用模板，可以通过设置，使用户在选择模板时可以预览其中的内容，具体操作方法如下。

Step① 打开需要设置预览的模板文件，打开【文件】菜单，❶在【信息】界面中单击【属性】按钮；❷在弹出的下拉列表中选择【高级属性】选项，如图11-40所示。

图 11-40

Step② 弹出文档属性对话框，❶切换到【摘要】选项卡；❷选中【保存

所有 Word 文档的缩略图】复选框；❸单击【确定】按钮，如图11-41所示。

图 11-41

Step③ 通过上述设置后，以后在基于该模板创建文档时，可看到该模板中的预览内容，如图11-42所示。

图 11-42

技巧02：通过修改文档来改变Normal.dotm 模板的设置

教学视频	光盘\视频\第11章\技巧02.mp4

默认情况下，新建的空白文档是基于 Normal.dotm 模板创建的。如果对 Normal.dotm 模板中的一些设置进行了修改，是无法直接保存的。要想改变 Normal.dotm 模板中的一些设置，如页面设置、【字体】对话框中的设置更改、【段落】对话框中的设置更改等，可以通过修改文档来实现。例如，要修改模板的页面布局，具体操作方法如下。

Step① 新建一篇空白文档，❶切换到【布局】选项卡；❷单击【页面设置】组中的【功能扩展】按钮，如图11-43所示。

图 11-43

Step02 弹出【页面设置】对话框，❶根据需要进行相应的页面设置；❷完成设置后单击【设为默认值】按钮，如图 11-44 所示。

图 11-44

Step03 弹出提示框询问是否要更改页面的默认设置，单击【是】按钮，可将设置结果保存到 Normal.dotm 模板，如图 11-45 所示。

图 11-45

技术看板

同样的道理，在【字体】或【段落】对话框中进行设置后，通过单击【设为默认值】按钮，便可将设置结果保存到 Normal.dotm 模板。

技巧03： 让文档中的样式随模板而更新

教学视频	光盘 \ 视频 \ 第 11 章 \ 技巧 03.mp4

基于某个模板文件创建了 n 个文档后，发现某些样式的参数设置有误，此时若逐个对这些文档的样式进行修改，会显得非常烦琐。要想快速修改这些文档中的样式，可通过在模板中修改样式来进行更新，具体操作方法如下。

Step01 打开文档使用的模板，对样式进行修改，完成修改后按【Ctrl+S】组合键进行保存。

Step02 打开已经创建好的文档，打开【模板和加载项】对话框，❶选中【自动更新文档样式】复选框；❷单击【确定】按钮，如图 11-48 所示。

图 11-46

Step03 通过设置后，模板中的样式的最新格式将会自动更新到当前文档的同名样式中。

技巧04： 如何删除自定义模板

教学视频	光盘 \ 视频 \ 第 11 章 \ 技巧 04.mp4

手动创建模板后，如果要删除该模板文件，需要进入文件资源管理器

进行删除，具体操作方法如下。

Step01 打开文件资源管理器，❶进入模板所在文件夹；❷右击需要删除的模板文件；❸在弹出的快捷菜单中选择【删除】命令，如图 11-47 所示。

图 11-47

Step02 弹出【删除文件】提示框询问是否要放入回收站，单击【是】按钮，如图 11-48 所示。

图 11-48

Step03 通过上述操作后，根据自定义模板创建文档时，可发现【个人】类别界面中已经没有模板了，如图 11-49 所示。

图 11-49

本章小结

本章主要讲解了使用模板的创建与使用方法，主要包括了解模板的基础知识、创建与使用模板、管理模板等内容。通过本章的学习，希望读者能够灵活运用模板来统筹文档的布局、格式，从而加快对文档的编排速度。

第 12 章　查找与替换

- → 什么是智能查找？怎么使用？
- → 某个词组大量输错，怎么办？
- → 如何对文档中指定范围的内容进行替换操作？
- → 对文本格式进行替换，你会吗？
- → 小小通配符妙用多，你会使用吗？

修改文档是一件很麻烦的事，特别是遇到需要大量修改的相同的文字和格式，一个一个地修改，也太浪费时间了！通过本章的学习，教会读者如何通过查找替换和通配符来快速将文本、格式甚至图片做统一修改。

12.1　查找和替换文本内容

Word 的查找和替换功能非常强大，是用户在编辑文档过程中频繁使用的一项功能。使用查找功能，可以在文档中快速定位到指定的内容，使用替换功能可以将文档中的指定内容修改为新内容。结合使用查找和替换功能，可以提高文本的编辑效率。

12.1.1　实战：查找公司概况文本

实例门类	软件功能
教学视频	光盘\视频\第 12 章\12.1.1.mp4

如果希望快速查找到某内容（例如字、词、短语或句子）在文档中出现的具体位置，可通过查找功能实现。

1. 使用【导航】窗格查找

在 Word 2016 中通过【导航】窗格可以非常方便地查找内容，具体操作方法如下。

Step01 打开"光盘\素材文件\第 12 章\公司概况 .docx"的文件，❶ 切换到【视图】选项卡；❷ 选中【显示】组中的【导航窗格】复选框，打开【导航】窗格，如图 12-1 所示。

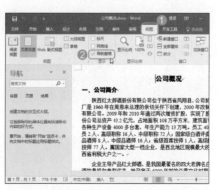

图 12-1

> **技能拓展——快速打开【导航】窗格**
>
> 在 Word 2010 及以上的版本中，按【Ctrl+F】组合键，可快速打开【导航】窗格。

Step02 在【导航】窗格的搜索框中输入要查找的内容，Word 会自动在当前文档中进行搜索，并以黄色进行标示，以突出显示查找到的全部内容，同时在【导航】窗格搜索框的下方显示搜索结果数量，如图 12-2 所示。

图 12-2

Step03 ❶ 在【导航】窗格中切换到【结果】标签；❷ 将会在搜索框下方以列表框的形式显示所有搜索结果，单击某条搜索结果，文档中也会快速定位到相应位置，如图 12-3 所示。

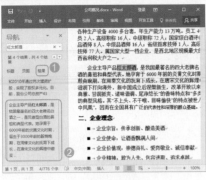

图 12-3

Step**04** 在【导航】窗格中，删除搜索框中输入的内容，可以取消文档中的突出显示，即表示停止搜索。

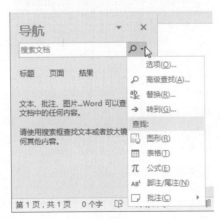

图 12-4

2. 使用对话框查找

在 Word 2007 及以前的版本中，都是通过【查找和替换】对话框来查找内容的。在 Word 2016 中同样可以使用【查找和替换】对话框进行查找，具体操作方法如下。

Step**01** 在"公司概况 .docx"文档中，❶ 将光标插入点定位在文档的起始处；❷ 在【导航】窗格的搜索框右侧单击下拉按钮 ；❸ 在弹出的下拉列表中选择【高级查找】选项，如图 12-5 所示。

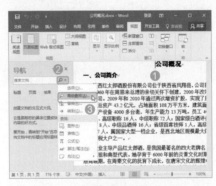

图 12-5

Step**02** 弹出【查找和替换】对话框，并自动定位在【查找】选项卡，❶ 在【查找内容】文本框中输入要查找的内容，本例中输入【红太郎酒】；❷ 单击【查找下一处】按钮，Word 将从光标插入点所在位置开始查找，当找到【红太郎酒】出现的第一个位置时，会以选中的形式显示，如图 12-6 所示。

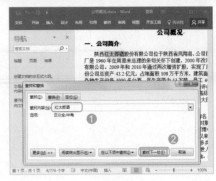

图 12-6

Step**03** 若继续单击【查找下一处】按钮，Word 会继续查找，当查找完成后会弹出提示框提示完成搜索，❶ 单击【确定】按钮关闭该提示框；❷ 返回【查找和替换】对话框，单击【关闭】按钮 关闭该对话框即可，如图 12-7 所示。

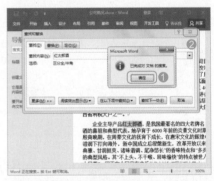

图 12-7

★ 新功能 12.1.2 智能查找内容

实例门类	软件功能
教学视频	光盘\视频\第12章\12.1.2.mp4

在 Word 2013 及以前的版本中，在阅读或编辑文档时遇到不理解的字词，需要打开网页进行查询。Word 2016 新增了智能查找功能，通过该功能，直接在 Word 文档中就能查询了，省去了上网查询的麻烦，大大提高了工作效率。

智能查找的使用方法如下。

Step01 在"公司概况.docx"文档中，❶选中需要查询的关键词，右击；❷在弹出的快捷菜单中选择【智能查找】命令，如图 12-8 所示。

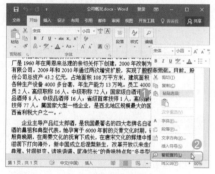

图 12-8

Step02 Word 程序开始自动联网查询，完成查询后将在【智能查找】窗格中显示查询结果，如图 12-9 所示。

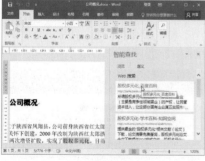

图 12-9

Step03 在查询结果中单击某条结果，将自动启动浏览器，并在浏览器中显示详细介绍，如图 12-10 所示。

图 12-10

技术看板

只有在计算机联网的情况下，才能正常使用智能查找功能。

12.1.3 实战：全部替换公司概况文本

实例门类	软件功能
教学视频	光盘\视频\第12章\12.1.3.mp4

替换功能主要用于修改文档中的错误内容。当同一错误在文档中出现了很多次，可以通过替换功能进行批量修改，具体操作方法如下。

Step01 在"公司概况.docx"文档中，❶将光标插入点定位在文档的起始处；❷在【导航】窗格中单击搜索框右侧的下拉按钮；❸在弹出的下拉列表中选择【替换】选项，如图 12-11 所示。

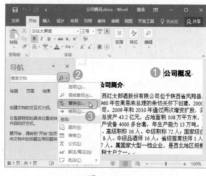

图 12-11

Step02 弹出【查找和替换】对话框，

并自动定位在【替换】选项卡，❶在【查找内容】文本框中输入要查找的内容，本例中输入【红太郎酒】；❷在【替换为】文本框中输入要替换的内容，本例中输入【语凤酒】；❸单击【全部替换】按钮，如图 12-12 所示。

图 12-12

技能拓展——快速定位到【替换】选项卡

在要进行替换内容的文档中，按【Ctrl+H】组合键，可快速打开【查找和替换】对话框，并自动定位在【替换】选项卡。

Step03 Word 将对文档中所有【红太郎酒】一词进行替换操作，完成替换后，在弹出的提示框中单击【确定】按钮，如图 12-13 所示。

图 12-13

Step04 返回【查找和替换】对话框，单击【关闭】按钮关闭该对话框，如图 12-14 所示。

图 12-14

Step05 返回文档，即可查看替换后的效果，如图 12-15 所示。

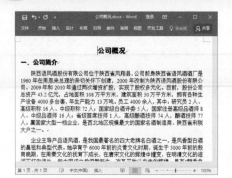

图 12-15

12.1.4 实战：逐个替换文本

实例门类	软件功能
教学视频	光盘\视频\第 12 章\12.1.4.mp4

在进行替换操作时，如果只是需要将部分内容进行替换，则需要逐个替换，以避免替换掉不该替换的内容。逐个替换的操作方法如下。

Step01 打开"光盘\素材文件\第 12 章\VB 与 VBA.docx"的文件，❶ 将光标插入点定位在文档起始位置；❷ 在【导航】窗格中单击搜索框右侧的下拉按钮▾；❸ 在弹出的下拉列表中选择【替换】选项，如图 12-16 所示。

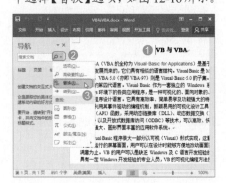

图 12-16

Step02 弹出【查找和替换】对话框，❶ 在【查找内容】文本框内输入查找内容，本例中输入【Visual Basic】；❷ 在【替换为】文本框内输入替换内容，本例中输入【VB】；❸ 单击【查找下一处】按钮，如图 12-17 所示。

图 12-17

Step03 Word 将开始进行查找，当找到查找内容出现的第一个位置时，用户需要先判断是否要进行替换。若要替换，则单击【替换】按钮进行替换；若不需要替换，则单击【查找下一处】按钮。本例中此处不需要替换，因此单击【查找下一处】按钮，如图 12-18 所示。

图 12-18

Step04 Word 将忽略当前位置，并继续查找。当查找到需要替换的内容时，则单击【替换】按钮进行替换，如图 12-19 所示。

图 12-19

Step05 替换掉当前内容后，Word 将继续查找。参照上述操作方法，对其他内容进行替换或忽略，完成操作后，在弹出的提示框中单击【确定】按钮，如图 12-20 所示。

图 12-20

Step06 返回【查找和替换】对话框，单击【关闭】按钮，如图 12-21 所示。

图 12-21

Step07 返回文档，可查看逐个替换后的效果，如图 12-22 所示。

图 12-22

★ 重点 12.1.5 实战：批量更改英文大小写

实例门类	软件功能
教学视频	光盘\视频\第 12 章\12.1.5.mp4

在"光盘\素材文件\第 12 章\Be grateful to life.docx"文档中，包含了"It"和"it"两种形式的同一个单词，如图 12-23 所示。

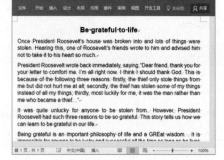

图 12-23

现在希望将文档中所有的"It"修改为全大写形式的"IT",而原来的全小写形式"it"保持不变,可通过替换功能实现,具体操作方法如下。

Step01 在"Be grateful to life.docx"文档中,打开【查找和替换】对话框,并定位到【替换】选项卡,然后单击【更多】按钮,如图12-24所示。

图 12-24

Step02 展开【查找和替换】对话框,此时【更多】按钮变为【更少】按钮,如图12-25所示。

图 12-25

技术看板

展开【查找和替换】对话框后,单击【更少】按钮,可将该对话框折叠起来。在后面的案例操作中,当需要将【查找和替换】对话框展开时,请读者参考此处操作,后面的操作中将不再赘述。

Step03 ❶在【查找内容】文本框中输入【It】;❷在【替换为】文本框中输入【IT】;❸在【搜索选项】栏中选中【区分大小写】复选框;❹单击

【全部替换】按钮,如图12-26所示。

图 12-26

Step04 Word将按照设置的查找和替换条件进行查找替换,完成替换后,在弹出的提示框中单击【确定】按钮,如图12-27所示。

图 12-27

Step05 返回【查找和替换】对话框,单击【关闭】按钮关闭该对话框,如图12-28所示。

图 12-28

Step06 返回文档,即可查看替换后的效果,如图12-29所示。

图 12-29

在【搜索选项】栏中,有几个选项是专门针对查找英文文本的设置,下面简单进行介绍。

➥ 【区分大小写】复选框:选中后,Word在查找时将会严格匹配搜索内容的大小写。例如,要查找的是"Vba",绝不会查找"VBA""vba"等。反之,没有选中该复选框的状态下,查找时不会区分大小写,所以允许用户输入任意大小写形式的内容。

➥ 【全字匹配】复选框:选中后,会搜索符合条件的完整单词,而不会搜索某个单词的局部。例如,要查找的是"shop",绝不会查找"shopping"。

➥ 【同音】复选框:选中后,则可以查找与查找内容发音相同但拼写不同的单词。例如,查找"for"时,也会查找"four"。

➥ 【查找单词的所有形式】复选框:选中后,则会查找指定单词的所有形式。例如,查找"win"时,还会查找"won"。

➥ 【区分全/半角】复选框:默认为选中状态,Word将严格按照输入时的全角或半角字符进行搜索。例如,要查找的是"win",绝不会查找"ｗｉｎ""ｗｉn"等。反之,若没有选中该复选框,则Word在查找时不会区分全角、半角格式。

★ 重点 12.1.6 实战：批量更改文本的全角、半角状态

实例门类	软件功能
教学视频	光盘\视频\第12章\12.1.6.mp4

在"光盘\素材文件\第12章\The wisdom of life.docx"文档中，"learned"单词在输入时，因为输入模式的原因，导致该单词处于全角、半角混搭状态，如图12-30所示。

图 12-30

现在希望将"learned"单词全部调整为半角状态，可以通过替换功能进行实现，具体操作方法如下。

Step01 在"The wisdom of life.docx"文档中，打开【查找和替换】对话框，定位到【替换】选项卡，然后展开【查找和替换】对话框。

Step02 ① 在【查找内容】文本框中输入【ｌｅａｒｎｅｄ】；② 在【替换为】文本框中输入【learned】；③ 在【搜索选项】栏中取消选中【区分全/半角】复选框；④ 单击【全部替换】按钮，如图12-31所示。

图 12-31

Step03 Word 将按照设置的查找和替换条件进行查找替换，完成替换后，在弹出的提示框中单击【确定】按钮，如图12-32所示。

图 12-32

Step04 返回【查找和替换】对话框，单击【关闭】按钮关闭该对话框，如图12-33所示。

图 12-33

Step05 返回文档，即可查看替换后的效果，如图12-34所示。

图 12-34

★ 重点 12.1.7 实战：局部范围内的替换

实例门类	软件功能
教学视频	光盘\视频\第12章\12.1.7.mp4

在"光盘\素材文件\第12章\红酒的种类.docx"文档的第3段内容中，将所有的"白葡萄酒"输成了"红葡萄酒"，如图12-35所示。

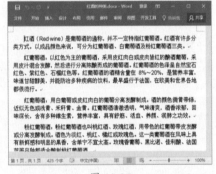

图 12-35

此时，可以对文档中的部分内容进行替换，以避免替换了不该替换的内容，具操作方法如下。

Step01 在"红酒的种类.docx"文档中，① 选中第3段内容；② 打开【查找和替换】对话框，并定位到【替换】选项卡，如图12-36所示。

图 12-36

Step02 ❶ 在【查找内容】文本框中输入【红葡萄酒】；❷ 在【替换为】文本框中输入【白葡萄酒】；❸ 单击【全部替换】按钮，如图 12-37 所示。

图 12-37

Step03 Word 将按照设置的查找和替换条件对文档中第 3 段内容进行查找替换，完成替换后，弹出提示框中询问是否搜索文档其余部分，单击【否】按钮，如图 12-38 所示。

图 12-38

Step04 返回【查找和替换】对话框，单击【关闭】按钮关闭该对话框，如图 12-39 所示。

图 12-39

Step05 返回文档，即可查看替换后的效果，如图 12-40 所示。

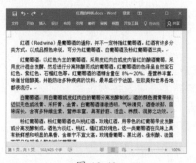

图 12-40

技能拓展——在指定范围内进行查找和替换

在一篇含有文本框、批注或尾注等对象的文档中（关于批注、尾注的含义及使用，将在后面的章节中讲解），还可以只对文本框、批注或尾注中的内容进行查找和替换。例如，只查找和替换批注中的内容，则先打开并展开【查找和替换】对话框，在【查找】选项卡中设置查找内容，然后单击【在以下项中查找】按钮，在弹出的下拉菜单中选择【批注】命令指定搜索范围，最后在【替换】选项卡中设置替换条件进行替换即可。

12.2 查找和替换格式

使用查找和替换功能，不仅可以对文本内容进行查找替换，还可以查找替换字符格式和段落格式，如查找带特定格式的文本、将文本内容修改为指定格式等。

★ 重点 12.2.1 实战：为指定内容设置字体格式

实例门类	软件功能
教学视频	光盘\视频\第 12 章\12.2.1.mp4

通过查找替换功能，可以很轻松地将指定内容设置为需要的格式，避免了逐个选择设置的烦琐。为指定内容设置字体格式的具体操作方法如下。

Step01 打开"光盘\素材文件\第 12 章\名酒介绍 .docx"的文件，❶ 将光标插入点定位在文档的起始处；❷ 在【导航】窗格中单击搜索框右侧的下拉按钮 ▼；❸ 在弹出的下拉列表中选择【替换】选项，如图 12-41 所示。

图 12-41

Step02 弹出【查找和替换】对话框，自动定位在【替换】选项卡，通过单击【更多】按钮展开对话框。❶ 在【查找内容】文本框中输入查找内容【华山论剑】；❷ 将光标插入点定位在【替换为】文本框；❸ 单击【格式】按钮；❹ 在弹出的菜单中选择【字体】命令，如图 12-42 所示。

图 12-42

Step03 ❶ 在弹出的【替换字体】对话框中设置需要的字符格式；❷ 完成设置后单击【确定】按钮，如图 12-43 所示。

图 12-43

Step04 返回【查找和替换】对话框，【替换为】文本框下方显示了要为指定内容设置的格式参数，确认无误后单击【全部替换】按钮，如图 12-44 所示。

图 12-44

Step05 Word 将按照设置的查找和替换条件进行查找替换，完成替换后，在弹出的提示框中单击【确定】按钮，如图 12-45 所示。

图 12-45

Step06 返回【查找和替换】对话框，单击【关闭】按钮关闭该对话框，如图 12-46 所示。

图 12-46

Step07 返回文档，即可查看替换后的效果，如图 12-47 所示。

图 12-47

★ 重点 12.2.2 实战：替换字体格式

实例门类	软件功能
教学视频	光盘\视频\第 12 章\12.2.2.mp4

编辑文档时，还可以将某种字体格式替换为另一种字体格式，具体操作方法如下。

Step01 在"名酒介绍 .docx"文档中打开【查找和替换】对话框，并展开该对话框。

Step02 ❶ 将光标插入点定位在【查找内容】文本框中；❷ 单击【格式】按钮；❸ 在弹出的菜单中选择【字体】命令，如图 12-48 所示。

图 12-48

Step03 ❶ 在弹出的【查找字体】对话框中设置指定格式，本例中将字体颜色设置为红色；❷ 完成设置后单击【确定】按钮，如图 12-49 所示。

图 12-49

图 12-51

图 12-54

Step04 返回【查找和替换】对话框,【查找内容】文本框下方显示了要查找的指定格式。① 将光标插入点定位在【替换为】文本框;② 单击【格式】按钮;③ 在弹出的菜单中选择【字体】命令,如图 12-50 所示。

图 12-50

Step05 ① 在弹出的【替换字体】对话框中设置需要的字符格式;② 完成设置后单击【确定】按钮,如图 12-51 所示。

Step06 返回【查找和替换】对话框,【替换为】文本框下方显示了要替换的字体格式,确认无误后单击【全部替换】按钮,如图 12-52 所示。

图 12-52

Step07 Word 将按照设置的查找和替换条件进行查找替换,完成替换后,在弹出的提示框中单击【确定】按钮,如图 12-53 所示。

图 12-53

Step08 返回【查找和替换】对话框,单击【关闭】按钮关闭该对话框,如图 12-54 所示。

Step09 返回文档,可发现所有字体颜色为红色的文本内容的格式发生了改变,如图 12-55 所示。

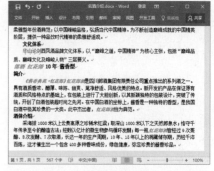

图 12-55

技能拓展——查找指定格式的文本

如果要对指定格式的文本内容进行替换,则需要先查找指定格式的文本。例如,本操作中若只需要对红色、五号的"红花郎酒"文本进行替换操作,则先在【查找内容】文本框中输入【红花郎酒】,然后通过单击【格式】按钮设置指定的字符格式即可。

★ 重点 12.2.3 实战:替换工作报告样式

实例门类	软件功能
教学视频	光盘\视频\第12章\12.2.3.mp4

在使用样式排版文档时,若将需要应用 A 样式的文本都误用了 B 样式,则可以通过替换功能进行替换。

例如，在"光盘\素材文件\第12章\人力资源部月度工作报告.docx"文档中，将需要应用"报告-项目符号"样式的段落全部应用了"报告-编号列表"样式，如图12-56所示。

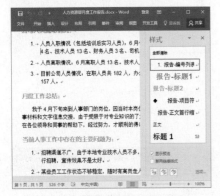

图 12-56

现在通过替换功能，对所有应用了"报告-编号列表"样式的段落重新使用"报告-项目符号"样式，具体操作方法如下。

Step01 在"人力资源部月度工作报告.docx"文档中打开【查找和替换】对话框，并展开该对话框。

Step02 ❶将光标插入点定位在【查找内容】文本框中；❷单击【格式】按钮；❸在弹出的菜单中选择【样式】命令，如图12-57所示。

图 12-57

Step03 ❶弹出【查找样式】对话框，在【查找样式】列表中选择需要查找的样式，本例中选择【报告-编号列表】；❷单击【确定】按钮，如图12-58所示。

图 12-58

Step04 返回【查找和替换】对话框，【查找内容】文本框下方显示了要查找的样式。❶将光标插入点定位在【替换为】文本框；❷单击【格式】按钮；❸在弹出的菜单中选择【样式】命令，如图12-59所示。

图 12-59

Step05 ❶弹出【替换样式】对话框，在【用样式替换】列表框中选择替换样式，本例中选择【报告-项目符号】样式；❷单击【确定】按钮，如图12-60所示。

Step06 返回【查找和替换】对话框，【替换为】文本框下方显示了要替换的样式，确认无误后单击【全部替换】按钮，如图12-61所示。

Step07 Word将按照设置的查找和替换条件进行查找替换，完成替换后，在弹出的提示框中单击【确定】按钮，如图12-62所示。

图 12-60

图 12-61

图 12-62

Step08 返回【查找和替换】对话框，单击【关闭】按钮关闭该对话框，如图12-63所示。

图 12-63

Step09 返回文档，可查看替换样式后的效果，如图 12-64 所示。

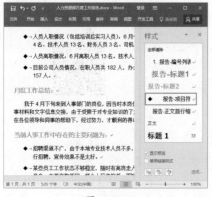

图 12-64

技能拓展——使用样式选择功能替换样式

对于格式较简单的文档，使用样式选择功能，可快速实现样式的替换。

例如，在本实例中，在【样式】窗格中右击【报告-编号列表】样式，在弹出的快捷菜单中选择【选择所有 *n* 个实例】命令，此时，文档中应用了【报告-编号列表】样式的所有内容呈选中状态，然后直接在【样式】窗格中单击【报告-项目符号】样式即可。

12.3 图片的查找和替换操作

使用查找和替换功能，还可以非常方便地对图片进行查找和替换操作，如将文本替换为图片、将所有嵌入式图片设置为居中对齐等。

★ 重点 12.3.1 实战：将文本替换为图片

实例门类	软件功能
教学视频	光盘\视频\第 12 章\12.3.1.mp4

在编辑文档的过程中，有时为了具有个性化，往往会将步骤序号用图片来表示。若文档内容已经编辑完成，逐一更改相当麻烦，此时可通过替换功能将文字替换为图片，具体操作方法如下。

Step01 打开"光盘\素材文件\第 12 章\步骤图片.docx"的文件，选中需要使用的图片，按【Ctrl+C】组合键进行复制，如图 12-65 所示。

图 12-65

Step02 打开"光盘\素材文件\第 12 章\文本替换为图片.docx"的文件，❶ 将光标插入点定位在文档的起始处；❷ 在【导航】窗格中单击搜索框右侧的下拉按钮▾；❸ 在弹出的下拉列表中选择【替换】选项，如图 12-66 所示。

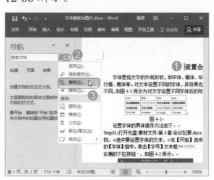

图 12-66

Step03 弹出【查找和替换】对话框，自动定位在【替换】选项卡，通过单击【更多】按钮展开对话框。❶ 在【查找内容】文本框中输入查找内容，本例中输入【Step01】；❷ 将光标插入点定位在【替换为】文本框；❸ 单击【特殊格式】按钮，如图 12-67 所示。

图 12-67

Step04 在弹出的菜单中选择【"剪贴板"内容】命令，如图 12-68 所示。

图 12-68

Step**05** 设置完成查找条件和替换条件后，单击【全部替换】按钮，如图12-69所示。

图 12-69

Step**06** Word 将按照设置的查找和替换条件进行查找替换，完成替换后，在弹出的提示框中单击【确定】按钮，如图 12-70 所示。

图 12-70

Step**07** 返回【查找和替换】对话框，单击【关闭】按钮关闭该对话框，如图 12-71 所示。

图 12-71

Step**08** 返回文档，可发现所有的文本【Step01】替换成了之前复制的图片，如图 12-72 所示。

图 12-72

Step**09** 参照上述操作方法，将"文本替换为图片.docx"文档中的文本"Step02""Step03"分别替换为"步骤图片.docx"文档中的图片 ②，③，最终效果如图 12-73 所示。

图 12-73

★ 重点 12.3.2 实战：将所有嵌入式图片设置为居中对齐

实例门类	软件功能
教学视频	光盘\视频\第 12 章\12.3.2.mp4

完成了文档的编辑后，发现插入的图片没有设置为居中对齐，若图片太多，此时可通过替换功能，批量将这些嵌入式图片设置为居中对齐，具体操作方法如下。

Step**01** 打开"光盘\素材文件\第 12 章\红酒微店产品介绍.docx"的文件，① 将光标插入点定位在文档的起始处；② 在【导航】窗格中单击搜索框右侧的下拉按钮，；③ 在弹出的下拉列表中选择【替换】选项，如图 12-74 所示。

图 12-74

Step**02** 弹出【查找和替换】对话框，自动定位在【替换】选项卡，通过单击【更多】按钮展开对话框。① 将光标插入点定位在【查找内容】文本框；② 单击【特殊格式】按钮；③ 在弹出的菜单中选择【图形】命令，如图 12-75 所示。

图 12-75

Step**03** ① 将光标插入点定位在【替换为】文本框；② 单击【格式】按钮；③ 在弹出的菜单中选择【段落】命令，如图 12-76 所示。

图 12-76

Step04 弹出【替换段落】对话框，❶在【缩进和间距】选项卡的【常规】栏中，在【对齐方式】下拉列表中选中【居中】选项；❷单击【确定】按钮，如图 12-77 所示。

图 12-77

Step05 返回【查找和替换】对话框，单击【全部替换】按钮，如图 12-78 所示。

图 12-78

Step06 Word 将按照设置的查找和替换条件进行查找替换，完成替换后，在弹出的提示框中单击【确定】按钮，如图 12-79 所示。

图 12-79

Step07 返回【查找和替换】对话框，单击【关闭】按钮关闭该对话框，如图 12-80 所示。

图 12-80

Step08 返回文档，可发现文档中所有嵌入式图片设置成居中对齐方式，如图 12-81 所示。

图 12-81

12.3.3 实战：批量删除所有嵌入式图片

实例门类	软件功能
教学视频	光盘\视频\第12章\12.3.3.mp4

若要删除文档中所有嵌入式图片，通过替换功能可快速完成，具体操作方法如下。

Step01 打开"光盘\素材文件\第12章\婚纱摄影团购套餐.docx"的文件，❶将光标插入点定位在文档的起始处；❷在【导航】窗格中单击搜索框右侧的下拉按钮；❸在弹出的下拉列表中选择【替换】选项，如图 12-82 所示。

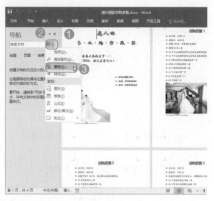

图 12-82

Step02 弹出【查找和替换】对话框，自动定位在【替换】选项卡，通过单击【更多】按钮展开对话框。❶将光标插入点定位在【查找内容】文本框；❷单击【特殊格式】按钮；❸在弹出的菜单中选择【图形】命令，如图 12-83 所示。

图 12-83

Step03 【替换为】文本框内不输入任何内容，单击【全部替换】按钮，如图 12-84 所示。

图 12-84

技能拓展——清除查找和替换的格式设置

在设置查找条件或替换条件时，若通过【格式】按钮对查找条件或替换添加设置了格式参数，则【查找内容】和【替换为】文本框下方会显示对应的格式参数信息。将光标插入点定位在【查找内容】或【替换为】文本框内，单击【不限定格式】按钮，可清除对应的格式设置。

Step04 Word 将按照设置的查找和替换条件进行查找替换，完成替换后，在弹出的提示框中单击【确定】按钮，如图 12-85 所示。

图 12-85

Step05 返回【查找和替换】对话框，单击【关闭】按钮关闭该对话框，如图 12-86 所示。

图 12-86

Step06 返回文档，可看见所有的图片被删除掉了，如图 12-87 所示。

图 12-87

12.4 使用通配符进行查找和替换

在进行一些复杂的替换操作时，通常需要配合使用通配符。使用通配符可以执行一些非常灵活的操作，让用户处理文档更加游刃有余。

★ 重点 12.4.1 通配符的使用规则与注意事项

在使用通配符进行查找和替换前，先来了解什么是通配符、什么是代码，以及使用通配符时需要注意的事项等。

1. 通配符

通配符是 Word 查找和替换中特别指定的一些字符，用来代表一类内容，而不只是某个具体的内容。例如，"?"代表单个字符，"*"代表任意数量的字符。Word 中可以使用的通配符如图 12-88 所示，这些通配符通常在【查找内容】文本框中使用。

通配符	说明	示例
?	任意单个字符	例如：b?t，可查找 bet、bat，不查找 beast
*	任意字符串	例如：b*t，可查找 bet、bat，也能查找 beast
<	单词的开头	例如：<(round)，用于查找开头是 round 的单词，可以查找 roundabout，不查找 background
>	单词的结尾	例如：(round)>，用于查找结尾是 round 的单词，可以查找 background，不查找 roundabout
[]	指定字符之一	例如：1[34]00，可查找 1300、1400，不查找 1500
[-]	指定范围内的任意单个字符	例如：[1-3]000，输入时必须以升序方式表达范围，可以查找 10000、20000、30000，不查找 40000
[!x-z]	中括号内指定字符范围以外的任意单个字符	例如：1[!1-3]000，可查找 14000、15000，不查找 11000、12000、13000
{n}	n 重复前一字符或表达式	例如：10{2}1，可以查找 1001，不查找 101、10001
{n,}	至少 n 个前一字符或表达式	例如：10{2,}1，可以查找 1001、10001，不查找 101
{n,m}	n 到 m 个前一字符或表达式	例如：10{1,3}1，可以查找 101、1001、10001，不查找 100001
@	一个或一个以上的前一字符或表达式	例如：10@1，可以查找 101、1001、10001、100001
(n)	表达式	例如：(book)，查找 book

图 12-88

在文档中打开并展开【查找和替换】对话框后，在【搜索选项】栏中选中【使用通配符】复选框，如图 12-89 所示，这样就可以使用通配符进行查找和替换了。

图 12-89

2. 表达式

使用通配符时，使用"( )"括起来的内容就称为表达式。表达式用于将内容进行分组，以便在替换时以组为单位进行灵活操作。例如，在【查找内容】文本框中输入【(123)(456)】，表示将【123】分为一组，将【456】分为另外一组。在替换时，使用【\1】表示第 1 组表达式的内容，使用【\2】表示第 2 组表达式的内容。

例如，在【查找内容】文本框中输入【(123)(456)】，在【替换为】文本框中输入【\2\1】，则会将【123456】替换为【456123】。

表达式最多可以有 9 级，不允许相互嵌套。

3. 代码

代码是用于表示一个或多个特殊格式或格式的符号，以"^"开始，如段落标记的代码为"^p"或"^13"，本书附录 B 中列出了特殊符号对应的代码。

输入代码时，可以通过单击【特殊格式】按钮进行选择，也可以手动输入。例如，要在【查找内容】文本框中输入段落标记的代码，可以直接在【查找内容】文本框内输入"^p"或"^13"，也可以将光标插入点定位在【查找内容】文本框内，然后单击【特殊格式】按钮，在弹出的菜单中选择【段落标记】命令，如图12-90 所示，这样就会自动在【查找内容】文本框内输入"^p"。

图 12-90

使用代码时，分选中【使用通配符】复选框和不选中【使用通配符】复选框两种情况。

选中【使用通配符】复选框时，【查找内容】文本框内可以使用的代码如图 12-91 所示，【替换为】文本框内可以使用的代码如图 12-92 所示。

任意字符(C)	?
范围内的字符(G)	[-]
单词开头(B)	<
单词结尾(E)	>
表达式(X)	( )
非(O)	[!]
出现次数范围(N)	{ , }
前 1 个或多个(P)	@
零个或多个字符(0)	*
制表符(T)	
脱字号(R)	
分栏符(U)	
省略号(E)	
全角省略号(F)	
长划线(M)	
1/4 全角空格(4)	
短划线(D)	
图形(I)	
无宽可选分隔符(O)	
手动换行符(L)	
分页符/分节符(K)	
无宽非分隔符(W)	
不间断连字符(H)	
不间断空格(S)	
可选连字符(Y)	

图 12-91

要查找的表达式(X)	\n
段落标记(P)	
制表符(T)	
脱字号(R)	
§ 分节符(A)	
¶ 段落符号(A)	
"剪贴板"内容(C)	
分栏符(U)	
省略号(E)	
全角省略号(F)	
长划线(M)	
1/4 全角空格(4)	
短划线(N)	
查找内容(E)	
无宽可选分隔符(O)	
手动换行符(L)	
手动分页符(K)	
无宽非分隔符(W)	
不间断连字符(H)	
不间断空格(S)	
可选连字符(O)	

图 12-92

取消选中【使用通配符】复选框时，【查找内容】文本框内可以使用的代码如图 12-93 所示，【替换为】文本框内可以使用的代码如图 12-94 所示。

| 段落标记(P) |
| 制表符(T) |
| 任意字符(C) |
| 任意数字(G) |
| 任意字母(Y) |
| 脱字号(R) |
| § 分节符(A) |
| ¶ 段落符号(A) |
| 分栏符(U) |
| 省略号(E) |
| 全角省略号(F) |
| 长划线(M) |
| 1/4 全角空格(4) |
| 短划线(N) |
| 无宽可选分隔符(O) |
| 无宽非分隔符(W) |
| 尾注标记(D) |
| 域(D) |
| 脚注标记(F) |
| 图形(I) |
| 手动换行符(L) |
| 手动分页符(K) |
| 不间断连字符(H) |
| 不间断空格(S) |
| 可选连字符(O) |
| 分节符(B) |
| 空白区域(W) |

图 12-93

段落标记(P)
制表符(T)
脱字号(R)
§ 分节符(A)
¶ 段落符号(A)
"剪贴板"内容(C)
分栏符(U)
省略号(E)
全角省略号(F)
长划线(M)
1/4 全角空格(4)
短划线(N)
查找内容(F)
无宽可选分隔符(O)
手动换行符(L)
手动分页符(K)
无宽非分隔符(W)
不间断连字符(H)
不间断空格(S)
可选连字符(O)

图 12-94

技术看板

无论是否选中【使用通配符】复选框，【替换为】文本框内可以使用的代码几乎相同，只是在取消选中【使用通配符】复选框时，【替换为】文本框内不能使用表达式。

4. 注意事项

在使用通配符时，需要注意以下几点。

→ 输入通配符或代码时，要严格区分大小写，而且必须在英文半角状态下输入。

→ 要查找已被定义为通配符的字符时，需要在该字符前输入反斜杠"\"。例如，要查找"?"，就输入"\?"；要查找"*"，就输入"*"；要查找"\"字符本身，就输入"\\"。

→ 在选中【使用通配符】复选框后，Word 只查找与指定文本精确匹配的文本。请注意，【区分大小写】和【全字匹配】复选框将不可用（显示为灰色），表示这些选项已自动开启，用户无法关闭这些选项。

技术看板

对长文档进行复杂的查找和替换操作之前，最好先保存文档内容，避免发生 Word 程序无响应的情况。

5. 描述约定

在接下来的讲解中，将通过大量实例来说明通配符的查找和替换操作中的用法。为了便于描述，现约定如下。

→ 查找内容：在【查找内容】文本框中输入查找代码。

→ 替换为：在【替换为】文本框中输入替换代码。

→ 设置查找条件和替换条件后，单击【全部替换】按钮进行替换，完成替换后会弹出提示框提示"全部完成，完成 n 处替换"，单击【确定】按钮，在返回的【查找和替换】对话框中单击【关闭】按钮或【Esc】键关闭该对话框。在后面的案例操作中，将省略这两步操作描述，即单击【全部替换】按钮后，直接给出效果图。

后面的案例讲解中，基本上是要对全文档的内容进行查找和替换，所以需要先将光标插入点定位在文档起始处，再打开【查找和替换】对话框进行操作，此后不再赘述。

★ 重点 12.4.2 实战：批量删除空白段落

实例门类	软件功能
教学视频	光盘\视频\第 12 章\12.4.2.mp4

空白段落即空行，狭义上的空行是指段落中有且只有硬回车符或软回车符的段落，如图 12-95 所示。关于硬回车符与软回车符的概念及区别，请参考本书的第 5 章内容。

图 12-95

在编辑文档时，可能会不小心输入了许多空行，如果手动删除不仅效率低，而且还相当烦琐。针对这样的情况，可以通过替换功能来快速删除。

要删除空行，实质上就是删除多余的硬回车符与软回车符，硬回车符与软回车符的删除方法相同。

1. 不使用通配符删除

在不使用通配符的情况下，可按下面的操作方法删除多余的硬回车符，具体操作方法如下。

Step01 打开"光盘\素材文件\第 12 章\公司发展历程 .docx"的文件，初始效果如图 12-96 所示。

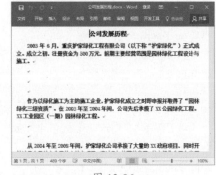

图 12-96

Step02 打开【查找和替换】对话框，❶ 在【查找内容】文本框中输入查找代码【^p^p】或【^13^13】，在【替换为】文本框中输入替换代码【^p】；❷ 单击【全部替换】按钮进行替换，如图 12-97 所示。

图 12-97

Step03 如果有两个连续的硬回车符，每次替换时只能删除其中之一。如果连续的硬回车数超过两个，就需要继续单击【全部替换】按钮进行替换，直至无可替换内容。完成替换后，返回文档可查看清除空行后的效果，如图 12-98 所示。

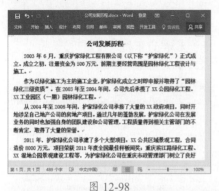

图 12-98

技能拓展——删除软回车符

如果要删除多余的软回车符，则打开【查找和替换】对话框，在【查找内容】文本框中输入查找代码【^l^l】或【^11^11】，在【替换为】文本框中输入替换代码【^p】，然后单击【全部替换】按钮即可。

2. 使用通配符删除

如果希望一次性删除所有的空白段落，就需要使用通配符，具体操作方法如下。

Step01 在"公司发展历程 .docx"文档中，打开并展开【查找和替换】对话框。

Step02 ❶ 在【搜索选项】栏中选中【使用通配符】复选框；❷ 在【查找内容】文本框中输入查找代码【^13{2,}】；

❸ 在【替换为】文本框中输入替换代码【^p】；❹ 单击【全部替换】按钮即可，如图 12-99 所示。

图 12-99

代码解析：^13 表示段落标记，{2,} 表示 2 个或 2 个以上，^13{2,} 表示 2 个或 2 个以上连续的段落标记。由于选中了【使用通配符】复选框，所以【查找内容】文本框中只能使用 ^13，而不能使用 ^p。

技能拓展——使用通配符删除软回车符

如果要使用通配符删除多余的软回车符，则在【查找内容】文本框中输入查找代码【^11{2,}】或【^l{2,}】，输入替换代码【^p】，然后单击【全部替换】按钮即可。

3. 批量删除混合模式的空白段落

当文档中硬回车符和软回车符交叉出现时，可按下面的操作方法一次性删除空白行。

Step01 打开"光盘 \ 素材文件 \ 第 12 章 \ 会议纪要 .docx"的文件，初始效果如图 12-100 所示。

Step02 打开并展开【查找和替换】对话框，❶ 在【搜索选项】栏中选中【使用通配符】复选框；❷ 在【查找内容】文本框中输入查找代码【[^13^11]{2,}】；❸ 在【替换为】文本框中输入替换代码【^p】；❹ 单击【全部替

换】按钮即可，如图 12-101 所示。

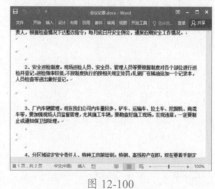

图 12-100

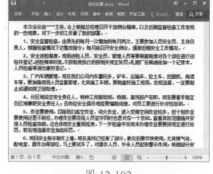

图 12-101

Step03 返回文档，可看到所有的空行删除掉了，如图 12-102 所示。

图 12-102

代码解析：^13 表示段落标记，^11 表示手动换行符，[ ] 表示指定字符之一，{2,} 表示 2 个或 2 个以上，[^13^11]{2,} 表示查找至少 2 个以上的段落标记或手动换行符。

技术看板

在本实例中，需要注意以下几个方面。

（1）这里所说的空白段落是纯空白，既没有空格、制表位等多余的符号。

（2）对于位于文档首段的空白行，无法通过替换功能删除，需要手动删除。

（3）因为习惯使用硬回车符，所以会在【替换为】文本框中输入【^p】，以替换为硬回车符。如果在删除空白行时，需要替换为软回车符，则在【替换为】文本框中输入【^l】即可。

★ 重点 12.4.3 实战：批量删除重复段落

实例门类	软件功能
教学视频	光盘\视频\第12章\12.4.3.mp4

由于复制/粘贴操作或其他原因，可能会导致文档中存在很多重复段落。如果手动分辨并删除重复段落，将会是一件非常麻烦的工作，尤其是大型文档更加烦琐。这时，可以使用替换功能，将复杂的工作简单化。

按照操作习惯，只保留下重复段落中第1次出现的段落，对于后面出现的重复段落全部删除掉，具体操作方法如下。

Step① 打开"光盘\素材文件\第12章\批量删除重复内容.docx"的文件，初始效果如图12-103所示。

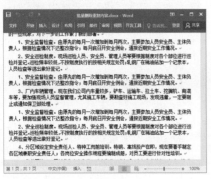

图 12-103

Step② 打开并展开【查找和替换】对话框，❶ 在【搜索选项】栏中选中【使用通配符】复选框；❷ 在【查找内容】文本框中输入查找代码【(<[!^13]*^13)(*)\1】；❸ 在【替换为】文本框中输入替换代码【\1\2】；❹ 反复单击【全部替换】按钮，直到没有可替换的内容为止，如图12-104所示。

图 12-104

Step③ 返回文档，可看到所有重复段落删除掉了，且只保留了第1次出现的段落，如图12-105所示。

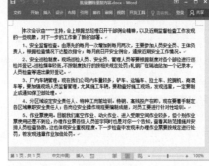

图 12-105

代码解析：查找代码由3个部分组成，第1部分 (<[!^13]*^13) 是一个表达式，用于查找非段落标记开头的第一个段落。第2部分 (*) 也是一个表达式，用于查找第一个查找段落之后的任意内容，\1 表示重复第1个表达式，即查找由 (<[!^13]*^13) 代码找到的第一个段落。替换代码 \1\2，表示将找到的内容替换为【查找内容】文本框的前两部分，即删除【查找

内容】文本框中由 \1 查找到的重复内容。

★ 重点 12.4.4 实战：批量删除中文字符之间的空格

实例门类	软件功能
教学视频	光盘\视频\第12章\12.4.4.mp4

通常情况下，英文单词之间需要空格分隔，中文字符之间不需要有空格。在输入文档内容的过程中，因为操作失误，在中文字符之间输入了空格，此时可通过替换功能清除中文字符之间的空格，具体操作方法如下。

Step① 打开"光盘\素材文件\第12章\生活的乐趣.docx"的文件，初始效果如图12-106所示。

图 12-106

Step② 打开并展开【查找和替换】对话框，❶ 在【搜索选项】栏中选中【使用通配符】复选框；❷ 在【查找内容】文本框中输入查找代码【([!^1-^127])[^s]{1,}([!^1-^127])】；❸ 在【替换为】文本框中输入替换代码【\1\2】；❹ 单击【全部替换】按钮，如图12-107所示。

Step③ 返回文档，可看到中文字符之间的空格删除掉了，英文字符之间的空格依然存在，如图12-108所示。

图 12-107

图 12-108

代码解析：[!^1-^127] 表示所有中文汉字和中文标点，即中文字符，[!^1-^127] [!^1-^127] 表示两个中文字符，使用中括号分别将 [!^1-^127] 括起来，将它们转换为表达式。两个 ([!^1-^127]) 之间的 [　^s]{1,} 表示一个以上的空格，其中，^s 表示不间断空格，^s 左侧的空白分别是输入的半角空格和全角空格。综上所述，([!^1-^127])[　^s]{1,}([!^1-^127]) 表示要查找中文字符之间的不定个数的空格。替换代码 \1 和 \2，分别表示两个表达式，即两个中文字符。\1\2 连在一起，表示将两个 ([!^1-^127]) 之间的空格删除掉。

★ 重点 12.4.5 实战：一次性将英文直引号替换为中文引号

实例门类	软件功能
教学视频	光盘\视频\第 12 章\12.4.5.mp4

在输入文档内容时，若不小心将中文引号输成了英文引号，可通过替换功能进行批量更改，具体操作方法如下。

Step01 打开"光盘\素材文件\第 12 章\将英文直引号替换为中文引号.docx"的文件，初始效果如图 12-109 所示。

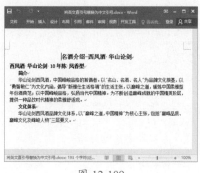

图 12-109

Step02 打开【Word 选项】对话框，❶切换到【校对】选项卡；❷单击【自动更正选项】栏中的【自动更正选项】按钮，如图 12-110 所示。

图 12-110

Step03 弹出【自动更正】对话框，❶切换到【键入时自动套用格式】选项卡；❷在【键入时自动替换】栏中取消选中【直引号替换为弯引号】复选框；❸单击【确定】按钮，如图 12-111 所示。

Step04 返回【Word 选项】对话框，单击【确定】按钮，如图 12-112 所示。

图 12-111

图 12-112

技术看板

将英文直引号替换为中文引号之前，需要先取消【直引号替换为弯引号】复选框的选中，否则无法正确替换。

Step05 返回文档，打开并展开【查找和替换】对话框，❶在【搜索选项】栏中选中【使用通配符】复选框；❷在【查找内容】文本框中输入查找代码【"(*)"】；❸在【替换为】文本框中输入替换代码【"\1"】，单击【全部替换】按钮，如图 12-113 所示。

图 12-113

Step06 返回文档，可看到所有英文引号替换为了中文引号，如图 12-114 所示。

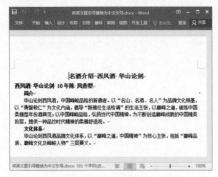

图 12-114

代码解析：查找代码 " (*) " 表示查找被一对直引括号括起来的内容。替换代码 "\1"，\1 表示直引号中的内容，然后使用中文引号""括起来。通俗地理解，就是保持引号中的内容不变，将原来的英文引号更改为中文引号。

★ 重点 12.4.6 实战：将中文的括号替换成英文的括号

实例门类	软件功能
教学视频	光盘\视频\第 12 章\12.4.6.mp4

完成文档的制作后，有时可能需要翻译成英文文档，若文档中的中文括号过多，逐个手动修改成英文括号，非常费时费力，此时可以通过替换功能高效完成修改。

与将英文直引号替换为中文引号的操作方法相似，打开【查找和替换】对话框，在【搜索选项】栏中选中【使用通配符】复选框，在【查找内容】文本框中输入查找代码【 ((*)) 】，在【替换为】文本框中输入替换代码【\1】，单击【全部替换】按钮即可，如图 12-115 所示。

图 12-115

技术看板

因为与将英文直引号替换为中文引号的操作方法相似，其代码的含义也相差无几，此处不再赘述，望读者能够举一反三。

★ 重点 12.4.7 实战：在单元格中批量添加指定的符号

实例门类	软件功能
教学视频	光盘\视频\第 12 章\12.4.7.mp4

完成表格的编辑后，有时可能需要为表格中的内容添加统一的符号，如要为表示金额的数字添加货币符号，此时可通过替换功能批量完成，具体操作方法如下。

Step01 打开"光盘\素材文件\第 12 章\产品价目表.docx"的文件，选中要添加货币符号的列，本例中选择【价格】列，如图 12-116 所示。

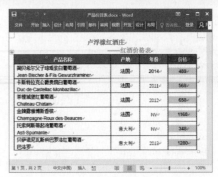

图 12-116

Step02 打开并展开【查找和替换】对话框，❶在【搜索选项】栏中选中【使用通配符】复选框；❷在【查找内容】文本框中输入查找代码【(<[0-9])】；❸在【替换为】文本框中输入替换代码【¥\1】；❹单击【全部替换】按钮，如图 12-117 所示。

图 12-117

Step03 完成替换后，在弹出提示框中询问是否搜索文档其余部分，单击【否】按钮，如图 12-118 所示。

图 12-118

Step04 关闭【查找和替换】对话框，返回文档，可看到【价格】列中的所有数字均添加了货币符号，如图 12-119 所示。

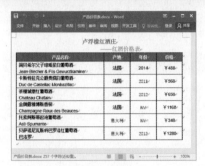

图 12-119

代码解析：查找代码中，[0-9] 表示所有数字，<[0-9] 表示以数字开头的内容，通过中括号将 <[0-9] 转换为表达式。替换代码中，\1 代表 <[0-9]，在 \1 左侧添加 ¥ 符号，表示在以数字开头的内容左侧添加货币符号。

★ 重点 12.4.8 实战：在表格中两个字的姓名中间批量添加全角空格

实例门类	软件功能
教学视频	光盘\视频\第12章\12.4.8.mp4

编辑表格时，为了使表格更加美观，有时需要在表格中所有两个字的姓名中间批量添加一个全角空格，使之与 3 个字的姓名对齐。

接下来将讲解通过替换功能在两个字的姓名中间批量添加一个全角空格，具体操作方法如下。

Step① 打开"光盘\素材文件\第12章\新进员工考核表.docx"的文件，选中包含姓名的单元格区域，如图 12-120 所示。

图 12-120

Step② 打开【查找和替换】对话框，① 在【搜索选项】栏中选中【使用通配符】复选框；② 在【查找内容】文本框中输入查找代码【<(?)(?)>】；③ 在【替换为】文本框中输入替换代码【\1 \2】；④ 单击【全部替换】按钮，如图 12-121 所示。

图 12-121

Step③ 完成替换后，在弹出提示框中询问是否搜索文档其余部分，单击【否】按钮，如图 12-122 所示。

图 12-122

Step④ 关闭【查找和替换】对话框，返回文档，可看到所有两个字的姓名中间均添加了一个全角空格，如图 12-123 所示。

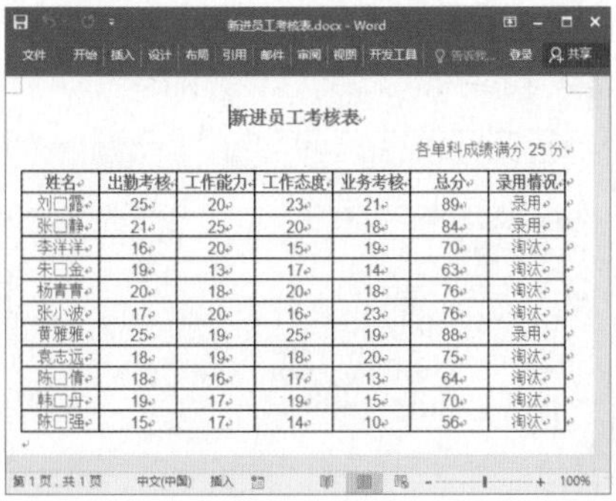

图 12-123

技术看板

如果 Word 设置了显示编辑标记，则添加全角空格后，可看见全角空格标记□，该标记不会被打印。

代码解析：查找代码中，? 表示任意一个字符，使用圆括号将 ? 转换为一个表达式。< 表示单词的开头，> 表示单词的结尾，利用 <> 可以限定查找内容的开始和结尾部分，以实现只查找两个字的目的。替换代码中，1\ 表示第 1 组表达式的内容，2\ 表示第 2 组表达式的内容，1\ 和 2\ 之间的空白为一个全角空格，表示在第 1 组内容和第 2 组内容之间添加一个全角空格。

12.4.9 实战：批量删除所有以英文字母开头的段落

实例门类	软件功能
教学视频	光盘\视频\第12章\12.4.9.mp4

在中英文字是分行显示的中英双语文档中，如果希望删除所有英文段落只保留中文段落，则可以通过替换功能快速实现，具体操作方法如下。

Step① 打开"光盘\素材文件\第12章\经典英文哲理句子.docx"的文件，初始效果如图 12-124 所示。

图 12-124

Step② 打开【查找和替换】对话框，① 在【搜索选项】栏中选中【使用通配符】复选框；② 在【查找内容】

文本框中输入查找代码【[A-Za-z][!^13]@^13】；❸【替换为】文本框中不输入任何内容；❹单击【全部替换】按钮，如图 12-125 所示。

图 12-125

Step❸ 返回文档，可看见所有英文段落被删除掉了，如图 12-126 所示。

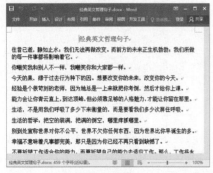

图 12-126

代码解析：查找代码中，[A-Za-z] 表示查找所有的大写字母和小写字母，[!^13]@ 表示一个以上的非段落标记。综上所述，[A-Za-z][!^13]@^13 表示查找以字母开头的，其中包含一个以上的非段落标记的，以段落标记结尾的内容，简单来说，就是查找以字母开头的整个段落。

12.4.10 实战：将中英文字分行显示

实例门类	软件功能
教学视频	光盘 \ 视频 \ 第12 章 \12.4.10.mp4

在中英双语的文档中，有时中英文没有分行显示，如图 12-127 所示。

图 12-127

如果希望中英内容自动分行显示，可通过替换功能快速实现，具体操作方法如下。

Step❶ 打开"光盘 \ 素材文件 \ 第 12 章 \ 中国式英语.docx"的文件，初始效果如图 12-128 所示。

图 12-128

Step❷ 打开【查找和替换】对话框，❶在【搜索选项】栏中选中【使用通配符】复选框；❷在【查找内容】文本框中输入查找代码【(*)([A-Za-z]*^13)】；❸在【替换为】文本框中输入替换代码【\1^p\2】；❹单击【全部替换】按钮，如图 12-129 所示。

图 12-129

Step❸ 返回文档，可查看替换后的效果，如图 12-130 所示。

图 12-130

代码解析：在本案例中，中文与英文字母之间以一个大写或小写的字母作为分界，前半部分为中文，后半部分为英文。所以，在查找代码中使用了两个表达式，以区分字母前和字母后的文本内容。替换代码 \1^p\2，表示是在两部分内容之间添加一个段落标记，从而实现中英文分行显示。

技能拓展——实现英中对照

如果原文是英文在前，中文在后，如图 12-131 所示。若要让中英文分行显示，则在【查找内容】文本框中输入查找代码【(*)([!^1-^127]*^13)】来区分两部分内容，在【替换为】文本框中输入替换代码【\1^p\2】，然后单击【全部替换】按钮即可。

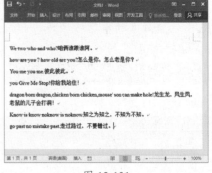

图 12-131

妙招技法

通过前面的学习，相信读者基本上掌握了如何查找与替换内容。下面结合本章内容，再给大家介绍一些实用技巧。

技巧01：批量提取文档中的所有电子邮箱地址

教学视频	光盘\视频\第12章\技巧01.mp4

在文档中有时会提及一些邮箱地址，如果希望把文档中的所有邮箱地址单独提取出来，则可通过替换功能轻松实现，具体操作方法如下。

Step01 打开"光盘\素材文件\第12章\员工邮箱地址.docx"的文件，初始效果如图12-132所示。

图 12-132

Step02 打开【查找和替换】对话框，并定位在【查找】选项卡，❶ 在【搜索选项】栏中选中【使用通配符】复选框；❷ 在【查找内容】文本框中输入查找代码【[a-zA-Z0-9._]{1,}\@[0-9a-zA-Z.]{1,}】；❸ 单击【在以下项中查找】按钮；❹ 在弹出的下拉菜单中选择【主文档】选项，如图12-133所示。

图 12-133

Step03 关闭【查找和替换】对话框，返回文档，可发现文档中所有邮箱地址呈选中状态，如图 12-134 所示，按【Ctrl+C】组合键进行复制。

图 12-134

Step04 新建一篇名为"提取邮箱地址"的空白文档，按【Ctrl+V】组合键进行粘贴，即可将复制的邮箱地址粘贴到该文档中，从而实现了电子邮箱地址的提取，如图 12-135 所示。

图 12-135

技术看板

邮箱地址的结构为：用户名@邮件服务器。一般情况下，用户名由"a~z"（不区分大小写）、数字"0~9"、英文句点"."、下画线"_"组成，邮件服务器一般由数字、英文、英文句点组成。如果邮箱地址不符合这样的规则，则需要调整查找代码。

技巧02：将"第几章"或"第几条"重起一段

教学视频	光盘\视频\第12章\技巧02.mp4

在输入文档内容时，关于第几章、第几条的位置，有些忘记在之前换行，现在希望将所有的"第几章"和"第几条"一次性设置为重起一段，可通过替换功能实现，具体操作方法如下。

Step01 打开"光盘\素材文件\第12章\清洁卫生管理制度.docx"的文件，初始效果如图 12-136 所示。

图 12-136

Step02 打开【查找和替换】对话框，❶ 在【搜索选项】栏中选中【使用通配符】复选框；❷ 在【查找内容】文本框中输入查找代码【([!^13])（第?{1,2}[章条]）】；❸ 在【替换为】文本框中输入替换代码【\1^p\2】，❹ 单击【全部替换】按钮，如图 12-137 所示。

图 12-137

Step 03 返回文档，可查看替换后的效果，如图 12-138 所示。

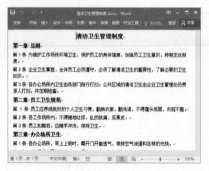

图 12-138

代码解析：查找代码中，[!^13] 表示非段落标记，第 ?{1,2}[章条] 表示第 X 章、第 XX 章、第 X 条、第 XX 条，用中括号分别将 [!^13] 和第 ?{1,2}[章条] 转换为表达式。替换代码 \1^p\2，表示在这两部分内容之间添加一个段落标记。

技巧 03：批量删除数字的小数部分

教学视频	光盘 \ 视频 \ 第 12 章 \ 技巧 03.mp4

在制作报表、财务等类别的文档时，一般都会有许多数据，有时希望这些数据中没有小数，那么就需要将小数部分删除掉。为了提高工作效率，可以通过替换功能高效完成，具体操作方法如下。

Step 01 打开"光盘 \ 素材文件 \ 第 12 章 \ 资产负债表 .docx"的文件，初始效果如图 12-139 所示。

图 12-139

Step 02 打开【查找和替换】对话框，❶ 在【搜索选项】栏中选中【使用通配符】复选框；❷ 在【查找内容】文本框中输入查找代码【([0-9]{1,}).[0-9]{1,}]】；❸ 在【替换为】文本框中输入替换代码【\1】；❹ 单击【全部替换】按钮，如图 12-140 所示。

图 12-140

Step 03 返回文档，可发现所有数字的小数部分被删除掉了，如图 12-141 所示。

图 12-141

代码解析：查找代码中，([0-9]{1,}) 表示一位或多位数，([0-9]{1,}).[0-9]{1,}] 表示小数点前包括任意位整数，小数点后包含任意位小数，即表示数字包含任意位整数和任意位小数。替换代码 \1 表示只保留表达式中的内容，即保留数字的整数部分，删除小数部分。

技巧 04：将每个段落冒号之前的文字批量设置加粗效果及字体颜色

教学视频	光盘 \ 视频 \ 第 12 章 \ 技巧 04.mp4

编辑文档时，有时需要将段落开头冒号及其之前的文字设置加粗效果及字体颜色，以明确段落主题。如果手动设置，也是一件非常麻烦的工作，这时依然可以通过替换功能批量完成，具体操作方法如下。

Step 01 打开"光盘 \ 素材文件 \ 第 12 章 \ 档案管理制度 .docx"的文件，初始效果如图 12-142 所示。

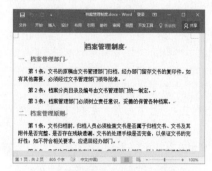

图 12-142

Step 02 打开【查找和替换】对话框，❶ 在【搜索选项】栏中选中【使用通配符】复选框；❷ 在【查找内容】文本框中输入查找代码【[!^13]@：】；❸ 将光标插入点定位在【替换为】文本框；❹ 单击【格式】按钮；❺ 在弹出的菜单中选择【字体】命令，如图 12-143 所示。

图 12-143

Step 03 ❶ 在弹出的【替换字体】对话框中设置需要的字符格式，本例中设置加粗、字体颜色为浅蓝；❷ 完成设置后单击【确定】按钮，如图 12-144 所示。

图 12-144

Step04 返回【查找和替换】对话框，单击【全部替换】按钮，如图 12-145 所示。

图 12-145

Step05 返回文档，可看到每个段落冒号之前的文字均设置了加粗效果，且字体颜色为浅蓝色，如图 12-146 所示。

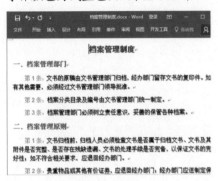

图 12-146

代码解析：查找代码中，[!^13] 表示非段落标记，@ 表示一个以上的前一个字符或表达式，整个代码"[!^13]@："表示查找冒号及冒号之前的一个或一个以上的非段落标记的任意内容。

技巧 05：快速对齐所有选择题的选项

教学视频	光盘 \ 视频 \ 第 12 章 \ 技巧 05.mp4

　　在制作选择题类的文档时，许多用户会通过手工输入空格的方式来对齐 A、B、C 和 D 四个选项，但是效果并不理想，而且效率很低。或者，有的用户会通过手动设置制表位的方式来对齐各个选项，效果虽好，但是效率不高。此时，可以通过替换功能来解决问题，具体操作方法如下。

Step01 打开"光盘 \ 素材文件 \ 第 12 章 \ 英语试题 .docx"的文件，初始效果如图 12-147 所示。

图 12-147

Step02 打开【查找和替换】对话框，❶ 在【搜索选项】栏中选中【使用通配符】复选框；❷ 在【查找内容】文本框中输入查找代码【(<A.*)(B.*)(C.*)(D.*^13)】；❸ 将光标插入点定位在【替换为】文本框；❹ 单击【格式】按钮；❺ 在弹出的菜单中选择【制表位】命令，如图 12-148 所示。

图 12-148

Step03 ❶ 在弹出的【替换制表符】对话框中设置制表位；❷ 完成设置后单击【确定】按钮，如图 12-149 所示。

图 12-149

Step04 返回【查找和替换】对话框，❶ 在【替换为】文本框中输入替换代码【^t\1^t\2^t\3^t\4】；❷ 单击【全部替换】按钮，如图 12-150 所示。

图 12-150

Step05 返回文档，将标尺显示出来，可看到添加制表位后的效果，如图 12-151 所示。

图 12-151

Step06 为了更加精确美观，需要清除制表位前的多余空格。打开【查找和替换】对话框，❶ 在【搜索选项】栏中选中【使用通配符】复选框；❷ 在【查找内容】文本框中输入查找代码【[^s]{1,}(^t)】；❸ 在【替换为】文本框中输入替换代码【\1】；❹ 单击【全部替换】按钮，如图 12-152 所示。

图 12-152

Step07 返回文档，可看到清除多余空格后的效果，如图 12-153 所示。

图 12-153

批量设置对齐效果的代码解析：查找代码 (<A.*)(B.*)(C.*)(D.*^13) 用于查找每一组选择题的选项，从 "A." 开始查找，一直找到 "D." 及其结尾的段落标记，并分别设置为 4 个表达式。替换代码 ^t\1^t\2^t\3^t\4 表示在每个表达式的前面插入设置好的制表位。

清除多余空格的代码解析：查找代码中，[^s]{1,} 表示一个以上的空格，其中，^s 表示不间断空格，^s 左侧的空白分别是输入的半角空格和全角空格。^t 表示制表位，使用圆括号将其转换为表达式。替换代码 \1 表示只保留表达式中的内容，即只保留制表位，删除制表位之前的所有空格。

本章小结

　　本章主要讲解了如何使用查找和替换功能高效完成一些重复工作，主要包括查找和替换文本内容、查找和替换格式、图片的查找和替换工作，以及使用通配符进行查找和替换等内容。其中，通配符的功能非常强大，使用也非常灵活，希望读者在学习过程中多加思考，并善于自己组织代码来完成一些重复工作。

第5篇

长文档处理篇

长文档的处理，一般包括大纲的使用、主控文档的使用、添加脚注与尾注，以及目录与索引的应用等。

第13章 轻松处理长文档

- ➥ 如何设置标题的大纲级别？
- ➥ 什么是主控文档？如何创建？
- ➥ 什么是子文档？
- ➥ 如何将子文档还原为正文？
- ➥ 在文档中快速定位的方法有哪些？

本章将教会读者通过主控文档来处理长文档，通过超链接、书签、交叉引用等功能快速在文档中定位，从而让工作更便捷。

13.1 大纲视图的应用

在第2章的知识讲解中，提到了大纲视图是一种视图模式，此处将讲解在大纲视图模式下，调整标题的级别，以及对章节进行折叠、展开、插入、移动等操作。

★ 重点 13.1.1 实战：为广告策划方案标题指定大纲级别

实例门类	软件功能
教学视频	光盘\视频\第13章\13.1.1.mp4

要了解文档的整体结构，需要先为各标题指定大纲级别。

大纲级别与内置的标题样式紧密联系在一起，如内置"标题1"样式的大纲级别为1，内置"标题2"样式的大纲级别为2，以此类推。因此，在编辑文档时，如果没有为标题指定内置标题样式，则无论标题与正文分别设置了什么格式，在大纲视图中一律被视为"正文文本"。

在没有应用内置标题样式的情况下，可以在大纲视图模式下为标题指定大纲级别，具体操作方法如下。

Step01 打开"光盘\素材文件\第13章\广告策划方案.docx"的文件，切换到大纲视图模式。

Step02 ❶ 将光标插入点定位到需要设置大纲级别的标题；❷ 在【大纲】选项卡的【大纲工具】组中，在【大纲级别】下拉列表中选择需要的级别，本例中选择【1级】，如图13-1所示。

Step03 为标题指定大纲级别后，该标题的左侧会出现一个加号标记➕，说明该标题包含下属的子标题或正文内容，如图13-2所示。

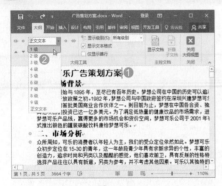

图 13-1

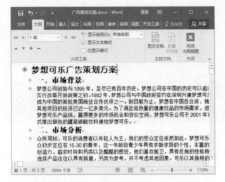

图 13-2

技能拓展——更改标题的级别

将光标插入点定位到需要设置大纲级别的标题后，按【Alt+Shift+ ←】组合键，或在【大纲工具】组中单击一次【升级】按钮，可提升一个级别；按【Alt+Shift+ →】组合键，或单击一次【降级】按钮，可降低一个级别；单击【提升至标题1】按钮，可以快速提升到级别1；单击【降级为正文】按钮，可以快速降低到正文级别。

Step⑭ 用同样的方法，分别对其他标题指定相应的大纲级别，最终效果如图13-3所示。

技能拓展——通过设置段落格式指定大纲级别

除了上述方法之外，还可以通过设置段落格式指定大纲级别。将光标插入点定位到需要指定大纲级别的段

落中，打开【段落】对话框，在【缩进和间距】选项卡的【常规】栏中，在【大纲级别】下拉列表中选择需要的级别即可。

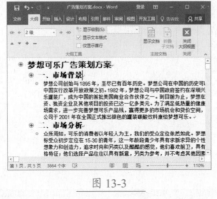

图 13-3

13.1.2 实战：广告策划方案的大纲显示

实例门类	软件功能
教学视频	光盘\视频\第13章\13.1.2.mp4

编辑长文档时，为了更加客观地了解文档的整体结构，可以随时调整大纲的显示级别，具体操作方法如下。

Step⑪ 在"广告策划方案.docx"文档中，切换到大纲视图模式。

Step⑫ 在【大纲】选项卡的【大纲工具】组中，在【显示级别】下拉列表中选择需要显示的标题级别的下限，如【2级】，如图13-4所示。

Step⑬ 此时，文档中将只显示大纲级别为【2】级及以上的标题，其余级别的标题及正文内容都将被隐藏起来，如图13-5所示。

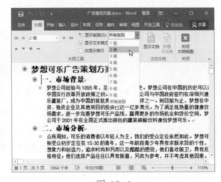

图 13-4

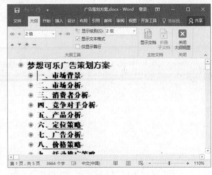

图 13-5

Step⑭ ❶ 如果需要把注意力集中在文档的标题上，同时也希望大略了解正文的内容，则可以将大纲的显示级别设置为【所有级别】；❷ 选中【仅显示首行】复选框，此时，文档中将显示所有级别的内容，且每个标题下面都只显示了正文的首行，如图13-6所示。

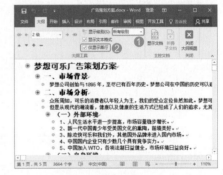

图 13-6

13.1.3 实战：广告策划方案标题的折叠与展开

实例门类	软件功能
教学视频	光盘\视频\第13章\13.1.3.mp4

编辑长文档时，为了把精力集中在文档结构上，除了设置大纲的显示级别外，还可以通过折叠与展开功能进行控制。

1. 折叠标题

折叠标题的具体操作方法如下。

Step⑪ 在广告策划方案.docx文档中，切换到大纲视图模式。

Step02 ❶ 将光标插入点定位到需要折叠的标题上；❷ 单击【大纲工具】中的【折叠】按钮 ▬，如图 13-7 所示。

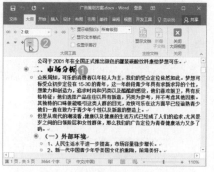

图 13-7

Step03 将以最低级别为基点，顺次隐藏相关附属内容。本步骤将隐藏当前标题下最低级别的文本内容，仅显示包含的子标题，如图 13-8 所示。

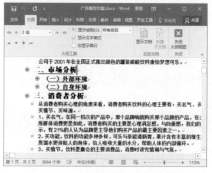

图 13-8

Step04 再次单击【折叠】按钮 ▬，如图 13-9 所示。

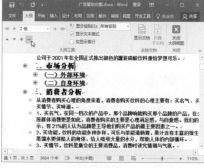

图 13-9

Step05 仅次于当前标题下的子标题被隐藏起来，此时，当前标题下的所有附属内容被隐藏起来了，如图 13-10 所示。

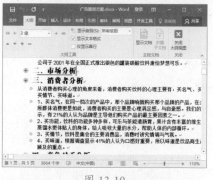

图 13-10

技术看板

通过单击【折叠】按钮 ▬，会逐级隐藏内容。另外，在需要折叠的标题中，双击左侧的加号标记 ⊞，可以快速隐藏该标题下所有附属内容。

2. 展开标题

对标题进行折叠操作后，还可根据操作需要将其展开，具体操作方法如下。

Step01 ❶ 将光标插入点定位在已经折叠的标题上；❷ 单击【大纲工具】组中的【展开】按钮 ➕，如图 13-11 所示。

Step02 将以最高级别为基点，顺次显示相关附属内容。本步骤将在下方显示仅次于该标题级别的所有子标题，如图 13-12 所示。

Step03 再次单击【展开】按钮 ➕，如图 13-13 所示。

Step04 此时该标题及各子标题下方的文本内容显示出来了，如图 13-14 所示。

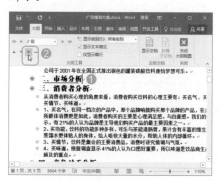

图 13-11

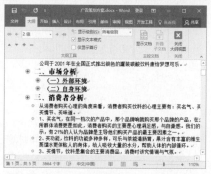

图 13-12

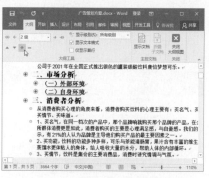

图 13-13

技术看板

通过单击【展开】按钮 ➕，会逐级显示内容。另外，在已经折叠的标题上，双击左侧的加号标记 ⊞，可以快速显示该标题下所有附属内容。

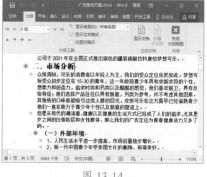

图 13-14

13.1.4 实战：移动与删除广告策划方案标题

实例门类	软件功能
教学视频	光盘\视频\第 13 章\13.1.4.mp4

在大纲视图模式下，可以非常方便地对文档内容的排列顺序进行调整，以及删除多余的章节内容。

1. 移动标题

例如，在"广告策划方案.docx"文档中，要互换"三、消费者分析"和"四、竞争对手分析"两个整体部分的位置，除了常规的剪切/粘贴操作方法外，还可在大纲视图模式下轻松实现，具体操作方法如下。

Step 01 在"广告策划方案.docx"文档中，进入大纲视图模式，初始效果如图 13-15 所示。

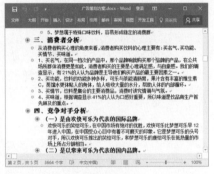

图 13-15

Step 02 ❶因为"三、消费者分析"和"四、竞争对手分析"属于2级标题，所以本例中需要将大纲的显示级别设置为【2级】；❷单击"三、消费者分析"左侧的加号标记➕，选中该标题文本及其后面的段落标记；❸在【大纲工具】组中通过单击【上移】按钮▲、【下移】按钮▼实现上下移动，本例中单击【下移】按钮▼，如图 13-16 所示。

图 13-16

技术看板

之所以通过单击标题左侧的加号标记➕来选中该标题文本及其后面的段落标记，是为了确保选中标题文本的同时还选中了标题下的附属内容。若手动选择，有时可能只选中了标题文本，那么执行移动操作时，则只是对标题文本进行移动操作，而标题下的附属内容不会一起移动。

Step 03 此时，"三、消费者分析"将移动到"四、竞争对手分析"的后面，如图 13-17 所示。

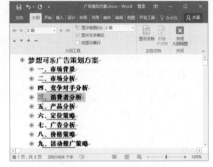

图 13-17

Step 04 将大纲的显示级别设置为【所有级别】，可以更清晰地查看调整位置后的效果，如图 13-18 所示。

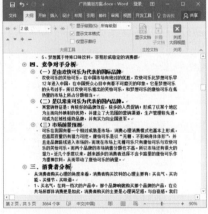

图 13-18

2. 删除标题

例如，在广告策划方案.docx文档中，要删除"五、产品分析"及其附属内容，除了通过前面章节介绍的

常规方法删除外，在大纲视图模式下可轻松完成删除操作，具体操作方法如下。

Step 01 在"广告策划方案.docx"文档中，进入大纲视图模式，初始效果如图 13-19 所示。

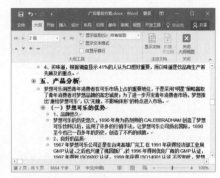

图 13-19

Step 02 ❶将大纲的显示级别设置为【2级】；❷单击"五、产品分析"左侧的加号标记➕，选中该标题文本及其后面的段落标记，如图 13-20 所示。

Step 03 按【Delete】键，即可删除"五、产品分析"标题文本及其附属内容，如图 13-21 所示。

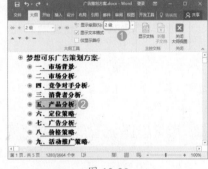

图 13-20

图 13-21

13.2　主控文档的应用

对于几十页甚至几百页、千页以上的大型文档，在打开与编辑文档时，Word 性能明显下降，有时还会出现 Word 程序无响应的情况，严重影响了排版效率。有的用户为了提高排版速度，会将一份完整的文档分散保存在多个文档中，但是这种方法也有一定的弊端，如当需要为这些文档创建统一的页码、目录和索引时，麻烦就接踵而至。要想完美解决上述出现的问题，就要使用 Word 提供的主控文档功能。通过该功能，可以将长文档拆分成多个子文档进行处理，从而提高文档的编辑效率。

★ 重点 13.2.1　实战：创建主控文档

实例门类	软件功能
教学视频	光盘\视频\第 13 章\13.2.1.mp4

主控文档是包含一系列相关子文档的文档，并以超链接方式显示这些子文档，从而为用户组织和维护长文档提供了便利。

在创建主控文档之前，需要注意以下两点，否则很容易带来文档格式上的混乱。

➡ 确保主控文档与子文档的页面布局相同。

➡ 确保主控文档与子文档所使用的样式和模板相同。

主控文档的创建方式主要有两种，一种是将文档拆分成多个子文档，另一种是将多个独立文档合并到主控文档。

1. 进入主控文档操作界面

主控文档的创建，以及子文档的一些操作，都需要在主控文档操作界面中进行，因此在创建主控文档前，先讲解如何进入主控文档操作界面。

Step01 在 Word 文档中切换到大纲视图模式，在【大纲】选项卡的【主控文档】组中单击【显示文档】按钮，如图 13-22 所示。

Step02 展开【主控文档】组，其中包含了所有用于主控文档操作的按钮，这就是主控文档的操作界面，如图 13-23 所示。

图 13-22

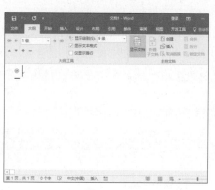

图 13-23

2. 将文档拆分成多个子文档

根据操作需要，可以将包含大量内容的文档拆分成多个独立的子文档，具体操作方法如下。

Step01 为了方便后面的讲解及查看效果，将"光盘\素材文件\第 13 章\公司规章制度.docx"文档复制到"光盘\结果文件\第 13 章\将文档拆分成多个子文档"目录下。

Step02 打开"光盘\结果文件\第 13 章\将文档拆分成多个子文档\公司规章制度.docx"的文件，切换到大纲视图并进入主控文档操作界面，如图 13-24 所示。

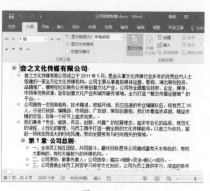

图 13-24

Step03 ❶ 将大纲的显示级别设置为【2级】；❷ 在标题"第 1 章 公司总则"左侧单击 ➕ 标记，选中该标题及其下属包含的所有内容；❸ 单击【主控文档】组中的【创建】按钮，如图 13-25 所示。

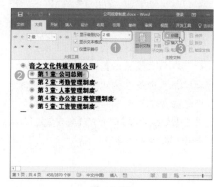

图 13-25

Step04 所选标题的四周将添加灰色边框，表示该标题及其下属内容已经被拆分为一个子文档，如图 13-26 所示。

Step05 用同样的方法，依次将其他标题及其下属内容分别拆分为子文档，如图 13-27 所示。

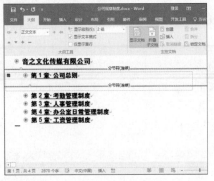

图 13-26

图 13-28

图 13-31

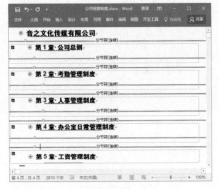

图 13-27

技能拓展——批量拆分子文档

如果希望一次性将文档中同一级别的标题分别拆分为对应的子文档，则可以按住【Shift】键不放，然后依次单击各标题左侧的 ➕ 标记，以便选中这些标题及其下属包含的所有内容，单击【主控文档】组中的【创建】按钮，即可一次性完成拆分。

Step 06 按【Ctrl+S】组合键保存上述操作，当前文档即可成为主控文档，同时子文档将自动以标题命名，其保存路径在当前文档所在的文件夹，如图 13-28 所示。

Step 07 在主控文档中，如果需要查看子文档的保存路径，可以单击【主控文档】组中的【折叠子文档】按钮，如图 13-29 所示。

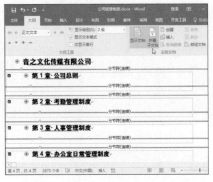

图 13-29

Step 08 此时，主文档中将以超链接的形式显示各子文档的保存路径，如图 13-30 所示。

图 13-30

3. 将多个独立文档合并到主控文档

在编辑大型文档时，为了便于操作，一开始就将各版块内容分别写入各自独立的文档中，同时将这些文档置于同一个文件夹中，如图 13-31 所示。

当需要对这些文档中的内容进行统一操作时，如添加目录、索引等，最好的办法就是使用主控文档将这些独立文档合并为一个整体后再进行相关操作。使用主控文档将这些独立文件合并为一个整体的具体操作方法如下。

Step 01 打开图 13-31 所示中的任意一个文档，以"广告策划方案 - 主控文档"为文件名另存到指定路径，然后删除文档中的所有内容。

技术看板

执行本步操作，是为了保证主控文档与子文档所使用的样式和模板相同。

Step 02 在"广告策划方案 - 主控文档 .docx"文档中，切换到大纲视图并进入主控文档操作界面，然后单击【主控文档】组中的【插入】按钮，如图 13-32 所示。

图 13-32

Step 03 ❶ 在弹出的【插入子文档】对

话框中选择需要添加到主控文档中的第一个子文档；❷ 单击【打开】按钮，如图 13-33 所示。

图 13-33

技术看板

向主控文档中添加子文档的先后顺序，决定了这些子文档在主控文档中的显示顺序。

Step04 由于插入的子文档与主控文档具有相同的样式，所以会弹出提示框询问是否重命名文档的样式，单击【全否】按钮，如图 13-34 所示。

图 13-34

Step05 所选子文档将插入主控文档中，且四周有一个灰色边框，如图 13-35 所示。

图 13-35

Step06 用同样的方法，将其他文档依次插入主控文档中，如图 13-36 所示。

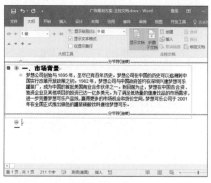

图 13-36

Step07 为了便于查看插入的子文档数量和排列顺序，可将大纲的显示级别设置为【1 级】，效果如图 13-37 所示。

图 13-37

将所有子文档插入主控文档后，切换到页面视图模式，便可像编辑普通文档一样编辑主控文档中的内容，如查找和替换、设置页眉页脚、插入目录等。总之，几乎所有在普通文档中可用的操作都可以在主控文档中使用。

13.2.2 实战：编辑子文档

实例门类	软件功能
教学视频	光盘\视频\第 13 章\13.2.2.mp4

创建主控文档后，下次打开该文档时，可发现子文档会以超链接的形式进行显示，如图 13-38 所示。

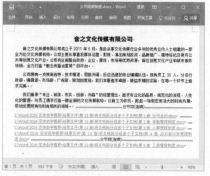

图 13-38

技术看板

Word 会自动在主控文档中加入分节符，这是为了确保主控文档能够正常运转，如果删除这些分节符，可能会导致主控文档出现问题。

如果希望直接在主控文档中编辑子文档，则需要先将子文档的内容显示出来，具体操作方法如下。

Step01 在主控文档中切换到大纲视图并进入主控文档操作界面，然后单击【主控文档】组中的【展开子文档】按钮，如图 13-39 所示。

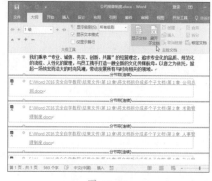

图 13-39

Step02 所有子文档中的内容将显示出来，如图 13-40 所示，这时便可切换到页面视图，然后像编辑普通文档一样直接编辑主控文档中的内容。

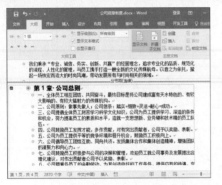

图 13-40

在主控文档中编辑子文档内容时，每次保存主控文档时会耗费一定的时间。如果只是要单独对某个子文档中的内容进行编辑，则最好打开该子文档，然后在独立的窗口中编辑和保存子文档，保存子文档后，系统会自动将编辑结果保存到主控文档中。

要单独编辑子文档，则需要先打开它，其方法主要有以下几种。

➜ 在没有打开主控文档的情况下，可打开文件资源管理器，进入子文档的存放路径，然后双击要编辑的子文档，即可将其打开，如图 13-41 所示。

图 13-41

➜ 默认情况下，打开主控文档后，无论在什么视图方式下，都会以超链接的形式显示各子文档，此时，按【Ctrl】键并单击子文档超链接，如图 13-42 所示，即可在新的 Word 窗口中打开该子文档。

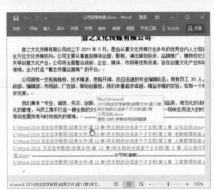

图 13-42

➜ 打开主控文档后切换到大纲视图并进入主控文档操作界面，双击子文档标题左侧的 标记，如图 13-43 所示，即可在新的 Word 窗口中打开该子文档。

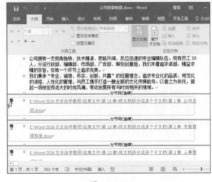

图 13-43

13.2.3 重命名与移动子文档

每个子文档都是一个单独的 Word 文档，因此子文档也有相应的文件名和存储路径。根据操作需要，用户可以对子文档进行重命名、更改存储路径等操作，操作方法为：打开某个子文档，按【F12】键打开如图 13-44 所示的【另存为】对话框，此时，在【文件名】文本框中重新输入文件名，便能重命名子文件；在【另存为】对话框中重新指定保存路径，便能实现子文档的移动。

图 13-44

用户不能在文件夹中直接对子文档进行重命名操作，也不能直接将子文档移动到其他文件夹，否则，在主控文档中无法访问该子文档。

13.2.4 实战：锁定公司规章制度的子文档

实例门类	软件功能
教学视频	光盘\视频\第13章\13.2.4.mp4

在对主控文档进行编辑时，为了避免由于错误操作而对子文档进行意外的修改，可以将指定的子文档设置为锁定状态，具体操作方法如下。

Step01 在主控文档"公司规章制度.docx"中，切换到大纲视图并进入主控文档操作界面，单击【主控文档】组中的【展开子文档】按钮，如图 13-45 所示。

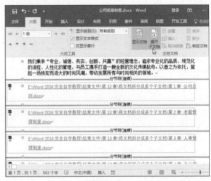

图 13-45

Step 02 展开子文档内容，❶ 将光标插入点定位到要锁定的子文档范围内；❷ 单击【主控文档】组中的【锁定文档】按钮，如图 13-46 所示。

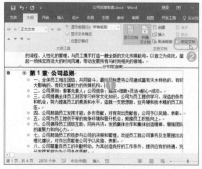

图 13-46

Step 03 此时，当前子文档呈锁定状态，且子文档标题的左侧会显示🔒标记，同时【锁定文档】按钮呈选中状态显示，如图 13-47 所示。

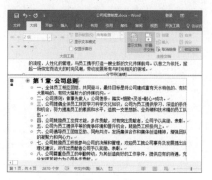

图 13-47

Step 04 将主控文档切换到页面视图，并将光标插入点定位到处于锁定状态的子文档的页面范围内时，功能区中所有编辑命令都处于不可用状态，如图 13-48 所示。

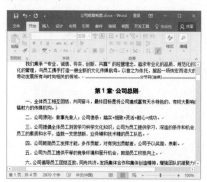

图 13-48

技能拓展——解锁子文档

如果要解锁子文档，则在大纲视图的主控文档操作界面中，将光标插入点定位在处于锁定状态的子文档范围内，单击【主控文档】组中的【锁定文档】按钮，使该按钮取消选中状态。

此外，当出现以下任何一种情况时，Word 将自动锁定子文档，且无法对处于自动锁定状态的子文档进行解锁操作。

➡ 当其他用户在子文档中进行工作时。

➡ 子文档存储在某个设置了只读属性的文件夹中。

➡ 作者对子文档设置了只读共享选项。

13.2.5 实战：将公司规章制度中的子文档还原为正文

实例门类	软件功能
教学视频	光盘\视频\第 13 章\13.2.5.mp4

当不再需要将某部分内容作为子文档进行处理时，可以将其还原为正文，即还原为主控文档中的内容，具体操作方法如下。

Step 01 在主控文档"公司规章制度 .docx"中，切换到大纲视图并进入主控文档操作界面，单击【主控文档】组中的【展开子文档】按钮，如图 13-49 所示。

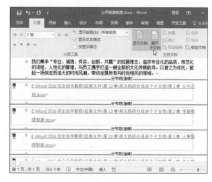

图 13-49

Step 02 展开子文档内容，❶ 将光标插入点定位到要还原为正文的子文档范围内；❷ 单击【主控文档】组中的【取消链接】按钮，如图 13-50 所示。

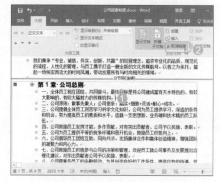

图 13-50

Step 03 当前子文档即可被取消链接，从而还原成主控文档的正文，同时边框线消失，如图 13-51 所示。

图 13-51

技术看板

将子文档还原成主控文档的正文后，该子文档的文件依然存在。为了便于子文档的管理，可以将其删除。

13.2.6 删除不需要的子文档

当某个子文档不再有用，应该及时在主控文档中将其删除，从而避免带来不必要的混乱。在主控文档中删除子文档的方法主要有以下两种方法。

➡ 打开主控文档，切换到大纲视图并进入主控文档操作界面，若子文档显示为超链接，删除对应的超链接即可，如图 13-52 所示。

图 13-52

打开主控文档，切换到大纲视图并进入主控文档操作界面，若子文档处于展开状态，则单击某子文档标题左侧的 ▣ 标记，选中该子文档的内容，然后按【Delete】键即可将其删除，如图 13-53 所示。

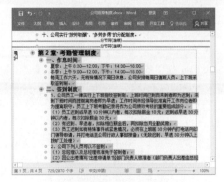

图 13-53

13.3　在长文档中快速定位

在编辑长文档时，许多用户习惯性使用查找功能快速定位到指定位置，其实，还可以使用定位、超链接、书签等功能来定位到指定位置，接下来将分别介绍这些功能的使用方法。

13.3.1　实战：在论文中定位指定位置

实例门类	软件功能
教学视频	光盘\视频\第 13 章\13.3.1.mp4

定位功能非常好用，可以直接跳转到需要的特定位置，而不用通过拖动文档右侧的垂直滚动条来查找。使用定位功能，可以快速定位到指定的页、节、书签、脚注等位置。例如，要快速定位到指定的页，具体操作方法如下。

Step 01 打开"光盘\素材文件\第 13 章\论文 - 会计电算化发展分析 .docx"的文件，❶ 在【开始】选项卡的【编辑】组中，单击【查找】按钮右侧的下拉按钮 ▼；❷ 在弹出的下拉列表中选择【转到】选项，如图 13-54 所示。

图 13-54

Step 02 弹出【查找和替换】对话框，并自动定位到【定位】选项卡，❶ 在【定位目标】列表框中选择要定位的方式，本例中选择【页】；❷ 在【输入页号】文本框内输入需要定位的页码位置，如【5】；❸ 完成设置后单击【定位】按钮，如图 13-55 所示。

图 13-55

技能拓展——快速定位到【定位】选项卡

打开文档后按【Ctrl+G】组合键，可快速打开【查找和替换】对话框，并自动定位到【定位】选项卡。

Step 03 光标插入点即可自动跳转到文档第 5 页的位置，在【查找和替换】对话框中单击【关闭】按钮关闭对话

框即可，如图 13-56 所示。

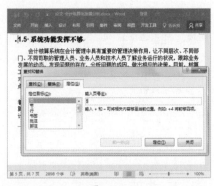

图 13-56

技能拓展——配合使用"+""–"按页进行定位

按页方式进行定位时，还可配合使用"+""–"进行定位。例如，若在【输入页号】文本框内输入【+1】，则定位到当前页的下一页；若输入【-1】，则定位到当前页的上一页，以此类推。

13.3.2　实战：在论文中插入超链接快速定位

实例门类	软件功能
教学视频	光盘\视频\第 13 章\13.3.2.mp4

超链接是指为了快速访问而创建的指向一个目标的连接关系。例如，在浏览网页时，单击某些文字或图片就会打开另一个网页，这就是超链接。

在 Word 中，也可以轻松创建这种具有跳转功能的超链接，如创建指向本文档中的某个位置的超链接、创建指向文件的超链接、创建指向网页的超链接等。例如，要创建指向本文档中的某个位置的超链接，具体操作方法如下。

Step 01 在"论文 - 会计电算化发展分析 .docx"文档中，❶ 选中需要创建超链接的文本；❷ 切换到【插入】选项卡；❸ 单击【链接】组中的【超链接】按钮，如图 13-57 所示。

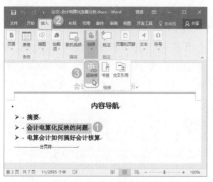

图 13-57

Step 02 弹出【插入超链接】对话框，❶ 在【链接到】列表框中选择【本文档中的位置】选项；❷ 在【请选择文档中的位置】列表框中选择链接的目标位置；❸ 单击【确定】按钮，如图 13-58 所示。

Step 03 返回文档，可发现选中的文本呈蓝色，并含有下画线，指向该文本时，会弹出相应的提示信息，如图 13-59 所示。

图 13-58

技能拓展——创建指向网页或文件的超链接

若要创建指向网页或文件的超链接，则选中要创建超链接的文本后，在【插入超链接】对话框的【链接到】列表框中选择【现有文件或网页】选项，然后在右侧列表框中选择具体的目标位置即可。

Step 04 此时，按【Ctrl】键，再单击创建了链接的文本，即可快速跳转到目标位置，如图 13-60 所示。

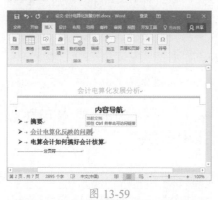

图 13-59

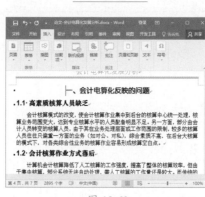

图 13-60

技能拓展——删除超链接

在文档中插入超链接后，还可以根据需要将其删除。右击需要删除的超链接，在弹出的快捷菜单中选择【取消超链接】命令，即可删除超链接。

★ **重点 13.3.3 实战：使用书签在论文中定位**

实例门类	软件功能
教学视频	光盘\视频\第 13 章\13.3.3.mp4

在文档中使用书签，可以标记某个范围或插入点的位置，为以后在文档中定位位置提供便利。根据不同的需要，可以为选中的内容设置书签，也可以在光标插入点所在位置设置书签。

1. 插入书签

在光标插入点所在位置设置标签，具体操作方法如下。

Step 01 在"论文 - 会计电算化发展分析 .docx"文档中，❶ 将光标插入点定位到需要插入书签的位置；❷ 切换到【插入】选项卡；❸ 单击【链接】组中的【书签】按钮，如图 13-61 所示。

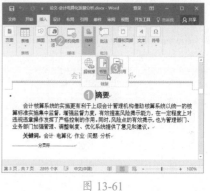

图 13-61

Step 02 弹出【书签】对话框，❶ 在【书签名】文本框内输入书签的名称；❷ 单击【添加】按钮即可，如图 13-62 所示。

图 13-62

2. 定位书签

在文档中创建书签后，无论光标插入点处于文档的哪个位置，都可以快速定位到书签所在的位置。定位到书签所在位置的操作方法如下。

Step01 在"论文 - 会计电算化发展分析 .docx"文档中，❶切换到【插入】选项卡；❷单击【链接】组中的【书签】按钮，如图 13-63 所示。

Step02 弹出【书签】对话框，❶在列表框中选择与要定位的位置对应的书签名；❷单击【定位】按钮，如图 13-64 所示。

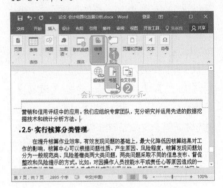

图 13-63

图 13-64

Step03 Word 将自动跳转到书签所在的位置，在【书签】对话框中单击【关闭】按钮关闭对话框即可，如图 13-65 所示。

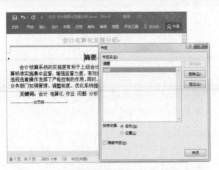

图 13-65

技能拓展——删除书签

对于不再有用的书签，可以将其删除。打开【书签】对话框，在列表框中选择要删除的书签名，然后单击【删除】按钮即可删除。

★ 重点 13.3.4 实战：使用交叉引用快速定位

实例门类	软件功能
教学视频	光盘\视频\第 13 章\13.3.4.mp4

通俗地讲，交叉引用就是指在同一篇文档中，一个位置引用另一个位置的内容。例如，在编辑长文档时，经常会使用"关于××的操作方法，请参照××"之类的引用语句。对于这类引用语句，虽然可以手动设置，但是文稿一旦被修改，则相应的章节、页码也会发生相应的变化，此时就需要手动修改引用语句，从而浪费大量时间。

针对上述所说的情况，使用 Word 提供的交叉引用功能，可以在文稿被修改后进行自动更新，从而轻松实现引用语句的应用。

1. 创建交叉引用

交叉引用的使用非常灵活，根据不同需要，可以为标题、书签、脚注、尾注、题注等内容创建交叉引用。

例如，要为标题创建交叉引用，

具体操作方法如下。

Step01 打开"光盘\素材文件\第 13 章\交叉引用的使用 .docx"的文件，将光标插入点定位到需要插入交叉引用的位置，如图 13-66 所示。

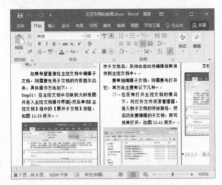

图 13-66

Step02 ❶输入引用文字，本例中输入【（具体操作方法请参考章节""）】，然后将光标插入点定位在引号之间；❷切换到【插入】选项卡；❸单击【链接】组中的【交叉引用】按钮，如图 13-67 所示。

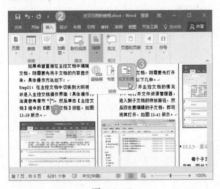

图 13-67

Step03 弹出【交叉引用】对话框，❶在【引用类型】下拉列表中选择引用类型，本例中选择【标题】；❷在【引用内容】下拉列表中选择引用方式，本例中选择【标题文字】；❸在下面的列表框中选择要引用的内容；❹完成设置后单击【插入】按钮，如图 13-68 所示。

Step04 光标插入点所在位置即可自动插入引用的内容，即交叉引用，当鼠标指针指向该引用时会弹出相应的提示文字，如图 13-69 所示。

图 13-68

技术看板

若要使用标题作为引用类型，则文档中的标题必须是应用了内置的标题样式。

此外，使用标题引用类型时，若需要将标题编号作为引用方式，则标题编号必须是设置的多级列表中的编号。

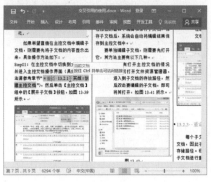

图 13-69

Step 05 按【Ctrl】键，再单击引用内容，即可快速跳转到引用位置，如图13-70 所示。

图 13-70

技能拓展——在不同文档之间设置交叉引用

如果希望在不同文档之间设置交叉引用，那么需要先通过主控文档功能将这些分散的文档合并到一起，然后展开主控文档中的所有子文档，最后像编辑普通文档一样创建交叉引用即可。创建交叉引用后，也只有在主控文档中展开子文档的前提下，才能正常使用交叉引用。

2. 更新交叉引用

当被引用位置的内容发生了变化，如上述操作中被引用标题的标题文字改成了"13.2.1 创建主控文档"，便需要对交叉引用进行更新操作，从

而实现同步更新。

更新交叉引用的操作方法为：右击需要更新的交叉引用，在弹出的快捷菜单中选择【更新域】命令即可，如图 13-71 所示。

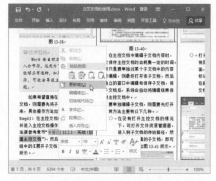

图 13-71

技能拓展——批量更新交叉引用

如果在文档中的多个位置上创建了交叉引用，那么按【Ctrl+A】组合键选中整篇文档，然后使用鼠标右键单击任意一个交叉引用，在弹出的快捷菜单中选择【更新域】命令，可以对文档中所有交叉引用进行一次性更新。

妙招技法

通过前面知识的学习，相信读者已经掌握了长文档的相关处理方法。下面结合本章内容，给大家介绍一些实用技巧。

技巧 01：合并子文档

教学视频	光盘\视频\第 13 章\技巧01.mp4

创建的主控文档中，如果子文档太小，则会发现管理起来非常麻烦，此时可以对子文档进行合并操作，具体操作方法如下。

Step 01 在主控文档"公司规章制

度.docx"中，切换到大纲视图并进入主控文档操作界面，单击【主控文档】组中的【展开子文档】按钮，如图 13-72 所示。

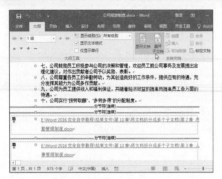

图 13-72

Step 02 ① 展开子文档内容，将大纲的显示级别设置为【2级】；② 单击某子文档标题左侧的 ▣ 标记，选中第一个需要合并的子文档，然后按住【Shift】键，选择其他需要合并的子文档；③ 完成选择后单击【主控文档】组中的【合并】按钮，如图 13-73 所示。

技能拓展——拆分子文档

如果子文档太大，也可将该子文档拆分成多个小的子文档，具体操作方法为：在主控文档操作界面中展开子文档，在要拆分的子文档中，选中需要拆分为新子文档的标题及其下属包含的所有内容，然后单击【主控文档】组中的【拆分】按钮即可。

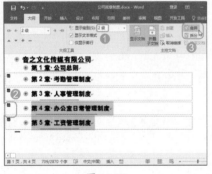

图 13-73

Step 03 所选子文档将合并为一个单独的子文档，且边框线内的内容范围发生改变，如图 13-74 所示。

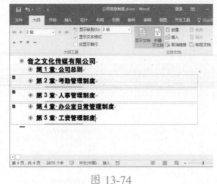

图 13-74

技巧 02：在书签中插入超链接

教学视频 光盘 \ 视频 \ 第 13 章 \ 技巧 02.mp4

创建指向本文档中的某个位置的超链接时，如果要使用标题作为链接的目标位置，则这些标题必须是应用了内置的标题样式。

当需要链接的目标位置并非是应用了内置标题样式的标题，或者仅仅是普通的正文内容，那么该如何创建超链接呢？配合使用书签功能，便可解决这一问题。先在目标位置插入一个书签，然后通过超链接功能，将书签设置为链接目标，具体操作方法如下。

Step 01 打开"光盘 \ 素材文件 \ 第 13 章 \ 工资管理制度 .docx"的文件，① 将光标插入点定位到目标位置；② 切换到【插入】选项卡；③ 单击【链接】组中的【书签】按钮，如图 13-75 所示。

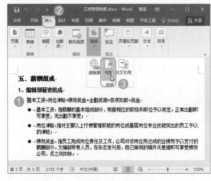

图 13-75

Step 02 弹出【书签】对话框，① 在【书签名】文本框内输入书签的名称；② 单击【添加】按钮，完成书签的制作，如图 13-76 所示。

图 13-76

Step 03 ① 选中需要创建超链接的文本；② 切换到【插入】选项卡；③ 单击【链接】组中的【超链接】按钮，如图 13-77 所示。

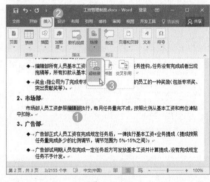

图 13-77

Step 04 弹出【插入超链接】对话框，① 在【链接到】列表框中选中【本文档中的位置】选项；② 在【请选择文档中的位置】列表框中选择链接的目标位置，本例中在【书签】栏中选择需要链接的书签；③ 单击【确定】按钮，如图 13-78 所示。

Step 05 返回文档，可发现选中的文本呈蓝色，并含有下画线，指向该文本时，会弹出相应的提示信息，如图 13-79 所示。

图 13-78

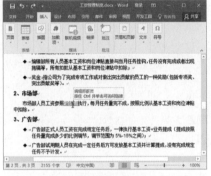

图 13-79

Step06 按【Ctrl】键，再单击创建了链接的文本，即可快速跳转到目标位置，即插入了书签的位置，如图 13-80 所示。

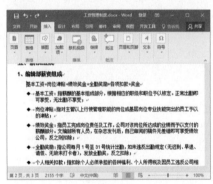

图 13-80

技巧 03：在书签中插入交叉引用

教学视频	光盘\视频\第 13 章\技巧 03.mp4

配合书签的使用，可以将某处指定的文本内容设置为被引用位置。先在被引用位置插入一个书签，再将书签设置为要引用的内容，具体操作方法如下。

Step01 在"交叉引用的使用 .docx"文档中，❶选中被引用位置；❷切换到【插入】选项卡；❸单击【链接】组中的【书签】按钮，如图 13-81 所示。

图 13-81

Step02 弹出【书签】对话框，❶在【书签名】文本框内输入书签的名称；❷单击【添加】按钮，完成书签的制作，如图 13-82 所示。

图 13-82

Step03 ❶在要插入交叉引用的地方输入引用文字，本例中输入【（详见）】，然后将光标插入点定位在【见】字之后；❷切换到【插入】选项卡；❸单击【链接】组中的【交叉引用】按钮，如图 13-83 所示。

Step04 弹出【交叉引用】对话框，❶在【引用类型】下拉列表中选中【书签】选项；❷在【引用内容】下拉列表中选中【书签文字】选项；❸在下面的

列表框中选择要引用的书签；❹完成设置后单击【插入】按钮；❺单击【关闭】按钮关闭对话框，如图 13-84 所示。

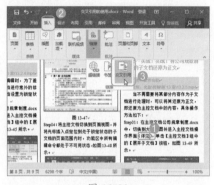

图 13-83

图 13-84

Step05 光标插入点所在位置即可自动插入引用的书签内容，即交叉引用，当鼠标指针指向该引用时会弹出相应的提示文字，如图 13-85 所示。

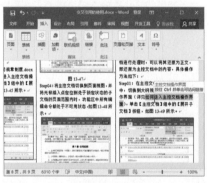

图 13-85

Step06 按【Ctrl】键，再单击引用内容即可跳转至引用位置，如图 13-86 所示。

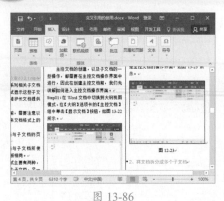

图 13-86

技巧 04：利用书签进行文本计算

教学视频	光盘\视频\第 13 章\技巧 04.mp4

在 Word 中，结合书签和公式的使用，还可以完成一些简单的计算，具体操作方法如下。

Step01 打开“光盘\素材文件\第 13 章\销售情况 .docx”的文件；❶ 选中数字【300】；❷ 切换到【插入】选项卡；❸ 单击【链接】组中的【书签】按钮，如图 13-87 所示。

2015 年销售情况
2015 年，我们公司在北京、上海、西安等展览会和资源发现等专业杂志推广后，我公司的 XX 牌洗发露打开了一定的知名度，国内外的客户对我们的产品有了一定的认识和了解。
2014 年销售部的销售额为 300 万元，而 2015 年销售部的销售额为 462 万元，较 2014 年增长了 () 万元，增长率为 () %。

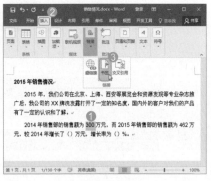

图 13-87

Step02 弹出【书签】对话框，❶ 在【书签名】文本框内输入书签的名称“S1”；❷ 单击【添加】按钮，如图 13-88 所示。

Step03 返回文档，❶ 选中数字【462】；❷ 切换到【插入】选项卡；❸ 单击【链接】组中的【书签】按钮，如图 13-89 所示。

书签
书签名(B):
S1
添加(A)
删除(D)
定位(G)
排序依据: 名称(N)
位置(L)
隐藏书签(H)
取消

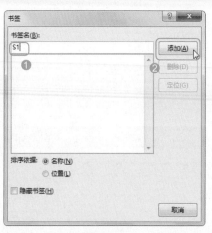

图 13-88

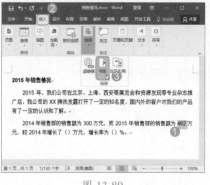

图 13-89

Step04 弹出【书签】对话框，❶ 在【书签名】文本框内输入书签的名称“S2”；❷ 单击【添加】按钮，如图 13-90 所示。

书签
书签名(B):
S2
S1
添加(A)
删除(D)
定位(G)
排序依据: 名称(N)
位置(L)
隐藏书签(H)
取消

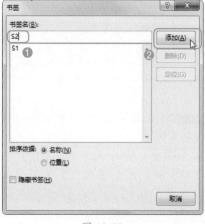

图 13-90

Step05 返回文档，在第 1 个括号中输入域代码“{ = { S2 } – { S1 } }”，如图 13-91 所示。

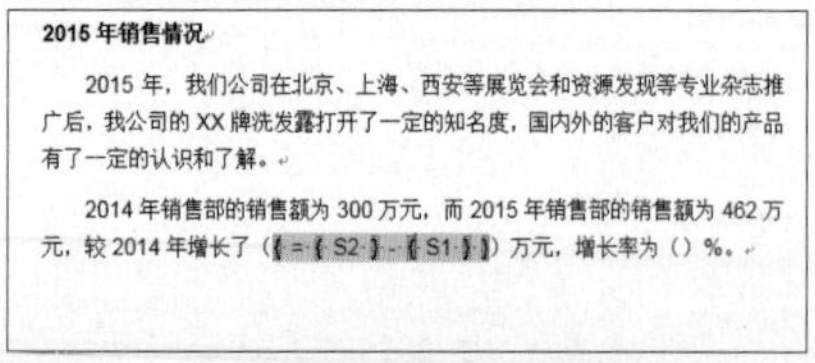

2015 年销售情况
2015 年，我们公司在北京、上海、西安等展览会和资源发现等专业杂志推广后，我公司的 XX 牌洗发露打开了一定的知名度，国内外的客户对我们的产品有了一定的认识和了解。
2014 年销售部的销售额为 300 万元，而 2015 年销售部的销售额为 462 万元，较 2014 年增长了（{ = { S2 } - { S1 } }）万元，增长率为 () %。

图 13-91

> **技术看板**
>
> 输入域代码时，括号 {} 为域字符特征，不能手动输入，需要按下【Ctrl+F9】组合键自动生成。关于域的相关知识，将在本书第 18 章中进行讲解。

Step06 将光标插入点定位在域代码内，按【F9】键，即可将域代码转换为域结果，如图 13-92 所示。

2015 年销售情况
2015 年，我们公司在北京、上海、西安等展览会和资源发现等专业杂志推广后，我公司的 XX 牌洗发露打开了一定的知名度，国内外的客户对我们的产品有了一定的认识和了解。
2014 年销售部的销售额为 300 万元，而 2015 年销售部的销售额为 462 万元，较 2014 年增长了（162）万元，增长率为 () %。

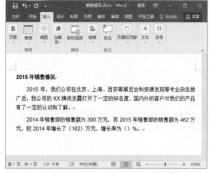

图 13-92

Step07 在第 2 个括号中输入域代码“{ =({ S2 }-{ S1 })/{ S1 }*100\#0.00 }”，如图 13-93 所示。

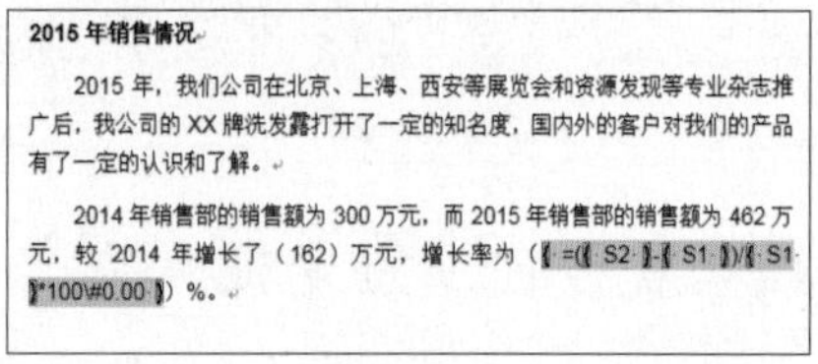

2015 年销售情况
2015 年，我们公司在北京、上海、西安等展览会和资源发现等专业杂志推广后，我公司的 XX 牌洗发露打开了一定的知名度，国内外的客户对我们的产品有了一定的认识和了解。
2014 年销售部的销售额为 300 万元，而 2015 年销售部的销售额为 462 万元，较 2014 年增长了（162）万元，增长率为（{ =({ S2 }-{ S1 })/{ S1 }*100\#0.00 }）%。

图 13-93

Step08 将光标插入点定位在域代码内，按【F9】键，即可将域代码转换为域结果，如图 13-94 所示。

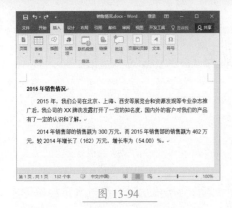

图 13-94

技巧 05：显示书签标记

教学视频	光盘 \ 视频 \ 第 13 章 \ 技巧 05.mp4

默认情况下，在文档中创建书签后，文档中没有显示任何书签标记，只能打开【书签】对话框才能看到文档中是否有书签。如果想要清楚地知道文档中哪些地方插入了书签，可以通过设置将书签标记显示出来，具体操作方法如下。

Step 01 打开【Word 选项】对话框，❶ 切换到【高级】选项卡；❷【显示文档内容】栏中选中【显示书签】复选框；❸ 单击【确定】按钮，如图 13-95 所示。

图 13-95

Step 02 通过上述设置后，在有书签的文档中，如果是在光标插入点所在位置设置的书签，则书签标记会显示为 "⟦"，如图 13-96 所示。

Step 03 如果是为选中的内容设置的书签，则书签标记显示为 "〔　〕"，如图 13-97 所示。

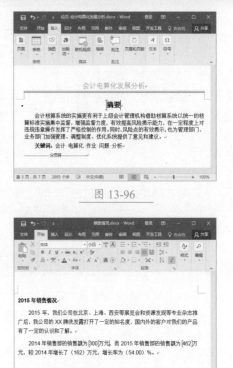

图 13-96

图 13-97

本章小结

本章主要讲解了长文档的一些处理方法，主要包括大纲视图的应用、主控文档的应用、在长文档中快速定位等内容。通过本章的学习，希望读者能够得心应手地处理长文档。要想知道更多关于长文档的处理方法，请继续学习后面章节的内容。

第14章 自动化排版

➜ 题注是什么？如何使用？

➜ 怎么在文档中添加脚注和尾注？

➜ 脚注和尾注能相互转换吗？

当文档中图片、表格过多时，通常会想到为它们添加题注来让文档内容更清晰，如何添加呢？通过本章的学习，相信读者会很快掌握添加题注的方法，以及如何添加脚注与尾注。

14.1 题注的使用

复杂的文档往往包含了大量的图片和表格，而且在编辑与排版这些内容时，有时还需要为它们添加带有编号的说明性文字。如果手动添加编号，无疑是一项非常耗时的工作，尤其是后期对图片和表格进行了增加、删除，或者调整位置等操作，便会导致之前添加的编号被打乱，这时不得不重新再次编号。Word 提供的题注功能解决了这一问题，该功能不仅允许用户为图片、表格、图表等不同类型的对象添加自动编号，还允许为这些对象添加说明信息。当这些对象的数量或位置发生变化时，Word 便会自动更新题注编号，免去了手动编号的烦琐。

14.1.1 题注的组成

题注可以位于图片、表格、图表等对象的上方或下方，由题注标签、题注编号和说明信息 3 部分组成。

➜ 题注标签：题注通常以"图""表""图表"等文字开始，这些字便是题注标签，用于指明题注的类别。Word 提供了一些预置的题注标签供用户选择，用户也可以自行创建。

➜ 题注编号：在"图""表""图表"等文字的后面会包含一个数字，这个数字就是题注编号。题注编号由 Word 自动生成，是必不可少的部分，表示图片或表格等对象在文档中的排序序号。

➜ 说明信息：题注编号之后通常会包含一些文字，即说明信息，用于对图片或表格等对象做简要说明。说明信息可有可无，如果需要使用说明信息，由用户手动输入即可。

14.1.2 实战：为团购套餐的图片添加题注

实例门类	软件功能
教学视频	光盘\视频\第 14 章\14.1.2.mp4

了解了题注的作用后，相信读者已经迫不及待地想使用题注功能了，为图片添加题注的具体操作方法如下。

Step01 打开"光盘\素材文件\第 14 章\婚纱摄影团购套餐.docx"的文件，❶ 选中需要添加题注的图片；❷ 切换到【引用】选项卡；❸ 单击【题注】组中的【插入题注】按钮，如图 14-1 所示。

Step02 弹出【题注】对话框，在【标签】下拉列表中可以选择 Word 预置的题注标签，若均不符合使用需求，则单击【新建标签】按钮，如图 14-2 所示。

Step03 弹出【新建标签】对话框，❶ 在【标签】文本框中输入【图】；❷ 单击【确定】按钮，如图 14-3 所示。

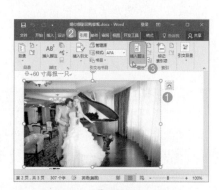

图 14-1

图 14-2

图 14-3

Step 04 返回【题注】对话框，刚才新建的标签【图】将自动设置为题注标签，同时题注标签后面自动生成了题注编号。❶ 如果需要对图片设置说明信息，则在【题注】文本框的题注编号后面输入图片的说明文字，最好在题注编号与说明文字之间输入一个空格，以便让它们之间产生一定的距离感；❷ 完成设置后单击【确定】按钮，如图 14-4 所示。

图 14-4

在【题注】对话框的【位置】下拉列表中，提供的选项用于决定题注位于对象的上方还是下方。默认情况下，Word 自动选择的是【所选项目下方】选项，表示题注位于对象的下方。

Step 05 返回文档，所选图片的下方插入了一个题注，如图 14-5 所示。

图 14-5

Step 06 用同样的方法，在文档中对第 2 张图片添加题注，如图 14-6 所示。

图 14-6

14.1.3 实战：为公司简介的表格添加题注

实例门类	软件功能
教学视频	光盘\视频\第 14 章\14.1.3.mp4

为表格添加题注的方法与为图片添加题注基本相同，具体操作方法如下。

Step 01 打开"光盘\素材文件\第 14 章\公司简介.docx"的文件，❶ 选中需要添加题注的表格；❷ 切换到【引用】选项卡；❸ 单击【题注】组中的【插入题注】按钮，如图 14-7 所示。

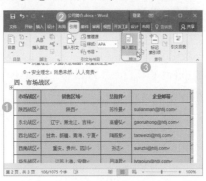

图 14-7

Step 02 弹出【题注】对话框，单击【新建标签】按钮，如图 14-8 所示。

Step 03 弹出【新建标签】对话框，❶ 在【标签】文本框中输入【表】；❷ 单击【确定】按钮，如图 14-9 所示。

Step 04 返回【题注】对话框，刚才新建的标签【表】将自动设置为题注标签，同时题注标签后面自动生成了题注编号。❶ 在【位置】下拉列表中选中【所选项目上方】选项；❷ 单击【确定】按钮，如图 14-10 所示。

图 14-8

图 14-9

图 14-10

📋 **技术看板**

在【题注】对话框中，若选中【题注中不包含标签】复选框，则创建的题注中将不会包含"图""表"等之类的文字。

另外，若创建了错误标签，则可以在【标签】下拉列表中选择该标签，然后单击【删除标签】按钮将其删除。

Step05 返回文档，所选表格的上方插入了一个题注，如图 14-11 所示。用这样的方法，分别为文档中其他表格添加题注即可。

图 14-11

★ 重点 14.1.4 实战：为书稿中的图片添加包含章节编号的题注

实例门类	软件功能
教学视频	光盘\视频\第 14 章\14.1.4.mp4

按照前面所讲的方法，创建的题注中的编号只包含一个数字，表示与题注关联的对象在文档中的序号。对于复杂文档而言，可能希望为对象创建包含章节号的题注，这种题注的编号包含两个数字，第一个数字表示对象在文档中所属章节的编号，第二个数字表示对象所属章节中的序号。例如，文档中第 1 章的第 2 张图片，可以表示为"图 1-2"；再如，文档中第 1.2 节的第 2 张图片，可以表示为"图 1.2-2"。

要在题注中显示章节编号，需要先为文档中的标题使用关联了多级列表的内置标题样式，操作方法请参考本书的 10.1.6 小节内容。例如，"书稿 .docx"文档中，已经为标题应用了关联多级列表的内置标题样式，效果如图 14-12 所示。

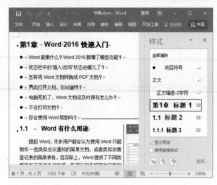

图 14-12

下面以为图片添加含章编号的题注为例，讲解具体操作方法。

Step01 打开"光盘\素材文件\第 14 章\书稿 .docx"的文件，❶选中需要添加题注的图片；❷切换到【引用】选项卡；❸单击【题注】组中的【插入题注】按钮，如图 14-13 所示。

图 14-13

Step02 弹出【题注】对话框，单击【新建标签】按钮，如图 14-14 所示。

图 14-14

Step03 弹出【新建标签】对话框，❶在【标签】文本框中输入【图】；❷单击【确定】按钮，如图 14-15 所示。

Step04 返回【题注】对话框，单击【编号】按钮，如图 14-16 所示。

图 14-15

图 14-16

Step05 弹出【题注编号】对话框，❶选中【包含章节号】复选框；❷在【章节起始样式】下拉列表中选择要作为题注编号中第 1 个数字的样式，本例中选择【标题 1】；❸在【使用分隔符】下拉列表中选择分隔符样式；❹单击【确定】按钮，如图 14-17 所示。

图 14-17

Step06 返回【题注】对话框，可以看到题注编号由两个数字组成，单击【确定】按钮，如图 14-18 所示。

图 14-18

Step07 返回文档，所选图片的下方插入了一个含章编号的题注，如图 14-19 所示。

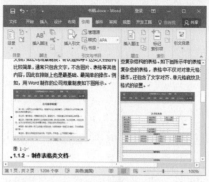

图 14-19

Step 08 用这样的方法，分别为文档中其他图片添加题注即可，最终效果如图 14-20 所示。

图 14-20

★ 重点 14.1.5 实战：**自动添加题注**

实例门类	软件功能
教学视频	光盘\视频\第 14 章\14.1.5.mp4

前面所讲解的操作中，都是选中对象后再添加题注。那么有没有办法实现在文档中插入图片或表格等对象时自动添加题注呢，答案是肯定的。以表格为例，讲解如何实现在文档中插入表格时自动添加题注，具体操作方法如下。

Step 01 新建一篇名为"自动添加题注"的空白文档，❶ 切换到【引用】选项卡；❷ 单击【题注】组中的【插入题注】按钮，如图 14-21 所示。

图 14-21

Step 02 弹出【题注】对话框，单击【自动插入题注】按钮，如图 14-22 所示。

图 14-22

Step 03 弹出【自动插入题注】对话框，❶ 在【插入时添加题注】列表框中选择需要设置自动添加题注功能的对象，本例中选择【Microsoft Word 表格】选项；❷ 此时，【选项】栏中的选项设置被激活，根据需要设置题注标签、位置等参数；❸ 完成设置后单击【确定】按钮，如图 14-23 所示。

Step 04 返回文档，插入一个表格，表格上方会自动添加一个题注，如图 14-24 所示。

Step 05 插入第 2 张表格，表格上方同样自动添加了一个题注，如图 14-25 所示。

图 14-23

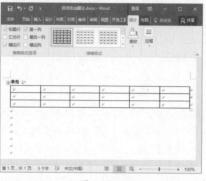

图 14-24

图 14-25

14.2 设置脚注和尾注

编辑文档时，若需要对某些内容进行补充说明，可通过脚注与尾注实现。通常情况下，脚注位于页面底部，作为文档某处内容的注释；尾注位于文档末尾，列出引文的出处。一般来说，在编辑复杂的文档时，如论文，经常会使用脚注与尾注。

14.2.1 实战：为诗词鉴赏添加脚注

实例门类	软件功能
教学视频	光盘\视频\第 14 章\14.2.1.mp4

编辑文档时，当需要对某处内容添加注释信息，可通过插入脚注的方法实现。在一个页面中，可以添加多个脚注，且 Word 会根据脚注在文档中的位置自动调整顺序和编号。添加脚注的具体操作方法如下。

Step 01 打开"光盘\素材文件\第 14 章\诗词鉴赏——客至.docx"的文件，❶ 将光标插入点定位在需要插入脚注的位置；❷ 切换到【引用】选项卡；❸ 单击【脚注】组中的【插入脚注】按钮，如图 14-26 所示。

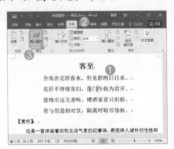

图 14-26

Step 02 Word 将自动跳转到该页面的底端，直接输入脚注内容即可，如图 14-27 所示。

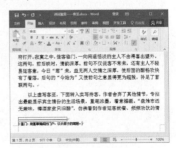

图 14-27

Step 03 输入完成后，将鼠标指针指向插入脚注的文本位置，将自动出现脚注文本提示，如图 14-28 所示。

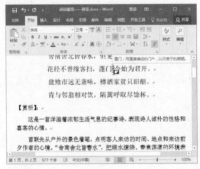

图 14-28

14.2.2 实战：为诗词鉴赏添加尾注

实例门类	软件功能
教学视频	光盘\视频\第 14 章\14.2.2.mp4

编辑文档时，当需要列出引文的出处时，便会使用到尾注，具体操作方法如下。

Step 01 在"诗词鉴赏——客至.docx"文档中，❶ 将光标插入点定位在需要插入尾注的位置；❷ 切换到【引用】选项卡；❸ 单击【脚注】组中的【插入尾注】按钮，如图 14-29 所示。

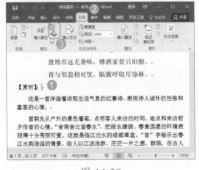

图 14-29

Step 02 Word 将自动跳转到文档的末尾位置，直接输入尾注内容即可，如图 14-30 所示。

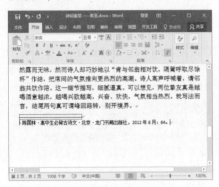

图 14-30

Step 03 输入完成后，将鼠标指针指向插入尾注的文本位置，将自动出现尾注文本提示，如图 14-31 所示。

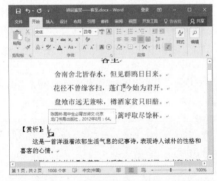

图 14-31

技能拓展——删除脚注和尾注

在文档中插入脚注或尾注后，若要删除它们，只需在正文内容中将脚注或尾注的引用标记删除即可。删除引用标记的方法很简单，就像删除普通文字一样，先选中引用标记，按【Delete】键即可。

★ 重点 14.2.3 实战：改变脚注和尾注的位置

实例门类	软件功能
教学视频	光盘\视频\第14章\14.2.3.mp4

默认情况下，脚注在当前页面的底端，尾注位于文档结尾，根据操作需要，可以调整脚注和尾注的位置。

➡ 脚注：当脚注所在页的内容过少时，脚注位于页面底端可能会影响页面美观，此时，可以将其调整到文字的下方，即当前页面的内容结尾处。

➡ 尾注：若文档设置了分节，有时为了便于查看尾注，可以将其调整到该节内容的末尾。

调整脚注和尾注位置的具体操作方法如下。

Step01 在需要调整脚注和尾注位置的文档中，① 切换到【引用】选项卡；② 单击【脚注】组中的【功能扩展】按钮，如图14-32所示。

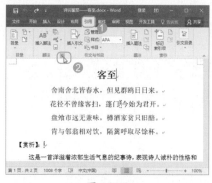

图 14-32

Step02 弹出【脚注和尾注】对话框，① 如果要调整脚注的位置，则在【位置】栏中选中【脚注】单选按钮；② 在右侧的下拉列表中选择脚注的位置，如图14-33所示。

Step03 ① 如果要调整尾注的位置，则在【位置】栏中选中【尾注】单选按钮；② 在右侧的下拉列表中选择尾注的位置；③ 设置完成后单击【应用】

按钮即可，如图14-34所示。

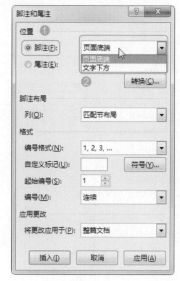

图 14-33

图 14-34

14.2.4 实战：设置脚注和尾注的编号格式

实例门类	软件功能
教学视频	光盘\视频\第14章\14.2.4.mp4

默认情况下，脚注的编号形式为"1,2,3…"，尾注的编号形式为"i,ii,iii…"，根据操作需要，可以更改脚注/尾注的编号形式。例如，要

更改脚注的编号形式，具体操作方法如下。

Step01 在"诗词鉴赏——客至.docx"文档中，① 切换到【引用】选项卡；② 单击【脚注】组中的【功能扩展】按钮，如图14-35所示。

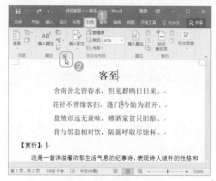

图 14-35

Step02 弹出【脚注和尾注】对话框，① 在【位置】栏中选中【脚注】单选按钮；② 在【编号格式】下拉列表中选择需要的编号样式；③ 单击【应用】按钮，如图14-36所示。

图 14-36

Step03 返回文档，脚注的编号格式即可更改为所选样式，如图14-37所示。

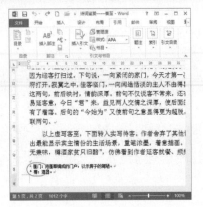

图 14-37

★ 重点 14.2.5 实战：脚注与尾注互相转换

实例门类	软件功能
教学视频	光盘\视频\第 14 章\14.2.5.mp4

在文档中插入脚注或尾注之后，还可随时在脚注与尾注之间转换，即将脚注转换为尾注，或者将尾注转换为脚注，具体操作方法如下。

Step 01 在要编辑的文档中，打开【脚注和尾注】对话框，单击【转换】按钮，如图 14-38 所示。

图 14-38

Step 02 弹出【转换注释】对话框，❶ 根据需要选择转换方式；❷ 单击【确定】按钮，如图 14-39 所示。

图 14-39

Step 03 返回【脚注和尾注】对话框，单击【关闭】按钮关闭该对话框即可，如图 14-40 所示。

图 14-40

妙招技法

通过前面知识的学习，相信读者已经认识了题注、脚注和尾注的作用，以及如何使用。下面结合本章内容，给大家介绍一些实用技巧。

技巧 01：如何让题注由"图一-1"变成"图 1-1"

教学视频	光盘\视频\第 14 章\技巧 01.mp4

当文档中的章标题使用了中文数字编号时，如"第 1 章""第 2 章"等，那么在文档中添加含章编号的题注时，就会得到"图一 -1"这样的形式，如图 14-41 所示。

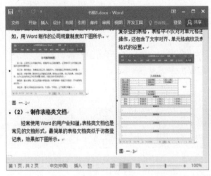

图 14-41

如果在不改变标题编号形式的前提下，但又希望在文档中使用"图 1-1"形式的题注，则可以按下面的操作方法解决问题。

Step 01 打开"光盘\素材文件\第 14 章\书稿 1.docx"的文件，❶ 将光标插入点定位在章标题段落中；❷ 在【开始】选项卡的【段落】组中单击【多级列表】按钮；❸ 在弹出的下拉列表中选择【定义新的多级列表】选项，如图 14-42 所示。

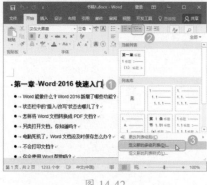

图 14-42

Step 02 弹出【定义新多级列表】对话框，❶选中【正规形式编号】复选框，此时章编号将自动更正为阿拉伯数字形式；❷单击【确定】按钮，如图14-43所示。

图 14-43

Step 03 返回文档，可看见章标题的编号显示为阿拉伯数字形式，如图14-44所示。

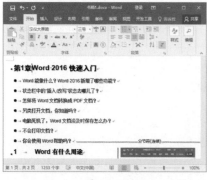

图 14-44

Step 04 按【Ctrl+A】组合键选中全文，按【F9】键更新所有域，此时所有题

注编号将显示为"图1-1"这样的形式，如图14-45所示。

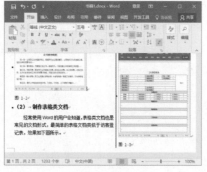

图 14-45

Step 05 ❶将光标插入点定位在章标题段落中；❷在【开始】选项卡的【段落】组中单击【多级列表】按钮；❸在弹出的下拉列表中选择【定义新的多级列表】选项，如图14-46所示。

图 14-46

Step 06 弹出【定义新多级列表】对话框，❶取消选中【正规形式编号】复选框；❷此时章编号恢复为之前的编号形式，单击【确定】按钮，如图14-47所示。

图 14-47

Step 07 返回文档，可看见章标题的编号恢复为原始状态，题注编号仍然为"图1-1"这样的形式，如图14-48所示。

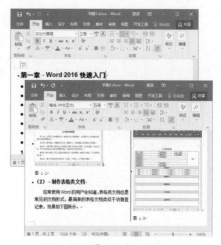

图 14-48

技术看板

上述操作方法适合不再对文档中的域进行更新的情况，如果以后再次对文档更新了所有域，则题注又会恢复到"图一-1"这样的形式。

技巧02：让题注与它的图或表不"分家"

教学视频	光盘\视频\第14章\技巧02.mp4

在书籍排版中，图、表等对象与其对应的题注应该显示在同一页上，即它们是一个整体，不能分散在两页。在Word排版时，Word的自动分页功能可能会使它们"分家"，要解决这一问题，通过设置段落格式即可。方法为：将光标插入点定位到图或表所在的段落，打开【段落】对话框，切换到【换行和分页】选项卡，选中【分页】栏中的【与下段同页】复选框，然后单击【确定】按钮即可，如图14-49所示。

图 14-49

技巧 03：删除脚注或尾注处的横线

教学视频	光盘 \ 视频 \ 第 14 章 \ 技巧 03.mp4

在文档中插入脚注之后，会在页面底部自动显示一条分隔线，在分隔线的下方便是脚注内容。在排版过程中，有时可能想要删除这条分隔线，但发现无法选中它，这时可以按下面的操作方法实现。

Step 01 在"诗词鉴赏——客至.docx"文档中，切换到草稿视图模式。

Step 02 ❶ 切换到【引用】选项卡；❷ 单击【脚注】组中的【显示备注】按钮，如图 14-50 所示。

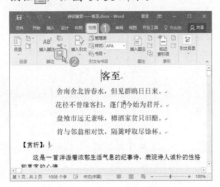

图 14-50

Step 03 ❶ 弹出【显示备注】对话框，选中【查看脚注区】单选按钮；❷ 单击【确定】按钮，如图 14-51 所示。

图 14-51

Step 04 此时，Word 窗口底部将显示备注窗格，在【脚注】下拉列表中选中【脚注分隔符】选项，如图 14-52 所示。

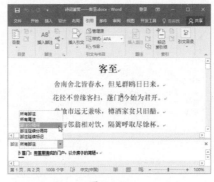

图 14-52

Step 05 备注窗口中将显示脚注分隔线，选择这条分隔线，如图 14-53 所示，然后按【Delete】键可将其删除。

Step 06 切换到页面视图模式，发现脚注分隔线已经被删除，如图 14-54 所示。

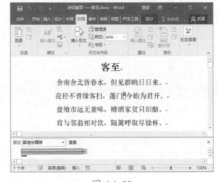

图 14-53

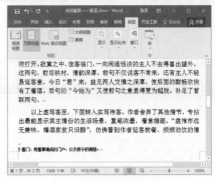

图 14-54

技巧 04：自定义脚注符号

教学视频	光盘 \ 视频 \ 第 14 章 \ 技巧 04.mp4

默认情况下，脚注的编号形式为"1,2,3…"，其实还可以使用各种各样的符号来替代脚注的编号，具体操作方法如下。

Step 01 在要编辑的文档中，❶ 将光标插入点定位到需要插入脚注的位置；❷ 切换到【引用】选项卡；❸ 单击【脚注】组中的【功能扩展】按钮，如图 14-55 所示。

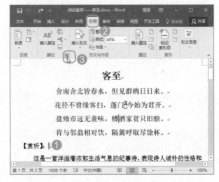

图 14-55

Step 02 弹出【脚注和尾注】对话框，在【格式】栏中单击【符号】按钮，如图 14-56 所示。

Step 03 弹出【符号】对话框，❶ 选择需要的符号；❷ 单击【确定】按钮，如图 14-57 所示。

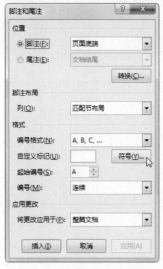

图 14-56

图 14-57

Step **04** 返回【脚注和尾注】对话框，单击【插入】按钮，如图 14-58 所示。

图 14-58

Step **05** Word 将自动跳转到该页面的底端，脚注的引用编号显示的是之前所选的符号，直接输入脚注内容即可，如图 14-59 所示。

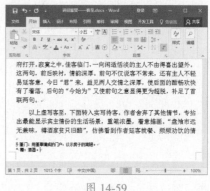

图 14-59

本章小结

　　本章主要讲解了题注、脚注和尾注在文档中的应用，尤其是题注的使用，为文档排版提供了非常大的便利。通过题注功能，用户可以为各种对象添加自动编号，不仅仅是本章中所提到的图片、表格，还可以是图表、公式、SmartArt 图形等对象，读者可以参考本章所讲方法，尝试为这些对象添加自动编号，以实现排版效率最大化。

第15章 目录与索引

➡ 如何为正文标题创建目录？

➡ 可以为指定范围中的内容创建目录吗？

➡ 将多个文档中的目录汇总起来，有什么好办法？

➡ 图表目录又该如何创建？

➡ 索引有何作用？如何创建？

➡ 如何创建交叉引用的索引？

想要快速创建目录与索引吗，那就跟我一起学吧。学习本章内容，相信读者不仅能掌握目录与索引的创建，同时还可以学会如何正确管理并合理使用目录与索引。

15.1 创建正文标题目录

在大型文档中，目录是重要组成部分。目录是指文档中标题的列表，通过目录，用户可以浏览文档中讨论的主题，从而大略了解整个文档的结构，同时也便于用户快速跳转到指定标题对应的页面中。本节介绍创建正文标题目录的多种方法，这些方法适用于创建目录的不同要求。

15.1.1 了解 Word 创建目录的本质

如果为文档中的标题使用了标题1、标题2、标题3等内置样式，则Word 会自动为这些标题生成目录，而且是具有不同层次结构的目录，如图 15-1 所示。

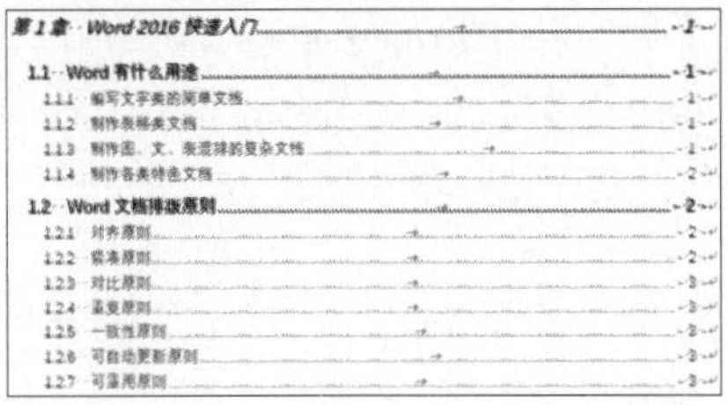

图 15-1

之所以 Word 会自动为这些标题生成目录，表面上看是因为这些标题使用了内置标题样式，但实质上是因为这些内置标题样式都设置了不同的大纲级别。Word 在创建目录时，会自动识别这些标题的大纲级别，并以此来判断各标题在目录中

的层级。例如，内置"标题1"样式的大纲级别为 1 级，那么对应的标题将作为目录中的顶级标题；内置"标题2"样式的大纲级别为 2 级，那么对应的标题将作为目录的二级标题，以此类推。

因此，以下两种情况的内容不会被提取到目录中。

➡ 大纲级别设置为"正文文本"的内容。

➡ 大纲级别低于创建目录时要包含的大纲级别的内容。例如，在创建目录时，将要显示的级别设置为"2"，那么大纲级别为 3 级及以上的标题便不会被提取到目录中。

15.1.2 实战：在论文中使用 Word 预置样式创建目录

实例门类	软件功能
教学视频	光盘\视频\第 15 章\15.1.2.mp4

Word 提供了几种内置目录样式，

用户可以根据这些内置样式快速创建目录，具体操作方法如下。

Step01 打开"光盘\素材文件\第 15章\论文 .docx"的文件，❶ 将光标插入点定位在需要插入目录的位置；❷ 切换到【引用】选项卡；❸ 单击【目录】组中的【目录】按钮；❹ 在弹出的下拉列表中选择需要的目录样式，如图 15-2 所示。

图 15-2

Step 02 所选样式的目录即可插入光标插入点所在位置，如图15-3所示。

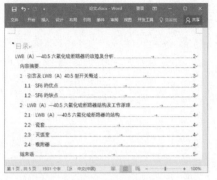

图 15-3

在选择目录样式时，若选择【手动目录】选项，则会在光标插入点所在位置插入一个目录模板，此时需要用户手动设置目录中的内容，这种方式效率非常低，建议用户不要选择【手动目录】选项。

★ **重点** 15.1.3 实战：为策划书自定义创建目录

实例门类	软件功能
教学视频	光盘\视频\第15章\15.1.3.mp4

除了使用内置目录样式之外，用户还可以通过自定义的方式创建目录。自定义创建目录具有很大的灵活性，用户可以根据实际需要设置目录中包含的标题级别、设置目录的页码显示方式，以设置制表符前导符等。自定义创建目录的具体操作方法如下。

Step 01 打开"光盘\素材文件\第15章\旅游景区项目策划书.docx"的文件，❶将光标插入点定位在需要插入目录的位置；❷切换到【引用】选项卡；❸单击【目录】组中的【目录】按钮；❹在弹出的下拉列表中选择【自定义目录】选项，如图15-4所示。

图 15-4

Step 02 弹出【目录】对话框，❶在【制表符前导符】下拉列表中选择需要的前导符样式；❷在【常规】栏的【格式】下拉列表中选择目录格式；❸在【显示级别】微调框中指定创建目录的级数；❹完成设置后单击【确定】按钮，如图15-5所示。

图 15-5

在【目录】对话框中，【显示页码】和【使用超链接而不使用页码】复选框默认为选中状态。若取消选中【显示页码】复选框，则目录中不显示对应的页码；若取消选中【使用超链接而不使用页码】复选框，则目录不再以链接的形式插入文档中。

Step 03 返回文档，光标插入点所在位置即可插入目录，如图15-6所示。按【Ctrl】键，再单击某条目录，可快速跳转到对应的目标位置。

图 15-6

★ **重点** 15.1.4 实战：为指定范围中的内容创建目录

实例门类	软件功能
教学视频	光盘\视频\第15章\15.1.4.mp4

在实际应用中，有时可能只想单独为文档中某个范围内的内容创建目录，这时可以使用 TOC 域配合书签来实现，具体操作方法如下。

Step 01 打开"光盘\素材文件\第15章\工资管理制度.docx"的文件，❶选中要创建目录的局部内容，本例中从【五、薪酬组成】开始选择，一直到文档结束；❷切换到【插入】选项卡；❸单击【链接】组中的【书签】按钮，如图15-7所示。

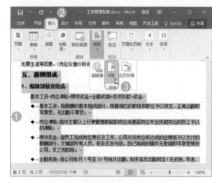

图 15-7

Step 02 弹出【书签】对话框，❶在【书签名】文本框内输入书签的名称；❷单击【添加】按钮，如图15-8所示。

图 15-8

Step03 返回文档，❶ 将光标插入点定位到需要创建目录的位置；❷ 输入域代码【{ TOC \b 薪酬 }】，其中，域代码中的括号 {} 通过按【Ctrl+F9】组合键输入，【薪酬】就是之前创建的书签名，如图 15-9 所示。

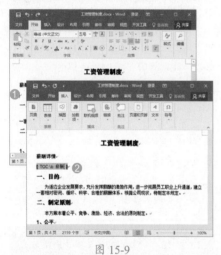

图 15-9

Step04 将光标插入点定位在域内，按【F9】键更新域，即可显示为所选内容的目录，如图 15-10 所示。

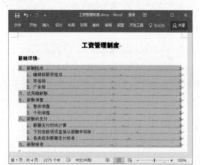

图 15-10

在文档中创建目录时，其实已经自动插入了 TOC 域代码，如图 15-11 所示列出了 TOC 域包含的开关及相应的说明。

开关	说明
\a	创建不包含题注标签和编号的图表目录
\b	使用书签指定文档中要创建目录的内容范围
\c	创建指定标签的图表目录
\d	指定序列与页码之间的分隔符，其后输入需要的分隔符号，并用英文双引号括起来
\f	创建目录项域的目录
\h	在目录中创建目录标题和页码之间的超链接
\l	指定出现在目录中的目录项的标题级别，其后输入表示级别的数字，并用英文双引号括起来
\n	创建不含页码的目录
\o	指定目录中包含的标题级别范围，其后输入表示标题级别范围的数字，并用英文双引号括起来
\p	指定目录标题与页码之间的分隔符，其后输入需要的分隔符，并用英文双引号括起来
\s	使用序列类型创建目录
\t	使用 Word 内置标题样式以外的其他样式创建目录
\u	使用目录的段落大纲级别创建目录
\w	保留目录项的制表符
\x	保留目录项中的换行符
\z	切换到 Web 版式视图模式时隐藏目录中的页面

图 15-11

★ 重点 15.1.5 实战：汇总多个文档中的目录

实例门类	软件功能
教学视频	光盘\视频\第 15 章\15.1.5.mp4

如果想要为有关联的多个文档创建一个总目录，可以通过以下几种方法实现。

➡ 分别在各自独立的文档中创建目录，然后将这些目录复制、粘贴汇总到一起即可。

➡ 使用本书第 13 章的主控文档功能将这些分散的文档合并到一起，然后展开主控文档中的所有子文档，最后像编辑普通文档一样创建目录即可。

➡ 使用本章即将介绍的 RD 域来创建总目录。

为了便于操作，使用 RD 域为多个文档创建总目录前，需要做好以下几项准备工作。

➡ 将关联的多个文档放在同一个文件夹中。

➡ 在上面提到的文件夹中，新建一个空白文档，用于存放将要创建的总目录。

➡ 一定要先安排好文档的次序，因为 RD 域所引用的文档顺序将直接影响最终创建的目录中的标题顺序。

Step01 将关联的多个文档，以及新建的"总目录"空白文档存放到一个文件夹内，如图 15-12 所示。

图 15-12

Step02 打开"总目录.docx"文档，❶ 切换到【插入】选项卡；❷ 在【文本】组中单击【文档部件】按钮；❸ 在弹出的下拉列表中选择【域】选项，如图 15-13 所示。

图 15-13

Step03 弹出【域】对话框，❶ 在【类别】下拉列表中选中【全部】选项；❷ 在【域名】列表框中选中【RD】选项；❸ 在【域选项】栏中选中【路径相对于当前文档】复选框；❹ 在【域属性】栏的【文件名或 URL：】文本框中输入要创建总目录的第一个文档的文件名；❺ 单击【确定】按钮，如图 15-14 所示。

图 15-14

技术看板

输入文件名时，必须要输入包含扩展名在内的文件名的全称。

另外，如果没有选中【路径相对于当前文档】复选框，那么就需要手动输入文档的路径。完成输入后，返回文档，Word 会自动让文件夹名称之间以"\\"分隔。例如，在【文件名或 URL：】文本框中输入的是"E:\Word 2016 完全自学教程\素材文件\第 15 章\书稿\第 1 章 Word 2016 快速入门 .docx"，返回文档后，这部分内容会自动变为"E:\\Word 2016 完全自学教程 \\素材文件 \\第 15 章 \\书稿 \\第 1 章 Word 2016 快速入门 .docx"。

Step 04 返回文档，文档中将自动插入一个 RD 域代码，如图 15-15 所示。

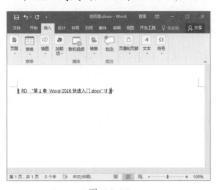

图 15-15

Step 05 用同样的方法，依次将其他需要创建总目录的文档设置为 RD 域代码，如图 15-16 所示。

图 15-16

技能拓展——快速设置域代码

将第一个文档的 RD 域代码设置好后，可以通过复制功能快速设置其他文档的域代码。复制并粘贴第一个文档的域代码后，直接修改其中的文档名称，便可快速得到下一个文档的 RD 域代码。

Step 06 将所有文档的 RD 域代码设置好后，使用预置目录样式或自定义目录的方式创建目录即可。本例中，❶ 将光标插入点定位在需要插入目录的位置；❷ 切换到【引用】选项卡；❸ 单击【目录】组中的【目录】按钮；❹ 在弹出的下拉列表中选择需要的目录样式，如图 15-17 所示。

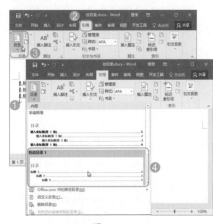

图 15-17

Step 07 光标插入点所在位置即可创建一个目录，如图 15-18 所示。

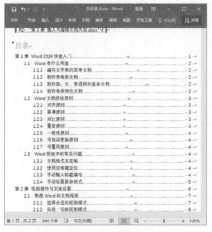

图 15-18

技能拓展——在同一个文档中创建多个目录

有时可能需要在同一个文档中创建多个目录，方法很简单。按前面介绍的方法在文档中创建第 1 个目录，然后接着创建第 2 个目录，只是在创建第 2 个目录时，会弹出如图 15-19 所示的提示框询问是否替换所选目录，此时只需单击【否】按钮，即可在保留第 1 个目录的前提下创建第 2 个目录，以此类推。

在图 15-19 所示的提示框中，若单击【是】按钮，则新建目录会替换掉已有目录。

图 15-19

15.2 创建图表目录

除了为文档中正文标题创建目录外，还可以为文档中的图片、表格或图表等对象创建专属于它们的图表目录，从而便于用户从目录中快速浏览和定位指定的图片、表格或图表。

★ 重点 15.2.1 实战：使用题注样式为书稿创建图表目录

实例门类	软件功能
教学视频	光盘\视频\第15章\15.2.1.mp4

如果为图片或表格添加了题注（关于题注的添加方法请参考本书的第14章内容），则可以直接利用题注样式为它们创建图表目录。

例如，要为文档中的图片创建一个图表目录，具体操作方法如下。

Step01 打开"光盘\素材文件\第15章\书稿.docx"的文件，❶将光标插入定位到需要插入图表目录的位置；❷切换到【引用】选项卡；❸单击【题注】组中的【插入表目录】按钮📋，如图15-20所示。

图 15-20

Step02 弹出【图表目录】对话框，❶在【题注标签】下拉列表中选择图片使用的题注标签；❷单击【确定】按钮，如图15-21所示。

Step03 返回文档，即可看见光标所在位置创建了一个图表目录，如图15-22所示。

图 15-21

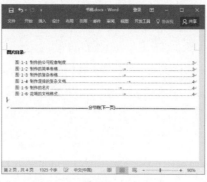

图 15-22

★ 重点 15.2.2 实战：利用样式为公司简介创建图表目录

实例门类	软件功能
教学视频	光盘\视频\第15章\15.2.2.mp4

除了使用题注样式外，还可以其他任意样式为图片或表格等对象创建图表目录，创建思路如图15-23所示。

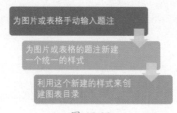

图 15-23

利用除了题注以外的其他任意样式为表格创建图表目录，具体操作方法如下。

Step01 打开"光盘\素材文件\第15章\公司简介.docx"的文件，已经为表格手动输入了题注，并新建了一个名为【表标签】的样式，如图15-24所示。

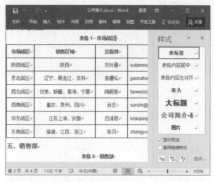

图 15-24

Step02 ❶将光标插入点定位到需要插入图表目录的位置；❷切换到【引用】选项卡；❸单击【题注】组中的【插入表目录】按钮📋，如图15-25所示。

图 15-25

Step03 弹出【图表目录】对话框，单击【选项】按钮，如图15-26所示。

Step04 弹出【图表目录选项】对话框，❶选中【样式】复选框；❷在右侧的下拉列表中选择题注所使用的样式【表标签】；❸单击【确定】按钮，如图 15-27 所示。

图 15-26

图 15-27

Step05 返回【图表目录】对话框，单击【确定】按钮，如图 15-28 所示。

图 15-28

Step06 返回文档，即可看到在光标所在位置插入了一个图表目录，如图 15-29 所示。

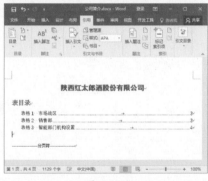

图 15-29

技能拓展——创建指定范围内的图表目录

在操作过程中，有时并不想为文档中的所有图片或表格创建图表目录，而只想对某部分内容中包含的图片或表格创建图表目录，那么为这部分内容的图片或表格的题注单独新建一个样式，然后根据这个新建样式创建图表目录即可。

★ 重点 15.2.3　实战：使用目录项域为团购套餐创建图表目录

实例门类	软件功能
教学视频	光盘\视频\第 15 章\15.2.3.mp4

编辑文档时，如果是为图片或表格手动输入的题注，除了通过新建样式的方法来创建图表目录外，还可以使用目录项域创建图表目录。

使用目录项域为图片创建图表目录的具体操作方法如下。

Step01 打开"光盘\素材文件\第 15 章\婚纱摄影团购套餐.docx"的文件，按【Alt+Shift+O】组合键打开【标记目录项】对话框，❶ 在【目录标识符】下拉列表中选择一个目录标识符；❷ 将光标插入点定位在文档中，选中要添加到图表目录中的内容，如图 15-30 所示。

图 15-30

Step02 单击切换到对话框，刚才选中的内容自动添加到【目录项】文本框中，单击【标记】按钮，如图 15-31 所示。

图 15-31

Step03 此时，文档中所选内容的后面将自动添加一个域代码，如图 15-32 所示。

图 15-32

Step04 用同样的方法，为其他要添加到图表目录中的内容进行标记，完成标记后单击【关闭】按钮关闭【标记目录项】对话框，如图 15-33 所示。

图 15-33

Step05 ❶ 将光标插入定位到需要插入图表目录的位置；❷ 切换到【引用】选项卡；❸ 单击【题注】组中的【插入表目录】按钮 ，如图 15-34 所示。

图 15-34

Step06 弹出【图表目录】对话框，单击【选项】按钮，如图 15-35 所示。

图 15-35

Step07 弹出【图表目录选项】对话框，❶ 选中【目录项域】复选框；❷ 在【目录标识符】下拉列表中选择之前设置的目录标识符，该标识符必须要与【标记目录项】对话框中设置的目录标识符保持一致；❸ 单击【确定】按钮，如图 15-36 所示。

图 15-36

Step08 返回【图表目录】对话框，单击【确定】按钮，如图 15-37 所示。

图 15-37

Step09 返回文档，即可看到在光标所在位置插入了一个图表目录，如图 15-38 所示。

图 15-38

技术看板

当文档中的标题没有设置大纲级别，也可以参照本案例中的操作步骤，使用目录项域创建正文标题目录。

如果要使用目录项域在同一文档中创建多个目录，如分别创建正文标题目录、图片的图表目录以及表格的图表目录等，则要设置不同的目录标识符来区分。

15.3 目录的管理

在文档中创建好目录后，后期还可以对其进行相应的管理操作。例如，当文档标题发生内容或位置的变化时，便可以同步更新目录，使其自动匹配文档的变化；对于不再需要的目录，还可以将其删除等。

★ 重点 15.3.1 实战：设置策划书目录格式

实例门类	软件功能
教学视频	光盘\视频\第 15 章\15.3.1.mp4

无论是创建目录前，还是创建目录后，都可以修改目录的外观。由于 Word 中的目录一共包含了 9 个级别，因此 Word 使用了"目录 1"~"目录 9"这 9 个样式来分别管理 9 个级别的目录标题的格式。

例如，要设置正文标题目录的格式，具体操作方法如下。

Step01 在"旅游景区项目策划书.docx"文档中，目录的原始效果如图 15-39 所示。

Step02 ❶ 切换到【引用】选项卡；❷ 单击【目录】组中的【目录】按钮；❸ 在弹出的下拉列表中选择【自定义目录】选项，如图 15-40 所示。

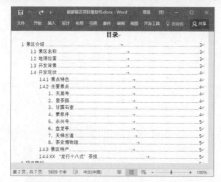

图 15-39

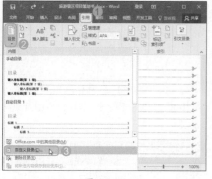

图 15-40

Step03 弹出【目录】对话框，单击【修改】按钮，如图 15-41 所示。

图 15-41

Step04 弹出【样式】对话框，在【样式】列表框中列出了每一级目录所使用的样式，❶ 选择需要修改的目录样式；❷ 单击【修改】按钮，如图 15-42 所示。

Step05 弹出【修改样式】对话框，设置需要的格式，其方法可参考本书第10章的内容，完成设置后单击【确定】按钮，如图 15-43 所示。

图 15-42

图 15-43

Step06 返回【样式】对话框，参照上述方法，依次为其他目录样式进行修改。本例中的目录有 4 级，根据操作需要，可以对"目录 1"~"目录 4"这几个样式进行修改，完成修改后单击【确定】按钮，如图 15-44 所示。

图 15-44

Step07 返回【目录】对话框，单击【确定】按钮，如图 15-45 所示。

图 15-45

Step08 弹出提示框询问是否替换目录，因为本例中是对已有目录设置格式，所以单击【取消】按钮，如图 15-46 所示。

图 15-46

Step09 返回文档，可发现目录的外观发生改变，如图 15-47 所示。

图 15-47

> **技能拓展——设置图表目录的格式**
>
> 　　如果要设置图表目录的格式，则在【引用】选项卡的【题注】组中单击【插入表目录】按钮，弹出【图表目录】对话框，单击【修改】按钮，在弹出的【样式】对话框中单击【修改】按钮，如图 15-48 所示，在接下来弹出的【修改样式】对话框中设置需要的格式即可。

图 15-48

★ 重点 15.3.2 更新目录

当文档标题发生了改动，如更改了标题内容、改变了标题的位置、新增或删除了标题等，为了让目录与文档保持一致，只需对目录内容执行更新操作即可。更新目录的方法主要有以下几种。

➡ 将光标插入点定位在目录内，右击，在弹出的快捷菜单中选择【更新域】命令，如图 15-49 所示。

图 15-49

➡ 将光标插入点定位在目录内，切换到【引用】选项卡，单击【目录】组中的【更新目录】按钮，如图 15-50 所示。

➡ 将光标插入点定位在目录内，按【F9】键。

无论使用哪种方法更新目录，都会弹出【更新目录】对话框，如图 15-51 所示。

图 15-50

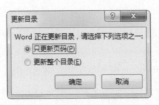

图 15-51

在【更新目录】对话框中，可以进行以下两种操作。

➡ 如果只需要更新目录中的页码，则选中【只更新页码】单选按钮。

➡ 如果需要更新目录中的标题和页码，则选中【更新整个目录】单选按钮即可。

技能拓展——预置样式目录的其他更新方法

如果是使用预置样式创建的目录，还可以按这样的方式更新目录，将光标插入点定位在目录内，激活目录外边框，然后单击【更新目录】按钮即可，如图 15-52 所示。

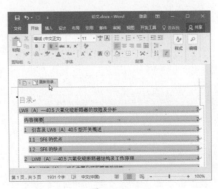

图 15-52

15.3.3 实战：将策划书目录转换为普通文本

实例门类	软件功能
教学视频	光盘\视频\第 15 章 \15.3.3.mp4

只要不是手动创建的目录，一般都具有自动更新功能。当将光标插入点定位在目录内时，目录中会自动显示灰色的域底纹。如果确定文档中的目录不会再做任何改动，还可以将目录转换为普通文本格式，从而避免目录被意外更新，或者出现一些错误提示。将目录转换为普通文本的具体操作方法如下。

Step 01 在"旅游景区项目策划书.docx"文档中，选中整个目录，如图 15-53 所示。

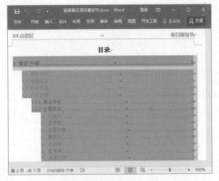

图 15-53

Step 02 按【Ctrl+Shift+F9】组合键，此时将光标插入点定位在目录内，目录中不再显示灰色的域底纹，表示此时已经是普通文本，如图 15-54 所示。

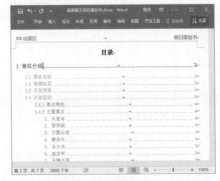

图 15-54

对于较长的目录，可将光标插入点定位到目录开始处，即第一个字符的左侧，按【Delete】键，即可自动选中整个目录。

15.3.4 删除目录

对于不再需要的目录，可以将其删除，其方法有以下几种。

➡ 将光标插入点定位在目录内，切换到【引用】选项卡，单击【目录】组中的【目录】按钮，在弹出的下拉列表中选择【删除目录】选项即可，如图15-55所示。

图 15-55

➡ 选中整个目录，按【Delete】键即可删除。
➡ 如果是使用预置样式创建的目录，将光标插入点定位在目录内，会激活目录外边框，单击【目录】按钮，在弹出的下拉列表中选择【删除目录】选项即可，如图15-56所示。

图 15-56

15.4 创建索引

通常情况下，在一些专业性较强的书籍的最后部分，会提供一份索引。索引是将书中所有重要的词语按照指定方式排列而成的列表，同时给出了每个词语在书中出现的所有位置对应的页码。创建索引可以方便用户快速找到某个词语在书中的位置，这对于大型书籍或大型文档而言非常重要。

★ 重点 15.4.1 实战：手动标记索引项为分析报告创建索引

实例门类	软件功能
教学视频	光盘\视频\第15章\15.4.1.mp4

手动标记索引项是创建索引最简单、最直观的方法，先在文档中将要出现在索引中的每个词语手动标记出来，以便Word在创建索引时能够识别这些标记过的内容。

通过手动标记索引项创建索引的具体操作方法如下。

Step01 打开"光盘\素材文件\第15章\污水处理分析报告.docx"的文件，❶切换到【引用】选项卡；❷单击【索引】组中的【标记索引项】按钮，如图15-57所示。

Step02 弹出【标记索引项】对话框，将光标插入点定位在文档中，选中要添加到索引中的内容，如图15-58所示。

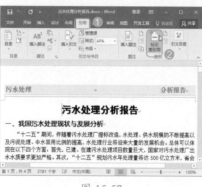

图 15-57

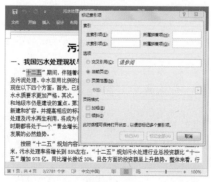

图 15-58

Step03 单击切换到对话框，刚才选中的内容自动添加到【主索引项】文本框中，如果要将该词语在文档中的所有出现位置都标记出来，则单击【标记全部】按钮，如图15-59所示。

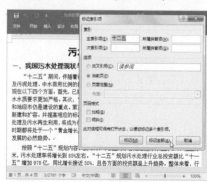

图 15-59

如果希望设置索引项的页码格式，则在【标记索引项】对话框的【页码格式】栏中选中某个复选框，可实现对应的字符格式。

Step 04 标记后，Word 便会在该词语的右侧显示 XE 域代码，如图 15-60 所示。

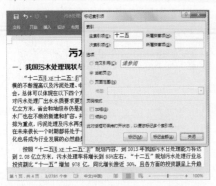

图 15-60

技术看板

如果某个词语在同一段中出现多次，则只将这个词语在该段落中出现的第一个位置标记出来。

Step 05 用同样的方法，为其他要添加到索引中的内容进行标记，完成标记后单击【关闭】按钮关闭【标记索引项】对话框，如图 15-61 所示。

图 15-61

技术看板

当标记的词语中包含有英文冒号时，需要在【主索引项】文本框中的冒号左侧手动输入一个反斜杠"\"，否则 Word 会将冒号之后的内容指定为次索引项。

Step 06 ❶ 将光标插入定位到需要插入索引的位置；❷ 切换到【引用】选项卡；❸ 单击【索引】组中的【插入索引】按钮，如图 15-62 所示。

图 15-62

Step 07 弹出【索引】对话框，❶ 根据需要设置索引目录格式；❷ 完成设置后单击【确定】按钮，如图 15-63 所示。

图 15-63

Step 08 返回文档，可看见当前位置插入了一个索引目录，如图 15-64 所示。

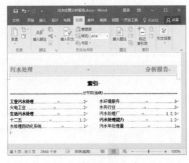

图 15-64

技术看板

如果用户对 Word 设置了显示编辑标记，才会在文档中显示 XE 域代码。在文档中显示 XE 域代码，可能会增加额外的页面，那么创建的索引中，有些词语的页面就会变得不正确。所以，建议用户在创建索引之前先隐藏 XE 域代码。

在【索引】对话框中设置索引目录格式时，可以进行以下设置。

➜ 在【类型】栏中设置索引的布局类型，用于选择多级索引的排列方式，【缩进式】类型的索引类似多级目录，不同级别的索引呈现缩进格式；【接排式】类型的索引则没有层次感，相关的索引在一行中连续排列。

➜ 在【栏数】栏微调框中，可以设置索引的分栏栏数。

➜ 在【排序依据】下拉列表中可以设置索引中词语的排序依据，有两种方式供用户选择，一种是按笔画多少排序，一种是按每个词语第一个字的拼音首字母排序。

➜ 通过【页码右对齐】复选框，可以设置索引的页码显示方式。

★ 重点 15.4.2 实战：创建多级索引

实例门类	软件功能
教学视频	光盘\视频\第 15 章\15.4.2.mp4

与创建多级目录类似，也可以创建具有多个层次级别的索引。在多级索引中，主要包括主索引项和次索引项两个部分，它们是相对于索引级别而言的。主索引项是位于顶级的词语，次索引项是位于顶索引项词语下一级或下 n 级的词语。

例如，要创建一个 2 级索引，具体操作方法如下。

Step 01 打开"光盘\素材文件\第 15 章\VBA 代码编辑器（VBE）.docx"的文件，❶ 选中需要标记为次索引项的词语，按【Ctrl+C】组合键进行复制；❷ 切换到【引用】选项卡；❸ 单击【索引】组中的【标记索引项】按钮，如图 15-65 所示。

Step 02 弹出【标记索引项】对话框，第 1 步复制的词语将自动添加到【主索引项】文本框内，如图 15-66 所示。

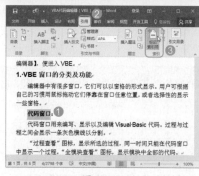

图 15-65

图 15-66

Step 03 ❶ 删除【主索引项】文本框内的内容，手动输入主索引项的词语，这里输入【VBE 窗口】；❷ 将光标插入点定位到【次索引项】文本框内，按【Ctrl+V】组合键粘贴第 1 步复制的次索引项词语；❸ 单击【标记全部】按钮进行标记，如图 15-67 所示。

图 15-67

Step 04 标记后，Word 便会在所有第 1 步中复制的次索引项词语的右侧显示 XE 域代码，单击【关闭】按钮关闭【标记索引项】对话框，如图 15-68 所示。

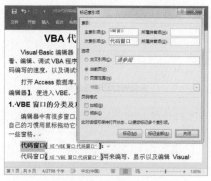

图 15-68

Step 05 参照第 1~4 步的操作，依次为主索引项【VBE 窗口】设置其他次索引项词语。

Step 06 参照第 1~5 步的操作，依次设置其他主索引项及对应的次索引项。

Step 07 完成标记后，就可以插入索引了。❶ 将光标插入点定位到需要插入索引的位置；❷ 切换到【引用】选项卡；❸ 单击【索引】组中的【插入索引】按钮，如图 15-69 所示。

图 15-69

Step 08 弹出【索引】对话框，❶ 根据需要设置索引目录格式；❷ 完成设置后单击【确定】按钮，如图 15-70 所示。

Step 09 返回文档，可看见当前位置插入了一个多级索引目录，如图 15-71 所示。

图 15-70

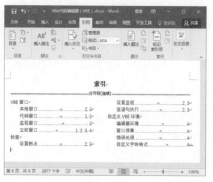

图 15-71

★ 重点 15.4.3 实战：使用自动标记索引文件为建设方案创建索引

实例门类	软件功能
教学视频	光盘\视频\第 15 章\15.4.3.mp4

使用手动标记索引项的方法来创建索引，虽然简单直观，但是，当要在大型长篇文档中标记大量词语时，就会显得非常麻烦。这时，可以使用自动标记索引项的方法来创建索引。使用自动标记索引项的方法，可以非常方便地标记大量词语，以及创建多级索引。

要实现自动标记索引，就需要先准备好一个自动标记索引文件，在其中以表格的形式来记录要标记的词语。根据创建不同级的索引，其表格的制作是不同的。

创建单级索引：如果是创建单级索引，即只设置主索引项，则需要创建一个单列的表格，并在各行放置要标记为主索引项的词语即可，如图15-72所示。

图 15-72

创建多级索引：如果要创建多级索引，则需要创建一个两列的表格，表格左列放置要标记为索引项的词语，表格右列放置词语之间的层级关系，即指明主索引项和次索引项的关系，各级之间使用英文冒号分隔。如图15-73所示为在表格中设置的主次索引项以及最终的效果图。

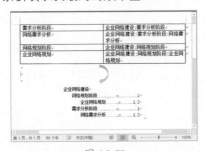

图 15-73

使用自动标记索引文件创建一个多级索引的具体操作方法如下。

Step01 提前准备一个标记索引文件，并在其中输入需要索引的内容，如图15-74所示。

图 15-74

Step02 打开"光盘\素材文件\第15章\企业信息化建设方案.docx"的文件，❶切换到【引用】选项卡；❷单击【索引】组中的【插入索引】按钮，如图15-75所示。

图 15-75

Step03 弹出【索引】对话框，单击【自动标记】按钮，如图15-76所示。

图 15-76

Step04 弹出【打开索引自动标记文件】对话框；❶选择设置好的标记索引文件；❷单击【打开】按钮，如图15-77所示。

图 15-77

Step05 返回文档，可看到 Word 已经自动实现全文索引标记，如图15-78所示。

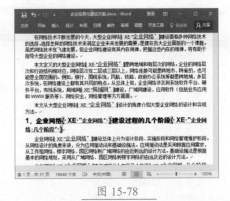

图 15-78

Step06 ❶将光标插入定位到需要插入索引的位置；❷切换到【引用】选项卡；❸单击【索引】组中的【插入索引】按钮，如图15-79所示。

图 15-79

Step07 弹出【索引】对话框，❶根据需要设置索引目录格式；❷完成设置后单击【确定】按钮，如图15-80所示。

图 15-80

Step⑧ 返回文档，可看见当前位置插入了一个多级索引目录，如图 15-81 所示。

图 15-81

★ **重点 15.4.4　实战：为建设方案创建表示页面范围的索引**

实例门类	软件功能
教学视频	光盘\视频\第 15 章\15.4.4.mp4

当某些词语在文档中的连续页面中频繁出现时，那么索引目录中会将该词语的所有页面都列出来，显得有些凌乱。此时，可以创建表示页面范围的索引来解决这一问题，先为这个连续的页面范围创建一个书签，然后根据这个书签来标记索引项。

创建表示页面范围的索引的具体操作方法如下。

Step① 打开"光盘\素材文件\第 15 章\企业信息化建设方案 .docx"的文件，❶ 本例中要为第 4~8 页创建一个书签，所以选中第 4~8 页的内容；❷ 切换到【插入】选项卡；❸ 单击【链接】组中的【书签】按钮，如图 15-82 所示。

图 15-82

Step② 弹出【书签】对话框，❶ 在【书签名】文本框内输入书签的名称；❷ 单击【添加】按钮，如图 15-83 所示，即可为第 4~8 页的内容创建一个书签。

图 15-83

Step③ 返回文档，按照手动标记索引项的方法，设置需要标记的索引项即可。只是当要为第 4~8 页这个范围的词组标记索引时，需要根据书签来标记。例如，要将连续出现在第 4~8 页中的【路由协议】词语标记为索引项，❶ 在 4~8 页这个页面范围内，选中任意一个【路由协议】词语；❷ 切换到【引用】选项卡；❸ 单击【索引】组中的【标记索引项】按钮，如图 15-84 所示。

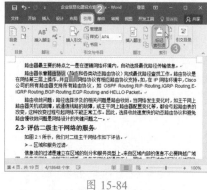

图 15-84

Step④ 弹出【标记索引项】对话框，所选词语自动显示在【主索引项】文本框内，❶ 在【选项】栏中选中【页面范围】单选按钮；❷ 在【书签】下拉列表中选择之前设置的书签；❸ 单击【标记】按钮，如图 15-85 所示。

图 15-85

Step⑤ 单击【关闭】按钮，关闭【标记索引项】对话框，如图 15-86 所示。

图 15-86

Step⑥ 返回文档，可发现第 4~8 页这个范围中的【路由协议】词语只做了一个索引标记，如图 15-87 所示为第 4 页和第 5 页的效果。

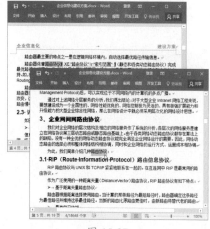

图 15-87

Step 07 完成文档中所有词语的标记后，就可以插入索引目录了。❶ 将光标插入定位到需要插入索引的位置；❷ 切换到【引用】选项卡；❸ 单击【索引】组中的【插入索引】按钮，如图 15-88 所示。

图 15-88

Step 08 弹出【索引】对话框，❶ 根据需要设置索引目录格式；❷ 完成设置后单击【确定】按钮，如图 15-89 所示。

图 15-89

Step 09 返回文档，可看见创建的索引目录，效果如图 15-90 所示。

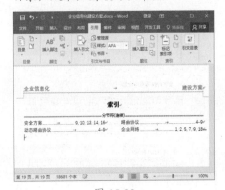

图 15-90

★ 重点 15.4.5 实战：创建交叉引用的索引

实例门类	软件功能
教学视频	光盘\视频\第 15 章\15.4.5.mp4

根据操作需要，还可以创建交叉引用形式的索引。这类索引的创建方法非常简单，按照手动标记索引项的方法，设置需要标记的索引项，当遇到需要创建交叉引用形式的索引，只需在【标记索引项】对话框中选中【交叉引用】单选按钮即可，具体操作方法如下。

Step 01 打开"光盘\素材文件\第 15 章\工资管理制度 1.docx"的文件，选中需要创建交叉引用形式的索引的词语，❶ 切换到【引用】选项卡；❷ 单击【索引】组中的【标记索引项】按钮，如图 15-91 所示。

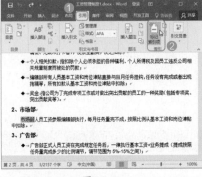

图 15-91

Step 02 弹出【标记索引项】对话框，所选词语自动显示在【主索引项】文本框内，❶ 在【选项】栏中选中【交叉引用】单选按钮；❷ 在右侧文本框的【请参阅】右侧输入要交叉参考的文字；❸ 单击【标记】按钮，如图 15-92 所示。

Step 03 单击【关闭】按钮，关闭【标记索引项】对话框，如图 15-93 所示。

Step 04 返回文档，所选词语的右侧显示了 XE 域代码，如图 15-94 所示。

图 15-92

图 15-93

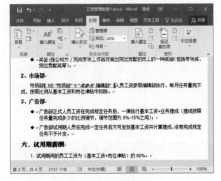

图 15-94

Step 05 完成文档中所有词语的标记后，就可以插入索引目录了。❶ 将光标插入定位到需要插入索引的位置；❷ 切换到【引用】选项卡；❸ 单击【索引】组中的【插入索引】按钮，如图 15-95 所示。

图 15-95

图 15-96

图 15-97

Step 06 弹出【索引】对话框，❶ 根据需要设置索引目录格式；❷ 完成设置后单击【确定】按钮，如图 15-96 所示。

Step 07 返回文档，可看见创建的索引目录，效果如图 15-97 所示。

15.5　管理索引

对于创建好的索引，可以随时修改它的外观。当文档内容发生变化时，还可以更新索引，以保持与文档的同步。

15.5.1　实战：设置索引的格式

实例门类	软件功能
教学视频	光盘\视频\第 15 章\15.5.1.mp4

与修改目录外观的方法相似，用户也可以在创建索引之前或之后设置索引的外观。例如，要对已经创建好的索引设置外观，具体操作方法如下。

Step 01 在 "VBA 代码编辑器（VBE）.docx" 文档中，索引的原始效果如图 15-98 所示。

图 15-98

Step 02 ❶ 切换到【引用】选项卡；❷ 单击【索引】组中的【插入索引】按钮 📄，如图 15-99 所示。

图 15-99

Step 03 弹出【索引】对话框，单击【修改】按钮，如图 15-100 所示。

图 15-100

Step 04 弹出【样式】对话框，在【样式】列表框中列出了每一级索引所使用的样式，❶ 选择需要修改的索引样式；❷ 单击【修改】按钮，如图 15-101 所示。

图 15-101

Step 05 弹出【修改样式】对话框，设置需要的格式，其方法可参考本书第 10 章的内容，完成设置后单击【确定】按钮，如图 15-102 所示。

图 15-102

Step06 返回【样式】对话框，参照上述方法，依次为其他索引样式进行修改。本例中的索引有2级，根据操作需要，只需对"索引1"与"索引2"这两个样式进行修改，完成修改后单击【确定】按钮，如图15-103所示。

图 15-103

Step07 返回【索引】对话框，单击【确定】按钮，如图15-104所示。

图 15-104

Step08 弹出提示框询问是否替换索引，因为本例中是对已有索引设置格式，所以单击【取消】按钮，如图15-105所示。

图 15-105

Step09 返回文档，可发现索引的外观发生改变，如图15-106所示。

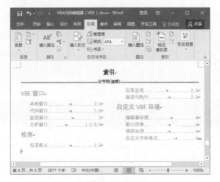

图 15-106

15.5.2 更新索引

当文档中的内容发生变化时，为了让索引与文档保持一致，需要对索引进行更新，其方法有以下几种。

➜ 将光标插入点定位在索引内，右击，在弹出的快捷菜单中选择【更新域】命令，如图15-107所示。

➜ 将光标插入点定位在索引内，切换到【引用】选项卡，单击【索引】组中的【更新索引】按钮，如图15-108所示。

图 15-107

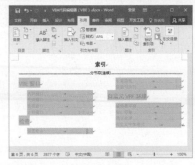

图 15-108

➜ 将光标插入点定位在索引内，按【F9】键。

15.5.3 删除不需要的索引项

对于不再需要的索引项，可以将其删除，其方法有以下几种。

➜ 删除单个索引项：在文档中选中需要删除的某个XE域代码，按【Delete】键即可。

➜ 删除所有索引项：如果文档中只有XE域代码，那么可以使用替换功能快速删除全部索引项。按【Ctrl+H】组合键，在英文输入状态下，在【查找内容】文本框中输入【^d】，【替换为】文本框内留空，然后单击【全部替换】按钮即可，如图15-109所示。

图 15-109

技术看板

如果文档中除了XE域之外还有其他域，则不建议用户使用全部替换功能进行删除，以避免删除了不该删除的域。

妙招技法

通过前面的学习，相信读者已经学会了如何创建与管理目录、索引了。下面结合本章内容，给大家介绍一些实用技巧。

技巧 01: 目录无法对齐，怎么办

在文档中创建目录后，有时发现目标标题右侧的页码没有右对齐，如图 15-110 所示。

图 15-110

要解决这一问题，可直接打开【目录】对话框，确保选中【页码右对齐】复选框，然后单击【确定】按钮，在接下来弹出的提示框中单击【是】按钮，使新建目录替换旧目录即可。

如果依然没有解决该问题，则打开【目录】对话框，在【常规】栏的【格式】下拉列表中选中【正式】选项，然后单击【确定】按钮即可，如图 15-111 所示。

图 15-111

技巧 02: 分别为各个章节单独创建目录

教学视频	光盘 \ 视频 \ 第 15 章 \ 技巧 02.mp4

在一些大型文档中，有时需要先插入一个总目录后，再为各个章节单独创建目录，这就需要配合书签为指定范围中的内容创建目录（可参阅本书的 15.1.4 小节内容），具体操作方法如下。

Step 01 打开"光盘 \ 素材文件 \ 第 15 章 \ 公司规章制度 .docx"的文件，在文档开始处插入一个总目录，如图 15-112 所示。

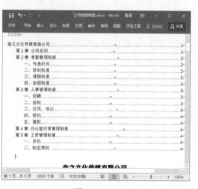

图 15-112

Step 02 分别为各个要创建目录的章节设置一个书签。本例中，分别为第 2 章、第 3 章、第 5 章的内容设置书签，书签名称依次为"第 2 章""第 3 章""第 5 章"，如图 15-113 所示。

Step 03 完成书签的设置后，就可以为这些章节单独插入目录了。例如，要为第 2 章节的内容插入目录，将光标插入点定位到需要创建目录的位置，然后输入域代码【{ TOC \b 第 2 章 }】，如图 15-114 所示。

图 15-113

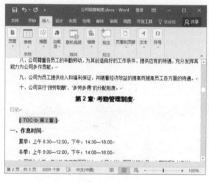

图 15-114

Step 04 将光标插入点定位在域内，按【F9】键更新域，即可显示第 2 章的章节目录，如图 15-115 所示。

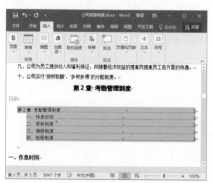

图 15-115

Step 05 参照第3~4步的操作，为第3章的内容单独创建目录，如图15-116所示。

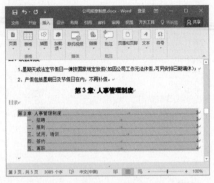

图 15-116

Step 06 参照第3~4步的操作，为第5章的内容单独创建目录，如图15-117所示。至此，完成了总目录以及章节目录的创建。

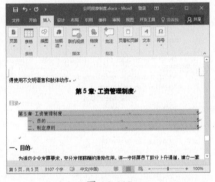

图 15-117

技巧 03：目录中出现"未找到目录项"，怎么办

在更新文档中的目录时，有时会出现"未找到目录项"这样的提示，这是因为创建目录时的文档标题被意外删除了。此时，可以通过以下两种方式解决问题。

➡ 找回或重新输入原来的文档标题。

➡ 重新创建目录。

技巧 04：解决已标记的索引项没有出现在索引中的问题

在文档中标记索引项后，如果在创建索引时没有显示出来，那么需要进行以下几项内容的检查。

➡ 检查是否使用冒号将主索引项和次索引项分隔开了。

➡ 如果索引是基于书签创建的，请检查书签是否仍然存在并有效。

➡ 如果在主控文档中创建索引，必须确保所有子文档都已经展开。

➡ 在创建索引时，如果是手动输入的Index域代码及相关的一些开关，请检查这些开关的语法是否正确。

在 Word 文档中创建索引时，实际上是自动插入了 Index 域代码，在图 15-118 中，列出了 Index 域包含的开关及说明。

开关	说明
\b	使用书签指定文档中要创建索引的内容范围
\c	指定索引的栏数，其后输入表示栏数的数字，并用英文双引号括起来
\d	指定序列与页码之间的分隔符，其后输入需要的分隔符号，并用英文双引号括起来
\e	指定索引项与页码之间的分隔符，其后输入需要的分隔符号，并用英文引号括起来
\f	只使用指定的词条类型来创建索引
\g	指定在页码范围中使用的分隔符，其后输入需要的分隔符，并用英文引号括起来
\h	指定索引中各字母之间的距离
\k	指定交叉引用和其他条目之间的分隔符，其后输入需要的分隔符，并用英文双引号括起来
\l	指定多页页码之间用的分隔符，其后输入需要的分隔符号，并用英文双引号括起来
\p	将索引限制为指定的字母
\r	将次索引项移入主索引项所在的行中
\s	包括用页码引用的序列号
\y	为多音索引项启用确定拼音功能
\z	指定 Word 创建索引的语言标识符

图 15-118

> **技术看板**
>
> 本章中提到了域的一些简单使用，具体详情请参考本书的第18章内容。

本章小结

本章主要讲解了目录与索引的使用，主要包括创建正文标题目录、创建图表目录、目录的管理、创建索引、管理索引等内容。通过本章的学习，希望读者能够灵活运用这些功能，从而能全面把控大型文档的目录与索引的操作。

高级功能
应用篇

熟练掌握前面章节的知识，相信读者能够轻而易举地制作并排版各类文档了。本篇将讲解一些 Word 的高级应用，让读者的技能得到进一步提升。

第 **16** 章 # 文档审阅与保护

- ➥ 如何快速统计文档中的页数与字数？
- ➥ 怎样才能在文档中显示修改痕迹？
- ➥ 你知道批注有什么作用吗？
- ➥ 精确比较两个文档的不同之处，你还在手动比较吗？
- ➥ 将重要文档采取保护措施，你会怎么做？

本章将学习如何统计文档的页数与字数，使用修订和批注功能审阅文档，以及如何保护重要文档。

16.1 文档的检查

完成了编辑文档工作后，根据操作需要，可以进行有效的校对工作，如检查文档中的拼写和语法、统计文档的页数与字数等。

★ 新功能 16.1.1 实战：检查公司简介的拼写和语法

实例门类	软件功能
教学视频	光盘 \ 视频 \ 第 16 章 \16.1.1.mp4

在编辑文档的过程中，难免会发生拼写与语法错误，如果逐一进行检查，不仅枯燥乏味，还会影响工作质量与速度。此时，通过 Word 的"拼写和语法"功能，可快速完成文档的检查，具体操作方法如下。

Step 01 打开"光盘 \ 素材文件 \ 第 16 章 \ 公司简介 .docx"的文件，❶ 将光标插入点定位到文档的开始处；❷ 切换到【审阅】选项卡；❸ 单击【校对】组中的【拼写和语法】按钮，如图 16-1 所示。

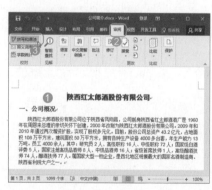

图 16-1

Step02 Word 将从文档开始处自动进行检查，当遇到拼写或语法错误时，会在自动打开的【语法】窗格中显示错误原因，同时会在文档中自动选中错误内容，如果认为内容没有错误，则单击【忽略】按钮忽略当前校对，如图 16-2 所示。

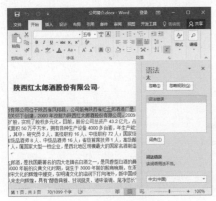

图 16-2

Step03 Word 将继续进行检查，当再遇到拼写或语法错误时，根据实际情况进行忽略操作，或在 Word 文档中进行修改操作。完成检查后，弹出提示框进行提示，单击【确定】按钮即可，如图 16-3 所示。

图 16-3

技术看板

遇到拼写或语法错误时，在 Word 文档中进行修改操作后，需要在【语法】窗格中单击【恢复】按钮，Word 才会继续进行检查。

当遇到拼写或语法错误时，在【语法】窗格中单击【忽略规则】按钮，可忽略当前错误在文档中出现的所有位置。

16.1.2 实战：统计公司简介的页数与字数

实例门类	软件功能
教学视频	光盘\视频\第 16 章\16.1.2.mp4

默认情况下，在编辑文档时，Word 窗口的状态栏中会实时显示文档页码信息及总字数，如果需要了解更详细的字数信息，可通过字数统计功能进行查看，具体操作方法如下。

Step01 在 "公司简介.docx" 文档中，❶切换到【审阅】选项卡，❷单击【校对】组中的【字数统计】按钮，如图 16-4 所示。

Step02 弹出【字数统计】对话框，将显示当前文档的页数、字数、字符数等信息，查看完成后，单击【关闭】

按钮即可，如图 16-5 所示。

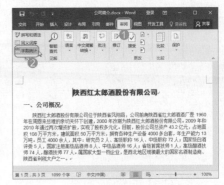

图 16-4

图 16-5

技能拓展——统计部分内容的页数与字数

若要统计文档中某部分内容的页码与字数信息，则可以先选中要统计字数信息的文本内容，再单击【字数统计】按钮，在打开的【字数统计】对话框中进行查看即可。

16.2 文档的修订

在编辑会议发言稿之类的文档时，文档由作者编辑完成后，一般还需要审阅者进行审阅，再由作者根据审阅者提供的修改建议进行修改，通过这样的反复修改，最后才能定稿，接下来就讲解文档的修订方法。

★ 重点 16.2.1 实战：修订市场调查报告

实例门类	软件功能
教学视频	光盘\视频\第 16 章\16.2.1.mp4

审阅者在审阅文档时，如果需要对文档内容进行修改，建议先打开修订功能。打开修订功能后，文档中将会显示所有修改痕迹，以便文档编辑者查看审阅者对文档所做的修改。修订文档的具体操作方法如下。

Step01 打开 "光盘\素材文件\第 16 章\市场调查报告.docx" 的文件，❶切换到【审阅】选项卡；❷在【修订】组中单击【修订】按钮下方的下拉按钮；❸在弹出的下拉列表中选择【修订】选项，如图 16-6 所示。

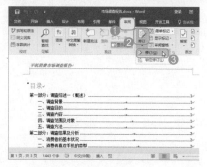

图 16-6

Step02 此时，【修订】按钮呈选中状态显示，表示文档呈修订状态。在修订状态下，对文档中进行各种编辑后，会在被编辑区域的边缘附近显示一根红线，该红线用于指示修订的位置，如图 16-7 所示。

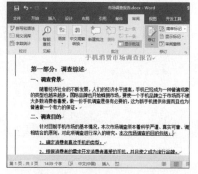

图 16-7

技能拓展——取消修订状态

打开修订功能后，【修订】按钮呈选中状态。如果需要关闭修订功能，则单击【修订】按钮下方的下拉按钮，在弹出的下拉列表中选择【修订】选项即可。

★ **重点 16.2.2 实战：设置市场调查报告的修订显示状态**

实例门类	软件功能
教学视频	光盘\视频\第 16 章\16.2.2.mp4

Word 2016 为修订提供了 4 种显示状态，分别是简单标记、所有标记、

无标记、原始状态，在不同的状态下，修订以不同的形式进行显示。

→ 简单标记：文档中显示为修改后的状态，但会在编辑过的区域左边显示一根红线，这根红线表示附近区域有修订。

→ 所有标记：在文档中显示所有修改痕迹。

→ 无标记：文档中隐藏所有修订标记，并显示为修改后的状态。

→ 原始状态：文档中没有任何修订标记，并显示为修改前的状态，即以原始形式显示文档。

默认情况下，Word 以简单标记显示修订内容，根据操作需要，可以随时更改修订的显示状态。为了便于查看文档中的修改情况，一般建议将修订的显示状态设置为所有标记，具体操作方法如下。

Step01 在"市场调查报告.docx"文档中，在【修订】组的下拉列表中，单击【所有标记】选项，如图 16-8 所示。

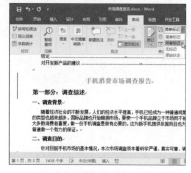

图 16-8

Step02 此时，可以非常清楚地看到对文档所做的所有修改，如图 16-9 所示。

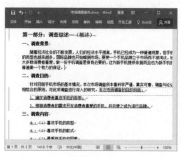

图 16-9

16.2.3 实战：设置修订格式

实例门类	软件功能
教学视频	光盘\视频\第 16 章\16.2.3.mp4

文档处于修订状态下时，对文档所做的编辑将以不同的标记或颜色进行区分显示，根据操作需要，还可以自定义设置这些标记或颜色，具体操作方法如下。

Step01 ❶ 切换到【审阅】选项卡；❷ 在【修订】组中单击【功能扩展】按钮，如图 16-10 所示。

图 16-10

Step02 弹出【修订选项】对话框，单击【高级选项】按钮，如图 16-11 所示。

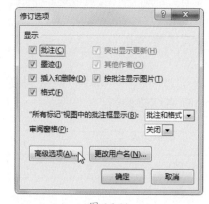

图 16-11

Step03 弹出【高级修订选项】对话框，❶ 在各个选项区域中进行相应的设置；❷ 完成设置后单击【确定】按钮即可，如图 16-12 所示。

图 16-12

在【高级修订选项】对话框中，其中【跟踪移动】复选框是针对段落的移动，当移动段落时，Word 会进行跟踪显示；【跟踪格式设置】复选框是针对文字或段落格式的更改，当格式发生变化时，会在窗口右侧的标记区中显示格式变化的参数。

技术看板

对文档进行修订时，如果将已经带有插入标记的内容删除掉，则该文本会直接消失，不被标记为删除状态。这是因为只有原始内容被删除时，才会出现修订标记。

★ 重点 16.2.4 实战：**对策划书接受与拒绝修订**

实例门类	软件功能
教学视频	光盘\视频\第 16 章\16.2.4.mp4

对文档进行修订后，文档编辑者可对修订做出接受或拒绝操作。若接受修订，则文档会保存为审阅者修改后的状态；若拒绝修订，则文档会保存为修改前的状态。

根据个人操作需要，可以逐条接受或拒绝修订，也可以直接一次性接受或拒绝所有修订。

1. 逐条接受或拒绝修订

如果要逐条接受或拒绝修订，可按下面的操作方法实现。

Step01 打开"光盘\素材文件\第 16 章\旅游景区项目策划书.docx"的文件，① 将光标插入点定位在某条修订中；② 切换到【审阅】选项卡；③ 若要拒绝，则单击【拒绝】按钮右侧的下拉按钮；④ 在弹出的下拉列表中选择【拒绝更改】选项，如图 16-13 所示。

图 16-13

技术看板

在此下拉列表中，若单击【拒绝并移到下一条】选项，当前修订即可被拒绝，与此同时，光标插入点自动定位到下一条修订中。

Step02 当前修订被拒绝，同时修订标记消失，在【更改】组中单击【下一条】按钮，如图 16-14 所示。

图 16-14

技术看板

在【更改】组中，若单击【上一条】按钮，则 Word 将查找并选中上一条修订。

Step03 Word 将查找并选中下一条修订，① 若接受，则在【更改】组中单击【接受】按钮下方的下拉按钮；② 在弹出的下拉列表中选择【接受此修订】选项，如图 16-15 所示。

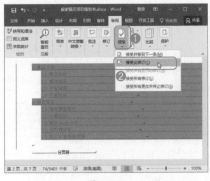

图 16-15

技术看板

在此下拉列表中，若选择【接受并移到下一条】选项，当前修订即可被接受，与此同时，光标插入点自动定位到下一条修订中。

Step04 当前修订即可被接受，同时修订标记消失，如图 16-16 所示。

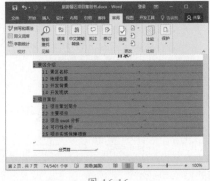

图 16-16

Step05 参照上述操作方法，对文档中的修订进行接受或拒绝操作即可，完成所有修订的接受/拒绝操作后，会弹出提示框进行提示，单击【确定】按钮即可，如图 16-17 所示。

图 16-17

2. 接受或拒绝全部修订

有时读者可能不需要去逐一接受或拒绝修订，那么可以一次性接受或拒绝文档中所有修订。

接受所有修订：如果需要接受审阅者的全部修订，则单击【接受】按

钮下方的下拉按钮 ▾，在弹出的下拉列表中选择【接受所有修订】选项即可，如图 16-18 所示。

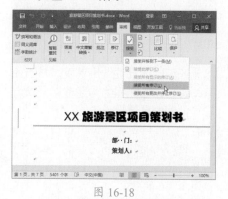

图 16-18

拒绝所有修订：如果需要拒绝审

阅者的全部修订，则单击【拒绝】按钮☒右侧的下拉按钮 ▾，在弹出的下拉列表中选择【拒绝所有修订】选项即可，如图 16-19 所示。

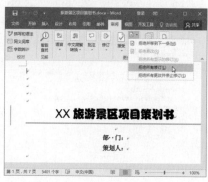

图 16-19

16.3 批注的应用

修订是跟踪文档变化最有效的手段，通过该功能，审阅者可以直接对文稿进行修改。但是，当需要对文稿提出建议时，就需要通过批注功能来实现。

★ 新功能 16.3.1 实战：在市场报告中新建批注

实例门类	软件功能
教学视频	光盘\视频\第 16 章\16.3.1.mp4

批注是作者与审阅者的沟通渠道，审阅者在修改他人文档时，通过插入批注，可以将自己的建议插入到文档中，以供作者参考。插入批注的具体操作方法如下。

Step01 在"市场调查报告.docx"文档中，❶ 选中需要添加批注的文本；❷ 切换到【审阅】选项卡，单击【批注】组中的【新建批注】按钮，如图 16-20 所示。

Step02 窗口右侧将出现一个批注框，在批注框中输入自己的见解或建议即可，如图 16-21 所示。

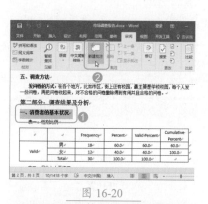

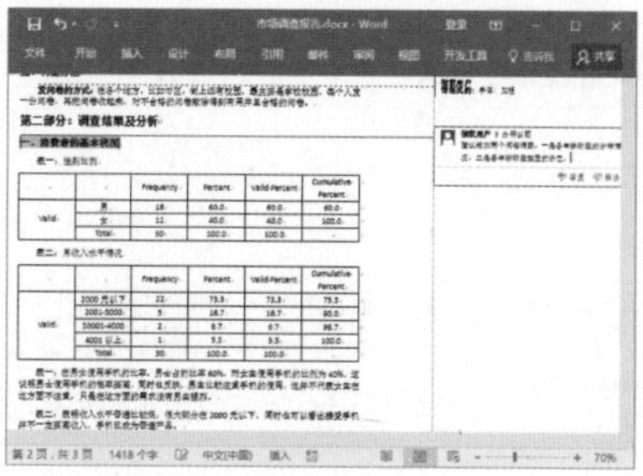

图 16-20

图 16-21

16.3.2 设置批注和修订的显示方式

Word 为批注和修订提供了 3 种

显示方式，分别是在批注框中显示修订、以嵌入方式显示所有修订、仅在批注框中显示批注和格式。

➡ 在批注框中显示修订：选择此方式时，所有批注和修订将以批注框的形式显示在标记区中，如图 16-22 所示。

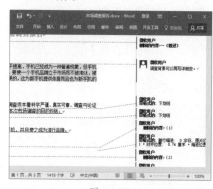

图 16-22

➡ 以嵌入方式显示所有修订：所有批注与修订将以嵌入的形式显示在文档中，如图 16-23 所示。

➡ 仅在批注框中显示批注和格式：标记区中将以批注框的形式显示

批注和格式更改，而其他修订会以嵌入的形式显示在文档中，如图 16-24 所示。

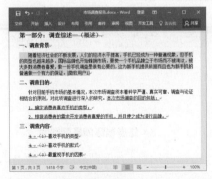

图 16-23

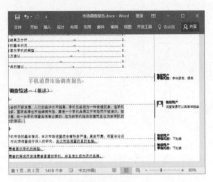

图 16-24

默认情况下，Word 文档中是以仅在批注框中显示批注和格式的方式显示批注和修订的，根据操作习惯，用户可自行更改。方法为：切换到【审阅】选项卡，在【修订】组中单击【显示标记】按钮，在弹出的下拉列表中选择【批注框】选项，在弹出的级联列表中选择需要的方式即可，如图 16-25 所示。

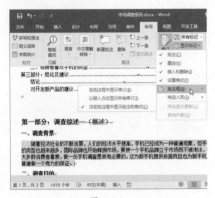

图 16-25

★ 新功能 16.3.3 实战：**答复批注**

实例门类	软件功能
教学视频	光盘\视频\第 16 章\16.3.3.mp4

当审阅者在文档中使用了批注，作者还可以对批注做出答复，从而使审阅者与作者之间的沟通非常轻松。答复批注的具体操作方法如下。

Step01 在"市场调查报告 .docx"文档中，❶ 将光标插入点定位到需要进行答复的批注内；❷ 单击【答复】按钮，如图 16-26 所示。

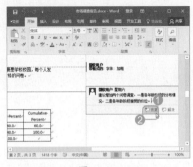

图 16-26

Step02 在出现的回复栏中直接输入答复内容即可，如图 16-27 所示。

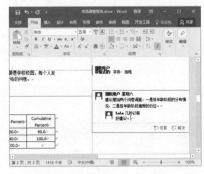

图 16-27

技能拓展——解决批注

当某个批注中提出的问题已经得到解决，可以在该标注中单击【解决】按钮，将其设置为已解决状态。

将标注设置为已解决状态后，该标注将以灰色状态显示，且不可再对

其编辑操作。若要激活该标注，则单击【重新打开】按钮即可。

16.3.4 删除批注

如果不再需要批注内容，可通过下面的方法将其删除。

➡ 右击需要删除的批注，在弹出的快捷菜单中选择【删除批注】命令即可，如图 16-28 所示。

图 16-28

➡ 将光标插入点定位在要删除的批注中，切换到【审阅】选项卡，在【批注】组中单击【删除】按钮下方的下拉按钮 ，在弹出的下拉列表中选择【删除】选项即可，如图 16-29 所示。

图 16-29

技能拓展——删除文档中所有批注

在要删除批注的文档中，切换到【审阅】选项卡，在【批注】组中单击【删除】按钮下方的下拉按钮 ，在弹出的下拉列表中选择【删除文档中的所有批注】选项，可以一次性删除文档中的所有批注。

16.4　合并与比较文档

通过 Word 提供的合并比较功能，用户可以很方便地对两篇文档进行比较，从而快速找到差异之处。

★ 重点 16.4.1　实战：合并公司简介的多个修订文档

实例门类	软件功能
教学视频	光盘\视频\第 16 章\16.4.1.mp4

合并文档并不是将几个不同的文档合并在一起，而是将多个审阅者对同一个文档所作的修订合并在一起。合并文档的具体操作方法如下。

Step01 打开"光盘\素材文件\第 16 章\公司简介 .docx"的文件，❶切换到【审阅】选项卡；❷在【比较】组中单击【比较】按钮；❸在弹出的下拉列表中选择【合并】选项，如图 16-30 所示。

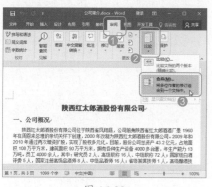

图 16-30

Step02 弹出【合并文档】对话框，在【原文档】栏中单击【文件】按钮，如图 16-31 所示。

图 16-31

Step03 弹出【打开】对话框，❶选择原始文档；❷单击【打开】按钮，如图 16-32 所示。

图 16-32

Step04 返回【合并文档】对话框，在【修订的文档】栏中单击【文件】按钮，如图 16-33 所示。

图 16-33

Step05 弹出【打开】对话框，❶选择第一份修订文档；❷单击【打开】按钮，如图 16-34 所示。

图 16-34

Step06 返回【合并文档】对话框，单击【更多】按钮，如图 16-35 所示。

图 16-35

Step07 ❶展开【合并文档】对话框，根据需要进行相应的设置，本例中在【修订的显示位置】栏中选中【原文档】单选按钮；❷设置完成后单击【确定】按钮，如图 16-36 所示。

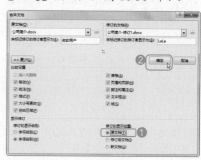

图 16-36

Step08 Word 将会对原始文档和第一份修订文档进行合并操作，并在原文档窗口中显示合并效果，如图 16-37 所示。

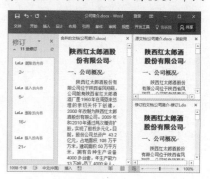

图 16-37

Step09 按【Ctrl+S】组合键保存文档，重复前面的操作，通过【合并文档】对话框依次将其他审阅者的修订文档合并进来。在合并第 2 份及之后的修订文档时，会弹出提示框询问用户要保留的格式修订，用户根据需要进行选择，然后单击【继续合并】按钮进行合并即可，如图 16-38 所示。

图 16-38

技术看板

在【合并文档】对话框的【修订的显示位置】栏中，若选中【原文档】单选按钮，则将把合并结果显示在原文档中；若选中【修订后文档】单选按钮，则会将合并结果显示在修订的文档中；若选中【新文档】单选按钮，则会自动新建一个空白文档，用来保存合并结果，并将这个保存的合并结果作为原始文档，再合并下一位审阅者的修订文档。

Step10 在合并修订后的文档中，可以查看到所有审阅者的修订，将鼠标指针指向某条修订时，还会显示审阅者的信息，如图 16-39 所示。

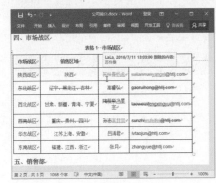

图 16-39

★ 重点 16.4.2 实战：比较文档

实例门类	软件功能
教学视频	光盘\视频\第 16 章\16.4.2.mp4

对于没有启动修订功能的文档，可以通过比较文档功能对原始文档与修改后的文档进行比较，从而自动生成一个修订文档，以实现文档作者与审阅者之间沟通的目的。比较文档的具体操作如下。

Step01 在 Word 窗口中，❶切换到【审阅】选项卡；❷在【比较】组中单击【比较】按钮；❸在弹出的下拉列表中选择【比较】选项，如图 16-40 所示。

图 16-40

Step02 弹出【比较文档】对话框，在【原文档】栏中单击【文件】按钮，如图 16-41 所示。

图 16-41

Step03 弹出【打开】对话框，❶选择原始文档；❷单击【打开】按钮，如图 16-42 所示。

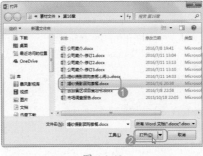

图 16-42

Step04 返回【比较文档】对话框，在【修订的文档】栏中单击【文件】按钮，如图 16-43 所示。

图 16-43

Step05 弹出【打开】对话框，❶选择修改后的文档；❷单击【打开】按钮，如图 16-44 所示。

图 16-44

Step06 返回【比较文档】对话框，单击【更多】按钮，如图 16-45 所示。

图 16-45

Step07 ❶展开【比较文档】对话框，根据需要进行相应的设置，本例中在【修订的显示位置】栏中选中【新文档】单选按钮；❷设置完成后单击【确定】按钮，如图 16-46 所示。

图 16-46

Step08 Word 将自动新建一个空白文档，并在新建的文档窗口中显示比较结果，如图 16-47 所示。

图 16-47

16.5 保护文档

为了防止他人随意查看或编辑重要的文档，可以对文档设置相应的保护，如设置格式修改权限、设置编辑权限，以及设置打开文档的密码。

★ 重点 16.5.1 实战：设置论文的格式修改权限

实例门类	软件功能
教学视频	光盘\视频\第16章\16.5.1.mp4

如果允许用户对文档的内容进行编辑，但是不允许修改格式，则可以设置格式修改权限，具体操作方法如下。

Step01 打开"光盘\素材文件\第16章\论文.docx"的文件，❶切换到【审阅】选项卡；❷在【保护】组中单击【限制编辑】按钮，如图16-48所示。

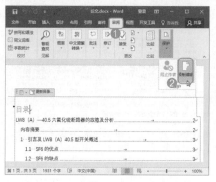

图 16-48

Step02 打开【限制编辑】窗格，❶在【格式设置限制】栏中选中【限制对选定的样式设置格式】复选框；❷在【启动强制保护】栏中单击【是，启动强制保护】按钮，如图16-49所示。

Step03 弹出【启动强制保护】对话框，❶设置保护密码；❷单击【确定】按钮，如图16-50所示。

Step04 返回文档，此时用户仅仅可以使用部分样式格式化文本，如在【开始】选项卡中可以看到大部分按钮都呈不可使用状态，如图16-51所示。

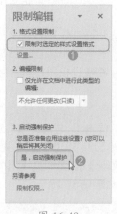

图 16-49

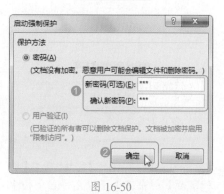

图 16-50

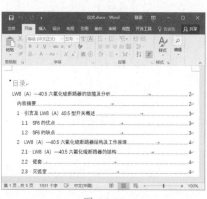

图 16-51

技能拓展——取消格式修改权限

若要取消格式修改权限，则打开【限制编辑】窗格，单击【停止保护】

按钮，在弹出的【取消保护文档】对话框中输入之前设置的密码，然后单击【确定】按钮即可。

★ 重点 16.5.2 实战：设置分析报告的编辑权限

实例门类	软件功能
教学视频	光盘\视频\第16章\16.5.2.mp4

如果只允许其他用户查看文档，但不允许对文档进行任何编辑操作，则可以设置编辑权限，具体操作方法如下。

Step01 打开"光盘\素材文件\第16章\污水处理分析报告.docx"的文件，❶切换到【审阅】选项卡；❷在【保护】组中单击【限制编辑】按钮，如图16-52所示。

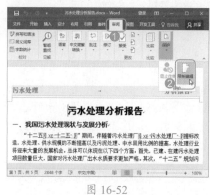

图 16-52

Step02 打开【限制编辑】窗格，❶在【编辑限制】栏中选中【仅允许在文档中进行此类型的编辑】复选框；❷在下面的下拉列表中选中【不允许任何人更改（只读）】选项；❸在【启动强制保护】栏中单击【是，启动强制保护】按钮，如图16-53所示。

Step03 弹出【启动强制保护】对话框，❶设置保护密码；❷单击【确定】

按钮，如图 16-54 所示。

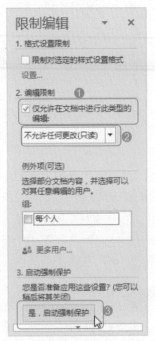

图 16-53

图 16-54

Step04 返回文档，此时无论进行什么操作，状态栏都会出现【由于所选内容已被锁定，您无法进行此更改】的提示信息，如图 16-55 所示。

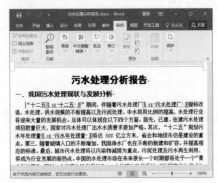

图 16-55

★ 重点 16.5.3 实战：设置建设方案的修订权限

实例门类	软件功能
教学视频	光盘\视频\第 16 章\16.5.3.mp4

如果允许其他用户对文档进行编辑操作，但是又希望查看编辑痕迹，则可以设置修订权限，具体操作方法如下。

Step01 打开"光盘\素材文件\第 16 章\企业信息化建设方案 .docx"的文件，❶ 切换到【审阅】选项卡；❷ 在【保护】组中单击【限制编辑】按钮，如图 16-56 所示。

图 16-56

Step02 打开【限制编辑】窗格，❶ 在【编辑限制】栏中选中【仅允许在文档中进行此类型的编辑】复选框；❷ 在下面的下拉列表中选中【修订】选项；❸ 在【启动强制保护】栏中单击【是，启动强制保护】按钮，如图 16-57 所示。

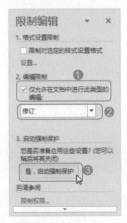

图 16-57

Step03 弹出【启动强制保护】对话框，❶ 设置保护密码；❷ 单击【确定】按钮，如图 16-58 所示。

图 16-58

Step04 返回文档，此后若对其进行编辑，文档会自动进入修订状态，即任何修改都会做出修订标记，如图 16-59 所示。

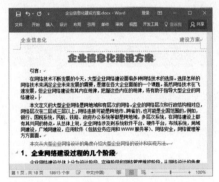

图 16-59

★ 重点 16.5.4 实战：设置修改公司规章制度的密码

实例门类	软件功能
教学视频	光盘\视频\第 16 章\16.5.4.mp4

对于比较重要的文档，在允许其他用户查阅的情况下，为了防止内容被编辑修改，可以设置一个修改密码。

打开设置了修改密码的文档时，会弹出如图 16-60 所示的【密码】对话框，提示输入密码，这时只有输入正确的密码才能打开文档并进行编辑，否则只能通过单击【只读】按钮以只读方式打开。

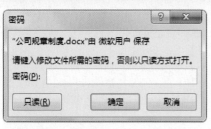

图 16-60

对文档设置修改密码的具体操作方法如下。

Step01 打开"光盘\素材文件\第16章\公司规章制度.docx"的文件，按【F12】键弹出【另存为】对话框，❶单击【工具】按钮；❷在弹出的菜单中选择【常规选项】命令，如图16-61所示。

图 16-61

Step02 弹出【常规选项】对话框，❶在【修改文件时的密码】文本框内输入密码；❷单击【确定】按钮，如图16-62所示。

图 16-62

Step03 ❶在弹出的【确认密码】对话框中再次输入密码；❷单击【确定】按钮，如图16-63所示。

图 16-63

Step04 返回【另存为】对话框，单击【保存】按钮即可，如图16-64所示。

图 16-64

技能拓展——取消修改密码

对文档设置修改密码后，若要取消这一密码保护，则打开上述操作中的【常规选项】对话框，将【修改文件时的密码】文本框内的密码删除，然后单击【确定】按钮即可。

★ 重点 16.5.5 实战：设置打开工资管理制度的密码

实例门类	软件功能
教学视频	光盘\视频\第16章\16.5.5.mp4

对于非常重要的文档，为了防止其他用户查看，可以设置打开文档时的密码，已达到保护文档的目的。

对文档设置打开密码后，再次打开该文档，会弹出如图16-65所示的【密码】对话框，此时需要输入正确的密码才能将其打开。

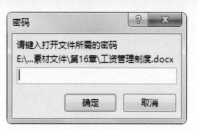

图 16-65

对文档设置打开密码的具体操作方法如下。

Step01 打开"光盘\素材文件\第16章\工资管理制度.docx"的文件，打开【文件】菜单，在【信息】操作界面中，❶单击【保护文档】按钮；❷在弹出的下拉菜单中选择【用密码进行加密】命令，如图16-66所示。

图 16-66

Step02 弹出【加密文档】对话框，❶在【密码】文本框中输入密码；❷单击【确定】按钮，如图16-67所示。

图 16-67

Step03 弹出【确认密码】对话框，❶在【重新输入密码】文本框中再次输入密码；❷单击【确定】按钮，如图16-68所示。

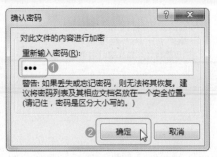

图 16-68

技能拓展——通过【常规选项】对话框设置打开文档时的密码保护

除了本操作方法之外，还可以在【常规选项】对话框中设置打开文档时的密码保护。参照 16.5.4 小节的操作方法，先打开【常规选项】对话框，然后在【打开文件时的密码】文本框内设置密码即可。

Step04 返回文档，按【Ctrl+S】组合键进行保存即可。

技能拓展——取消打开密码

若要取消文档的打开密码，需要先打开该文档，然后打开【加密文档】对话框，将【密码】文本框中的密码删除掉，最后单击【确定】按钮即可。

妙招技法

通过前面知识的学习，相信读者已经掌握了如何审阅与保护文档。下面结合本章内容，给大家介绍一些实用技巧。

技巧 01：如何防止他人随意关闭修订

教学视频	光盘 \ 视频 \ 第 16 章 \ 技巧 01.mp4

打开修订功能后，通过单击【修订】按钮下方的下拉按钮，在弹出的下拉列表中选择【修订】选项，可关闭修订功能。为了防止他人随意关闭修订功能，可使用锁定修订功能，具体操作方法如下。

Step01 在"市场调查报告 .docx"文档中，❶切换到【审阅】选项卡；❷在【修订】组中单击【修订】按钮下方的下拉按钮 ▾；❸在弹出的下拉列表中选择【锁定修订】选项，如图 16-69 所示。

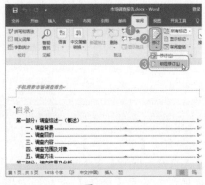

图 16-69

Step02 弹出【锁定跟踪】对话框，❶设置密码；❷单击【确定】按钮即可，如图 16-70 所示。

图 16-70

技能拓展——解除锁定

设置锁定修订后，此后若需要关闭修订，则需要先解除锁定。单击【修订】下方的下拉按钮 ▾，在弹出的下拉列表中选择【锁定修订】选项，在弹出的【解除锁定跟踪】对话框中输入正确的密码，然后单击【确定】按钮，即可解除锁定。

技巧 02：更改审阅者姓名

教学视频	光盘 \ 视频 \ 第 16 章 \ 技巧 02.mp4

在文档中插入批注后，批注框中会显示审阅者的名字。此外，对文档做出修订后，将鼠标指针指向某条修订，会在弹出的指示框中显示审阅者的名字。

根据操作需要，可以修改审阅者的名字，具体操作方法为：打开【Word 选项】对话框，在【常规】选项卡的【对 Microsoft Office 进行个性化设置】栏中，设置用户名及缩写名，然后单击【确定】按钮即可，如图 16-71 所示。

图 16-71

技巧 03：批量删除指定审阅者插入的批注

教学视频	光盘 \ 视频 \ 第 16 章 \ 技巧 03.mp4

在审阅文档时，有时会有多个审阅者在文档中插入批注，如果只需要删除某个审阅者插入的批注，可按下面的操作方法实现。

Step 01 打开"光盘\素材文件\第16章\档案管理制度.docx"的文件，❶ 切换到【审阅】选项卡；❷ 在【修订】组中单击【显示标记】按钮；❸ 在弹出的下拉列表中选择【特定人员】选项；❹ 在弹出的级联列表中设置需要显示的审阅者，本例中只需要显示【LAN】的批注，因此单击【yangxue】选项，以取消该选项的选中状态，如图16-72所示。

图 16-72

Step 02 此时文档中将只显示审阅者"LAN"的批注，❶ 在【批注】组中单击【删除】下方的下拉按钮 ；❷ 在弹出的下拉列表中选择【删除所有显示的批注】选项，如图16-73所示，即可删除审阅者"LAN"插入的所有批注。

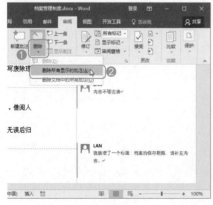

图 16-73

技术看板

若文档被多个审阅者进行修订，还可参照上述操作方法，通过设置显示指定审阅者的修订，然后对显示的修订做出接受或拒绝操作。

技巧 04： 使用审阅窗格查看批注和修订

教学视频	光盘\视频\第16章\技巧04.mp4

要查看文档中的批注和修订，还可以通过审阅窗格查看，具体操作方法如下。

Step 01 在"市场调查报告.docx"文档中，❶ 切换到【审阅】选项卡；❷ 在【修订】组中单击【审阅窗格】右侧的下拉按钮 ；❸ 在弹出的下拉列表中提供了【垂直审阅窗格】和【水平审阅窗格】两种形式，用户可自由选择，这里选择【水平审阅窗格】，如图16-74所示。

图 16-74

Step 02 此时，在窗口下方的审阅窗格中可查看文档中的批注与修订，如图16-75所示。

图 16-75

Step 03 在审阅窗格中将光标插入点定位到某条批注或修订中，文档中也会自动跳转到相应的位置，如图16-76所示。

图 16-76

技巧 05： 删除 Word 文档的文档属性和个人信息

教学视频	光盘\视频\第16章\技巧05.mp4

将文档编辑好后，有时可能需要发送给其他人查阅，若不想让别人知道文档的文档属性及个人信息，可将这些信息删除掉，具体操作方法如下。

Step 01 在要删除文档属性和个人信息的文档中，打开【Word选项】对话框，❶ 切换到【信任中心】选项卡；❷ 单击【信任中心设置】按钮，如图16-77所示。

图 16-77

Step 02 弹出【信任中心】对话框，❶ 切换到【隐私选项】选项卡；❷ 在【文档特定设置】栏中单击【文档检查器】按钮，如图16-78所示。

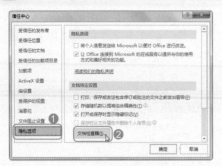

图 16-78

图 16-79

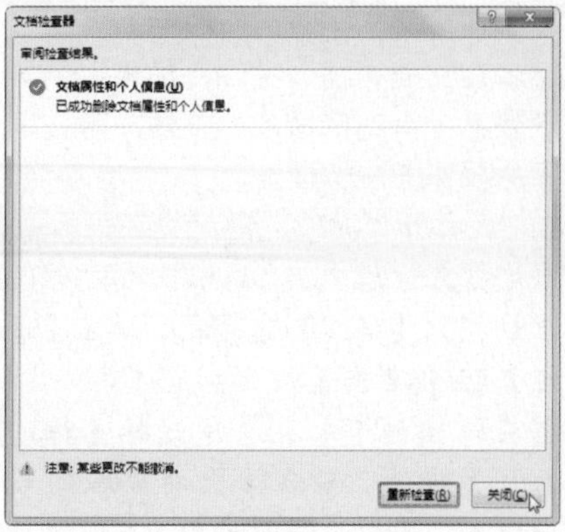

Step 03 弹出【文档检查器】对话框，❶ 只选中【文档属性和个人信息】复选框；❷ 单击【检查】按钮，如图 16-79 所示。

Step 04 检查完毕，单击【全部删除】按钮删除信息，如图 16-80 所示。

Step 05 将数据删除后，单击【关闭】按钮关闭【文档检查器】对话框，如图 16-81 所示。在接下来返回的对话框中依次单击【确定】按钮，保存设置即可。

图 16-80

图 16-81

本章小结

　　本章主要讲解了如何审阅与保护文档，主要包括文档的检查、文档的修订、批注的应用、合并与比较文档、保护文档等内容。通过本章的学习，读者不仅能够规范审阅、修订文档，还能保护自己的重要文档。

第 17 章 信封与邮件合并

➡ 如何通过 Word 制作信封？

➡ 邮件合并有何作用？

本章将通过制作信封和邮件合并来教会读者如何批量制通知书、工作表以及准考证等文件，从而提高工作效率。

17.1 制作信封

虽然现在许多办公室都配置了打印机，但大部分打印机都不能直接将邮政编码、收件人、寄件人打印至信封的正确位置。Word 提供了信封制作功能，可以帮助用户快速制作和打印信封。

17.1.1 实战：使用向导创建单个信封

实例门类	软件功能
教学视频	光盘\视频\第17章\17.1.1.mp4

虽然信封上的内容并不多，但是项目却不少，主要分收件人信息和发件人信息，这些信息包括姓名、邮政编码和地址。如果手动制作信封，既费时费力，而且尺寸也不容易符合邮政规范。

通过 Word 提供的信封制作功能，可以轻松完成信封的制作，具体操作方法如下。

Step 01 ❶ 在 Word 窗口中切换到【邮件】选项卡；❷ 单击【创建】组中的【中文信封】按钮，如图 17-1 所示。

图 17-1

Step 02 弹出【信封制作向导】对话框，单击【下一步】按钮，如图 17-2 所示。

图 17-2

Step 03 进入【选择信封样式】向导界面，❶ 在【信封样式】下拉列表中选择一种信封样式；❷ 单击【下一步】按钮，如图 17-3 所示。

图 17-3

Step 04 进入【选择生成信封的方式和数量】向导界面，❶ 选中【键入收信人信息，生成单个信封】单选按钮；❷ 单击【下一步】按钮，如图 17-4 所示。

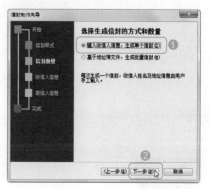

图 17-4

Step 05 进入【输入收信人信息】向导界面，❶ 输入收信人的姓名、称谓、单位、地址、邮编等信息；❷ 单击【下一步】按钮，如图 17-5 所示。

图 17-5

Step06 进入【输入寄信人信息】向导界面，❶ 输入寄信人的姓名、单位、地址、邮编等信息；❷ 单击【下一步】按钮，如图 17-6 所示。

图 17-6

技术看板

根据【信封制作向导】对话框制作信封时，并不是一定要输入收件人信息和寄件人信息，也可以等将信封制作好后，在相应的位置再输入对应的信息。

Step07 进入【信息制作向导】界面，单击【完成】按钮，如图 17-7 所示。

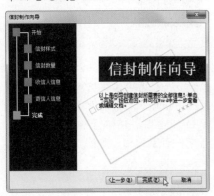

图 17-7

Step08 Word 将自动新建一篇文档，并根据设置的信息创建了一封信封，如图 17-8 所示。

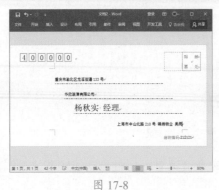

图 17-8

★ 重点 17.1.2 实战：使用向导批量制作信封

实例门类	软件功能
教学视频	光盘\视频\第 17 章\17.1.2.mp4

通过信封制作向导，还可以导入通讯录中的联系人地址，批量制作出已经填写好各项信息的多个信封，从而提高工作效率。使用向导批量制作信封的具体操作方法如下。

Step01 通过 Excel 制作一个通讯录，如图 17-9 所示。

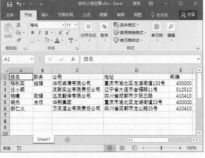

图 17-9

技术看板

制作通讯录时，对于收件人的职务，可以不输入，即留空。

Step02 ❶ 在 Word 窗口中切换到【邮件】选项卡；❷ 单击【创建】组中的【中文信封】按钮，如图 17-10 所示。

图 17-10

Step03 弹出【信封制作向导】对话框，单击【下一步】按钮，如图 17-11 所示。

图 17-11

Step04 进入【选择信封样式】向导界面，❶ 在【信封样式】下拉列表中选择一种信封样式；❷ 单击【下一步】按钮，如图 17-12 所示。

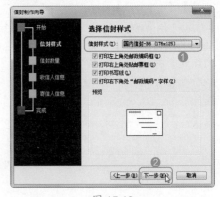

图 17-12

Step05 进入【选择生成信封的方式和数量】向导界面，❶ 选中【基于地址簿文件，生成批量信封】单选按钮；❷ 单击【下一步】按钮，如图 17-13 所示。

收信人信息】栏中，为收信人信息匹配对应的字段；❷ 单击【下一步】按钮，如图 17-16 所示。

根据设置的信息批量生成信封，如图 17-19 所示为其中两个信封。

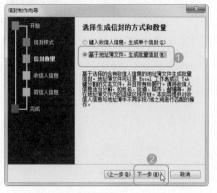

图 17-13

Step06 进入【从文件中获取并匹配收信人信息】向导界面，单击【选择地址簿】按钮，如图 17-14 所示。

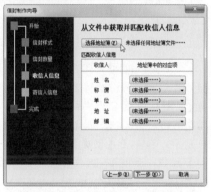

图 17-14

Step07 弹出【打开】对话框，❶ 选择纯文本或 Excel 格式的文件，本例中选择 Excel 格式的文件；❷ 单击【打开】按钮，如图 17-15 所示。

图 17-15

Step08 返回【从文件中获取并匹配收信人信息】向导界面，❶ 在【匹配

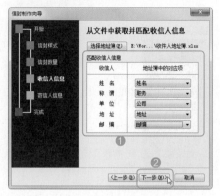

图 17-16

Step09 进入【输入寄信人信息】向导界面，❶ 输入寄信人的姓名、单位、地址、邮编等信息；❷ 单击【下一步】按钮，如图 17-17 所示。

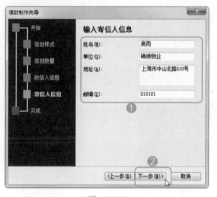

图 17-17

Step10 进入【信息制作向导】界面，单击【完成】按钮，如图 17-18 所示。

图 17-18

Step11 Word 将自动新建一篇文档，并

图 17-19

17.1.3 实战：制作国际信封

实例门类	软件功能
教学视频	光盘\视频\第 17 章\17.1.3.mp4

除了制作中文信封之外，在 Word 中还可以制作标准的国际信封，具体操作方法如下。

Step01 ❶ 在 Word 窗口中切换到【邮件】选项卡；❷ 单击【创建】组中的【中文信封】按钮，如图 17-20 所示。

图 17-20

Step⑩2 弹出【信封制作向导】对话框，单击【下一步】按钮，如图 17-21 所示。

图 17-21

Step⑩3 进入【选择信封样式】向导界面，❶ 在【信封样式】下拉列表中选择一种国际信封样式；❷ 单击【下一步】按钮，如图 17-22 所示。

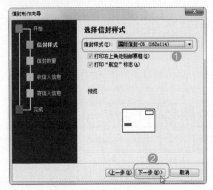

图 17-22

Step⑩4 进入【选择生成信封的方式和数量】向导界面，❶ 选择信封的生成方式，本例中选中【键入收信人信息，生成单个信封】单选按钮；❷ 单击【下一步】按钮，如图 17-23 所示。

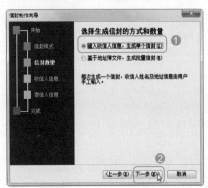

图 17-23

Step⑩5 进入【输入收信人信息】向导界面，❶ 输入收信人的详细信息；❷ 单击【下一步】按钮，如图 17-24 所示。

图 17-24

Step⑩6 进入【输入寄信人信息】向导界面，❶ 输入寄信人的详细信息；❷ 单击【下一步】按钮，如图 17-25 所示。

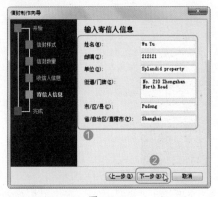

图 17-25

Step⑩7 进入【信息制作向导】界面，单击【完成】按钮，如图 17-26 所示。

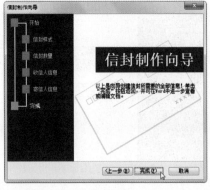

图 17-26

Step⑩8 Word 将自动新建一篇文档，并

根据设置的信息创建了一个信封，如图 17-27 所示。

图 17-27

★ 重点 17.1.4 实战：制作自定义的信封

实例门类	软件功能
教学视频	光盘\视频\第 17 章\17.1.4.mp4

根据操作需要，用户还可以自定义制作信封，具体操作方法如下。

Step⑩1 新建一篇名为"制作自定义的信封"的空白文档，❶ 切换到【邮件】选项卡；❷ 单击【创建】组中的【信封】按钮，如图 17-28 所示。

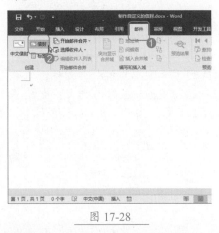

图 17-28

Step⑩2 弹出【信封和标签】对话框，❶ 在【信封】选项卡的【收信人地址】文本框中输入收信人的信息；❷ 在【寄信人地址】文本框中输入写信人的信息；❸ 单击【选项】按钮，如图

17-29 所示。

图 17-29

Step03 弹出【信封选项】对话框，❶ 在【信封尺寸】下拉列表中可以选择信封的尺寸大小；❷ 在【收信人地址】栏中可以设置收信人地址距页面左边和上边的距离；❸ 在【寄信人地址】栏中可以设置寄信人地址距页面左边和上边的距离；❹ 在【收信人地址】栏中单击【字体】按钮，如图 17-30 所示。

图 17-30

Step04 ❶ 在弹出的【收信人地址】对话框中，可以设置收信人地址的字体格式；❷ 完成设置后单击【确定】按钮，如图 17-31 所示。

图 17-31

Step05 返回【信封选项】对话框，在【寄信人地址】栏中单击【字体】按钮，如图 17-32 所示。

图 17-32

Step06 ❶ 在弹出的【寄信人地址】对话框中，可以设置寄信人地址的字体格式；❷ 完成设置后单击【确定】按钮，如图 17-33 所示。

图 17-33

Step07 返回【信封选项】对话框，单击【确定】按钮，如图 17-34 所示。

图 17-34

Step08 返回【信封和标签】对话框，单击【添加到文档】按钮，如图 17-35 所示。

图 17-35

Step09 弹出提示框询问是否要将新的寄信人地址保存为默认的寄信人地址，用户根据需要自行选择，本例中不需要保存，所以单击【否】按钮，如图 17-36 所示。

图 17-36

Step10 返回文档，可看见自定义创建的信封效果，如图 17-37 所示。

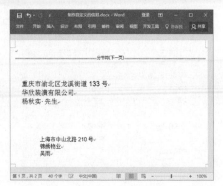

图 17-37

★ 重点 17.1.5 实战：制作标签

实例门类	软件功能
教学视频	光盘\视频\第 17 章\17.1.5.mp4

在日常工作中，标签是使用较多的元素。例如，当要用简单的几个关键词或一个简短的句子来表明物品的信息，就需要使用到标签。利用 Word，可以非常轻松地完成标签的批量制作，具体操作方法如下。

Step01 ❶ 在 Word 窗口中切换到【邮件】选项卡；❷ 单击【创建】组中的【标签】按钮，如图 17-38 所示。

图 17-38

Step02 弹出【信封和标签】对话框，默认定位到【标签】选项卡，❶ 在【地址】文本框中输入要创建的标签的内容；❷ 单击【选项】按钮，如图 17-39 所示。

图 17-39

Step03 弹出【标签选项】对话框，❶ 在【标签供应商】下拉列表中选择供应商；❷ 在【产品编号】列表框中选择一种标签样式；❸ 选择好后在右侧的【标签信息】栏中可以查看当前标签的尺寸信息，确认无误后单击【确定】按钮，如图 17-40 所示。

图 17-40

技能拓展——自定义标签尺寸

在【标签选项】对话框中，单击【详细信息】按钮，在弹出的对话框中，可以在所选标签基础上修改指定参数来创建符合需要的新标签。

Step04 返回【信封和标签】对话框，单击【新建文档】按钮，如图 17-41 所示。

图 17-41

Step05 Word 将新建一篇文档，并根据所设置的信息创建标签，初始效果如图 17-42 所示。

图 17-42

Step06 根据个人需要，对标签格式进行美化，最终效果如图 17-43 所示。

图 17-43

17.2 邮件合并

在日常办公中，通常会有许多数据表，如果要根据这些数据信息制作大量文档，如名片、奖状、工资条、通知书、准考证等，便可通过邮件合并功能，轻松、准确、快速地完成这些重复性工作。

★ 重点 17.2.1 邮件合并的原理与通用流程

使用邮件合并功能，可以批量制作多种类型的文档，如通知书、奖状、工资条等，这些文档有一个共同的特征，它们都是由固定内容和可变内容组成的。

例如，录用通知书，在发给每一位应聘者的录用通知书中，姓名、性别等关于应聘者信息的个人信息是不同的，这就是可变内容；通知书中的其他内容是相同的，这就是固定内容。

使用邮件合并功能，无论创建哪种类型的文档，都要遵循以下通用流程，如图 17-44 所示。

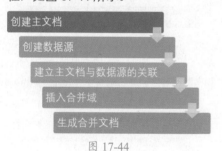

图 17-44

★ 重点 17.2.2 邮件合并中的文档类型和数据源类型

Word 为邮件合并提供了信函、电子邮件、信封、标签、目录和普通 Word 文档 6 种文档类型，用户可根据需要自行选择，如图 17-45 所示列出了各种类型文档的详细说明。

文档类型	视图类型	功能
信函	页面视图	创建用于不同用途的信函，合并后的每条记录独自占用一页
电子邮件	Web 版式视图	为每个收件人创建电子邮件
信封	页面视图	创建指定尺寸的信封
标签	页面视图	创建指定规格的标签，所有标签位于同一页中
目录	页面视图	合并后的多条记录位于同一页中
普通 Word 文档	页面视图	删除与主文档关联的数据源，使文档恢复为普通文档

图 17-45

在邮件合并中，可以使用多种文件类型的数据源，如 Word 文档、Excel 文件、文本文件、Access 数据、Outlook 联系人等。

Excel 文件是最常用的数据源，如图 17-46 所示为 Excel 制作的数据源，第一行包含用于描述各列数据的标题，其下的每一行包含数据记录。

图 17-46

如果要使用 Word 文档作为邮件合并的数据源，则可以在 Word 文档中创建一个表格，其表格的结构与 Excel 工作表类似。如图 17-47 所示为 Word 制作的数据源。

图 17-47

技术看板

为了在邮件合并过程中能够将 Word 表格正确识别为数据源，Word 表格必须位于文档顶部，即表格上方不能含有任何内容。

如果要使用文本文件作为数据源，则要求各条记录之间以及每条记

录中的各项数据之间必须分别使用相同的符号分隔，如图 17-48 所示为文本文件格式的数据源。

图 17-48

了解了邮件合并的流程及数据源类型等基础知识后，下面将通过具体的实例来运用邮件合并功能。

17.2.3 实战：批量制作通知书

实例门类	软件功能
教学视频	光盘\视频\第 17 章\17.2.3.mp4

如果要制作大量的录用通知书，可按下面的操作方法实现。

Step01 使用 Word 制作一个名为"录用通知书"的主文档，如图 17-49 所示。

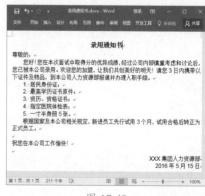

图 17-49

Step02 使用 Excel 制作一个名为"录用名单"的数据源，如图 17-50 所示。

图 17-50

Step03 ❶ 在主文档中，切换到【邮件】选项卡；❷ 单击【开始邮件合并】组中的【开始邮件合并】按钮；❸ 在弹出的下拉列表选择文档类型，本例中选择【信函】，如图 17-51 所示。

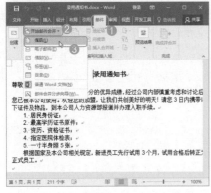

图 17-51

Step04 创建好主文档和数据源后，就可以建立主文档与数据源的关联了。❶ 在主文档中，单击【开始邮件合并】组中的【选择收件人】按钮；❷ 在弹出的下拉列表中选择【使用现有列表】选项，如图 17-52 所示。

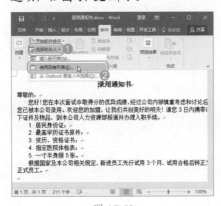

图 17-52

Step05 弹出【选取数据源】对话框，❶ 选择数据源文件；❷ 单击【打开】按钮，如图 17-53 所示。

图 17-53

Step06 弹出【选择表格】对话框，❶ 选中数据源所在的工作表；❷ 单击【确定】按钮，如图 17-54 所示。

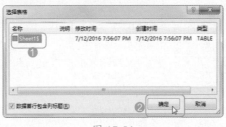

图 17-54

Step07 建立主文档与数据源的关联后，就可以插入合并域了。❶ 将光标插入点定位到需要插入姓名的位置；❷ 在【编写和插入域】组中，单击【插入合并域】按钮右侧的下拉按钮▼；❸ 在弹出的下拉列表中选择【姓名】选项，如图 17-55 所示。

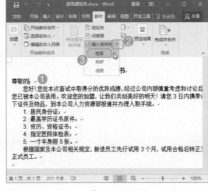

图 17-55

Step08 即可在文档中插入合并域【姓名】，❶ 将光标插入点定位在需要插入称呼的位置；❷ 在【编写和插入域】组中，单击【插入合并域】按钮右侧的下拉按钮▼；❸ 在弹出的下拉列表中选择【称呼】选项，如图 17-56 所示。

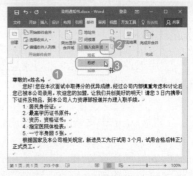

图 17-56

Step09 ❶ 将光标插入点定位在需要插入分数的位置；❷ 在【编写和插入域】组中，单击【插入合并域】按钮右侧的下拉按钮▼；❸ 在弹出的下拉列表中选择【成绩】选项，如图 17-57 所示。

图 17-57

Step10 至此，完成了合并域的插入，效果如图 17-58 所示。

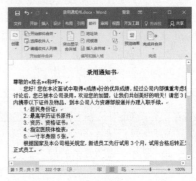

图 17-58

Step⑪ 插入合并域后，就可以生成合并文档了。❶ 在【完成】组中单击【完成并合并】按钮；❷ 在弹出的下拉列表中选择【编辑单个文档】选项，如图 17-59 所示。

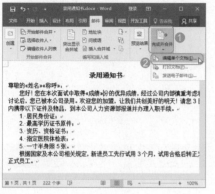

图 17-59

Step⑫ 弹出【合并到新文档】对话框，❶ 选中【全部】单选按钮；❷ 单击【确定】按钮，如图 17-60 所示。

图 17-60

Step⑬ Word 将新建一个文档显示合并记录，这些合并记录分别独自占用一页，如图 17-61 所示为第 1 页的合并记录，显示了其中一位应聘者的录用通知书。

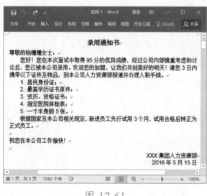

图 17-61

17.2.4 实战：批量制作工资条

实例门类	软件功能
教学视频	光盘\视频\第 17 章\17.2.4.mp4

许多用户习惯使用 Excel 制作工资条，其实利用 Word 的邮件合并功能，也能制作工资条，具体操作方法如下。

Step① 使用 Word 制作一个名为"工资条"的主文档，如图 17-62 所示。

图 17-62

Step② 使用 Excel 制作一个名为"员工工资表"的数据源，如图 17-63 所示。

图 17-63

Step③ ❶ 在主文档中，切换到【邮件】选项卡；❷ 单击【开始邮件合并】组中的【开始邮件合并】按钮；❸ 在弹出的下拉列表中选择【目录】选项，如图 17-64 所示。

Step④ ❶ 在主文档中，单击【开始邮件合并】组中的【选择收件人】按钮；❷ 在弹出的下拉列表中选择【使用现有列表】选项，如图 17-65 所示。

Step⑤ 弹出【选取数据源】对话框，❶ 选择数据源文件；❷ 单击【打开】按钮，如图 17-66 所示。

图 17-64

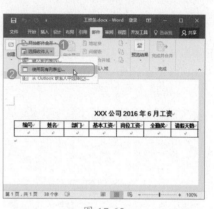

图 17-65

图 17-66

Step⑯ 弹出【选择表格】对话框，❶ 选中数据源所在的工作表；❷ 单击【确定】按钮，如图 17-67 所示。

图 17-67

Step07 参照 17.2.3 节的操作方法，在相应位置插入对应的合并域，插入合并域后的效果如图 17-68 所示。

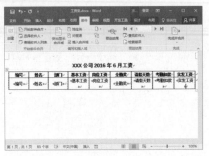

图 17-68

Step08 ❶ 在【完成】组中单击【完成并合并】按钮；❷ 在弹出的下拉列表中选择【编辑单个文档】选项，如图 17-69 所示。

图 17-69

Step09 弹出【合并到新文档】对话框，❶ 选中【全部】单选按钮；❷ 单击【确定】按钮，如图 17-70 所示。

图 17-70

技术看板

合并数据后，如果金额中包含了很多小数位数，或者有的工资记录在两页之间出现了跨页断行的问题，请到本章的妙招技法中查找解决办法。

Step10 Word 在新建的文档中显示了各员工的工资条，如图 17-71 所示。

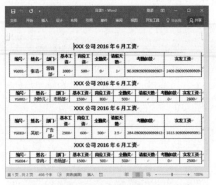

图 17-71

17.2.5 实战：批量制作名片

实例门类	软件功能
教学视频	光盘\视频\第 17 章\17.2.5.mp4

当公司需要制作统一风格的名片时，通过邮件合并功能可快速完成制作，具体操作方法如下。

Step01 使用 Word 制作一个名为"名片"的主文档，如图 17-72 所示。

图 17-72

Step02 使用 Excel 制作一个名为"名片数据"的数据源，如图 17-73 所示。

Step03 ❶ 在主文档中，切换到【邮件】选项卡；❷ 单击【开始邮件合并】组中的【开始邮件合并】按钮；❸ 在弹出的下拉列表中选择【目录】选项，如图 17-74 所示。

Step04 ❶ 在主文档中，单击【开始邮件合并】组中的【选择收件人】按钮；

Step② 在弹出的下拉列表中选择【使用现有列表】选项，如图 17-75 所示。

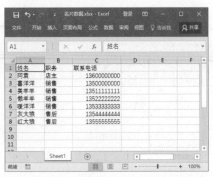

图 17-73

图 17-74

图 17-75

Step05 弹出【选取数据源】对话框，❶ 选择数据源文件；❷ 单击【打开】按钮，如图 17-76 所示。

Step06 弹出【选择表格】对话框，❶ 选中数据源所在的工作表；❷ 单击【确定】按钮，如图 17-77 所示。

Step07 ❶ 选中【×××】；❷ 在【编写和插入域】组中，单击【插入合并域】按钮右侧的下拉按钮；❸ 在弹出的下拉列表中选择【姓名】选项，如图17-78 所示。

图 17-76

图 17-77

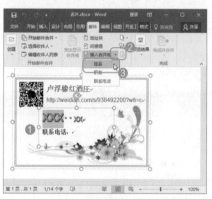

图 17-78

Step⑧ 插入的合并域将替代【×××】，如图 17-79 所示。

图 17-79

Step⑨ 参照前面所学知识，在其他相应位置插入对应的合并域，插入合并域后的效果如图 17-80 所示。

图 17-80

Step⑩ ❶ 在【完成】组中单击【完成并合并】按钮；❷ 在弹出的下拉列表中选择【编辑单个文档】选项，如图17-81 所示。

图 17-81

Step⑪ 弹出【合并到新文档】对话框，❶ 选中【全部】单选按钮；❷ 单击【确定】按钮，如图 17-82 所示。

图 17-82

Step⑫ Word 在新建的文档中显示了各条合并记录，如图 17-83 所示。

图 17-83

17.2.6 实战：批量制作准考证

实例门类	软件功能
教学视频	光盘\视频\第 17 章\17.2.6.mp4

如果要批量制作带照片的准考证，通过 Word 的邮件合并功能可高效完成，具体操作方法如下。

Step① 使用 Word 制作一个名为"准考证"的主文档，如图 17-84 所示。

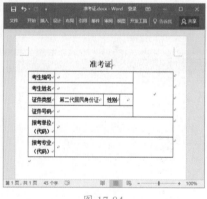

图 17-84

Step② 使用 Word 制作一个名为"考生信息"的数据源，如图 17-85 所示。

Step③ ❶ 在主文档中，切换到【邮件】选项卡；❷ 单击【开始邮件合并】组中的【开始邮件合并】按钮；❸ 在弹出的下拉列表中选择【信函】选项，如图 17-86 所示。

Step④ ❶ 在主文档中，单击【开始邮件合并】组中的【选择收件人】按钮；❷ 在弹出的下拉列表中选择【使用现有列表】选项，如图 17-87 所示。

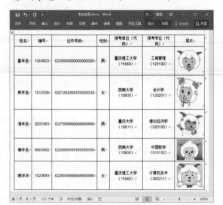

图 17-85

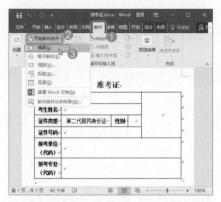

图 17-86

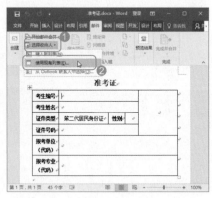

图 17-87

Step 05 弹出【选取数据源】对话框，❶ 选择数据源文件；❷ 单击【打开】按钮，如图 17-88 所示。

图 17-88

Step 06 返回文档，参照 17.2.3 小节的操作方法，在相应位置插入对应的合并域，插入合并域后的效果如图 17-89 所示。

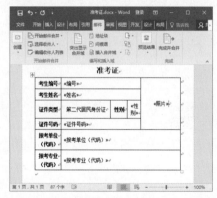

图 17-89

Step 07 ❶ 在【完成】组中单击【完成并合并】按钮；❷ 在弹出的下拉列表中选择【编辑单个文档】选项，如图 17-90 所示。

Step 08 弹出【合并到新文档】对话框，❶ 选中【全部】单选按钮；❷ 单击【确定】按钮，如图 17-91 所示。

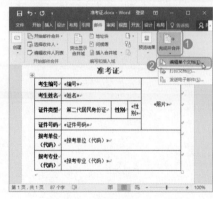

图 17-90

图 17-91

Step 09 Word 将新建一个文档显示合并记录，这些合并记录分别独自占用一页，如图 17-92 所示为第 1 页的合并记录，显示了其中一位考生的准考证信息。

图 17-92

妙招技法

通过前面知识的学习，相信读者已经掌握了信封的制作，以及批量制作各类特色文档。下面结合本章内容，给大家介绍一些实用技巧。

技巧 01：设置默认的寄信人

教学视频	光盘\视频\第 17 章\技巧 01.mp4

在制作自定义信封时，如果始终使用同一寄信人，那么可以将其设置为默认寄信人，以方便以后创建信封时自动填写寄信人。

设置默认的寄信人的方法为：打开【Word 选项】对话框，切换到【高级】选项卡，在【常规】栏的【通讯地址】文本框中输入寄信人信息，然后单击【确定】按钮即可，如图 17-93 所示。

图 17-93

通过上述设置，以后在创建自定义信封时，在打开的【信封和标签】对话框中，【寄信人地址】文本框中将自动填写寄信人信息，如图 17-94 所示。

图 17-94

技巧 02：在邮件合并中预览结果

教学视频	光盘\视频\第 17 章\技巧 02.mp4

通过邮件合并功能批量制作各类特色文档时，可以在合并生成文档前先预览合并结果，具体操作方法如下。

Step01 在主文档中插入合并域后，在【预览结果】组中单击【预览结果】按钮，如图 17-95 所示。

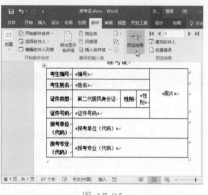

图 17-95

Step02 插入的合并域将显示为实际内容，从而预览数据效果，如图 17-96 所示。

图 17-96

Step03 在【预览结果】组中，通过单击【上一记录】◀ 或【下一记录】▶ 按钮，可切换显示其他数据信息。完成预览后，再次单击【预览结果】按钮，可取消预览。

技巧 03：合并部分记录

教学视频	光盘\视频\第 17 章\技巧 03.mp4

在邮件合并过程中，有时希望合并部分记录而非所有记录，根据实际情况，可以在以下两种方法中选择。

1. 生成合并文档时设置

生成合并文档时，会弹出如图 17-97 所示的【合并到新文档】对话框，此时有以下两种选择实现合并部分记录。

图 17-97

若选中【当前记录】单选按钮，则只生成【预览结果】组的文本框中设置的显示记录。

若选中【从……到……】单选按钮，则可以自定义设置需要显示的数据记录。

2. 在邮件合并过程中筛选记录

要想更加灵活地合并需要的记录，可在邮件合并过程中筛选记录，具体操作方法如下。

Step01 将"光盘\素材文件\第 17 章\工资条 .docx"文件作为主文档，"员工工资表 .xlsx"文件作为数据源。建立了主文档与数据源的关联后，在【开始邮件合并】组中单击【编辑收件人列表】按钮，如图 17-98 所示。

Step02 弹出【邮件合并收件人】对话框，此时就可以筛选需要的记录了。❶ 例如，本操作中，需要筛选部门为"市场部"的记录，则单击【部门】栏右侧的下拉按钮▼；❷ 在弹出的下拉列表中选择【市场部】选项，如图 17-99 所示。

图 17-98

图 17-99

Step 03 此时，列表框中只显示了【部门】为【市场部】的记录，且【部门】栏右侧的下拉按钮显示为 ▼，表示【部门】为当前筛选依据，如图 17-100 所示。

图 17-100

Step 04 筛选好记录后单击【确定】按钮，返回主文档，然后插入合并域并生成合并文档即可，具体操作参考前面知识，此处就不赘述了，效果如图 17-101 所示。

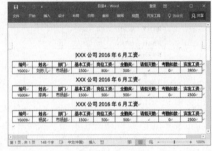

图 17-101

技巧 04：解决邮件合并后小数点位数增多的问题

教学视频	光盘 \ 视频 \ 第 17 章 \ 技巧 04.mp4

　　由于 Word 和 Excel 在计算精度上存在差别，因此经常会出现数字的小数位数增多的情况，如图 17-102 所示。

图 17-102

　　要解决这一问题，需要使用域代码，具体操作方法如下。

Step 01 将"光盘 \ 素材文件 \ 第 17 章 \ 工资条.docx"文件作为主文档，"员工工资表.xlsx"文件作为数据源。在主文档中插入合并域后，❶ 使用鼠标右键单击需要调整的合并域，如【考勤扣款】；❷ 在弹出的快捷菜单中选择【切换域代码】命令，如图 17-103 所示。

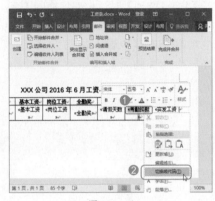

图 17-103

Step 02 当前合并域显示为域代码，如图 17-104 所示。

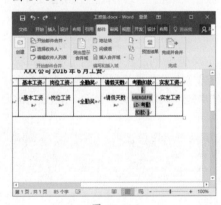

图 17-104

Step 03 在域代码的结尾输入【\# 0.00】，表示将数字保留两位小数，如图 17-105 所示。

Step 04 用同样的方法，对其他需要设置的合并域进行调整，如图 17-106 所示。

Step 05 完成调整后，依次将光标插入点定位到各个域代码内，按【F9】键，将自动更新域并隐藏域代码，效果如

图 17-107 所示。

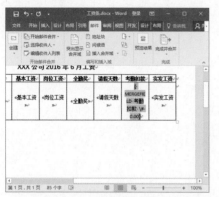

图 17-105

图 17-106

图 17-107

Step06 通过上述设置后，生成的合并文档中，"考勤扣款"和"实发工资"的数据将只有两位小数了，如图17-108 所示。

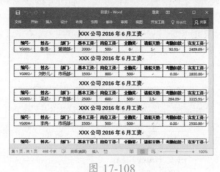

图 17-108

技巧 05：解决合并记录跨页断行的问题

教学视频	光盘\视频\第17章\技巧05.mp4

通过邮件合并功能创建工资条、成绩单等类型的文档时，当超过一页时，可能会发生断行问题，即标题行位于上一页，数据位于下一页，如图17-109 所示。

图 17-109

要解决这一问题，需要选择"信函"文档类型进行制作，并配合使用"下一记录"规则，具体操作方法如下。

Step01 将"光盘\素材文件\第17章\成绩单.docx"文件作为主文档，"学生成绩表.xlsx"文件作为数据源，并在主文档中，将邮件合并的文档类型设置为"信函"。插入合并域后，复制主文档中的内容并进行粘贴，粘贴满一整页即可，如图17-110所示。

Step02 ❶ 将光标插入点定位在第一条记录与第二条记录之间；❷ 在【编写和插入域】组中单击【规则】按钮 ✎ ；❸ 在弹出的下拉列表中选择【下

一记录】选项，如图 17-111 所示。

图 17-110

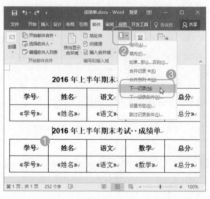

图 17-111

Step03 两条记录之间即可插入【《下一记录》】域代码，如图17-112所示。

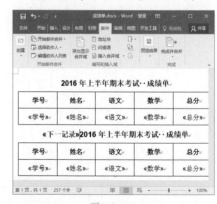

图 17-112

Step04 用这样的方法，在之后的记录之间均插入一个【《下一记录》】域代码，如图17-113 所示。

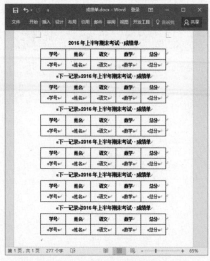

图 17-113

Step 05 通过上述设置后，生成的合并文档中，各项记录以连续的形式在一页中显示，且不会再出现跨页断行的情况，如图 17-114 所示。

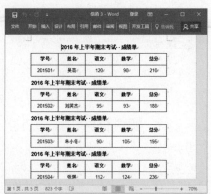

图 17-114

本章小结

　　本章主要讲解了信封与邮件合并的相关操作，并通过一些具体实例来讲解邮件合并功能在实际工作中的应用。希望读者在学习过程中能够举一反三，从而高效、批量地制作出各种特色文档。

第18章　宏、域与控件

➡ 不会录制宏，怎么办？

➡ 如何将宏保存到文档中？

➡ 为何要设置宏的安全性？

➡ 域是什么？如何创建？

通过本章内容的学习，读者将了解宏与域，并学会使用它们来快速处理工作中涉及一些重复性的操作。

18.1　宏的使用

宏是指一系列操作命令的有序集合。在 Word 中，利用宏功能，可以将用户的操作录制下来，然后在相同的工作环境中播放录制好的代码，从而自动完成重复性的工作，提高了工作效率。在使用宏之前，还需要先将【开发工具】选项卡显示出来，其方法请参考本书 11.1.3 小节的内容。

★重点 18.1.1　实战：为公司规章制度录制宏

实例门类	软件功能
教学视频	光盘＼视频＼第 18 章＼18.1.1.mp4

录制宏是指使用 Word 提供的功能，将用户在文档中进行的操作完整地记录下来，以后播放录制的宏，可以自动重复执行的操作。通过录制宏，可以让 Word 自动完成相同的排版任务，而无须用户重复手动操作。

录制宏时，不仅可以将其指定到按钮，还可以将其指定到键盘，接下来分别对其进行讲解。

1. 指定到按钮

例如，要录制一个为文本设置格式的过程，并将这个过程指定为一个按钮，具体操作方法如下。

Step01 打开"光盘＼素材文件＼第 18 章＼公司规章制度 .docx"的文件；❶ 选中文档中的某段落；❷ 切换到【开发工具】选项卡；❸ 单击【代码】组中的【录制宏】按钮，如图 18-1 所示。

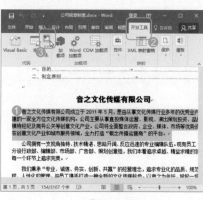

图 18-1

Step02 弹出【录制宏】对话框，❶ 在【宏名】文本框内输入要录制的宏的名称，这个名称最好可以体现出宏的功能或用途；❷ 在【说明】文本框中输入要录制的宏的解释或说明；❸ 在【将宏保存在】下拉列表中选择保存位置，这里选择【公司规章制度 .docx（文档）】，设置完成后，在【将宏指定到】栏中单击【按钮】选项，如图 18-2 所示。

图 18-2

Step03 弹出【Word 选项】对话框，❶ 在中间列表框中选择当前设置的按钮；❷ 单击【添加】按钮，如图 18-3 所示。

图 18-3

Step **04** 所选按钮即可添加到右侧的列表框中，单击【确定】按钮，如图18-4所示。

图 18-4

Step **05** 返回当前文档，可看见宏按钮已经被添加到了快速访问工具栏中，并以 图标显示，同时鼠标指针呈" "形状，表示当前宏为录制状态，如图18-5所示。此时，对当前所选段落的任何操作都将被宏记录下来。

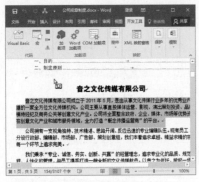

图 18-5

Step **06** ❶ 切换到【开始】选项卡；❷ 单击【字体】组中的【功能扩展】按钮，如图18-6所示。

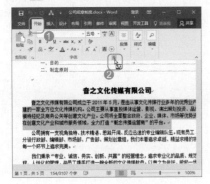

图 18-6

Step **07** ❶ 在弹出的【字体】中设置需要的字体格式；❷ 完成设置后单击【确定】按钮，如图18-7所示。

图 18-7

Step **08** 返回文档，在【段落】组中单击【功能扩展】按钮，如图18-8所示。

图 18-8

Step **09** ❶ 在弹出的【段落】对话框中设置需要的段落格式；❷ 完成设置后单击【确定】按钮，如图18-9所示。

图 18-9

Step **10** ❶ 返回文档，当不需要继续录制宏了，则切换到【开发工具】选项卡；❷ 单击【代码】组中的【停止录制】按钮 即可，如图18-10所示。

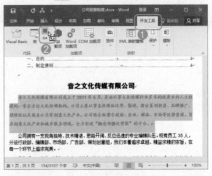

图 18-10

技能拓展——暂停录制宏

在录制宏的过程中，如果希望暂停宏的录制操作，可以在【开发工具】选项卡的【代码】组中单击【暂停录制】按钮进行暂停。当需要继续录制宏时，则单击【恢复录制】按钮即可。

在【录制宏】对话框的【将宏保存在】下拉列表中，可能会有两个或3个选项，选项的数量取决于当前文档是否基于用户自定义模板创建的。

➡ 所有文档（Normal.dotm）：将录制的宏保存到 Normal 模板中，以后在 Word 中打开的所有文档都可以使用该宏。

➡ 文档基于××模板：若当前文档是基于用户自定义模板创建的，则会显示该项。将录制的宏保存到当前文档所基于的自定义模板中，此后基于该模板创建的其他文档都可以使用该宏。

➡ ×× 文档：将录制的宏保存到当前文档中，该宏只能在当前文档中使用。

技术看板

在录制宏的过程中，Word 会完整地记录用户进行的所有操作，因此如果有错误操作,也会被录制下来。所以,在录制宏之前要先规划好需要进行的操作,以避免录制过程中出现误操作。

2. 指定到键盘

指定到键盘与指定到按钮的操作方法相似。例如,要录制一个为文本内容字体格式、段落底纹的过程,并将这个过程指定为一个快捷键,具体操作方法如下。

Step01 在"公司规章制度.docx"文档中,❶选中文档中的某段落;❷切换到【开发工具】选项卡;❸单击【代码】组中的【录制】按钮,如图18-11所示。

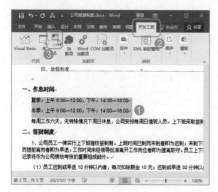

图 18-11

Step02 弹出【录制宏】对话框,❶在【宏名】文本框内输入要录制的宏的名称;❷在【说明】文本框中输入要录制的宏的解释或说明;❸在【将宏保存在】下拉列表中选择【公司规章制度.docx(文档)】选项;❹设置完成后,在【将宏指定到】栏中单击【键盘】图标,如图18-12所示。

图 18-12

Step03 弹出【自定义键盘】对话框,❶将光标插入点定位到【请按新快捷键】文本框内,在键盘上按需要的快捷键,如【Ctrl+Shift+N】,所按的快捷键将自动显示在文本框中;❷在【将更改保存在】下拉列表中选择【公司规章制度.docx】选项;❸单击【指定】按钮,如图18-13所示。

图 18-13

Step04 设置的快捷键将自动显示到【当前快捷键】列表框中,单击【关闭】按钮关闭【自定义键盘】对话框,如图18-14所示。

图 18-14

Step05 返回文档,❶切换到【开始】选项卡;❷在【段落】组中单击【边框】按钮右侧的下拉按钮;❸在弹出的下拉列表中选择【边框和底纹】选项,如图18-15所示。

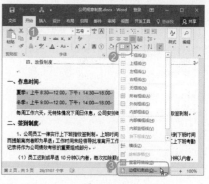

图 18-15

Step06 弹出【边框和底纹】对话框,❶切换到【底纹】选项卡;❷在【填充】下拉列表中选择底纹颜色;❸单击【确定】按钮,如图18-16所示。

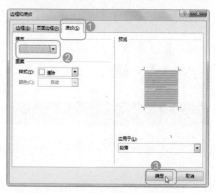

图 18-16

Step07 返回文档,单击【字体】组中的【功能扩展】按钮,如图18-17所示。

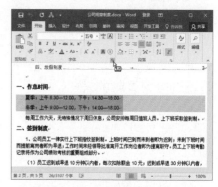

图 18-17

Step08 ❶在弹出的【字体】对话框中设置需要的字符格式;❷完成设置后单击【确定】按钮,如图18-18所示。

图 18-18

Step**09** ❶返回文档，切换到【开发工具】选项卡；❷单击【代码】组中的【停止录制】按钮■停止录制宏，如图 18-19 所示。

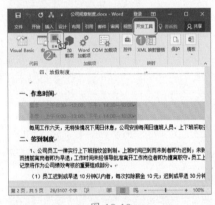

图 18-19

★ 重点 18.1.2 实战：保存公司规章制度中录制的宏

实例门类	软件功能
教学视频	光盘\视频\第 18 章\18.1.2.mp4

在 Word 2007 及以上的版本中，完成宏的录制之后，不能直接将宏保存到文档中。这是因为 Word 2007 及以上的版本对文档中是否包含宏进行严格区分，一类文档是包含普通内容而不包含宏的普通文档，这类文档扩展名为 docx；另一类文档为启用宏的文档，可以同时包含普通内容和宏，这类文档的扩展名为 docm。

要保存录制了宏的文档，可按下面的操作方法实现。

Step**01** 在"公司规章制度 .docx"文档中录制了宏之后，按【F12】键，弹出【另存为】对话框。

Step**02** ❶设置文档的保存位置；❷在【保存类型】下拉列表中选择【启用宏的 Word 文档（*.docm）】选项；❸单击【保存】按钮，如图 18-20 所示，即可生成"公司规章制度 .docm"文档。

图 18-20

技术看板

只有将包含宏的文档保存为【启用宏的 Word 文档（*.docm）】文件类型，才能正确保存文档中录制的宏，并在下次打开文档时使用其中的宏。

18.1.3 实战：运行公司规章制度中的宏

实例门类	软件功能
教学视频	光盘\视频\第 18 章\18.1.3.mp4

录制宏是为了自动完成某项任务，因此完成了宏的录制后，便可开始运行宏了。

1. 通过【宏】对话框运行

无论是否将录制的宏指定到按钮或键盘，都可以通过【宏】对话框来运行宏，具体操作方法如下。

Step**01** 在之前保存的"公司规章制度 .docm"文档中，❶选择宏需要应用的文本范围；❷切换到【开发工具】选项卡；❸单击【代码】组中的【宏】按钮，如图 18-21 所示。

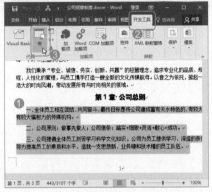

图 18-21

Step**02** 弹出【宏】对话框，❶在【宏名】列表框中选择需要运行的宏；❷单击【运行】按钮，如图 18-22 所示。

图 18-22

技能拓展——快速打开【宏】对话框

在 Word 环境下，按【Alt+F8】组合键，可快速打开【宏】对话框。

Step**03** 返回文档，即可查看运行宏之后的效果，如图 18-23 所示。

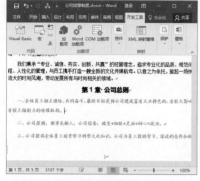

图 18-23

2. 通过按钮运行宏

如果将宏指定到了按钮，还可以直接通过按钮运行宏。例如，要运行创建的【设置文本格式】按钮，具体操作方法如下。

Step01 在"公司规章制度.docm"文档中，选择宏需要应用的文本范围，在快速访问工具栏中单击【设置文本格式】按钮，如图 18-24 所示。

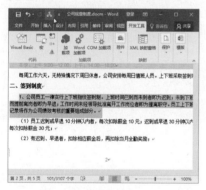

图 18-24

Step02 运行该按钮对应的宏后，即可在文档中查看效果，如图 18-25 所示。

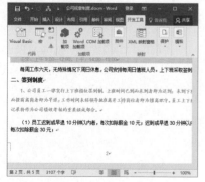

图 18-25

3. 通过键盘运行宏

如果将宏指定到了键盘，还可以直接通过键盘运行。例如，要运行创建的【底纹】，具体操作方法如下。

Step01 在"公司规章制度.docm"文档中，选择宏需要应用的文本范围，然后按【底纹】宏对应的快捷键【Ctrl+Shift+N】，如图 18-26 所示。

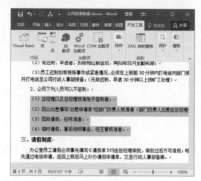

图 18-26

Step02 运行该组合键对应的宏后，即可在文档中查看效果，如图 18-27 所示。

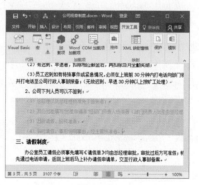

图 18-27

18.1.4 实战：修改宏的代码

实例门类	软件功能
教学视频	光盘\视频\第18章\18.1.4.mp4

仅靠录制宏得到的代码并不一定完善，甚至可能存在以下几方面的问题。

→ 录制的宏会包含一些额外不必要的代码，从而降低代码的执行效率。

→ 录制的宏不包含任何参数，只能

机械地执行录制的操作，无法实现更灵活的功能。

→ 录制的宏只能通过人为触发来运行，无法让其在特定的条件下自动运行。

为了增强宏的功能，可以对录制后的宏代码进行修改，从而使其更加简洁高效，并实现更加灵活的功能。修改宏代码的具体操作方法如下。

Step01 在"公司规章制度.docm"文档中，❶切换到【开发工具】选项卡；❷单击【代码】组中的【宏】按钮，如图 18-28 所示。

图 18-28

Step02 弹出【宏】对话框，❶在【宏名】列表框中选中需要修改的宏；❷单击【编辑】按钮，如图 18-29 所示。

图 18-29

Step03 打开 VBE 编辑器窗口，根据需要对其中的代码进行修改，如图 18-30 所示。

301

图 18-30

Step04 完成修改后，直接单击【关闭】按钮 ✕，关闭VBE编辑器窗口即可。

技术看板

这里所说的宏代码，就是人们常常说的VBA代码。VBA的全称是Visual Basic for Applications，是一种专门用于对应用程序进行二次开发的工具，通过编写VBA代码，可以增强或扩展应用程序的功能。如果需要学习更多VBA代码的知识，可以参考VBA代码方面的工具书。

18.1.5 实战：删除宏

实例门类	软件功能
教学视频	光盘\视频\第18章\18.1.5.mp4

对于不再需要的宏，可以随时将其删除，具体操作方法如下。

Step01 在含有宏的文档中，❶切换到【开发工具】选项卡；❷单击【代码】组中的【宏】按钮，如图18-31所示。

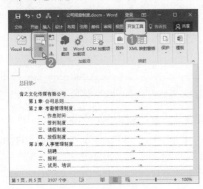

图 18-31

Step02 弹出【宏】对话框，❶在【宏名】列表框中选中需要删除的宏；❷单击【删除】按钮即可，如图18-32所示。

图 18-32

★ 重点 18.1.6 实战：设置宏安全性

实例门类	软件功能
教学视频	光盘\视频\第18章\18.1.6.mp4

默认情况下，宏是禁用的，当打开含有宏的文档时，会在功能区下方显示如图18-33所示的提示信息。如果确认宏代码是安全的，直接单击【启用内容】按钮，就可以使用文档中的宏代码了。

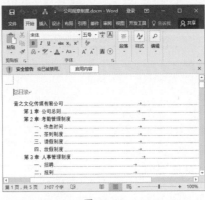

图 18-33

如果需要经常打开包含宏代码的文档，为了避免每次打开文档时都显示安全提示信息，可以设置宏安全性的级别，具体操作方法如下。

Step01 打开【Word选项】对话框，

❶切换到【信任中心】选项卡；❷在【Microsoft Word信任中心】栏中单击【信任中心设置】按钮，如图18-34所示。

图 18-34

Step02 弹出【信任中心】对话框，❶在【宏设置】选项卡的【宏设置】栏中选中【启用所有宏（不推荐：可能会运行有潜在危险的代码）】单选按钮；❷单击【确定】按钮，如图18-35所示，在返回的【Word选项】对话框中单击【确定】按钮即可。

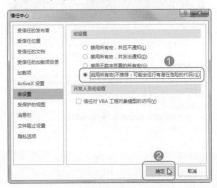

图 18-35

技能拓展——快速打开【信任中心】对话框

在【开发工具】选项卡中，单击【代码】组中的【宏安全性】按钮，可直接打开【信任中心】对话框。

18.2 域的使用

域是 Word 自动化功能的底层技术，是文档中一切可变的对象。由 Word 界面功能插入的页码、书签、超链接、目录、索引等一切可能发生变化的内容，它们的本质都是域。掌握了域的基本操作，可以更加灵活地使用 Word 提供的自动化功能。

★ 重点 18.2.1 域的基础知识

在使用域之前，先来了解域的一些相关基础知识，如域的组成结构，输入域代码需要注意的事项等。

1. 域代码的组成结构

从本质上讲，通过 Word 界面命令插入的很多内容都是域。例如，先按下面的操作方法，在 Word 文档中插入一个可以自动更新的时间。

Step 01 ❶ 将光标插入点定位到插入时间的位置；❷ 切换到【插入】选项卡；❸ 单击【文本】组中的【日期和时间】按钮，如图 18-36 所示。

图 18-36

Step 02 弹出【日期和时间】对话框，❶ 在【可用格式】列表框中选择一种日期格式；❷ 选中【自动更新】复选框，单击【确定】按钮，如图 18-37 所示。

图 18-37

Step 03 返回文档，文档中插入当前的日期。将光标插入点定位到日期内时，日期下方会显示灰色底纹；将光标插入点定位到日期外时，灰色底纹便会自动消失，如图 18-38 所示。具有这种状态的底纹，便是域的标志。

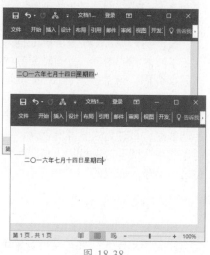

图 18-38

Step 04 保存并关闭当前文档，第二天再打开这个文档时，会发现日期自动更新为第二天的日期。

通过上面这个简单的示例，可以发现域具有以下几个特点。

➥ 可以通过 Word 界面操作来使用。
➥ 具有专属的动态灰色底纹。
➥ 具有自动更新的功能。

右击前面插入的日期，在弹出的快捷菜单中选择【切换域代码】命令，日期就会变成一组域代码，如图 18-39 所示。它显示了一个域代码的基本组成结构，各部分的含义介绍如下。

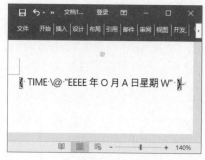

图 18-39

➥ 域特征字符：最外层的大括号 { }，是域专用的大括号，就相当于在 Excel 中输入公式时必须先输入一个"="。这个大括号不能手动输入，必须按【Ctrl+F9】组合键输入。

➥ 域名称：图 18-39 中的"TIME"，便是域名称，"TIME"被称为"TIME域"。Word 提供了几十种域供用户选择使用。

➥ 域的开关：图 18-39 中的"\@"，在域代码中称为域的开关，用于设置域的格式。Word 提供了 3 个通用开关，分别是"\@""*""\#"，其中"\@"开关用于设置日期和时间格式，"*"开关用于设置文本格式，"\#"用于设置数字格式。

➥ 开关的选项参数：双引号及双引号中的内容，是针对开关设置的选项参数，其中的文字必须使用英文双引号括起来。如图 18-39 所示的""EEEE 年 O 月 A 日星期 W""，是针对域代码中的"\@"开关设置的选项，用于指定一种日期格式。

➥ 域结果：即域的显示结果，类似 Excel 函数运算以后得到的值。在 Word 中，要将域代码转换成域结果，请参考 18.2.3 小节中的内容。

通俗地讲，Word 中的域就像数学中的公式运算，域代码类似公式，域结果类似于公式产生的值。

2. 输入域代码的注意事项

如果用户非常熟悉域的语法规则，并对 Word 中提供的域的用途比较了解，那么可以直接在文档中手动输入域代码。手动输入域代码时，需要注意以下几点。

➜ 域特征字符 { } 必须通过按【Ctrl+F9】组合键输入。

➜ 域名可以不区分大小写。

➜ 在域特征字符的大括号内的内侧各保留一个空格。

➜ 域名与其开关或属性之间必须保留一个空格。

➜ 域开关与选项参数之间必须保留一个空格。

➜ 如果参数中包含有空格，必须使用英文双引号将该参数括起来。

➜ 如果参数中包含文字，须用英文单引号将文字括起来。

➜ 输入路径时，必须使用双反斜线"\\"作为路径的分隔符。

➜ 域代码中包含的逗号、括号、引号等符号，必须在英文状态下输入。

➜ 无论域代码有多长，都不能强制换行。

3. 与域有关的快捷键汇总

在 Word 中手动插入域时，经常需要使用到的快捷键主要有以下几个。

➜【Ctrl+F9】：插入域的特征字符 { }。

➜【F9】：对选中范围的域进行更新。如果只是将光标插入点定位在某个域内，则只更新该域。

➜【Shift+F9】：对选中范围内的域在域结果与域代码之间切换。如果将光标插入点定位在某个域内，则只将该域在域结果与域代码之间切换。

➜【Alt+F9】：对所有的域在域结果与域代码之间切换。

➜【Ctrl+Shift+F9】：将选中范围内的域结果转换为普通文本，转换后，不再具有域的特征，也不能再更新。

➜【Ctrl+F11】：锁定某个域，防止修改当前的域结果。

➜【Ctrl+Shift+F11】：解除某个域的锁定，允许对该域进行更新。

★ 重点 18.2.2 实战：为成绩单创建域

实例门类	软件功能
教学视频	光盘\视频\第 18 章\18.2.2.mp4

虽然通过 Word 界面功能能插入一些本质为域的内容，如自动更新的时间、页码、目录等，但 Word 界面功能仅仅能使用有限的几个域，当需要使用其他域提供的功能时，就需要手动创建域，其方法主要有两种，一种是使用【域】对话框插入域，另一种是手动输入域代码。

1. 使用【域】对话框插入域

如果对域不是很了解，或者不知道需要使用什么域来实现想要的功能，那么可以使用【域】对话框来插入域，具体操作方法如下。

Step01 打开"光盘\素材文件\第 18 章\成绩单 .docx"的文件，❶ 将光标插入点定位到需要插入域的位置；❷ 切换到【插入】选项卡；❸ 单击【文本】组中的【文档部件】按钮；❹ 在弹出的下拉列表中选择【域】选项，如图 18-40 所示。

图 18-40

Step02 弹出【域】对话框，❶ 在【类别】下拉列表中选择域的类别，本例中选择【全部】；❷ 在【域名】列表框中选择需要使用的域；❸ 在对话框的右侧将显示与该域有关的各项参数，用户根据需要进行设置；❹ 完成设置后单击【确定】按钮，如图 18-41 所示。

图 18-41

在【域名】列表框中选择某个域后，会在下方的【说明】栏中显示当前所选域的功能。

Step03 即可在文档中插入域，并自动转换为域结果，如图 18-42 所示。

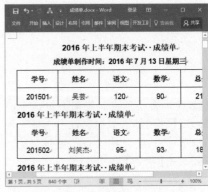

图 18-42

2. 手动输入域代码

如果对域代码非常熟悉，可以手动输入，具体操作方法如下。

Step01 新建一篇名为"手动输入域代码"的空白文档，按【Ctrl+F9】组合键输入 { }，如图 18-43 所示。

图 18-43

Step 02 在两个空格之间输入域代码，包括域的名称、开关及选项参数，如图 18-44 所示。

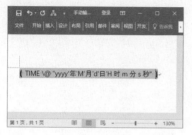

图 18-44

Step 03 将光标插入点定位在域代码内，按下【F9】键，即可更新域代码并显示域结果，如图 18-45 所示。

图 18-45

本操作中手动输入了"TIME"域，如图 18-46 所示列出了"TIME"域中"\@"开关包含的部分参数及说明。

参数	说明	域代码示例
yy	以两位数显示年份，如 2016 显示为 16	{Time \@ "yy"}
yyyy	以四位数字显示年份，如 2016	{Time \@ "yyyy"}
M	以实际的数字显示月份 1~12，M 必须为大写	{Time \@ "M"}
MM	在只有一位数的月份左侧自动补0，01~12，M 必须为大写	{Time \@ "MM"}
MMM	以英文缩写形式表示月份，如 Jul，M 必须为大写	{Time \@ "MMM"}
MMMM	以英文全称形式显示月份，如 July，M 必须为大写	{Time \@ "MMMM"}
d	以实际的数字显示日期，1~31	{Time \@ "d"}
dd	在只有一位数的日期左侧自动补0，01~31	{Time \@ "dd"}
ddd	以英文缩写形式表示星期，如 Mon	{Time \@ "ddd"}
dddd	以英文全称形式表示星期，如 Monday	{Time \@ "dddd"}
h	以 12 小时制显示小时，1~12	{Time \@ "h"}
hh	以 12 小时制显示小时，在只有一位数的小时左侧自动补0，01~12	{Time \@ "hh"}
H	以 24 小时制显示小时，0~23	{Time \@ "H"}
HH	以 24 小时制显示小时，在只有一位数的小时左侧自动补0，01~23	{Time \@ "HH"}
m	以实际的数字显示分钟数，0~59	{Time \@ "m"}
mm	在只有一位数的分钟数左侧自动补0，01~59	{Time \@ "mm"}
AM/PM	以 12 小时制表示时间，AM 表示上午，PM 表示下午	{Time \@ "AM/PM"}
am/pm	以 12 小时制表示时间，am 表示上午，pm 表示下午	{Time \@ "am/pm"}

图 18-46

18.2.3 在域结果与域代码之间切换

当需要对域代码进行修改时，需要先将文档中的域结果切换到域代码状态，其方法主要有以下几种。

➜ 按【Alt+F9】组合键，将显示文档中所有域的域代码。

➜ 将光标插入点定位到需要显示域代码的域结果内，按【Shift+F9】组合键，便会切换到域代码。

➜ 将光标插入点定位到需要显示域代码的域结果内，右击，在弹出的快捷菜单中选择【切换域代码】命令，如图 18-47 所示，即可切换到域代码。

图 18-47

当需要将域代码切换到域结果时，有以下几种方法。

➜ 按【Alt+F9】组合键，将显示文档中所有域的域结果。

➜ 将光标插入点定位到需要显示域结果的域代码内，按【Shift+F9】组合键，便会切换到域结果。

➜ 将光标插入点定位到需要显示域结果的域代码内，右击，在弹出的快捷菜单中选择【切换域代码】命令，即可切换到域结果。

18.2.4 实战：修改域代码

实例门类	软件功能
教学视频	光盘\视频\第 18 章\18.2.4.mp4

若要修改域代码，则按照 18.2.3 小节的方法，将域结果切换到域代码状态，然后修改其中的代码，完成

修改后按【F9】键更新域并显示域结果。

除了这一方法之外，还可以通过【域】对话框修改域代码，具体操作方法如下。

Step 01 ❶ 右击需要修改域代码的域；❷ 在弹出的快捷菜单中选择【编辑域】命令，如图 18-48 所示。

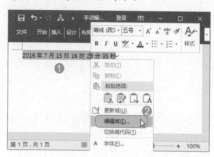

图 18-48

Step 02 ❶ 弹出【域】对话框，根据需要修改域的相关设置；❷ 设置完成后单击【确定】按钮即可，如图 18-49 所示。

图 18-49

18.2.5 域的更新

域的最大优势就是可以更新，更新域是为了即时对文档中的可变内容进行反馈，从而得到最新的、正确的结果。有的域（如 AutoNum）可以自动更新，而绝大多数域（如 Seq）需要用户手动更新。要对域结果进行手动更新，有以下几种方法。

➜ 将光标插入点定位到域内，按【F9】键，可更新当前域。

➜ 右击需要更新的域，在弹出的快捷菜单中选择【更新域】命令，

如图 18-50 所示，即可更新当前域。

图 18-50

18.2.6 禁止域的更新功能

为了避免某些域在不知情的情况下被意外更新，可以禁止这些域的更新功能。将光标插入点定位到需要禁止更新的域内，按【Ctrl+F11】组合键，即可将该域锁定，从而无法再对其进行更新。

将某个域锁定后，使用鼠标右键对其单击，在弹出的快捷菜单中可发现【更新域】命令呈灰色状态显示，表示当前为禁用状态，如图 18-51 所示。

图 18-51

> **技能拓展——解除域的锁定状态**
>
> 将域锁定后，如果希望重新恢复域的更新功能，可以将光标插入点定位在该域内，然后按【Ctrl+Shift+F11】组合键解除锁定即可。

18.3 控件的使用

在使用 Word 制作合同、试卷、调查问卷等方面的文档时，有时希望只允许用户进行选择或填空等操作，且不允许对文档中的其他内容进行编辑，则需要结合 Word 控件和保护文档功能来实现。本节中将通过具体实例来讲解几个典型常用的控件的制作，主要包括文本框控件、组合框窗体控件、单选按钮控件、复选框控件。

★ 重点 18.3.1 实战：利用文本框控件制作填空式合同

实例门类	软件功能
教学视频	光盘\视频\第 18 章\18.3.1.mp4

在制作了 Word 文档之后，如果有填空选项要给他人填写，效果如图 18-52 所示，而其他部分又不允许任意编辑。

图 18-52

要实现这样的效果，需要先插入文本框控件，然后对文本框控件的属性进行设置，最后设置限制编辑，具体操作方法如下。

Step01 打开"光盘\素材文件\第 18 章\制作填空式合同.docx"的文件，❶ 将光标插入点定位到需要插入控件的位置；❷ 切换到【开发工具】选项卡；❸ 单击【控件】组中的【旧式工具】按钮；❹ 在弹出的下拉列表中单击【ActiveX 控件】栏中的【文本框（ActiveX 控件）】按钮，如图 18-53 所示。

图 18-53

Step02 光标插入点所在位置即可插入一个文本框控件，如图 18-54 所示。

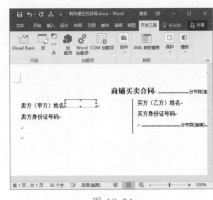

图 18-54

Step03 用这样的方法，在其他相应位置插入文本框控件，如图 18-55 所示。

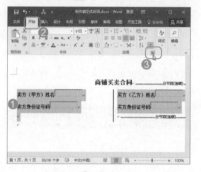

图 18-55

Step04 ❶ 选中段落；❷ 切换到【开始】选项卡；❸ 单击【段落】组中的【功能扩展】按钮，如图 18-56 所示。

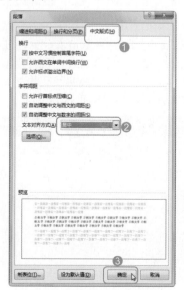

图 18-56

Step05 弹出【段落】对话框，❶ 切换到【中文版式】选项卡；❷ 在【文本对齐方式】下拉列表中选择【居中】选项；❸ 单击【确定】按钮，如图 18-57 所示。

图 18-57

技术看板

本操作作为可选操作，通过设置段落垂直对齐方式，是为了让内容的外观效果更加整洁。

Step06 ❶ 右击第 1 个文本框控件；❷ 在弹出的快捷菜单中选择【属性】命令，如图 18-58 所示。

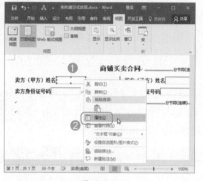

图 18-58

Step07 弹出【属性】对话框，❶ 在【Height】属性框中设置文本框控件的高度；❷ 在【Width】属性框中设置文本框控件的宽度；❸ 在【SpecialEffect】属性下拉列表中设置文本框控件的外观形式；❹ 完成设置后单击【关闭】按钮关闭【属性】对话框，如图 18-59 所示。

图 18-59

技能拓展——通过功能区打开【属性】对话框

选中某个控件，在【开发工具】选项卡的【控件】组中单击【属性】按钮，也可打开【属性】对话框。

Step08 返回文档，当前文本框控件的大小和外观形式发生了变化，如图 18-60 所示。

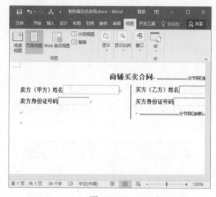

图 18-60

Step09 用同样的方法，设置另外 3 个文本控件的大小和外观形式，设置后的效果如图 18-61 所示。

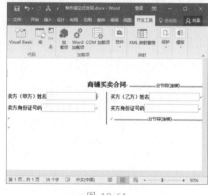

图 18-61

技能拓展——通过鼠标调整文本框控件的大小

选中文本框控件，四周会出现控制点，将鼠标指针指向控制点，待鼠标指针呈双向箭头形状时，按住鼠标左键不放并拖动，也可以调整文本框控件的大小。

Step⑩ ❶切换到【开发工具】选项卡；❷单击【控件】组中的【设计模式】按钮，取消其灰色底纹显示状态，从而退出设计模式，如图 18-62 所示。

图 18-62

Step⑪ ❶切换到【审阅】选项卡；❷单击【保护】组中的【限制编辑】按钮，如图 18-63 所示。

图 18-63

Step⑫ 打开【限制编辑】窗格，❶在【2.编辑限制】栏中选择【仅允许在文档中进行此类型的编辑】复选框；❷在下面的下拉列表中选择【填写窗体】选项；❸单击【是，启动强制保护】按钮，如图 18-64 所示。

图 18-64

Step⑬ 弹出【启动强制保护】对话框，❶设置保护密码；❷单击【确定】按钮，如图 18-65 所示。

图 18-65

Step⑭ 返回文档，此时用户仅仅可以在文本框内输入相应的内容，最终效果如图 18-66 所示。

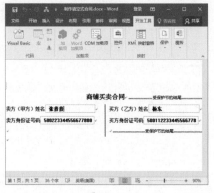

图 18-66

★ 重点 18.3.2 实战：利用组合框窗体控件制作下拉列表式选择题

实例门类	软件功能
教学视频	光盘\视频\第 18 章\18.3.2.mp4

如图 18-67 所示为一个下拉列表式选择题，单击括号内的下拉按钮，会弹出一个下拉列表，列表中包含空格、"place" "room" "floor"和"ground" 5 个选项供用户选择。

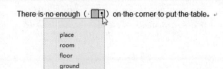

图 18-67

要实现这样的效果，需要先插入组合框窗体控件，然后对组合框窗体控件的属性进行设置，最后设置限制编辑，具体操作方法如下。

Step① 打开"光盘\素材文件\第 18 章\制作下拉列表式选择题 .docx"的文件，❶将光标插入点定位到需要插入控件的位置；❷切换到【开发工具】选项卡；❸单击【控件】组中的【旧式工具】按钮；❹在弹出的下拉列表中单击【旧式窗体】栏中的【组合框（窗体控件）】按钮，如图 18-68 所示。

图 18-68

Step② ❶光标插入点所在位置即可插入一个组合框窗体控件，使用鼠标对其单击；❷在弹出的快捷菜单中选择【属性】命令，如图 18-69 所示。

图 18-69

Step 03 弹出【下拉型窗体域选项】对话框，❶ 在【下拉项】文本框中输入一个全角空格；❷ 单击【添加】按钮，如图 18-70 所示。

图 18-70

Step 04 在【下拉列表中的项目】列表框中即可添加一个空格列表选项，如图 18-71 所示。

图 18-71

Step 05 ❶ 用同样的方法，在【下拉列表中的项目】列表框中添加"place""room""floor"和"ground"4 个列表选项；❷ 完成添加后单击【确定】按钮，如图 18-72 所示。

Step 06 返回文档，组合框窗体控件的大小自动发生了改变，如图 18-73 所示。

图 18-72

图 18-73

Step 07 参照 18.3.1 小节的第 11~13 步操作，对文档设置限制编辑，仅允许用户填写窗体部分。完成设置后，组合框窗体控件显示为 ▦，单击下拉按钮 ▦，便会弹出一个下拉列表，如图 18-74 所示。至此，完成了下拉列表式选择题的制作。

图 18-74

技能拓展——删除下拉列表中的列表项

完成下拉列表的制作后，如果想要删除其中的某个列表项，就需要先停止强制保护，再打开组合框窗体控件的【属性】对话框，在【下拉列表中的项目】列表框中选择需要删除的列表项，单击【删除】按钮即可删除该项。

★ 重点 18.3.3 实战：利用单选按钮控件制作单项选择题

实例门类	软件功能
教学视频	光盘\视频\第 18 章\18.3.3.mp4

图 18-75 所示为制作的单项选择题，要实现这样的效果，需要先插入选项按钮控件，然后对选项按钮控件的属性进行设置，最后设置限制编辑，具体操作方法如下。

英语试题

1. ⋯⋯⋯ it is today! （⋯⋯）
   ⦿ A. what fine weather ⋯⋯⋯⋯ ○ B. what a fine weather
   ○ C. how a fine weather ⋯⋯⋯ ○ D. how fine a weather

2. ——Do you know ⋯⋯⋯？——I'm not sure. Maybe an artist. （⋯⋯）
   ○ A. what the man with long hair is
   ○ B. what is the man with long hair
   ⦿ C. who the man with long hair is
   ○ D. who is the man with long hair

3. This class ⋯⋯⋯⋯ now. Miss Gao teaches them. （⋯⋯）
   ○ A. are studying ⋯⋯⋯ ⦿ B. is studying
   ○ C. be studying ⋯⋯⋯ ○ D. studying

图 18-75

Step 01 打开"光盘\素材文件\第 18 章\英语试题.docx"的文件，❶ 将光标插入点定位到需要插入控件的位置；❷ 切换到【开发工具】选项卡；❸ 单击【控件】组中的【旧式工具】按钮 ▦▾，在弹出的下拉列表中单击【ActiveX 控件】栏中的【单选按钮（ActiveX 控件）】按钮 ⦿，如图 18-76 所示。

图 18-76

Step02 ❶光标插入点所在位置即可插入一个单选按钮控件，使用鼠标对其单击；❷在弹出的快捷菜单中选择【属性】命令，如图 18-77 所示。

图 18-77

Step03 弹出【属性】对话框，❶将【AutoSize】属性的值设置为【True】；❷将【Caption】属性的值设置为【A. What fine weather】（这个值为选择题选项的内容）；❸将【GroupName】属性的值设置为【第1题】；❹单击【Font】属性；❺单击右侧出现的 按钮，如图 18-78 所示。

图 18-78

Step04 弹出【字体】对话框，❶设置选项内容的字体格式；❷单击【确定】按钮，如图 18-79 所示。

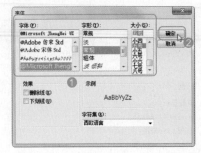

图 18-79

Step05 返回【属性】对话框，❶通过【Height】属性设置单选按钮控件的高度；❷通过【Width】属性设置单选按钮控件的宽度；❸单击【关闭】按钮 关闭【属性】对话框，如图 18-80 所示。

图 18-80

Step06 返回文档，完成了第1题的第1个选项的制作，如图 18-81 所示。

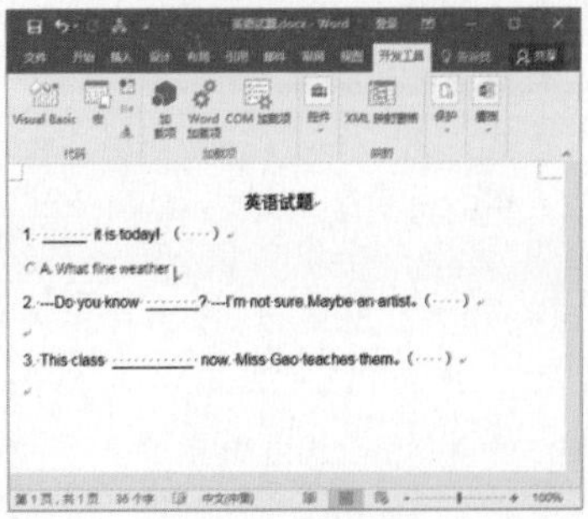

图 18-81

Step07 参照上述操作步骤，依次设置其他单选按钮控件。设置的时候，第2题的单选按钮控件的【GroupName】属性的值需设置为【第2题】，第3题的单选按钮控件的【GroupName】属性的值需设置为【第3题】。完成设置后的效果如图 18-82 所示。

图 18-82

Step08 参照 18.3.1 小节的第 10~13 步操作，先退出设计模式，再对文档设置限制编辑，仅允许用户填写窗体部分。至此，完成了单项选择题的制作。

本操作步骤中提到了"AutoSize""Caption""GroupName"和"Font"4 个参数，各参数介绍如下。

➥ AutoSize：默认值为 False，表示控件的大小是固定的，不会随选项内容的增多而自动增加宽度值，此时如果选项内容过多，超出部分将不显示。若设置为 True，则控件会自动扩展宽度以显示所有的选项内容。

➥ Caption：位于选项按钮表面的选项内容，即为选择题选项的内容。

➥ GroupName：用于设置控件属于哪个控件组。隶属于同一控件组的各个控件之间具有互斥性，即 GroupName 属性值相同的所有选项按钮中，只有一个会被选中，其他选项按钮均处于非选中状态。

➥ Font：用于设置选项内容的字体格式。

★重点 18.3.4 实战：利用复选框控件制作不定项选择题

实例门类	软件功能
教学视频	光盘\视频\第18章\18.3.4.mp4

如图 18-83 所示为制作的不定项选择题，要实现这样的效果，需要先插入复选框控件，然后对复选框控件的属性进行设置，最后设置限制编辑，具体操作方法如下。

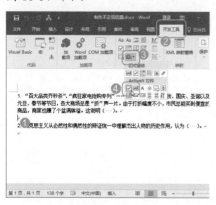

图 18-83

Step01 打开"光盘\素材文件\第18章\制作不定项选题.docx"的文件，❶ 将光标插入点定位到需要插入控件的位置；❷ 切换到【开发工具】选项卡；❸ 单击【控件】组中的【旧式工具】按钮；❹ 在弹出的下拉列表中单击【ActiveX控件】栏中的【复选框（ActiveX控件）】按钮，如图 18-84 所示。

图 18-84

Step02 ❶ 光标插入点所在位置即可插入一个复选框控件，使用鼠标对其单击；❷ 在弹出的快捷菜单中选择【属性】命令，如图 18-85 所示。

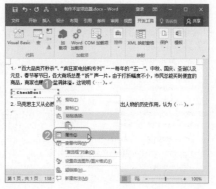

图 18-85

Step03 弹出【属性】对话框，❶ 将【AutoSize】属性的值设置为【True】；❷ 将【Caption】属性的值设置为【A. 价格变动引起需求量的变动】（这个值为选择题选项的内容）；❸ 将【GroupName】属性的值设置为【第1题】；❹ 将【WordWrap】属性的值设置为【False】；❺ 单击【Font】属性；❻ 单击右侧出现的 按钮，如图 18-86 所示。

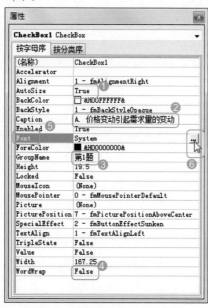

图 18-86

Step04 弹出【字体】对话框，❶ 设置选项内容的字体格式；❷ 单击【确定】按钮，如图 18-87 所示。

本操作步骤中提到了 WordWrap 属性，该属性用于设置选项内容是否自动换行。默认值为 True，表示可以自动换行；若设置为 False，则选项内容不能自动换行。此时如果 AutoSize 属性的值为 False，则选项内容超出控件宽度的部分不会显示。

另外，其实要实现不定项选择题的效果，可以不必设置【GroupName】属性的值，保持默认的空白即可。只是为了便于后期对代码的管理与采用，所以依然建议设置【GroupName】属性的值。

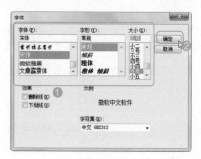

图 18-87

Step05 返回【属性】对话框，单击【关闭】按钮关闭【属性】对话框，如图 18-88 所示。

图 18-88

Step06 返回文档，完成了第1题的第1个选项的制作，如图 18-89 所示。

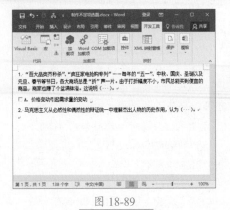

图 18-89

Step07 参照上述操作步骤，依次设置其他复选框控件。设置的时候，第 2 题的复选框控件的【GroupName】属

性的值需设置为【第 2 题】，完成设置后的效果如图 18-90 所示。

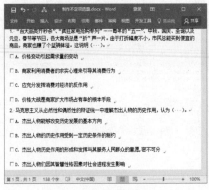

图 18-90

Step08 参照 18.3.1 小节的第 10~13 步操作，先退出设计模式，再对文档设置限制编辑，仅允许用户填写窗体部分。至此，完成了不定项选择题的制作。

妙招技法

下面结合本章内容，给大家介绍一些实用技巧。

技巧 01：让文档中的域清晰可见

教学视频	光盘 \ 视频 \ 第 18 章 \ 技巧 01.mp4

在文档中插入域后，只有将光标插入点定位在域内，才能看到域的灰色底纹，否则很难区分文档中哪些内容是普通文本，哪些内容是域。

为了能够区分文档中哪些内容是域，可以通过设置在不将光标插入点定位到域内，也能让域的灰色底纹始终显示出来。具体操作方法为：打开【Word 选项】对话框，切换到【高级】选项卡，在【显示文档内容】栏的【域底纹】下拉列表中选择【始终显示】选项，然后单击【确定】按钮即可，如图 18-91 所示。

图 18-91

技巧 02：通过域在同一页插入两个不同的页码

教学视频	光盘 \ 视频 \ 第 18 章 \ 技巧 02.mp4

在进行双栏排版时，有时希望同一页面的左、右两栏拥有各自的页码，即让每一栏都显示各自的页码。要想实现这样的效果，需要依靠 Page 域来完成，具体操作方法如下。

Step01 打开"光盘 \ 素材文件 \ 第 18 章 \ 办公室行为规范 .docx"的文件，进入页脚编辑状态。

Step02 在页脚左侧输入【第页】二字，然后在【第】与【页】之间输入域代码【{ ={ page }*2-1 }】，如图 18-92 所示。

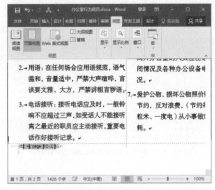

图 18-92

Step03 将光标插入点定位在域代码内，按【F9】键即可更新域代码并显示域结果，如图 18-93 所示。

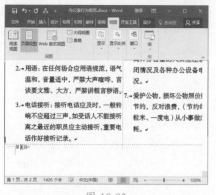

图 18-93

Step 04 参考本书第 5 章的内容，通过设置制表位的方式，将光标插入点定位到页脚右侧。在页脚右侧输入【第页】二字，然后在【第】与【页】之间输入域代码【{ ={ page }*2 }】，如图 18-94 所示。

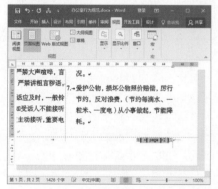

图 18-94

Step 05 将光标插入点定位在域代码内，按【F9】键即可更新域代码并显示域结果，如图 18-95 所示。

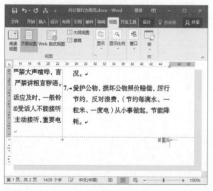

图 18-95

Step 06 选择页脚内容设置字符格式，

完成设置后退出页脚编辑状态，如图 18-96 所示为其中一页的页脚效果。

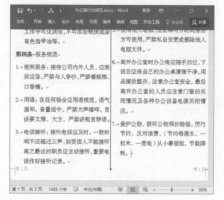

图 18-96

技巧 03：自动编号变为普通文本

教学视频	光盘\视频\第 18 章\技巧 03.mp4

对文档中的内容使用了自动编号后，若需要取消自动编号，并将自动编号变为普通文本，同时保留文档中所有文本内容的格式，可按下面的操作方法实现。

Step 01 打开"光盘\素材文件\第 18 章\文书管理制度.docx"的文件，因为文档内容添加了自动编号，所以选择文本内容时可发现自动编号部分无法选中，如图 18-97 所示。

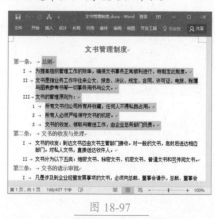

图 18-97

Step 02 ❶ 切换到【开发工具】选项卡；❷ 单击【代码】组中的【录制宏】按钮，如图 18-98 所示。

图 18-98

Step 03 弹出【录制宏】对话框，❶ 在【宏名】文本框内输入要录制的宏的名称；❷ 在【将宏保存在】下拉列表中选择【文书管理制度.docx（文档）】选项；❸ 在【将宏指定到】栏中单击【按钮】图标，如图 18-99 所示。

图 18-99

Step 04 弹出【Word 选项】对话框，❶ 在左侧列表框中选择当前设置的按钮；❷ 通过单击【添加】按钮将其添加到右侧的列表框中；❸ 单击【确定】按钮，如图 18-100 所示。

图 18-100

Step05 返回文档，在【开发工具】选项卡的【代码】组中单击【停止录制】按钮 停止录宏，如图18-101所示。

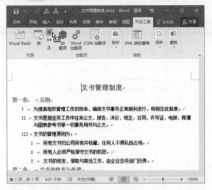

图 18-101

Step06 停止录宏后，单击【代码】组中的【宏】按钮，如图18-102所示。

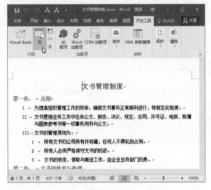

图 18-102

Step07 弹出【宏】对话框，❶在【宏名】列表框中选中刚才创建的宏；❷单击【编辑】按钮，如图18-103所示。

图 18-103

Step08 打开VBE编辑器窗口，❶在模块窗口中输入代码【ActiveDocument.

Range.ListFormat.ConvertNumbers ToText】；❷单击【关闭】按钮 关闭VBE编辑器窗口，如图18-104所示。

图 18-104

Step09 返回文档，在快速访问工具栏中单击刚才设置的宏按钮，如图18-105所示。

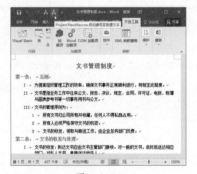

图 18-105

Step10 此时，文档中的自动编号将变成普通文本，随意选中某文本，可发现编号能够被选中了，如图18-106所示。

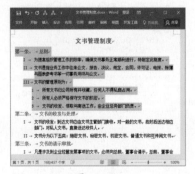

图 18-106

Step11 因为文档中涉及宏，所以需要将文档保存为启用宏的Word文档。

技能拓展——将局部内容的自动编号变为普通文本

在本操作的代码中，"Active Document.Range"表示当前活动文档的所有内容，即运行宏后，会将当前文档中所有自动编号变为普通文本。

如果需要将部分内容的自动编号变为普通文本，在创建宏时，需要输入宏代码【Selection.Range.ListFormat. ConvertNumbersToText】。完成宏的创建后，选中需要将自动编号转换为普通文本的内容范围，再运行宏即可。

技巧 04：将所有表格批量设置成居中对齐

教学视频	光盘\视频\第18章\技巧04.mp4

文档中插入了大量表格后，若逐一将表格的对齐方式设置为居中对齐，则非常费时，此时可通过创建宏的方式将所有表格批量设置成居中对齐，具体操作方法如下。

Step01 打开"光盘\素材文件\第18章\公司简介.docx"的文件，初始效果如图18-107所示。

图 18-107

Step02 参照技巧3中的操作方法，在当前文档中创建一个名为"将所有表格批量设置成居中对齐"的宏，❶打开VBE编辑器窗口，在模块窗口中输入如下代码；❷单击【关闭】按钮 关闭VBE编辑器窗口，如

图 18-108 所示。

```
Dim Tbl As Table '声明一
个表格类型变量
For Each Tbl In Active
Document.Tables '循环当前活
动文档中的每一个表格
    Tbl.Rows.Alignment =
wdAlignRowCenter '设置居中对齐
Next Tbl
```

图 18-108

Step 03 返回文档，在快速访问工具栏中单击之前设置的宏按钮，如图 18-109 所示。

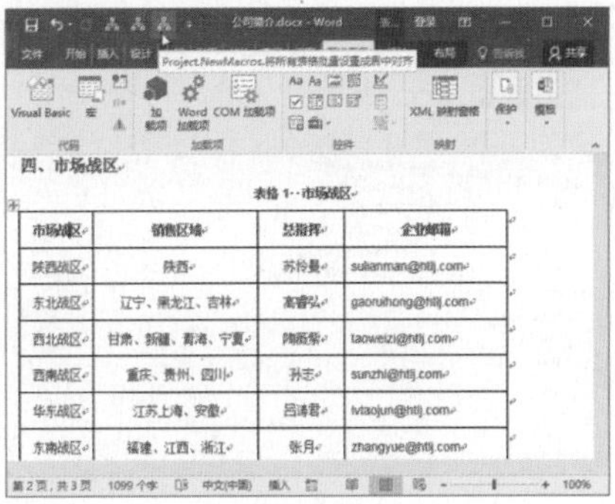

图 18-110

Step 05 因为文档中涉及了宏，所以需要将文档保存为启用宏的 Word 文档，即保存为"公司简介 .docm"文档。

技巧05：批量取消表格边框线

教学视频	光盘 \ 视频 \ 第 18 章 \ 技巧 05.mp4

根据操作需要，有时可能需要取消所有表格的边框线，通过创建宏的方式，可以快速批量实现，具体操作方法如下。

Step 01 在之前保存的"公司简介 .docm"文档中，创建一个名为"批量取消表格边框线"的宏，❶ 然后打开 VBE 编辑器窗口，在模块窗口中输入如下代码；❷ 单击【关闭】按钮 关闭 VBE 编辑器窗口，如图 18-111 所示。

图 18-111

Step 02 返回文档，在快速访问工具栏中单击之前设置的宏按钮，如图 18-112 所示。

图 18-112

Step 03 此时，取消了文档中所有表格的边框线，如图 18-113 所示。

图 18-109

Step 04 此时，文档中所有表格的对齐方式被设置为了居中对齐，如图 18-110 所示。

```
Dim Tbl As Table '声明表
格类型变量
For Each Tbl In Active
Document.Tables '循环当前活
动文档中的每一个表格
    With Tbl
        .Borders.InsideLine
Style = False '取消内边框线
        .Borders.OutsideLine
Style = False '取消外边框线
    End With
Next
```

图 18-113

本章小结

本章简单介绍了宏、域与控件的一些入门知识，主要包括宏、域、控件的使用等内容。通过本章的学习，相信读者能对宏、域与控件有些基础认识与了解。如果希望能够更加深入地学习这 3 个功能，建议读者参考相关专业工具书。

第 19 章 Word 2016 与其他软件协作

➡ 你知道怎么在文档中插入多媒体吗？

➡ 如何在 Word 文档中插入 Excel 工作表？

➡ 怎样在 Word 文档中轻松实现表格行列的转换？

➡ 如何在 Word 文档中插入 PowerPoint 演示文稿？

➡ PowerPoint 演示文稿也能转换为 Word 文档吗？

为何别人的文档既好看又丰富？通过本章的学习，读者也可以做到！不仅可以在 Word//Excel 与 PowerPoint 中交叉使用，还可以在文档中插入声音与视频文件。

19.1 在 Word 文档中插入多媒体

根据文档主题以及它的实际用途，可以在文档中插入不同形式的多媒体内容，如音频、视频、Flash 动画等，接下来将分别进行讲解。

19.1.1 实战：插入音频

实例门类	软件功能
教学视频	光盘\视频\第 19 章\19.1.1.mp4

根据操作需要，可以将喜欢的音乐插入 Word 文档中，其方法有两种，一种是通过插入对象的方式插入，另一种是通过插入控件的方式插入。

1. 插入对象法

通过插入对象的方式插入音乐文件，操作过程非常简单快捷，具体操作方法如下。

Step01 打开"光盘\素材文件\第 19 章\婚纱摄影团购套餐.docx"的文件，❶将光标插入点定位到需要插入音乐文件的位置；❷切换到【插入】选项卡；❸在【文本】组中单击【对象】按钮□▾右侧的下拉按钮▾，❹在弹出的下拉列表中选择【对象】选项，如图 19-1 所示。

图 19-1

Step02 弹出【对象】对话框，❶切换到【由文件创建】选项卡；❷单击【浏览】按钮，如图 19-2 所示。

图 19-2

Step03 弹出【浏览】对话框，❶选择需要插入的音乐文件；❷单击【插入】按钮，如图 19-3 所示。

图 19-3

Step04 返回【对象】对话框，单击【确定】按钮，如图 19-4 所示。

图 19-4

Step05 即可将音乐文件插入文档中，并在文档中显示为音频文件图标，如图 19-5 所示。

图 19-5

Step06 双击音频图标文件，会弹出【打开软件包内容】对话框，询问是否要打开该文件，单击【打开】按钮，如图 19-6 所示。

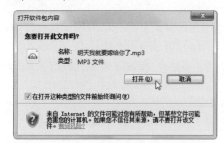

图 19-6

Step07 Word 将自动连接并启动计算机上安装的音乐播放器进行播放，如图 19-7 所示。

图 19-7

2. 插入控件法

通过插入对象的方法插入音频文件后，需要双击音频文件图标才能播放该文件。如果希望插入的音频文件能够自动播放，可通过插入控件的方法插入音频文件，具体操作方法如下。

Step01 打开"光盘\素材文件\第 19 章\荷塘月色 .docx"的文件，❶ 将光标插入点定位到需要插入音频文件的位置；❷ 切换到【开发工具】选项卡；❸ 单击【控件】组中的【旧式工具】按钮 ；❹ 在弹出的下拉列表中选择【其他控件】选项 ，如图 19-8 所示。

图 19-8

Step02 弹出【其他控件】对话框，❶ 在列表框中选择【Windows Media Player】选项；❷ 单击【确定】按钮，如图 19-9 所示。

图 19-9

Step03 ❶ 文档中将自动插入一个 Windows Media Player 控件，使用鼠标右键对其单击；❷ 在弹出的快捷菜单中选择【属性】命令，如图 19-10 所示。

Step04 弹出【属性】对话框，❶ 单击【自定义】属性；❷ 单击右侧出现的

 按钮，如图 19-11 所示。

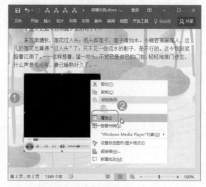

图 19-10

图 19-11

Step05 弹出【Windows Media Player 属性】对话框，在【常规】选项卡的【源】栏中单击【浏览】按钮，如图 19-12 所示。

图 19-12

Step06 弹出【打开】对话框，❶ 选择需要插入的音乐文件；❷ 单击【打开】按钮，如图 19-13 所示。

图 19-13

Step07 返回【Windows Media Player 属性】对话框，单击【确定】按钮，如图 19-14 所示。

图 19-14

Step08 返回【属性】对话框，单击【关闭】按钮 区 关闭【属性】对话框，如图 19-15 所示。

图 19-15

Step09 返回文档，在【开发工具】选项卡的【控件】组中，单击【设计模式】按钮 ，取消其灰色底纹显示状态，从而退出设计模式，如图 19-16 所示。

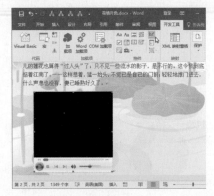

图 19-16

Step10 此时，插入的音乐将自动开始播放，通过 Windows Media Player 界面中的相关工具按钮，可以控制音乐的播放、暂停、快进等，如图 19-17 所示。

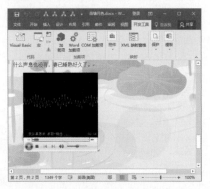

图 19-17

通过前面介绍的两种方法都能在 Word 文档中插入音频文件，这两种方法各有优缺点，用户可根据需要去权衡选择。

通过插入对象的方式插入的音频文件，最大的优势是，无论音频文件的位置是否发生了改变，或者将 Word 文档移动到了其他计算机中，Word 文档中的音频文件都能正常播放。采用这种方式插入音频文件后，只要计算机安装了对应的播放器软件，然后双击音频图标文件，就能正常播放该文件。

通过插入控件的方式插入的音频文件，最大的优势是，插入音频文件后，无论计算机是否安装了对应的播放器软件，音频文件都会自动播放，且再次打开 Word 文档时，其中的音频文件依然会自动播放。只是采用这种方式插入音频文件后，一旦音频文件的位置发生了改变，或者 Word 文档移动到了其他计算机，那么 Word 文档中的音频文件将不能正常播放。

19.1.2 实战：插入视频

实例门类	软件功能
教学视频	光盘\视频\第 19 章\19.1.2.mp4

插入视频的方法与插入音频文件的方法相似，既可以通过插入 Windows Media Player 控件的方法插入视频，也可以通过插入对象的方式插入视频，且具有相同的优缺点，用户根据需要自行选择。

例如，要通过插入控件的方式在文档中插入视频，具体操作方法如下。

Step01 打开"光盘\素材文件\第 19 章\说走就走的旅行 .docx"的文件，❶ 将光标插入点定位到需要插入视频文件的位置；❷ 切换到【开发工具】选项卡；❸ 单击【控件】组中的【旧式工具】按钮 ；❹ 在弹出的下拉列表中单击【其他控件】图标 ，如图 19-18 所示。

图 19-18

Step02 弹出【其他控件】对话框，

❶ 在列表框中选择【Windows Media Player】选项；❷ 单击【确定】按钮，如图 19-19 所示。

图 19-19

Step03 ❶ 文档中将自动插入一个 Windows Media Player 控件，右击；❷ 在弹出的快捷菜单中选择【属性】命令，如图 19-20 所示。

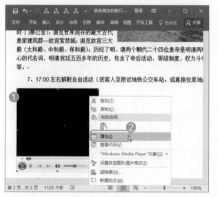

图 19-20

Step04 弹出【属性】对话框，❶ 单击【自定义】属性；❷ 单击右侧出现的 ... 按钮，如图 19-21 所示。

图 19-21

Step05 弹出【Windows Media Player 属性】对话框，在【常规】选项卡的【源】栏中单击【浏览】按钮，如图 19-22 所示。

图 19-22

Step06 弹出【打开】对话框，❶ 选择需要插入的视频文件；❷ 单击【打开】按钮，如图 19-23 所示。

图 19-23

Step07 返回【Windows Media Player 属性】对话框，单击【确定】按钮，如图 19-24 所示。

图 19-24

Step08 返回【属性】对话框，单击【关闭】按钮，关闭【属性】对话框，如图 19-25 所示。

图 19-25

Step09 返回文档，在【开发工具】选项卡的【控件】组中，单击【设计模式】按钮，取消其灰色底纹显示状态，从而退出设计模式，如图 19-26 所示。

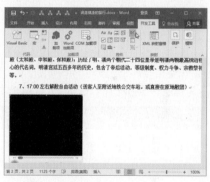

图 19-26

Step10 此时，插入的视频将自动开始播放，如图 19-27 所示。

图 19-27

右击 Windows Media Player 播放界面，在弹出的快捷菜单中选择【缩放】命令，在弹出的子菜单中可以设置播放的缩放比例，以及设置全屏播放。

19.1.3 实战：插入 Flash 动画

实例门类	软件功能
教学视频	光盘\视频\第 19 章\19.1.3.mp4

与音频文件和视频文件不同，插入 Flash 动画时，无论采用哪种方式插入，都将在 Word 文档中插入一个控件。下面以插入控件的方法插入 Flash 动画，具体操作方法如下。

Step01 打开"光盘\素材文件\第 19 章\背影 .docx"的文件，❶ 将光标插入点定位到需要插入视频文件的位置；❷ 切换到【开发工具】选项卡；❸ 单击【控件】组中的【旧式工具】按钮，❹ 在弹出的下拉列表中单击【其他控件】图标，如图 19-28 所示。

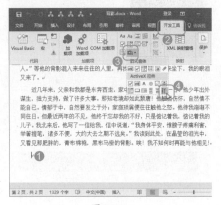

图 19-28

Step02 弹出【其他控件】对话框，❶ 在列表框中选择【Shockwave Flash Object】选项；❷ 单击【确定】按钮，如图 19-29 所示。

图 19-29

Step03 ❶ 文档中将自动插入一个 Shockwave Flash Object 控件，右击；❷ 在弹出的快捷菜单中选择【属性】命令，如图 19-30 所示。

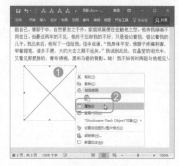

图 19-30

Step04 弹出【属性】对话框，❶ 在【Movie】属性框中输入要播放的 Flash 动画文件的完成路径，本例中输入【E:\Word 2016 完全自学教程\素材文件\第 19 章\父亲节 .swf】；❷ 单击【关闭】按钮关闭【属性】对话框，如图 19-31 所示。

图 19-31

Step05 返回文档，在【开发工具】选项卡的【控件】组中，单击【设计模式】按钮，取消其灰色底纹显示状态，从而退出设计模式，如图 19-32 所示。

图 19-32

Step06 此时，Flash 动画将自动开始播放，如图 19-33 所示。

图 19-33

19.2 Word 与 Excel 协作

Office 2016 是微软的一个庞大的办公软件集合，其中包括了 Word、Excel、PowerPoint 等组件，这些组件因为同属于 Office，因此在界面和操作方式上存在着许多相似之处，而且这些组件之间还可以进行交互协作办公，从而更加有效地完成工作任务。

19.2.1 在 Word 文档中插入 Excel 工作表

实例门类	软件功能
教学视频	光盘\视频\第 19 章\19.2.1.mp4

在处理数据时，Excel 无疑比 Word 具有更好的表现力。用户在使用 Word 的同时，如果又想使用 Excel 的诸多功能，可以在 Word 中插入空白的 Excel 工作表，也可以插入已经创建好的 Excel 文件。

例如，要在 Word 文档中插入已经创建好的 Excel 文件，具体操作方法如下。

Step01 新建一篇名为"笔记本销售清单"的空白文档，❶切换到【插入】选项卡；❷在【文本】组中单击【对象】按钮 ▢ 右侧的下拉按钮 ▾；❸在弹出的下拉列表中选择【对象】选项，如图 19-34 所示。

图 19-34

Step02 弹出【对象】对话框，❶切换到【由文件创建】选项卡；❷单击【浏览】按钮，如图 19-35 所示。

图 19-35

技能拓展——在 Word 文档中插入空白的 Excel 工作表

如果需要在 Word 文档中插入空白的 Excel 工作表，则打开【对象】对话框，直接在【新建】选项卡的【对象类型】列表框中选择【Microsoft Excel 工作表】选项，然后单击【确定】按钮即可。

Step03 弹出【浏览】对话框，❶选择需要插入的 Excel 文件；❷单击【插入】按钮，如图 19-36 所示。

图 19-36

Step04 返回【对象】对话框，单击【确定】按钮，如图 19-37 所示。

图 19-37

Step05 所选 Excel 文件将插入当前 Word 文档中，并显示了 Excel 文件中包含的数据，如图 19-38 所示。

图 19-38

19.2.2 实战：编辑 Excel 数据

实例门类	软件功能
教学视频	光盘\视频\第 19 章\19.2.2.mp4

在 Word 文档中插入 Excel 文件后，若要编辑 Excel 数据，可以按下面的操作方法实现。

Step01 ❶在 Word 文档中使用鼠标右键单击 Excel 文件；❷在弹出的快捷菜单中依次选择【"Worksheet"对象】→【打开】命令，如图 19-39 所示。

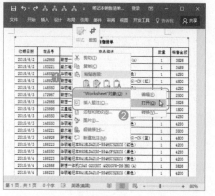
图 19-39

Step02 系统将自动启动 Excel 程序，并在该程序中打开当前 Excel 文件，同时 Excel 窗口标题栏中会显示其所属的 Word 文档的名称，如图 19-40 所示。完成编辑后直接单击【关闭】按钮 ✕，关闭 Excel 窗口即可。

图 19-40

除了上述操作方法之外，还可以直接在 Word 窗口中编辑 Excel 数据，具体操作方法为：在 Word 文档中直接双击 Excel 文件，即可进入 Excel 数据编辑状态，且 Word 程序中的功能区被 Excel 功能区取代，如图 19-41 所示。此时，就像在 Excel 程序中操作一样，直接对工作表中的数据进行相应的编辑操作。完成编辑后，单击 Excel 文件以外的区域，便可退出 Excel 编辑状态。

图 19-41

19.2.3 实战：将 Excel 工作表转换为 Word 表格

实例门类	软件功能
教学视频	光盘\视频\第 19 章\19.2.3.mp4

如果希望将 Excel 工作表中的数据转换为 Word 表格，可通过复制功能轻松实现，具体操作方法如下。

Step01 打开 "光盘\素材文件\第 19 章\销售订单.xlsx" 的文件，选中需要转换为 Word 表格的数据，按【Ctrl+C】组合键进行复制操作，如图 19-42 所示。

图 19-42

Step02 新建一篇名为 "销售订单" 的空白文档，❶ 在【开始】选项卡的【剪贴板】组中，单击【粘贴】按钮下方的下拉按钮 ▼；❷ 在弹出的下拉列表中选择【使用目标样式】选项，如图 19-43 所示。

图 19-43

Step03 即可将复制的 Excel 数据以 Word 文档中的格式粘贴到 Word 中，如图 19-44 所示。

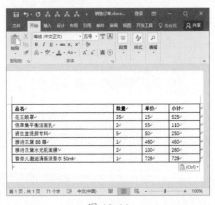

图 19-44

19.2.4 实战：轻松转换员工基本信息表的行与列

实例门类	软件功能
教学视频	光盘\视频\第 19 章\19.2.4.mp4

在 Word 中创建好表格后，有时可能希望转换该表格的行列位置，即将原来的行变成列，原来的列变成行，但这并不是一件容易的事。此时，借助 Excel 程序可以轻松实现行列的转换，具体操作方法如下。

Step01 打开 "光盘\素材文件\第 19 章\员工基本信息表.docx" 的文件，选中表格内容，如图 19-45 所示，然后按【Ctrl+C】组合键进行复制。

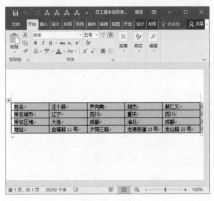

图 19-45

Step02 启动 Excel 程序，新建一个空白工作簿，❶ 选中 A1 单元格；❷ 在【开始】选项卡的【剪贴板】组中，单击【粘贴】按钮下方的下拉按钮 ▼；❸ 在弹出的下拉列表中选择【匹配目标格式】选项，如图 19-46 所示。

图 19-46

Step03 Word 文档中的表格数据将粘贴到 Excel 工作表中，在 Excel 工作表中选中整个数据区域，按【Ctrl+C】组合键进行复制操作，如图 19-47 所示。

Step04 ❶ 选择要粘贴的目标单元格；❷ 在【剪贴板】组中单击【粘贴】按钮下方的下拉按钮 ▼；❸ 在弹出的下

拉列表中选择【转置】选项，如图
19-48 所示。

图 19-47

图 19-48

Step05 表格数据的行列将发生转换，
选中转换后的数据区域，按【Ctrl+C】
组合键进行复制操作，如图 19-49
所示。

图 19-49

Step06 切换到之前的 Word 文档窗口，
❶ 将光标插入点定位到需要插入表格
的位置；❷ 在【开始】选项卡的【剪
贴板】组中，单击【粘贴】按钮下方
的下拉按钮 ；❸ 在弹出的下拉列表
中选择【使用目标样式】选项，如
图 19-50 所示。

图 19-50

Step07 至此，完成 Word 文档中的表
格数据的行列转换，如图 19-51 所示。

图 19-51

19.3 Word 与 PowerPoint 协作

随着 PowerPoint 组件应用范围的扩大，学会 Word 与 PowerPoint 之间的协作办公，可以大大提高办公速度。

19.3.1 实战：在 Word 文档中插入 PowerPoint 演示文稿

实例门类	软件功能
教学视频	光盘 \ 视频 \ 第 19 章 \19.3.1.mp4

与在 Word 文档中插入 Excel 文
件类似，也可以在 Word 文档中插入
已经存在的 PowerPoint 演示文稿，或
者是空白演示文稿。例如，要在 Word
文档中插入已经存在的 PowerPoint 演
示文稿，具体操作方法如下。

Step01 新建一篇名为"礼仪培训"的
空白文档，❶ 切换到【插入】选项卡；
❷ 在【文本】组中单击【对象】按钮

 右侧的下拉按钮 ；❸ 在弹出的
下拉列表中选择【对象】选项，如图
19-52 所示。

图 19-52

Step02 弹出【对象】对话框，❶ 切换

到【由文件创建】选项卡；❷ 单击【浏
览】按钮，如图 19-53 所示。

图 19-53

Step03 弹出【浏览】对话框，❶ 选择
需要插入的 PowerPoint 演示文稿；
❷ 单击【插入】按钮，如图 19-54 所示。

图 19-54

技能拓展——在 Word 文档中插入空白的演示文稿

如果需要在 Word 文档中插入空白的 PowerPoint 演示文稿，则打开【对象】对话框后，直接在【新建】选项卡的【对象类型】列表框中选择【Microsoft PowerPoint 演示文稿】选项，然后单击【确定】按钮即可。

此外，若在【对象类型】列表框中选择【Microsoft PowerPoint 幻灯片】选项，则将在 Word 文档中插入一张幻灯片，且以后不能再创建新的幻灯片。

Step 04 返回【对象】对话框，单击【确定】按钮，如图 19-55 所示。

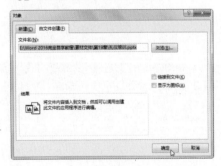

图 19-55

Step 05 所选 PowerPoint 演示文稿将插入到当前 Word 文档中，如图 19-56 所示。

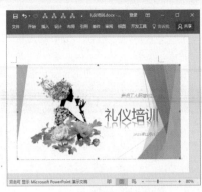

图 19-56

在 Word 文档中插入 PowerPoint 演示文稿后，若要编辑该演示文稿，可以通过以下两种方式实现。

在 Word 文档中使用鼠标右键单击 PowerPoint 演示文稿，在弹出的快捷菜单中依次选择【"Presentation"对象】→【打开】命令，如图 19-57 所示。系统将自动启动 PowerPoint 程序，并在该程序中打开当前演示文稿，此时根据需要进行相应的编辑即可。

图 19-57

技能拓展——在 Word 文档中放映演示文稿

在 Word 文档中插入 PowerPoint 演示文稿后，还可以直接在 Word 中放映演示文稿，方法为：在 Word 文档中直接双击 PowerPoint 演示文稿，或者右击 PowerPoint 演示文稿，在弹出的快捷菜单中依次选择【"Presentation"对象】→【显示】命令即可。

在 Word 文档中右击 PowerPoint 演示文稿，在弹出的快捷菜单中依次选择【"Presentation"对象】→【编辑】命令，即可进入演示文稿编辑状态，且 Word 程序中的功能区被 PowerPoint 功能区取代。此时，就像在 PowerPoint 程序中操作一样，直接对演示文稿中的幻灯片进行相应的编辑操作。完成编辑后，单击演示文稿以外的区域，便可退出演示文稿编辑状态。

19.3.2 实战：在 Word 中使用单张幻灯片

实例门类	软件功能
教学视频	光盘\视频\第 19 章\19.3.2.mp4

根据需求，有时需要在 Word 中使用单张幻灯片来增加文件的表现力，此时可以复制单张幻灯片到 Word 文档中，具体操作方法如下。

Step 01 打开"光盘\素材文件\第 19 章\礼仪培训.pptx"的文件，❶使用鼠标右键单击需要复制的幻灯片；❷在弹出的快捷菜单中选择【复制】命令，如图 19-58 所示。

图 19-58

Step 02 新建一篇名为【礼仪概述】的空白文档，❶在【开始】选项卡的【剪贴板】组中单击【粘贴】按钮下方的下拉按钮▾；❷在弹出的下拉列表中选择【选择性粘贴】选项，如图

19-59 所示。

图 19-59

Step 03 弹出【选择性粘贴】对话框，① 在【形式】列表框中选中【Microsoft PowerPoint 幻灯片对象】选项；② 单击【确定】按钮，如图 19-60 所示。

图 19-60

Step 04 复制的单张幻灯片将粘贴到 Word 文档中，如图 19-61 所示。

图 19-61

Step 05 双击幻灯片可进入幻灯片编辑状态，如图 19-62 所示。完成编辑后，单击幻灯片以外的区域，便可退出幻灯片编辑状态。

图 19-62

19.3.3 实战：将 Word 文档转换为 PowerPoint 演示文稿

实例门类	软件功能
教学视频	光盘 \ 视频 \ 第 19 章 \ 19.3.3.mp4

在用户编辑好一篇 Word 文档后，有时需要将 Word 文档中的内容应用到 PowerPoint 演示文稿中，若逐一粘贴就会非常麻烦，此时可以通过 PowerPoint 的新建幻灯片功能快速实现，具体操作方法如下。

Step 01 打开"光盘 \ 素材文件 \ 第 19 章 \ 会议内容 .docx"的文件，在大纲视图模式下可发现已经设置好了相应的大纲级别，如图 19-63 所示。

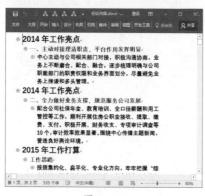

图 19-63

Step 02 新建一篇名为"会议内容"的空白演示文稿，① 在【开始】选项卡的【幻灯片】组中，单击【新建幻灯片】按钮；② 在弹出的下拉列表中选择【幻灯片（从大纲）】选项，如图 19-64 所示。

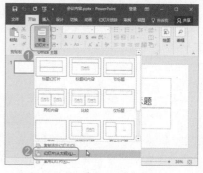

图 19-64

Step 03 弹出【插入大纲】对话框，① 选中要转换为 PowerPoint 演示文稿的 Word 文档；② 单击【插入】按钮，如图 19-65 所示。

图 19-65

Step 04 返回 PowerPoint 窗口，即可查看自动输入了 Word 文档中的内容，效果如图 19-66 所示。

图 19-66

19.3.4 实战：将 PowerPoint 演示文稿转换为 Word 文档

实例门类	软件功能
教学视频	光盘 \ 视频 \ 第 19 章 \19.3.4.mp4

对于已经编辑好的 PowerPoint 演示文稿，根据操作需要，还可以将其转换成 Word 文档，具体操作方法如下。

Step01 打开"光盘\素材文件\第 19 章\婚纱摄影团购活动电子展板.pptx"的文件，切换到【文件】菜单。

Step02 ❶ 在左侧窗格中选择【导出】命令；❷ 在中间窗格选择【创建讲义】命令；❸ 在右侧窗格打开的界面中单击【创建讲义】按钮，如图 19-67 所示。

图 19-67

Step03 弹出【发送 Microsoft Word】对话框，❶ 根据需要选择版式；❷ 单击【确定】按钮，如图 19-68 所示。

图 19-68

Step04 系统自动新建 Word 文档，并在其中显示幻灯片内容，效果如图 19-69 所示。

图 19-69

妙招技法

下面结合本章内容，给大家介绍一些实用技巧。

技巧 01：如何保证在 Word 文档中插入的 Flash 动画能够正常播放

实例门类	软件功能
教学视频	光盘\视频\第 19 章\技巧 01.mp4

插入 Flash 动画时，无论是通过插入对象的方式插入，还是通过插入控件的方式插入，其结果都是在 Word 文档中插入一个控件，所以当 Flash 动画文件的位置发生了改变，或者 Word 文档移动到了其他计算机，那么 Flash 动画将不能正常播放。要解决这个问题，可以使用以下两种方法。

通过【属性】对话框设置 Shockwave Flash Object 控件的属性

时，将【EmbedMovie】属性的值设置为【True】即可，如图 19-70 所示。通过这样的设置，Flash 动画文件将嵌入到 Word 文档中。

图 19-70

将 Word 文档复制到其他计算机时，将 Flash 动画文件一起复制到该计算机，然后将【Movie】属性设置为 Flash 动画文件的完整路径即可。

技巧 02：将 Word 文档嵌入 Excel 中

实例门类	软件功能
教学视频	光盘\视频\第 19 章\技巧 02.mp4

根据操作需要，还可以将 Word 文档嵌入 Excel 中，具体操作方法如下。

Step01 新建一篇名为"荷塘月色"的空白工作簿，❶ 切换到【插入】选项卡；❷ 在【文本】组中单击【对象】按钮，如图 19-71 所示。

图 19-71

Step02 弹出【对象】对话框, ❶ 切换到【由文件创建】选项卡; ❷ 单击【浏览】按钮, 如图 19-72 所示。

图 19-72

Step03 弹出【浏览】对话框, ❶ 选择需要嵌入 Excel 中的 Word 文档; ❷ 单击【插入】按钮, 如图 19-73 所示。

图 19-73

Step04 返回【对象】对话框, 单击【确定】按钮, 如图 19-74 所示。

图 19-74

Step05 所选 Word 文档将插入当前 Excel 工作表中, 如图 19-75 所示。

图 19-75

Step06 双击文档可进入文档编辑状态, 且 Excel 程序中的功能区被 Word 功能区取代, 如图 19-76 所示。此时, 就像在 Word 程序中操作一样, 直接对文档内容进行相应的编辑操作。完成编辑后, 单击文档以外的区域, 便可退出文档编辑状态。

图 19-76

技巧 03: 在 Word 文档中巧用超链接调用 Excel 数据

实例门类	软件功能
教学视频	光盘\视频\第 19 章\技巧 03.mp4

在 Word 中使用超链接功能时, 还可以链接到指定的 Excel 工作表, 以方便调用 Excel 数据, 具体操作方法如下。

Step01 打开 "光盘\素材文件\第 19 章\市场调查报告 .docx" 的文件, ❶ 选中需要创建超链接的文本; ❷ 切换到【插入】选项卡; ❸ 单击【链接】组中的【超链接】按钮, 如图 19-77 所示。

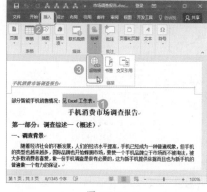

图 19-77

Step02 弹出【插入超链接】对话框, ❶ 在【链接到】列表框中选择【现有文件或网页】选项; ❷ 单击【浏览文件】按钮, 如图 19-78 所示。

图 19-78

Step 03 弹出【链接到文件】对话框，① 选择需要链接的 Excel 文件；② 单击【确定】按钮，如图 19-79 所示。

图 19-79

Step 04 返回【插入超链接】对话框，可看见【地址】文本框中显示了所选 Excel 文件的路径，单击【确定】按钮，如图 19-80 所示。

图 19-80

Step 05 返回文档，可发现选中的文本呈蓝色，并含有下画线，指向该文本时，会弹出相应的提示信息，如图 19-81 所示。

Step 06 此时，按【Ctrl】键，再单击创建了链接的文本，将启动 Excel 程序，并在该程序中显示链接文件的内容，如图 19-82 所示。

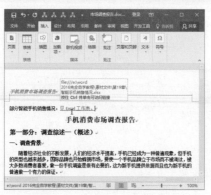

图 19-81

图 19-82

技巧 04：Excel 数据链接到 Word 文档

实例门类	软件功能
教学视频	光盘\视频\第 19 章\技巧 04.mp4

编辑 Word 文档时，有时可能会直接复制 Excel 工作表中的数据到文档中，但是当 Excel 工作表的数据发生改动时，那么 Word 文档中所有对应的数据也需要手动修改，既烦琐还容易出错。

针对这种情况，可以将 Excel 数据链接到 Word 文档中，具体操作方法如下。

Step 01 打开"光盘\素材文件\第 19 章\6 月工资表 .xlsx"的文件，选择需要复制的数据区域，按【Ctrl+C】组合键进行复制，如图 19-83 所示。

图 19-83

Step 02 新建一篇名为"2016 年 6 月工资统计"的空白文档，① 在【开始】选新卡的【剪贴板】组中，单击【粘贴】按钮下方的下拉按钮 ▾；② 在弹出的下拉列表中选择【链接与使用目标格式】选项，如图 19-84 所示。

图 19-84

Step 03 复制的 Excel 数据将以链接的形式粘贴到 Word 文档中，将光标插入点定位到表格内，表格内数据将自动显示灰色底纹，如图 19-85 所示。

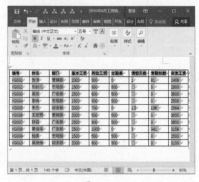

图 19-85

Step 04 通过上述操作后，只要 Excel 工作表中的数据发生更改并保存后，再次打开 Word 文档时，便会弹出如

图 19-86 所示的提示框，询问是否要更新数据，单击【是】按钮，Word 文档中对应的数据便会自动更新。

图 19-86

技巧 05：防止将 Word 文档内容发送到 PowerPoint 中发生错乱

在 19.3.3 小节中，讲解了将 Word 文档转换为 PowerPoint 演示文稿的操作方法，该操作实质上是在 PowerPoint 演示文稿中导入 Word 文档中的内容。但是有的用户通过该方法在 PowerPoint 中导入 Word 文档内容时，有时会发生内容错乱或导入不完全的情况。

发生这样的情况，是因为在导入前，用户没有对 Word 文档设置为大纲级别。所以在导入前，用户一定要对 Word 文档中的内容设置相应的大纲级别，这样才能让导入 PowerPoint 中的内容正确排列在每张幻灯片中。

如图 19-87 所示，列出了 Word 中的大纲级别与 PowerPoint 中的标题和文本样式级别的对应关系。此外，需要注意的是，Word 文档中的内容的大纲级别若为"正文"，则该内容不会被导入 PowerPoint 中。

Word 大纲级别	PowerPoint 标题和文本样式级别
大纲 1 级	标题样式
大纲 2 级	第一级文本样式
大纲 3 级	第二级文本样式
大纲 4 级	第三级文本样式
大纲 5 级	第四级文本样式
大纲 6 级	第五级文本样式
大纲 7 级	第六级文本样式
大纲 8 级	第七级文本样式
大纲 9 级	第八级文本样式

图 19-87

本章小结

本章主要讲解了 Word 与其他软件的协作办公，主要包括在 Word 文档中插入多媒体、Word 与 Excel 协作、Word 与 PowerPoint 协作等内容。至此，本书 Word 的知识技能学习就到此结束了，在后面的章节中将通过具体综合实例，来告诉读者 Word 在实际办公中的应用，同时对前面所学知识进行一个实践和巩固。

没有实战的学习只是纸上谈兵，为了让读者更好地理解和掌握学习到的知识和技巧，希望读者能动手练习本篇中所列举的具体案例。

第 **20** 章　实战应用：Word 在行政文秘中的应用

- ➤ 在行政文秘行业中，Word 能做什么？
- ➤ 先设置文档内容的文本格式，再设置其段落格式，效率太慢，想提高速度吗？
- ➤ 使用格式刷复制格式时，一定要拖动选择目标文本吗？
- ➤ 如何为图形设置渐变填充颜色？
- ➤ 如何快速复制图形？

本章将通过制作会议通知、制作员工行为规范、制作企业内部刊物以及制作商务邀请函的具体实例来为你一一解决上述问题。

20.1　制作会议通知

实例门类	输入内容＋文本格式＋段落格式＋页面设置
教学视频	光盘＼视频＼第 20 章＼20.1.mp4

会议通知是上级对下级、组织对成员或平行单位之间部署工作、传达事情或召开会议等所使用的应用文。会议通知的结构通常由标题、发文字号、主送机关、正文和落款五部分组成。标题有完全式和省略式两种，完全式包括发文机关、事由、文种，省略式的标题可以表示为"关于××的通知"或"通知"。发文字号包括机关代字、年号、序号，没有正式行文的会议通知不要发文字号。所有通知都须有主送机关，即必须指定此通知的承办、执行和应当知晓的主要受文机关。正文一般由事由、主体和结尾三部分组成。落款包括署名和成文日期。本节将讲解会议通知的制作方法，以供读者参考，完成后的效果如图 20-1 所示。

图 20-1

20.1.1 输入会议通知内容

要制作会议通知，需要先新建一篇空白文档，再输入会议通知内容，具体操作方法如下。

Step01 新建一篇空白文档，然后以"会议通知"为名进行保存，如图 20-2 所示。

图 20-2

Step02 在文档中输入会议通知的内容，如图 20-3 所示。

图 20-3

20.1.2 设置内容格式

在文档中输入了会议通知的内容后，接下来就可以设置内容格式了，主要包括文本格式、段落格式等，具体操作方法如下。

Step01 ❶ 按【Ctrl+A】组合键选中全部内容；❷ 在【开始】选项卡的【字体】组中单击【功能扩展】按钮，如图 20-4 所示。

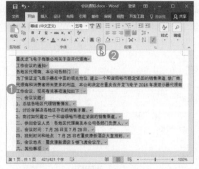

图 20-4

Step02 弹出【字体】对话框，❶ 将【中文字体】设置为【宋体】；❷【西文字体】设置为【Arial】；❸【字号】设置为【四号】；❹ 完成设置后单击【确定】按钮，如图 20-5 所示。

图 20-5

Step03 返回文档，保持文档内容的选中状态，在【开始】选项卡的【段落】组中单击【功能扩展】按钮，如图 20-6 所示。

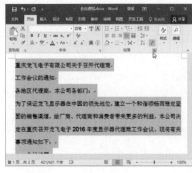

图 20-6

Step04 弹出【段落】对话框，❶ 将【间距】设置为段前 0.5 行，段后 0.5 行；❷ 取消【如果定义了文档网格，则对齐网格】复选框的选中；❸ 完成设置后单击【确定】按钮，如图 20-7 所示。

图 20-7

Step05 ❶ 选中会议通知的标题；❷ 在【段落】组中单击【居中】按钮，如图 20-8 所示，将所选段落设置为居中对齐方式。

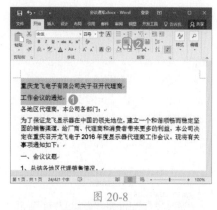

图 20-8

Step06 保存通知标题的选中状态，在【字体】组中单击【功能扩展】按钮，如图 20-9 所示。

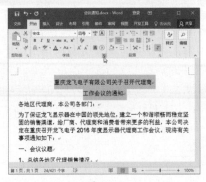

图 20-9

Step07 弹出【字体】对话框，❶将【中文字体】设置为【汉仪大黑简】；❷【字形】设置为【加粗】；❸【字号】设置为【三号】；❹完成设置后单击【确定】按钮，如图 20-10 所示。

图 20-10

Step08 返回文档，❶选中会议通知的正文部分；❷在【段落】组中单击【功能扩展】按钮，如图 20-11 所示。

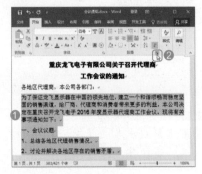

图 20-11

Step09 弹出【段落】对话框，❶将缩进设置为【首行缩进：2 字符】；❷单击【确定】按钮，如图 20-12 所示。

图 20-12

Step10 返回文档，❶选中会议通知的主送机关；❷在【字体】组中单击【加粗】按钮 **B**，如图 20-13 所示，将所选内容设置加粗效果。

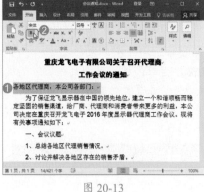

图 20-13

Step11 ❶选中通知正文中的三、四、五这几个要点；❷在【字体】组中单击【下画线】按钮 **U** 右侧的下拉按钮；❸在弹出的下拉列表中设置下画线和下画线颜色，如图 20-14 所示。

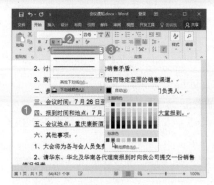

图 20-14

Step12 ❶选中会议通知的落款；❷在【段落】组中单击【右对齐】按钮，如图 20-15 所示，将所选段落设置为右对齐。

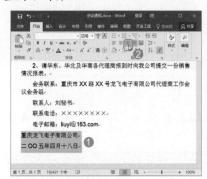

图 20-15

Step13 ❶选中第 2 段文本；❷在【段落】组中单击【边框】按钮 右侧的下拉按钮；❸在弹出的下拉列表中选择【边框和底纹】选项，如图 20-16 所示。

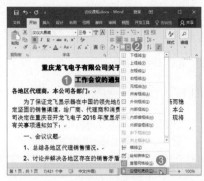

图 20-16

Step14 弹出【边框和底纹】对话框，❶选择边框线样式；❷选择边框线颜色；❸在【预览】栏中设置需要的边框线；④完成设置后单击【确定】按钮，如图 20-17 所示。

图 20-17

Step 15 返回文档，即可查看设置后的效果，如图 20-18 所示。至此，完成了格式的设置。

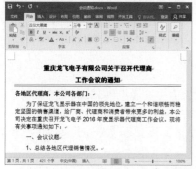

图 20-18

20.1.3 设置页面格式

完成了内容格式的设置后，最后将进行页面格式的设置，主要设置页边距大小，具体操作方法如下。

Step 01 ①切换到【布局】选项卡；②单击【页面设置】组中的【功能扩展】按钮，如图 20-19 所示。

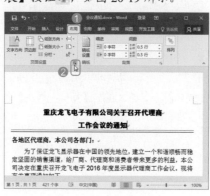

图 20-19

Step 02 弹出【页面设置】对话框，①在【页边距】选项卡中设置页边距大小；②完成设置后单击【确定】按钮即可，如图 20-20 所示。至此，完成了会议通知的制作，最终效果如图 20-1 所示。

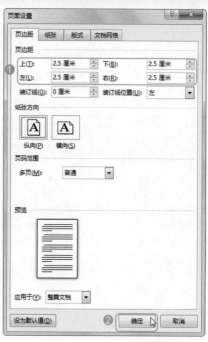

图 20-20

20.2 制作员工行为规范

实例门类	页面格式＋文本格式＋段落格式＋分栏排版＋插入页码
教学视频	光盘\视频\第 20 章 \20.2.mp4

员工行为规范是指企业员工应该具有的共同的行为特点和工作准则，它带有明显的导向性和约束性，通过倡导和推行，在员工中形成自觉意识，起到规范员工的言行举止和工作习惯的效果。本节主要讲解对文档的美化操作，主要包括设置文本格式、段落格式等，设置后的最终效果如图 20-21 所示。

图 20-21

20.2.1 设置页面格式

本案例中，先设置页面格式，主要包括纸张方向、页边距大小及页面背景填充效果，具体操作方法如下。

Step 01 打开"光盘\素材文件\第 20 章\员工行为规范 .docx"的文件，①切换到【布局】选项卡；②在【页面设置】组中单击【功能扩展】按钮，如图 20-22 所示。

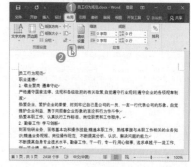

图 20-22

Step02 弹出【页面设置】对话框，❶ 在【页边距】选项卡的【纸张方向】栏中选择【横向】选项；❷ 在【页边距】栏中设置页边距大小；❸ 完成设置后单击【确定】按钮，如图20-23所示。

图 20-23

Step03 返回文档，❶ 切换到【设计】选项卡；❷ 在【页面背景】组中单击【页面颜色】按钮；❸ 在弹出的下拉列表中选择【填充效果】选项，如图20-24所示。

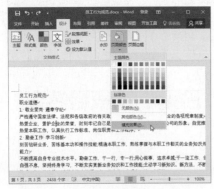

图 20-24

Step04 弹出【填充效果】对话框，❶ 切换到【图片】选项卡；❷ 单击【选择图片】按钮，如图20-25所示。

图 20-25

Step05 打开【插入图片】页面，单击【浏览】按钮，如图20-26所示。

图 20-26

Step06 弹出【选择图片】对话框，❶ 选择需要作为填充背景的图片；❷ 单击【插入】按钮，如图20-27所示。

图 20-27

Step07 返回【填充效果】对话框，单击【确定】按钮，返回文档，可查看设置了图片填充后的效果，如图20-28所示。

图 20-28

20.2.2 设置内容格式

确定了页面格式后，接下来要设置文本内容的格式了，主要包括字符格式、段落格式及项目符号等，具体操作方法如下。

Step01 ❶ 按【Ctrl+A】组合键选中全部内容；❷ 在【开始】选项卡的【字体】组中单击【功能扩展】按钮，如图20-29所示。

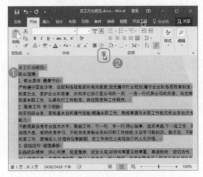

图 20-29

Step02 弹出【字体】对话框，❶ 将【中文字体】设置为【宋体】；❷【西文字体】设置为【Arial】；❸【字号】设置为【五号】；❹ 完成设置后单击【确定】按钮，如图20-30所示。

图 20-30

Step03 返回文档，保持文档内容的选中状态，在【开始】选项卡的【段落】组中单击【功能扩展】按钮，如图20-31所示。

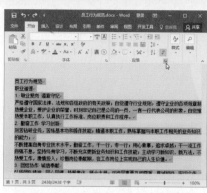

图 20-31

Step 04 弹出【段落】对话框，❶ 将【间距】设置为段前 0.5 行，段后 0.5 行，❷ 将【多倍行距】设置为【1.1】；❸ 取消【如果定义了文档网格，则对齐网格】复选框的选中；❹ 完成设置后单击【确定】按钮，如图 20-32 所示。

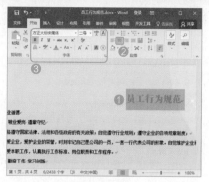

图 20-32

Step 05 返回文档，❶ 选中文档中的标题文本；❷ 在【段落】组中单击【居中】按钮 ☰，将其设置为居中对齐方式；❸ 在【字体】组中设置字符格式：字体【方正大标宋简体】，字号【二号】，字体颜色【绿色】，加粗，如图 20-33 所示。

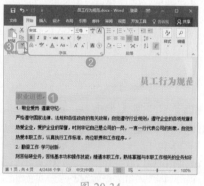

图 20-33

Step 06 ❶ 选中文本内容；❷ 在【字体】组中设置字符格式：字号【三号】，字体颜色【浅蓝】，加粗；❸ 在【剪贴板】组中双击【格式刷】按钮，如图 20-34 所示。

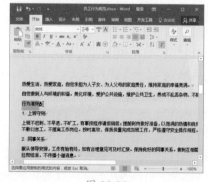

图 20-34

Step 07 鼠标指针将呈刷子形状"▲I"，按住鼠标左键不放，然后拖动鼠标选择需要设置相同格式的文本，如图 20-35 所示。完成格式的复制后，按【Esc】键退出复制格式状态。

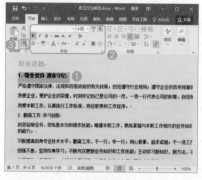

图 20-35

Step 08 ❶ 选中文本内容；❷ 在【字体】组中设置字符格式：字号【小四】，

加粗；❸ 在【剪贴板】组中双击【格式刷】按钮，如图 20-36 所示。

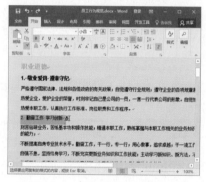

图 20-36

Step 09 鼠标指针将呈刷子形状▲I，按住鼠标左键不放，然后拖动鼠标选择需要设置相同格式的文本，如图 20-37 所示。完成格式的复制后，按【Esc】键退出复制格式状态。

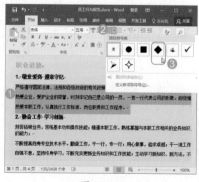

图 20-37

Step 10 ❶ 选中文本内容；❷ 在【开始】选项卡的【段落】组中，单击【项目符号】按钮 ☷ 右侧的下拉按钮 ▼；❸ 在弹出的下拉列表中选中需要的项目符号样式，如图 20-38 所示。

图 20-38

Step⑪ 保持文本内容的选中状态，在【段落】组中单击【功能扩展】按钮，如图 20-39 所示。

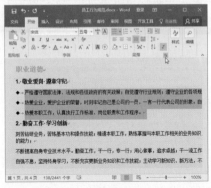

图 20-39

Step⑫ 弹出【段落】对话框，❶ 将左缩进设置为【2字符】；❷ 设置【悬挂缩进：2字符】；❸ 单击【确定】按钮，如图 20-40 所示。

图 20-40

Step⑬ 返回文档，通过格式刷，将当前内容的格式复制到其他需要应用相同格式的段落中，设置后的效果如图 20-41 所示。

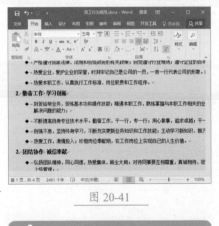

图 20-41

技术看板

使用格式刷复制格式时，若需要使用的目标文本与源文本的字体格式相同，则复制格式时，无须拖动鼠标选择目标文本，只需在目标文本的段落中单击一下鼠标，便可快速使用与源文本相同的格式，从而提高了格式的复制速度。

Step⑭ ❶ 选中文本内容；❷ 在【段落】组中单击【功能扩展】按钮，如图 20-42 所示。

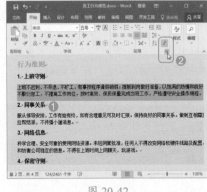

图 20-42

Step⑮ 弹出【段落】对话框，❶ 将缩进设置为【首行缩进：2字符】；❷ 单击【确定】按钮，如图 20-43 所示。

Step⑯ 返回文档，通过格式刷，将当前内容的格式复制到其他需要应用相同格式的段落中，设置后的效果如图 20-44 所示。至此，完成了内容格式的设置。

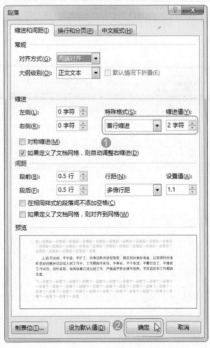

图 20-43

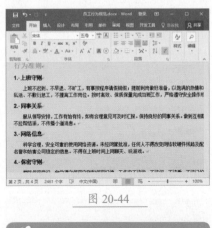

图 20-44

技术看板

根据个人需要，也可以通过新建样式来格式化文档内容。本案例中，因为文档内容较少，因此没有使用样式。

20.2.3 分栏排版

下面将对员工行为规范进行分栏排版，具体操作方法如下。

Step① ❶ 选中除标题文本以外的所有内容；❷ 切换到【布局】选项卡；

❸ 单击【页面设置】组中的【分栏】按钮；❹ 在弹出的下拉列表中选择【更多分栏】选项，如图20-45所示。

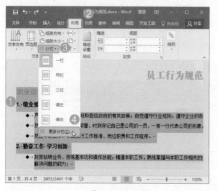

图 20-45

Step ❷ 弹出【分栏】对话框，❶ 在【预设】栏中选中【三栏】选项；❷ 选中【分隔线】复选框；❸ 在【宽度和间距】栏中将【间距】设置为【1.2 字符】；❹ 完成设置后单击【确定】按钮，如图20-46所示。

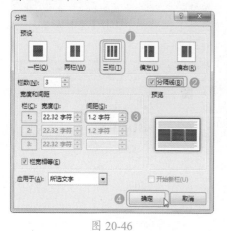

图 20-46

Step ❸ 返回文档，可查看分栏后的效果，如图20-47所示。

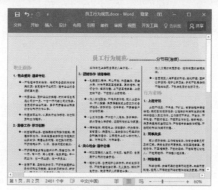

图 20-47

20.2.4 设置页码

经过上面的操作，文档的版式已经确定了，最后将在页脚插入页码，具体操作方法如下。

Step ❶ 双击页脚位置进入页脚编辑状态，❶ 将光标插入点定位到页脚处；❷ 切换到【页眉和页脚工具/设计】选项卡；❸ 单击【页眉和页脚】组中的【页码】按钮；❹ 在弹出的下拉列表中依次选择【当前位置】→【普通数字】选项，如图20-48所示。

图 20-48

Step ❷ ❶ 在页脚选中插入的页码；

❷ 切换到【开始】选项卡；❸ 在【段落】组中单击【居中】按钮，将其设置为居中对齐方式；❹ 在【字体】组设置字符格式：字体【Times New Roman】，字体颜色【浅蓝】，加粗，如图20-49所示。

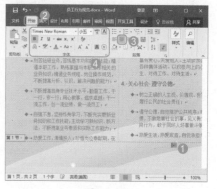

图 20-49

Step ❸ ❶ 完成页脚内容的设置后，切换到【页眉和页脚工具/设计】选项卡；❷ 在【关闭】组中单击【关闭页眉和页脚】按钮，退出页脚编辑状态，如图20-50所示。至此，完成了员工行为规范的制作，其最终效果如图20-21所示。

图 20-50

20.3 制作企业内部刊物

实例门类	编辑图形对象＋编辑图片
教学视频	光盘\视频\第20章\20.3.mp4

企业内部刊物是企业进行员工教育、宣传推广的重要手段。本例将通过制作和编排企业内部刊物，让读者掌握图形、图像等元素在文档中排版的应用。本案例中制作的企业内部刊物的效果如图20-51所示。

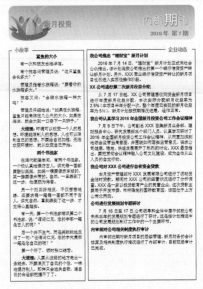

图 20-51

20.3.1 设计刊头

通过内部刊物，可以为员工提供一个良好的交流和发展平台，同时还能展现企业风采及竞争力。刊头是刊物整体形象的表现，接下来就讲解刊头的设计，主要通过插入形状、艺术字、文本框及图片等元素组成，具体操作方法如下。

Step01 新建一篇名为"企业内刊"的空白文档，并设置页边距大小，如图20-52 所示。

图 20-52

Step02 ❶ 切换到【插入】选项卡；❷ 单击【插图】组中的【形状】按钮；❸ 在弹出的下拉列表中选择【圆角矩形】绘图工具，如图 20-53 所示。

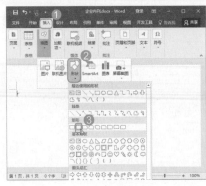

图 20-53

Step03 此时鼠标指针呈十字状"＋"，在需要绘制形状的位置按住鼠标左键不放，然后拖动鼠标进行绘制，如图20-54 所示。

图 20-54

Step04 ❶ 选中绘制的圆角矩形；❷ 切换到【绘图工具 / 格式】选项卡；❸ 在【形状样式】组中单击【形状填充】按钮右侧的下拉按钮；❹ 在弹出的下拉列表中选择【紫色】，如图20-55 所示。

图 20-55

Step05 保持圆角矩形的选中状态，❶ 在【形状样式】组中单击【形状填充】按钮右侧的下拉按钮；❷ 在弹出的下拉列表中依次选择【渐变】→【线性向下】选项，从而对圆角矩形设置渐变填充颜色，如图20-56 所示。

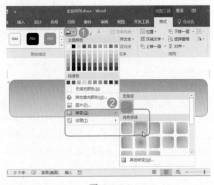

图 20-56

Step06 保持圆角矩形的选中状态，❶ 在【形状样式】组中单击【形状轮廓】按钮右侧的下拉按钮；❷ 在弹出的下拉列表中选择【无轮廓】选项，如图 20-57 所示。

图 20-57

Step07 保持圆角矩形的选中状态，❶ 在【排列】组中单击【环绕文字】按钮；❷ 在弹出的下拉列表中选择【嵌入型】选项，如图 20-58 所示，从而使圆角矩形以嵌入型方式显示在文档中，然后将光标插入点定位到圆角矩形所在的段落中，按【Ctrl+E】组合键，使其以居中对齐方式进行显示。

图 20-58

Step08 ❶ 切换到【插入】选项卡；❷ 单击【文本】组中的【艺术字】按钮 ❹▾；❸ 在弹出的下拉菜单中选择需要的艺术字样式，如图 20-59 所示。

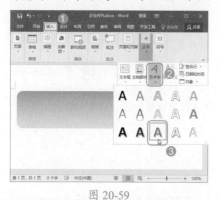

图 20-59

Step09 文档中将插入一个艺术字编辑框，按【Delete】键删除占位符，❶ 输入艺术字内容并将其选中；❷ 切换到【开始】选项卡；❸ 在【字体】组中设置字体【汉仪中圆简】，字号【一号】，如图 20-60 所示。

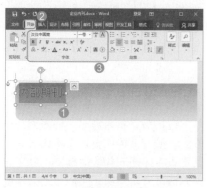

图 20-60

Step10 ❶ 选中【期】字；❷ 将字号设置为【小初】；❸ 单击【文本效果和

版式】按钮 A▾；❹ 在弹出的下拉列表中选择需要的样式，如图 20-61 所示。

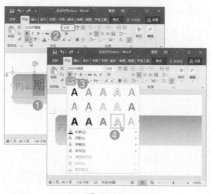

图 20-61

Step11 选择艺术字编辑框，将其拖动到合适的位置，拖动后的效果如图 20-62 所示。

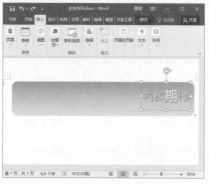

图 20-62

Step12 ❶ 切换到【插入】选项卡；❷ 单击【文本】组中的【文本框】按钮；❸ 在弹出的下拉列表中选择【绘制文本框】选项，如图 20-63 所示。

图 20-63

Step13 拖动鼠标，在文档中绘制一个文本框，如图 20-64 所示。

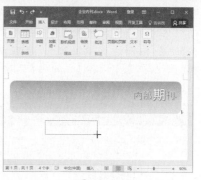

图 20-64

Step14 ❶ 在文本框中输入并选中内容；❷ 切换到【开始】选项卡；❸ 在【段落】组中单击【右对齐】按钮 设置右对齐；❹ 在【字体】组中设置字体【宋体】、字号【四号】、加粗效果、字体颜色【蓝色，个性色 1，深色 25%】，如图 20-65 所示。

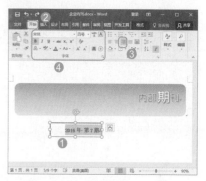

图 20-65

Step15 ❶ 选中文本框；❷ 切换到【绘图工具 / 格式】选项卡；❸ 在【形状样式】组中单击【形状填充】按钮右侧的下拉按钮；❹ 在弹出的下拉列表中选择【无填充颜色】选项，如图 20-66 所示。

图 20-66

Step16 保持文本框的选中状态，❶在【形状样式】组中单击【形状轮廓】按钮 ✐· 右侧的下拉按钮 ·；❷在弹出的下拉列表中选择【无轮廓】选项，如图 20-67 所示。

图 20-67

Step17 选中文本框，将其拖动到合适的位置，拖动后的效果如图 20-68 所示。

图 20-68

Step18 ❶在文档中定位光标插入点；❷切换到【插入】选项卡；❸单击【插图】组中的【图片】按钮，如图 20-69 所示。

图 20-69

Step19 弹出【插入图片】对话框，❶选择需要插入的图片；❷单击【插入】按钮，如图 20-70 所示。

图 20-70

Step20 ❶选中图片；❷切换到【图片工具 / 格式】选项卡；❸在【排列】组中单击【环绕文字】按钮；❹在弹出的下拉列表中选择【浮于文字上方】选项，如图 20-71 所示。

图 20-71

Step21 选中图片，通过拖动鼠标的方式调整图片大小，并将其拖动到合适位置，效果如图 20-72 所示。

图 20-72

Step22 参照 12~17 步的操作，绘制一个文本框，在其中输入并设置文本内容，最后将该文本拖动至合适位置，效果如图 20-73 所示。

图 20-73

技能拓展——快速复制图形

在本案例中，刊头上的两个文本框样式非常相近，这种情况下，可以通过复制图形的方法快速生成另外一个文本框，然后只需要对其中的文字进行修改编辑即可，从而大大提高了效率。

复制文本框的方法为：选中需要复制的文本框，将鼠标指针指向该文本框，鼠标指针呈"🦯"形状时，按住【Ctrl】键不放，鼠标指针将呈 🦯 形状，此时拖动鼠标，即可对选中的文本框进行复制操作。

此外，选中需要复制的图形对象，然后按【Ctrl+D】组合键，Word 会自动对该图形进行复制操作，并粘贴到该图形的旁边。

20.3.2 设计刊物内容

在排版刊物内容时，许多用户一般会直接在文档中输入文本内容并对其设置字体格式和段落格式。除了这种方法之外，其实还可以借助文本框来控制页面内容，具体操作方法如下。

Step01 ❶切换到【插入】选项卡；❷单击【文本】组中的【文本框】按

钮；❸ 在弹出的下拉列表中选择【简单文本框】选项，如图 20-74 所示。

图 20-74

Step❷ 文档中即可插入一个文本框，如图 20-75 所示。

图 20-75

Step❸ 打开"光盘\素材文件\第 20 章\小故事.docx"的文件，按【Ctrl+A】组合键选中文档全部内容，按【Ctrl+C】组合键进行复制，如图 20-76 所示。

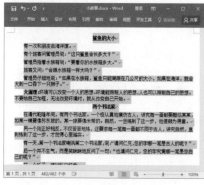

图 20-76

Step❹ 切换到"企业内刊.docx"文档窗口，按【Delete】键删除文本

框内的占位符，按【Ctrl+V】组合键粘贴之前复制的内容，如图 20-77 所示。

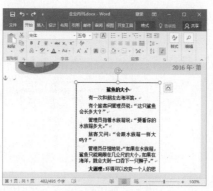

图 20-77

Step❺ 选中文本框，拖动文本框到合适位置，如图 20-78 所示。

图 20-78

Step❻ 选中刚才制作好的文本框，按【Ctrl+D】组合键进行复制，即可生成一个新的文本框，如图 20-79 所示。

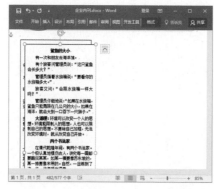

图 20-79

Step❼ 选中新文本框，删除其中的内

容，并通过拖动鼠标的方式调整大小和位置，如图 20-80 所示。

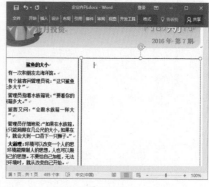

图 20-80

Step❽ 打开"光盘\素材文件\第 20 章\企业动态.docx"的文件，按【Ctrl+A】组合键选中文档全部内容，按【Ctrl+C】组合键进行复制，如图 20-81 所示。

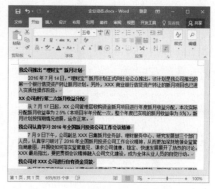

图 20-81

Step❾ 切换到"企业内刊.docx"文档窗口，将光标插入点定位到新文本框内，按【Ctrl+V】组合键粘贴之前复制的内容，如图 20-82 所示。

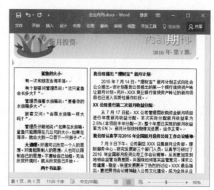

图 20-82

Step⑩ 通过复制文本框的方式，对刊头中的文本框进行复制，以便快速制作另外两个文本框，对这两个新文本框设置【白色】填充效果，然后分别设置它们的内容和大小以及位置，此处不再赘述操作步骤，制作后的效果如图20-83所示。至此，完成了企业内部刊物的制作，其最终效果如图20-51所示。

图 20-83

20.4　制作商务邀请函

实例门类	添加水印＋邮件合并＋制作信封＋打印文档
教学视频	光盘\视频\第20章\20.4.mp4

活动主办方为了郑重邀请其合作伙伴参加其举办的商务活动，通常需要制作商务邀请函。本案例中主要结合邮件合并功能，来制作并打印邀请函与信封，完成制作后的效果如图20-84所示。

图 20-84

20.4.1　邀请函的素材准备

在制作邀请函前，需要先准备两个文档素材，一个是制作邀请函的主文档，另一个是通过 Excel 制作联系人表格作为数据源，具体操作方法如下。

Step①新建一篇名为"邀请函主文档"的空白文档，❶切换到【布局】选项卡；❷单击【页面设置】组中的【纸张大小】按钮；❸在弹出的下拉列表中选择【16开】选项，如图20-85所示。

图 20-85

Step②打开【页面设置】对话框，❶将纸张方向设置为【横向】；❷设置页边距大小，如图20-86所示。

图 20-86

Step③打开"光盘\素材文件\第20章\邀请函内容.docx"的文件，按【Ctrl+A】组合键选中文档全部内容，按【Ctrl+C】组合键进行复制，如图20-87所示。

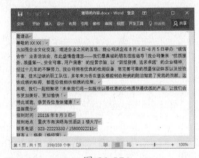

图 20-87

Step④切换到"邀请函主文档.docx"文档窗口，❶在【开始】选项卡的【剪贴板】组中选择【粘贴】按钮下方的下拉按钮▼；❷在弹出的下拉列表中选择【只保留文本】选项，如图20-88所示。

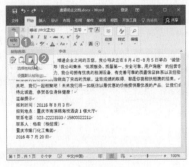

图 20-88

Step05 通过设置字体格式、段落格式等操作，对文档中的内容进行排版美化操作，排版后的效果如图 20-89 所示。因为本案例操作中主要通过邮件合并功能来制作邀请函，所有关于美化排版的操作此处不再赘述，望读者能够根据前面的知识学以致用。

图 20-89

Step06 ❶ 切换到【设计】选项卡；❷ 单击【页面背景】组中的【水印】按钮；❸ 在弹出的下拉列表中选择【自定义水印】选项，如图 20-90 所示。

图 20-90

Step07 弹出【水印】对话框，❶ 选中【图片水印】单选按钮；❷ 单击【选择图片】按钮，如图 20-91 所示。

图 20-91

Step08 弹出【插入图片】对话框，❶ 选择需要作为水印的图片；❷ 单击【插入】按钮，如图 20-92 所示。

图 20-92

Step09 返回【水印】对话框，❶ 取消【冲蚀】复选框的选中；❷ 将缩放比例设置为 130%；❸ 单击【确定】按钮，如图 20-93 所示。

图 20-93

Step10 添加水印后，页眉中会自动出现一条黑色横线，要去除该横线，则双击页眉进入页眉编辑区，❶ 选中段落标记；❷ 在【开始】选项卡的【段落】组中单击【边框】按钮右侧的下拉按钮；❸ 在弹出的下拉列表中选择【无框线】选项，如图 20-94 所示。

图 20-94

Step11 至此，完成了邀请函主文档的制作，效果如图 20-95 所示。

图 20-95

Step12 使用 Excel 制作一个表格，作为数据源，如图 20-96 所示。

图 20-96

20.4.2 制作并打印邀请函

邀请函一般是分发给多个成员，所以需要制作出多张内容相同，但接收人不同的邀请函。使用 Word 2016 的邮件合并功能，可以快速制作出多张邀请函，具体操作方法如下。

Step01 ❶ 在"邀请函主文档 .docx"文档中，切换到【邮件】选项卡；❷ 单击【开始邮件合并】组中的【开始邮件合并】按钮；❸ 在弹出的下拉列表选择文档类型，本例中选择【信函】选项，如图 20-97 所示。

图 20-97

Step02 ❶ 单击【开始邮件合并】组中的【选择收件人】按钮；❷ 在弹出的下拉列表中选择【使用现有列表】选项，如图 20-98 所示。

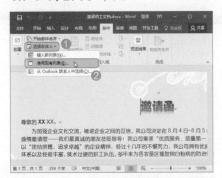

图 20-98

Step03 弹出【选取数据源】对话框，❶ 选择数据源文件；❷ 单击【打开】按钮，如图 20-99 所示。

图 20-99

Step04 弹出【选择表格】对话框，❶ 选中数据源所在的工作表；❷ 单击【确定】按钮，如图 20-100 所示。

图 20-100

Step05 ❶ 选择【尊敬的】之后的【××】；❷ 在【编写和插入域】组中，单击【插入合并域】按钮右侧的下拉按钮 ；❸ 在弹出的下拉列表中选择【姓名】选项，如图 20-101 所示。

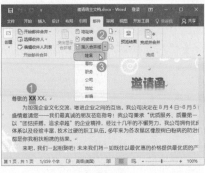

图 20-101

Step06 即可在文档中插入合并域【姓名】，❶ 选择合并域【姓名】之后的【××】；❷ 在【编写和插入域】组中，单击【插入合并域】按钮右侧的下拉按钮 ；❸ 在弹出的下拉列表中选择【尊称】选项，如图 20-102 所示。

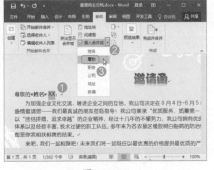

图 20-102

Step07 ❶ 在【完成】组中单击【完成并合并】按钮；❷ 在弹出的下拉列表中选择【编辑单个文档】选项，如图 20-103 所示。

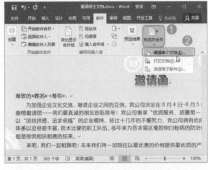

图 20-103

Step08 弹出【合并到新文档】对话框，❶ 选中【全部】单选按钮；❷ 单击【确定】按钮，如图 20-104 所示。

图 20-104

Step09 Word 将新建一个文档显示合并记录，这些合并记录分别独自占用一页，如图 20-105 所示为第 1 页的合并记录，即第一封邀请函。

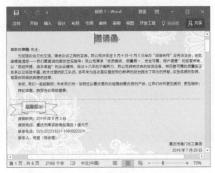

图 20-105

Step10 将生成的合并文档以"邀请函"为名进行保存，切换到【文件】菜单，❶ 在左侧窗格选择【打印】命令；❷ 在【打印机】栏中选择与计算机相连的打印机；❸ 单击【打印】按钮进行打印即可，如图 20-106 所示。

图 20-106

20.4.3 制作并打印信封

完成邀请函的制作后，还需要分别送到收件人的手中，虽然现在发送信件的方法很多，已经不局限于邮寄，但正式的邀请函还是需要通过邮寄的方式送出。当收件人较多时，手动填写信封不仅工作量大，还容易发生错漏，此时可以通过邮件功能批量创建中文信封，具体操作方法如下。

Step 01 ❶ 在 Word 窗口中切换到【邮件】选项卡；❷ 单击【创建】组中的【中文信封】按钮，如图 20-107 所示。

图 20-107

Step 02 弹出【信封制作向导】对话框，单击【下一步】按钮，如图 20-108 所示。

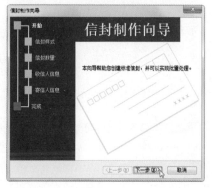

图 20-108

Step 03 进入【选择信封样式】向导界面，❶ 在【信封样式】下拉列表中选择一种信封样式；❷ 单击【下一步】按钮，如图 20-109 所示。

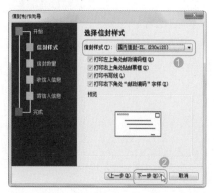

图 20-109

Step 04 进入【选择生成信封的方式和数量】向导界面，❶ 选中【基于地址簿文件，生成批量信封】单选按钮；❷ 单击【下一步】按钮，如图 20-110 所示。

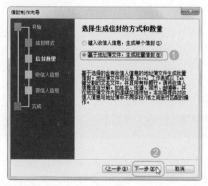

图 20-110

Step 05 进入【从文件中获取并匹配收信人信息】向导界面，单击【选择地址簿】按钮，如图 20-111 所示。

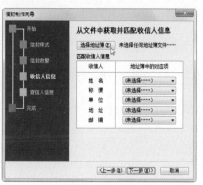

图 20-111

Step 06 弹出【打开】对话框，❶ 选择之前制作的 Excel 工作簿；❷ 单击【打开】按钮，如图 20-112 所示。

图 20-112

Step 07 返回【从文件中获取并匹配收信人信息】向导界面，❶ 在【匹配收信人信息】栏中，为收信人信息匹配对应的字段；❷ 单击【下一步】按钮，如图 20-113 所示。

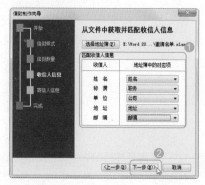

图 20-113

Step 08 进入【输入寄信人信息】向导界面，❶ 输入寄信人的姓名、单位、地址、邮编等信息；❷ 单击【下一步】按钮，如图 20-114 所示。

图 20-114

Step 09 进入【信封制作向导】界面，单击【完成】按钮，如图 20-115 所示。

图 20-115

Step 10 Word 将自动新建一篇文档，并根据设置的信息批量生成信封，如图 20-116 所示为其中一个信封。

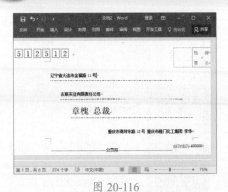

图 20-116

Step 11 将生成的合并文档以"邀请函 - 信封"为名进行保存，切换到【文件】菜单，❶ 在左侧窗格选择【打印】命令；❷ 在【打印机】栏中选择与计算机相连的打印机；❸ 单击【打印】按钮进行打印即可，如图 20-117 所示。

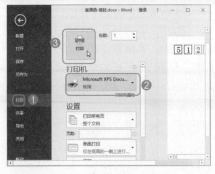

图 20-117

本章小结

　　本章通过具体实例讲解了 Word 在行政文秘中的应用，主要涉及设置文本格式、设置段落格式、设置页面格式、分栏排版、图形图像对象的使用，以及邮件合并功能的使用等知识点。在行政文秘的行业工作中，读者将会制作处理各类形形色色的文档，也许有许多更为复杂的文档，但是只要将所学知识融会贯通，相信读者会轻而易举应对各种难题。

第21章 实战应用：Word 在人力资源管理中的应用

→ 嵌入型以外的图形对象也能设置对齐方式吗？

→ 设置与首页不同的页眉页脚时，如何设置起始页？

→ 怎么使用制表位定位下画线位置？

→ 通过方向键微调图片位置，你会吗？

本章将通过招聘简章、求职信息登记表、劳动合同以及员工入职培训手册制作的学习来了解并解答上述问题。

21.1 制作招聘简章

实例门类	页面格式＋图形图像＋使用表格
教学视频	光盘\视频\第 21 章\21.1.mp4

公司人力资源部门要招聘工作人员时，一般都需要编写招聘启事。因此，写好招聘简章，对于公司人力资源的管理者来说是必要的工作内容。下面就来介绍结合图片、艺术字、文本框及表格等知识点，讲解如何制作招聘简章，完成后的效果如图 21-1所示。

图 21-1

21.1.1 设置页面格式

在制作招聘简章前，需要先对页面格式进行设置，具体操作方法如下。

Step01 新建一篇名为"招聘简章"的空白文档，然后在【页面设置】对话框中设置页边距的大小，如图 21-2 所示。

图 21-2

Step02 ❶ 切换到【设计】选项卡；❷ 单击【页面背景】组中的【页面颜色】按钮；❸ 在弹出的下拉列表中选择一种颜色来作为页面背景颜色，如图 21-3 所示。

图 21-3

21.1.2 使用艺术字、文本框和图片

结合使用艺术字、文本框和图片等对象，可以使版面更加精美，具体操作方法如下。

Step01 ❶ 切换到【插入】选项卡；❷ 单击【文本】组中的【艺术字】按钮；❸ 在弹出的下拉菜单中选择需要的艺术字样式，如图 21-4 所示。

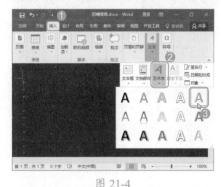

图 21-4

Step02 ❶ 在艺术字编辑框中输入【加入我们】；❷ 切换到【开始】选项卡；❸ 在【字体】组中将字符格式设置为：字体【方正大标宋繁体】，字号【80】，加粗，如图 21-5 所示。

Step03 ❶ 选中【我】字；❷ 将字号设置为【100】，如图 21-6 所示。

Step04 ❶ 选中艺术字；❷ 切换到【绘图工具/格式】选项卡，在【艺术字样式】

组中单击【文本效果】按钮 A ▾；❸ 在弹出的下拉列表中依次选择【棱台】→【柔圆】选项，如图 21-7 所示。

图 21-5

图 21-6

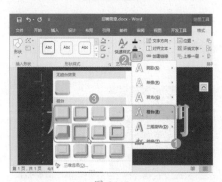

图 21-7

Step05 ❶ 将艺术字拖动到合适位置；❷ 在【排列】组中单击【对齐】按钮；❸ 在弹出的下拉列表中选择需要的对齐方式，本例中选择【水平居中】图标，如图 21-8 所示。

Step06 ❶ 切换到【插入】选项卡，❷ 单击【文本】组中的【文本框】按钮；❸ 在弹出的下拉列表中选择【简单文本框】选项，如图 21-9 所示。

图 21-8

图 21-9

Step07 ❶ 在文本中输入【2016·诚聘·精英】；❷ 切换到【开始】选项卡，在【字体】组中将字符格式设置为：字体【汉仪中圆简】，字号【二号】，加粗，如图 21-10 所示。

图 21-10

Step08 ❶ 选中文本框；❷ 切换到【绘图工具/格式】选项卡；❸ 在【形状样式】组中单击【形状填充】按钮 ▾ 右侧的下拉按钮 ▾；❹ 在弹出的下拉列表中选择【无填充颜色】选项，如图 21-11 所示。

Step09 保持文本框的选中状态，❶ 在【形状样式】组中单击【形状轮廓】按钮 ▾ 右侧的下拉按钮 ▾；❷ 在弹

出的下拉列表中选择【无轮廓】选项，如图 21-12 所示。

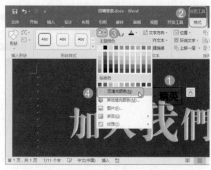

图 21-11

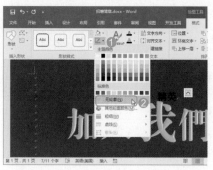

图 21-12

Step10 ❶ 切换到【开始】选项卡；❷ 将【2016·诚聘·精英】的字体颜色设置为【白色】，将【诚聘】字符格式设置为：字号【小初】，倾斜；❸ 通过拖动鼠标的方式调整文本框的大小和位置，设置后的效果如图 21-13 所示。

图 21-13

Step11 ❶ 在文档中定位光标插入点；❷ 切换到【插入】选项卡；❸ 单击【插图】组中的【图片】按钮，如图 21-14 所示。

图 21-14

Step 12 弹出【插入图片】对话框，❶选择需要插入的图片；❷单击【插入】按钮，如图 21-15 所示。

图 21-15

Step 13 ❶选中图片；❷切换到【图片工具/格式】选项卡；❸在【排列】组中单击【环绕文字】按钮；❹在弹出的下拉列表中选择【衬于文字下方】选项，如图 21-16 所示。

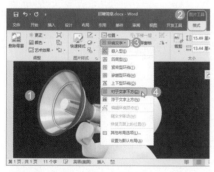

图 21-16

Step 14 选中图片，通过拖动鼠标的方式调整图片大小，并将其拖动到合适位置，效果如图 21-17 所示。

图 21-17

21.1.3 编辑招聘信息

接下来将编辑招聘信息，具体操作方法如下。

Step 01 打开"光盘\素材文件\第 21章\招聘简章 - 内容 .docx"的文件，按【Ctrl+A】组合键选中文档全部内容，按【Ctrl+C】组合键进行复制，如图 21-18 所示。

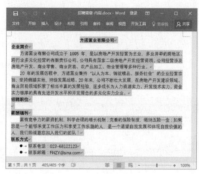

图 21-18

Step 02 切换到"招聘简章 .docx"文档窗口，❶定位光标插入点；❷在【开始】选项卡的【剪贴板】组中单击【粘贴】按钮下方的下拉按钮 ；❸在弹出的下拉列表中选择【保留源格式】选项 ，如图 21-19 所示。

图 21-19

Step 03 ❶选中大标题文本；❷在【字体】组中设置字符格式：字体【方正宋黑简体】、字号【小一】、字体颜色【金色，个性色 4，淡色 40%】、加粗，如图 21-20 所示。

图 21-20

Step 04 ❶选中正文中的标题文本；❷在【字体】组中设置字符格式：字体【方正卡通简体】、字号【三号】、字体颜色【黄色】、加粗，如图 21-21 所示。

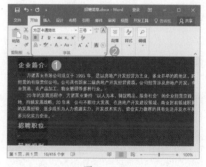

图 21-21

Step 05 ❶选中正文内容；❷在【字体】组中设置字符格式：字体【宋体】、字体颜色【浅蓝】，如图 21-22 所示。

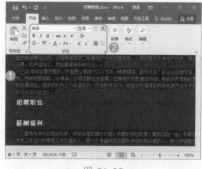

图 21-22

Step 06 ❶将光标插入点定位到需要插入表格的位置；❷切换到【插入】

选项卡；③ 单击【表格】组中的【表格】按钮；④ 在弹出的下拉列表中选择表格大小，本例中为【3×3】，如图 21-23 所示。

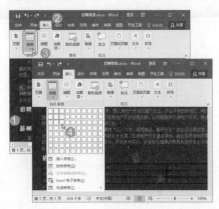

图 21-23

Step07 ① 在表格中输入内容，选中整个表格；② 切换到【开始】选项卡；③ 在【字体】组中设置字符格式：字体【宋体】、字体颜色【浅蓝】，如图 21-24 所示。

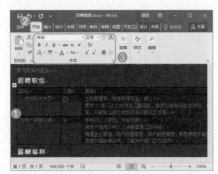

图 21-24

Step08 ① 选中表头；② 在【字体】组中设置字符格式：加粗，如图 21-25 所示。

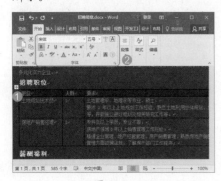

图 21-25

Step09 ① 选中位于第 2 行第 3 列的单元格内容；② 在【开始】选项卡的【段落】组中，单击【编号】按钮右侧的下拉按钮；③ 在弹出的下拉列表中选择需要的编号样式，如图 21-26 所示。

图 21-26

Step10 用同样的方法，将位于第 3 行第 3 列的单元格内容设置编号格式。① 选中表头；② 切换到【表格工具 / 设计】选项卡；③ 在【表格样式】组中单击【底纹】按钮下方的下拉按钮；④ 在弹出的下拉列表中选择需要的底纹颜色，如图 21-27 所示。

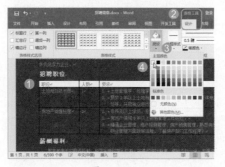

图 21-27

Step11 保持表头的选中状态，① 切换到【表格工具 / 布局】选项卡；② 在【对齐方式】组中单击【水平居中】按钮，如图 21-28 所示。

Step12 用同样的方法，将第 1、2 列中剩余单元格内容的对齐方式设置为【水平居中】。① 选中整个表格；② 切换到【表格工具 / 设计】选项卡；③ 在【边框】组中单击【功能扩展】按钮，如图 21-29 所示。

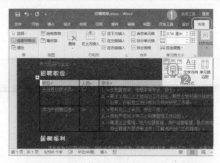

图 21-28

图 21-29

Step13 弹出【边框和底纹】对话框，① 在【颜色】下拉列表中设置表格边框线颜色；② 单击【确定】按钮即可，如图 21-30 所示。至此，完成了招聘简章的制作，其最终效果如图 21-1 所示。

图 21-30

21.2 制作求职信息登记表

实例门类	页面格式＋输入与编辑内容＋使用表格＋打印文档
教学视频	光盘\视频\第21章\21.2.mp4

求职信息登记表是求职者将自己的个人信息经过分析整理并清晰简要地表述出来的书面求职资料。作为人力资源的招聘工作者，可以根据自己需要的求职者个人信息，制作求职信息登记表并将其打印出来，让求职者自己去填写。本节讲解如何制作求职信息登记表，完成后的效果如图21-31所示。

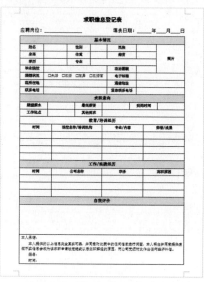

图 21-31

21.2.1 设置页面格式

如果制作的表格比较大，最好将版心设置得稍微大些，以便文档能够容纳更多的内容，具体操作方法为：新建一篇名为"求职信息登记表"的空白文档，然后在【页面设置】对话框中设置页边距的大小，如图21-32所示。

图 21-32

21.2.2 输入文档内容

确定页面版心大小后，就可以在文档中输入并编辑内容了，具体操作方法如下。

Step01 输入标题文本并将其选中，在【开始】选项卡的【字体】组中设置字符格式：字体【汉仪大黑简】，字号【三号】，加粗，在【段落】组中设置【居中】对齐方式，如图21-33示。

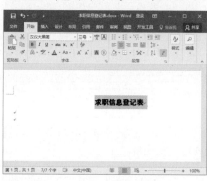

图 21-33

Step02 输入第二段内容并将其选中，在【开始】选项卡的【字体】组中设置字符格式：字体【宋体】，字号【四号】，如图 21-34 所示。

Step03 将标尺显示出来，在标尺栏中添加一个【右对齐】制表符┙，并拖动鼠标调整其位置，如图 21-35所示。

图 21-34

图 21-35

21.2.3 创建与编辑表格

接下来就是本案例的核心操作，即创建与编辑表格，具体操作方法如下。

Step01 ❶ 将光标插入点定位到需要插入表格的位置；❷ 切换到【插入】选项卡；❸ 单击【表格】组中的【表格】按钮；❹ 在弹出的下拉列表中选择【插入表格】选项，如图21-36所示。

图 21-36

Step02 弹出【插入表格】对话框，❶ 在【表格尺寸】栏中设置【列数】为【1】，【行数】为【25】；❷ 单击【确定】按钮，如图 21-37 所示。

图 21-37

Step 03 插入表格后，❶ 选中第 2~8 行；❷ 切换到【表格工具 / 布局】选项卡；❸ 单击【合并】组中的【拆分单元格】按钮，如图 21-38 所示。

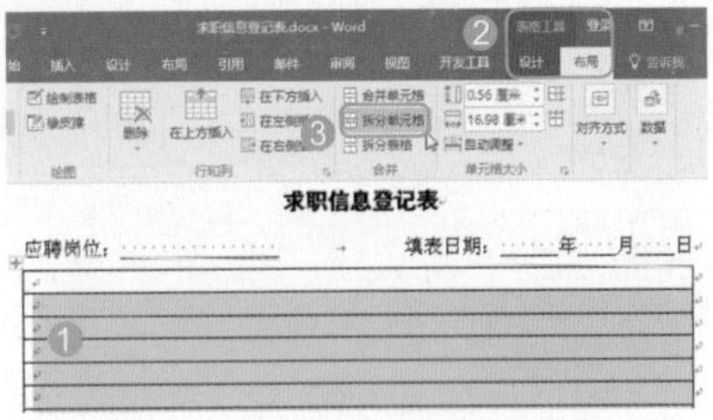

图 21-38

Step 04 弹出【拆分单元格】对话框，❶ 设置【列数】为【7】，【行数】为【7】；❷ 单击【确定】按钮，如图 21-39 所示。

图 21-39

Step 05 返回文档，完成单元格的拆分，如图 21-40 所示。

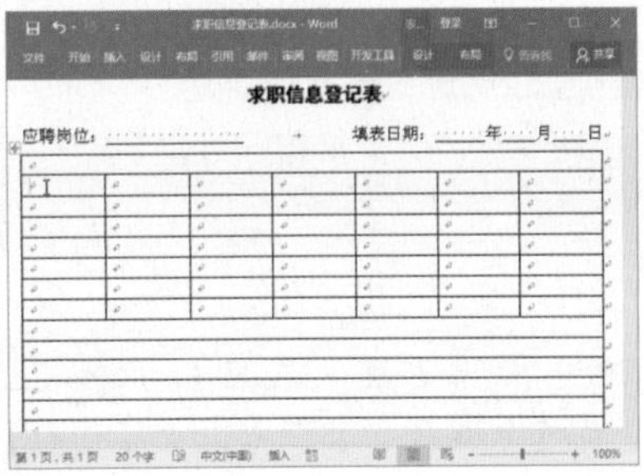

图 21-40

Step 06 参照这样的操作方法，对其他单元格进行拆分操作，拆分后的效果如图 21-41 所示。

图 21-41

Step 07 ❶ 选中第 7 列的 2~5 行单元格；❷ 切换到【表格工具 / 布局】选项卡；❸ 单击【合并】组中的【合并单元格】按钮，如图 21-42 所示。

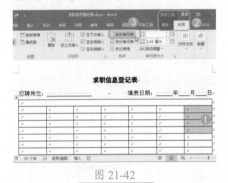

图 21-42

Step 08 所选单元格即可合并为一个单元格，如图 21-43 所示。

图 21-43

Step 09 参照这样的操作方法，对其他相应的单元格进行合并操作，合并后的效果如图 21-44 所示。

图 21-44

Step 10 在表格中输入内容，并对它们设置相应的格式，然后调整合适的列宽，效果如图 21-45 所示。

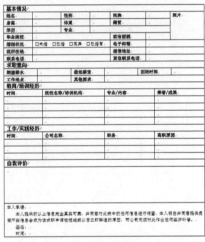

图 21-45

Step 11 ❶ 选中 1~23 行的单元格内容；❷ 切换到【表格工具 / 布局】选项卡；❸ 在【对齐方式】组中单击【水平居中】按钮 ，如图 21-46 所示。

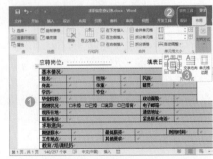

图 21-46

Step⑫ ❶选中【基本情况】【求职意向】【工作/实践经历】和【自我评价】内容所在的行；❷切换到【表格工具/设计】选项卡；❸在【表格样式】组中单击【底纹】按钮下方的下拉按钮；❹在弹出的下拉列表中选择需要的底纹颜色，如图21-47所示。

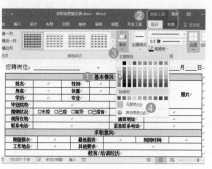

图 21-47

Step⑬ ❶选中整个表格；❷打开【段落】对话框，将间距设置为段前0.2行、段后0.2行；❸取消【如果定义了文档网格，则对齐到网格】复选框的选中，如图21-48所示。至此，完成了求职信息登记表的制作，其最终效果如图21-31所示。

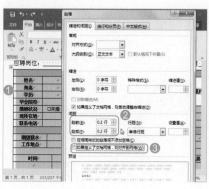

图 21-48

21.2.4 打印表格

求职信息登记表制作好后，就可以将其打印出来了，具体操作方法为：切换到【文件】菜单，在左侧窗格选择【打印】命令，在【打印机】栏中选择与计算机相连的打印机，在【份数】微调框中设置打印份数，完成设置后单击【打印】按钮进行打印即可，如图21-49所示。

图 21-49

21.3 制作劳动合同

实例门类	页面格式+字符与段落格式+分页符+分栏排版+页眉页脚+打印文档
教学视频	光盘\视频\第21章\21.3.mp4

劳动合同是指劳动者与用人单位之间确立劳动关系、明确双方权利和义务的协议。所以，作为人力资源的工作人员，是需要制作劳动合同的。一般情况下，企业可以采用劳动部门制作的格式文本。也可以在遵循劳动法律法规前提下，可以根据公司情况，制定合理、合法、有效的劳动合同。接下来就结合相关知识，讲解劳动合同的制作过程，完成制作后的效果如图21-50所示。

图 21-50

21.3.1 页面设置

制作劳动合同前，需要先进行页面设置，主要设置页边距大小及装订线位置，具体操作方法为：新建一篇名为"劳动合同"的空白文档，打开【页面设置】对话框，在【页边距】栏中设置页边距的大小，以及装订线的位置，如图21-51所示。

图 21-51

21.3.2 编辑首页内容

接下来，将设置合同首页的内容，具体操作方法如下。

Step① ❶在文档起始处输入如下内容，然后选中第一段内容；❷在【开始】选项卡的【字体】组中设置字符格式：字体【宋体】，字号【小四】；❸打开【段落】对话框，将段前间距设置为【0.5行】，并取消【如果定义了文档网格，则对齐到网格】复选框的选中，如图21-52所示。

图 21-52

Step02 ❶ 选中第 2 段内容；❷ 在【字体】组中设置字符格式：字体【方正大标宋简体】，字号【小初】，加粗；❸ 在【段落】组设置居中对齐方式 ≡，如图 21-53 所示。

图 21-53

Step03 ❶ 保持第 2 段内容的选中状态，打开【段落】对话框，将段前间距设置为【8 行】，并取消【如果定义了文档网格，则对齐到网格】复选框的选中；❷ 单击【确定】按钮，如图 21-54 所示。

图 21-54

Step04 ❶ 选中剩余段落；❷ 在【字体】组中设置字符格式：字体【宋体】，字号【四号】；❸ 打开【段落】对话框，将段前间距设置为【2 行】，段后间距设置为【2 行】，并取消【如果定义了文档网格，则对齐到网格】复选框的选中，如图 21-55 所示。

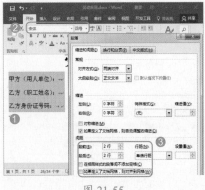

图 21-55

Step05 ❶ 选中【编号：】右侧的制表位标记 " → "，按【Ctrl+U】组合键设置下画线；❷ 在标尺栏中添加一个【左对齐】制表符 " ∟ "，并拖动鼠标调整其位置，如图 21-56 所示。

图 21-56

Step06 用同样的方法，对其他段落中的制表位设置制表符的位置，完成后的效果如图 21-57 所示。

图 21-57

21.3.3 编辑劳动合同内容

首页内容编辑好后，接下来就要编辑劳动合同内容，以及设置页眉页脚，具体操作方法如下。

Step01 ❶ 定位光标插入点；❷ 切换到【布局】选项卡；❸ 单击【页面设置】组中的【分隔符】按钮 片；❹ 在弹出的下拉列表中选择【分页符】选项，如图 21-58 所示。

图 21-58

Step02 打开 "光盘 \ 素材文件 \ 第 21 章 \ 劳动合同 - 内容 .docx" 的文件，按【Ctrl+A】组合键选中文档全部内容，按【Ctrl+C】组合键进行复制，如图 21-59 所示。

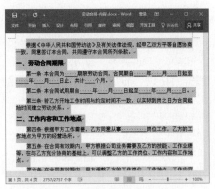

图 21-59

Step03 切换到 "劳动合同 .docx" 文档窗口，❶ 定位光标插入点；❷ 在【开始】选项卡的【剪贴板】组中单击【粘贴】按钮下方的下拉按钮 ▼；❸ 在弹出的下拉列表中选择【保留源格式】选项 📋，如图 21-60 所示。

图 21-60

Step04 ① 在文档末尾选中目标段落；② 切换到【布局】选项卡；③ 单击【页面设置】组中的【分栏】按钮；④ 在弹出的下拉列表中选择【两栏】选项，如图 21-61 所示。

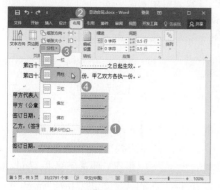

图 21-61

Step05 所选内容将以两栏形式分栏排版，如图 21-62 所示。

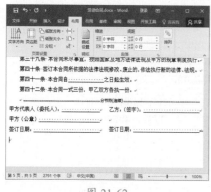

图 21-62

Step06 在文档第 2 页，双击页眉进入页眉编辑区，① 切换到【页眉和页脚工具/设计】选项卡；② 选中【选

项】组中的【首页不同】复选框，如图 21-63 所示。

图 21-63

Step07 ① 在第 2 页的页眉中输入公司名称并将其选中；② 切换到【开始】选项卡；③ 在【字体】组中设置字符格式：字体【汉仪中圆简】，字号【五号】；④ 在【段落】组中设置左对齐，如图 21-64 所示。

图 21-64

Step08 ① 将光标插入点定位到第 2 页的页脚；② 切换到【页眉和页脚工具/设计】选项卡；③ 单击【页眉和页脚】组中的【页码】按钮；④ 在弹出的下拉列表中依次选择【当前位置】→【普通数字】选项，如图 21-65 所示。

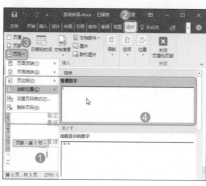

图 21-65

Step09 ① 单击【页眉和页脚】组中的

【页码】按钮；② 在弹出的下拉列表中选择【设置页码格式】选项，如图 21-66 所示。

图 21-66

Step10 弹出【页码格式】对话框，① 在【编号格式】下拉列表中选择页面格式；② 在【起始页码】微调框中将起始页码设置为【0】；③ 单击【确定】按钮，如图 21-67 所示。

图 21-67

技术看板

本案例中，虽然是设置与首页不同的页眉页脚，但是页码依然是从首页开始计算，如果希望第 2 页的页码显示为"1"，那么就需要将起始页码设置为"0"，即表示首页的页码为"0"。

Step11 ① 返回文档，在第 2 页的页脚处选中页码内容；② 切换到【开始】选项卡；③ 在【字体】组中设置字符格式：字体【Arial】，字号【五号】；④ 在【段落】组中设置右对齐，如图 21-68 所示。

图 21-68

图 21-69

Step⑫ ❶ 切换到【页眉和页脚工具/设计】选项卡；❷ 单击【关闭】组中的【关闭页眉和页脚】按钮，退出页眉页脚编辑状态即可，如图 21-69 所示。至此，完成了劳动合同的制作，其最终效果如图 21-50 所示。

21.3.4 打印劳动合同

劳动合同一般是一式三份，劳动局、用人单位、劳动者各执一份。所以，在打印劳动合同时，一般打印 3 份。

打印劳动合同的具体操作方法为：切换到【文件】菜单，在左侧窗格单击【打印】命令，在【打印机】栏中选择与计算机相连的打印机，在【份数】微调框中设置打印份数，完成设置后单击【打印】按钮进行打印即可，如图 21-70 所示。

图 21-70

21.4 制作员工入职培训手册

实例门类	设计封面 + 使用样式 + 编辑页眉页脚 + 设置目录
教学视频	光盘 \ 视频 \ 第 21 章 \21.4.mp4

一般新员工进来后，第一件事就是进行入职培训。新员工通过入职培训可以进一步了解企业，对企业的发展情况、企业文化、业务流程、管理制度等都可以进行全面的了解。同时，入职培训也能验证招聘者在招聘过程中的各种说法，并且可以使员工进一步坚定自己的选择。因此，新员工的入职培训对企业来说显得特别的重要。那么，要进行入职培训，一般就要制作员工入职培训手册，接下来就讲解员工入职培训手册的制作方法，完成制作后的效果如图 21-71 所示。

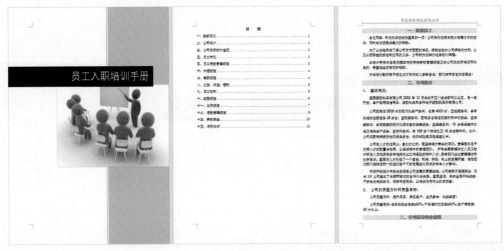

图 21-71

21.4.1 设置封面

为了使员工入职培训手册更具专业性，一般需要制作封面。如果不想自己设计封面，可以使用 Word 提供的内置封面并稍加修改，从而形成自己需要的封面效果，具体操作方法如下。

Step① 打开"光盘 \ 素材文件 \ 第 21

章\员工入职培训手册.docx"的文件，❶切换到【插入】选项卡；❷在【页面】组中单击【封面】按钮；❸在弹出的下拉列表中选择需要的封面样式，如图21-72所示。

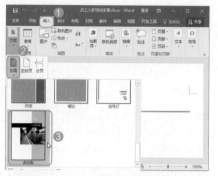

图 21-72

Step❷ 文档首页即可插入所选样式的封面，在【文档标题】占位符中输入"员工入职培训手册"，然后删除其他多余占位符，效果如图21-73所示。

图 21-73

Step❸ ❶选中图片；❷切换到【图片工具/格式】选项卡；❸单击【调整】组中的【更改图片】按钮，如图21-74所示。

图 21-74

Step❹ 打开【插入图片】页面，单击【浏览】按钮，如图21-75所示。

图 21-75

Step❺ ❶在弹出的【插入图片】对话框中选择新图片；❷单击【插入】按钮，如图21-76所示。

图 21-76

Step❻ 返回文档，可看见选择的新图片替换了原有图片，因为图片大小不一样，所以有时候可能需要调整图片位置，本例中只需选中图片，然后通过方向键【→】向右进行微调，调整后的效果如图21-77所示。

图 21-77

21.4.2　使用样式排版文档

对于大型文档而言，手动设置

内容格式是非常不明智的，此时可以使用样式来快速排版，具体操作方法如下。

Step❶ 为了更好地使用样式，先要设置样式的显示方式。❶在【开始】选项卡的【样式】组中，单击【功能扩展】按钮；❷在打开的【样式】窗格中单击【选项】链接；❸弹出【样式窗格选项】对话框，在【选择要显示的样式】下拉列表中选择【当前文档中的样式】选项；❹单击【确定】按钮，如图21-78所示。

图 21-78

Step❷ ❶将光标插入点定位到需要应用样式的段落中；❷在【样式】窗格中单击【新建样式】按钮，如图21-79所示。

图 21-79

Step❸ 弹出【根据格式设置创建新样式】对话框，❶在【属性】栏中设置样式的名称、样式类型等参数；❷单击【格式】按钮；❸在弹出的菜单中选择【字体】命令，如图21-80所示。

图 21-80

Step04 ❶ 在弹出的【字体】对话框中设置字体格式参数；❷ 完成设置后单击【确定】按钮，如图 21-81 所示。

图 21-81

Step05 返回【根据格式设置创建新样式】对话框，❶ 单击【格式】按钮；❷ 在弹出的菜单中选择【段落】命令，如图 21-82 所示。

图 21-82

Step06 ❶ 在弹出的【段落】对话框中设置段落格式；❷ 完成设置后单击【确定】按钮，如图 21-83 所示。

图 21-83

Step07 返回【根据格式设置创建新样式】对话框，单击【确定】按钮，如图 21-84 所示。

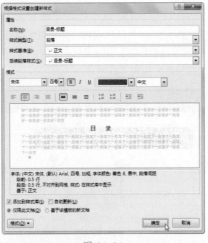

图 21-84

Step08 返回文档，即可看见当前段落应用了新建的样式【目录 - 标题】，如图 21-85 所示。

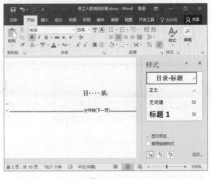

图 21-85

Step09 用同样的方法，新建一个名为【手册 - 标题 1】的新样式，并应用到相关段落，如图 21-86 所示。

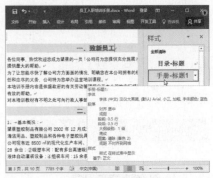

图 21-86

Step10 用同样的方法，新建一个名为【悬挂缩进 -2 字符】的新样式，并应用到相关段落，如图 21-87 所示。

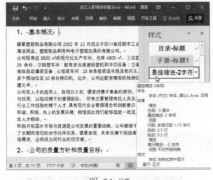

图 21-87

Step11 用同样的方法，新建一个名为【首行缩进 -2 字符】的新样式，并应用到相关段落，如图 21-88 所示。

Step12 用同样的方法，新建一个名为【手册 - 项目符号】的新样式，并应用到相关段落，如图 21-89 所示。

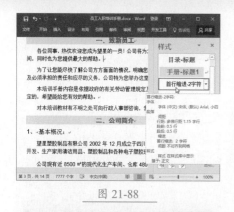

图 21-88

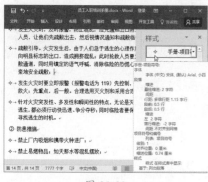

图 21-89

21.4.3 设置页眉、页脚

将文档内容的格式调整好后，接下来就需要设置页眉、页脚内容了，具体操作方法如下。

Step 01 在文档第3页双击页眉进入页眉编辑区，❶ 在【页眉和页脚工具/设计】选项卡的【导航】组中，单击【链接到前一条页眉】按钮，取消该按钮的选中状态；❷ 在页眉处输入并编辑页眉内容，如图 21-90 所示。

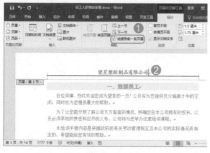

图 21-90

Step 02 将光标定位到当前页的页脚，❶ 单击【导航】组中的【链接到前一

条页眉】按钮，取消该按钮的选中状态；❷ 单击【页眉和页脚】组中的【页码】按钮；❸ 在弹出的下拉列表中依次选择【当前位置】→【普通数字】选项，如图 21-91 所示。

图 21-91

Step 03 ❶ 插入页码后，对其设置字符格式及居中对齐方式；❷ 单击【页眉和页脚】组中的【页码】按钮；❸ 在弹出的下拉列表中选择【设置页码格式】选项，如图 21-92 所示。

图 21-92

Step 04 弹出【页码格式】对话框，❶ 在【起始页码】微调框中将起始页码设置为"1"；❷ 单击【确定】按钮，如图 21-93 所示。

图 21-93

Step 05 返回文档，可发现第3页的页码显示为"1"，单击【关闭】组中的【关闭页眉和页脚】按钮，退出页眉页脚编辑即可，如图 21-94 所示。

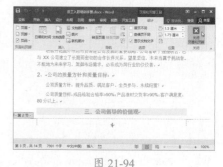

图 21-94

21.4.4 制作目录

此时，已经完成了入职培训手册的排版操作，接下来将设置文档的目录，具体操作方法如下。

Step 01 ❶ 将光标插入点定位在需要插入目录的位置；❷ 切换到【引用】选项卡；❸ 单击【目录】组中的【目录】按钮；❹ 在弹出的下拉列表中选择【自定义目录】选项，如图 21-95 所示。

图 21-95

Step 02 弹出【目录】对话框，❶ 将【显示级别】微调框的值设置为【1】；❷ 单击【修改】按钮；❸ 弹出【样式】对话框，在【样式】列表框中选择【目录1】选项；❹ 单击【修改】按钮，如图 21-96 所示。

图 21-96

Step 03 弹出【修改样式】对话框，在【格式】栏中设置字符格式，❶单击【格式】按钮；❷在弹出的菜单中选择【段落】命令，如图 21-97 所示。

图 21-97

Step 04 ❶在弹出的【段落】对话框中设置段落格式；❷完成设置后单击【确定】按钮，如图 21-98 所示。

图 21-98

Step 05 ❶返回【样式】对话框，单击【确定】按钮；❷在返回的【目录】对话框中单击【确定】按钮即可，如图 21-99 所示。

Step 06 返回文档，可看到根据设置插入的目录，如图 21-100 所示。至此，完成了员工入职培训手册的制作，其最终效果如图 21-71 所示。

图 21-99

图 21-100

本章小结

　　本章通过具体实例讲解了 Word 在人力资源管理中的应用，主要涉及设置页面格式、图形图像对象的使用、分栏排版、设置页眉页脚、制表位、创建与编辑表格、制作目录等知识。在实际工作中，读者所遇到的工作可能比上述案例更加复杂，但只要有条不紊地将工作进行细化处理，那么再难的文档也将变得得心应手。

第22章　实战应用：Word 在市场营销中的应用

➡ 将图片设置为图形的填充效果，你会吗？

➡ 自己制作封面太难吗？

➡ 如何在文档中使用命令按钮控件？

本章将通过实例制作促销宣传海报、投标书、问卷调查表、商业计划书来介绍 Office 办公软件在市场营销中的应用。

22.1　制作促销宣传海报

实例门类	页面设置＋编辑图形图像＋编辑艺术字
教学视频	光盘\视频\第 22 章\22.1.mp4

促销海报就是宣传用的促销报刊类读物。促销海报主要以图片表达为主，文字表达为辅，制作一份突出产品特色的促销海报，可以吸引顾客前来购买。本节中主要运用图形、图像及艺术字等对象来制作促销海报，完成后的效果如图 22-1 所示。

图 22-1

22.1.1　设置页面格式

在制作海报前，需要先进行页面设置，以及设置页码颜色，具体操作方法如下。

Step01 新建一篇名为"促销海报"的空白文档，打开【页面设置】对话框，❶ 将纸张方向设置为【横向】；❷ 在【页边距】栏中设置页边距大小，如图 22-2 所示。

图 22-2

Step02 ❶ 切换到【设计】选项卡；❷ 单击【页面背景】组中的【页面颜色】按钮；❸ 在弹出的下拉列表中选择一种颜色来作为页面背景颜色，如图 22-3 所示。

图 22-3

22.1.2　编辑海报版面

海报的版面设计决定了是否能第一时间吸引他人的注意，接下来就讲解如何设计海报版面，具体操作方法如下。

Step01 ❶ 切换到【插入】选项卡；❷ 单击【插图】组中的【形状】按钮；❸ 在弹出的下拉列表中选择【爆炸形1】绘图工具，如图 22-4 所示。

图 22-4

Step02 ❶ 在文档中绘制一个爆炸形图形，然后将其选中；❷ 切换到【绘图工具 / 格式】选项卡；❸ 在【形状样式】组中单击【形状填充】按钮 右侧的下拉按钮；❹ 在弹出的下拉列表中选择形状填充颜色，如图 22-5 所示。

图 22-5

Step 03 保持图形的选中状态，❶ 在【形状样式】组中单击【形状轮廓】按钮 右侧的下拉按钮 ；❷ 在弹出的下拉列表中选择【无轮廓】选项，如图 22-6 所示。

图 22-6

Step 04 通过拖动鼠标的方式，调整爆炸形图形的大小，并将其拖动到合适的位置，效果如图 22-7 所示。

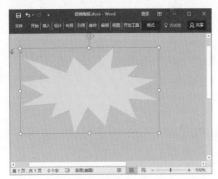

图 22-7

Step 05 ❶ 切换到【插入】选项卡；❷ 单击【文本】组中的【文本框】按钮；❸ 在弹出的下拉列表中选择【简单文本框】选项，如图 22-8 所示。

图 22-8

Step 06 ❶ 文档中将插入一个文本框，在其中输入文本内容；❷ 切换到【开始】选项卡；❸ 在【字体】组中设置字符格式：字体【方正卡通简体】，字号【一号】，字体颜色【红色】，加粗；❹ 在【段落】组中为第一段文字设置右对齐，为第二段文字设置左对齐，如图 22-9 所示。

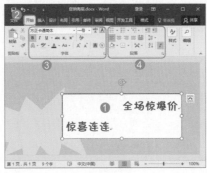

图 22-9

Step 07 ❶ 选中文本框；❷ 切换到【绘图工具 / 格式】选项卡；❸ 在【形状样式】组中单击【形状填充】按钮 右侧的下拉按钮 ；❹ 在弹出的下拉列表中选择【无填充颜色】选项，如图 22-10 所示。

图 22-10

Step 08 保持文本框的选中状态，❶ 在【形状样式】组中单击【形状轮廓】按钮 右侧的下拉按钮 ；❷ 在弹出的下拉列表中选择【无轮廓】选项，如图 22-11 所示。

图 22-11

Step 09 ❶ 通过鼠标调整当前文本框的大小和位置；❷ 参照上述操作方法，再次插入一个文本框，并对其进行相应的编辑操作，完成后的效果如图 22-12 所示。

图 22-12

Step 10 ❶ 切换到【插入】选项卡；❷ 单击【文本】组中的【艺术字】按钮；❸ 在弹出的下拉菜单中选择需要的艺术字样式，如图 22-13 所示。

图 22-13

Step 11 ❶ 在艺术字编辑框中输入内容；❷ 切换到【开始】选项卡；❸ 在【字体】组中将字符格式设置为：字体【方正胖娃简体】，字号【小初】，加粗，如图 22-14 所示。

图 22-14

Step 12 ❶ 选中艺术字；❷ 切换到【绘图工具 / 格式】选项卡，在【艺术字样式】组中单击【文本效果】按钮 A∙；❸ 在弹出的下拉列表中依次选择【阴影】→【右上对角透视】选项，如图 22-15 所示。

图 22-15

Step 13 ❶ 定位光标插入点；❷ 切换到【插入】选项卡；❸ 单击【插图】组中的【图片】按钮，如图 22-16 所示。

图 22-16

Step 14 弹出【插入图片】对话框，❶ 选择需要插入的图片；❷ 单击【插入】按钮，如图 22-17 所示。

图 22-17

Step 15 ❶ 选中图片；❷ 切换到【图片工具 / 格式】选项卡；❸ 在【排列】组中单击【环绕文字】按钮；❹ 在弹出的下拉列表中选择【衬于文字下方】选项，如图 22-18 所示。

图 22-18

Step 16 选中图片，通过拖动鼠标的方式调整图片大小，并将其拖动到合适位置，效果如图 22-19 所示。

图 22-19

Step 17 通过【矩形】绘图工具，在文档中绘制一个矩形图形，对其设置红色边框，然后拖动鼠标指针调整其大

小，并拖动到合适位置，效果如图 22-20 所示。

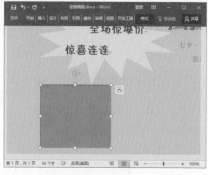

图 22-20

Step 18 选中绘制好的矩形图形，复制多个相同的矩形，并将它们调整到合适的位置，效果如图 22-21 所示。

图 22-21

Step 19 ❶ 选中第 1 个矩形；❷ 切换到【绘图工具 / 格式】选项卡；❸ 在【形状样式】组中单击【形状填充】按钮 ∙ 右侧的下拉按钮 ▾；❹ 在弹出的下拉列表中选择【图片】选项，如图 22-22 所示。

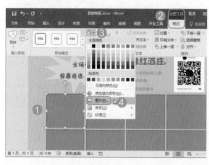

图 22-22

Step 20 打开【插入图片】页面，单击【浏览】按钮，如图 22-23 所示。

图 22-23

Step21 弹出【插入图片】对话框，❶ 选择一张图片来作为图形的填充效果；❷ 单击【插入】按钮，如图 22-24 所示。

图 22-24

Step22 用同样的方法，依次对其他矩形图形设置图片填充效果，如图 22-25 所示。

图 22-25

Step23 通过【心形】绘图工具，在文档中绘制一个心形图形，对其设置浅绿色填充效果，无轮廓，然后拖动鼠标指针调整其大小，并拖动到合适位置，效果如图 22-26 所示。

图 22-26

Step24 插入一个文本框，对其设置无填充颜色，无轮廓，在其中输入并编辑文字内容，然后拖动鼠标指针调整其大小，并拖动到合适位置，如图 22-27 所示。

图 22-27

Step25 ❶ 选中心形图形及刚才插入的文本框，右击；❷ 在弹出的快捷菜单中依次选择【组合】→【组合】命令，如图 22-28 所示。

图 22-28

Step26 此时，选中的对象就组成了一个整体。选中这个整体，复制多个相同的组合，分别将它们调整到合适的位置，并依次设置它们的价格，如图 22-29 所示。至此，完成了促销海报的制作，最终效果如图 22-29 所示。

图 22-29

22.2　制作投标书

实例门类	制作封面＋运用样式＋设置页眉、页脚＋设置目录＋转换为 PDF 文档
教学视频	光盘\视频\第 22 章\22.2.mp4

投标书是指投标单位按照招标书的条件和要求，向招标单位提交的报价并填具标单的文书。它要求密封后邮寄或派专人送到招标单位，故又称标函。它是投标单位在充分领会招标文件，进行现场实地考察和调查的基础上所编制的投标文书，是对招标公告提出的要求的响应和承诺，并同时提出具体的标价及有关事项来竞争中标。本案例中将运用样式、页眉、页

脚等知识点对投标书进行排版美化操作，最后再转换为 PDF 文档，以方便存放和传递。完成投标书制作后的效果如图 22-30 所示。

图 22-30

22.2.1 制作投标书封面

Word 虽然提供了内置样式的封面，但是样式数量毕竟有限，要想制作具有个性化的封面，还得自己手动制作。许多用户会觉得自己制作封面非常难，其实通过本节的学习，用户会发现自己设计封面很简单，具体操作方法如下。

Step01 打开"光盘\素材文件\第22章\投标书 .docx"的文件，❶ 将光标插入点定位到文档起始处；❷ 切换到【布局】选项卡；❸ 单击【页面设置】组中的【分隔符】按钮，❹ 弹出下拉列表中选择【分页符】选项，如图 22-31 所示。

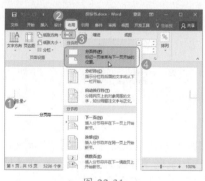

图 22-31

Step02 光标插入点所在位置的前面将插入一个分页符，从而在当前页的前面插入一个新页，这个新的页面成为了文档的首页。❶ 在首页通过按【Enter】键输入众多空行，然后在合适位置输入公司名称；❷ 切换到【开始】选项卡，在【字体】组中设置字

符格式：字体【汉仪大黑简】，字号【二号】，字体颜色【紫色】，加粗；❸ 在【段落】组中设置【居中】对齐方式，如图 22-32 所示。

图 22-32

Step03 ❶ 在合适位置输入【投标书】；❷ 在【字体】组中设置字符格式：字体【方正宋黑简体】，字号【初号】，字体颜色【紫色】，加粗；❸ 在【段落】组中设置【居中】对齐方式，如图 22-33 所示。

图 22-33

Step04 ❶ 在合适位置输入文本内容；❷ 在【字体】组中设置字符格式：字体【汉仪中圆简】，字号【三号】，字体颜色【紫色】，加粗；❸ 在【段落】组中设置【居中】对齐方式，如图 22-34 所示。

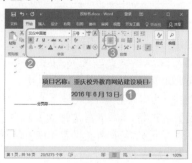

图 22-34

Step05 ❶ 定位光标插入点；❷ 切换到【插入】选项卡；❸ 单击【插图】组中的【图片】按钮，如图 22-35 所示。

图 22-35

Step06 弹出【插入图片】对话框，❶ 选择需要插入的图片；❷ 单击【插入】按钮，如图 22-36 所示。

图 22-36

Step07 ❶ 选中图片；❷ 切换到【图片工具 / 格式】选项卡；❸ 在【排列】组中单击【环绕文字】按钮；❹ 在弹出的下拉列表中选择【浮于文字上方】选项，如图 22-37 所示。

图 22-37

Step08 选中图片，通过拖动鼠标的方式调整图片大小，并将其拖动到合适

位置，效果如图 22-38 所示。

图 22-38

Step09 参照上述操作，将"光盘\素材文件\第22章\封面1.jpg"图片插入到首页，并对其设置【衬于文字下方】环绕方式，然后调整图片位置及大小，使其铺满首页页面，效果如图 22-39 所示。

图 22-39

22.2.2 使用样式排版文档

由于投标书的篇幅较长，需要使用样式来格式化文档内容，在设置过程中，对标题设置相应的大纲级别，方便用户通过【导航窗格】栏查阅文档内容。使用样式格式化文档的具体操作方法如下。

Step01 ❶ 在【开始】选项卡的【样式】组中，单击【功能扩展】按钮，打开【样式】窗格；❷ 将光标插入点定位到需要应用样式的段落中；❸ 在【样式】窗格中单击【新建样式】按钮，如图 22-40 所示。

图 22-40

Step02 弹出【根据格式设置创建新样式】对话框，❶ 在【属性】栏中设置样式的名称、样式类型等参数；❷ 在【格式】栏中设置字符格式；❸ 单击【格式】按钮；❹ 在弹出的菜单中选择【段落】命令，如图 22-41 所示。

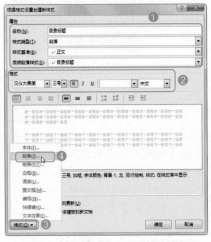

图 22-41

Step03 ❶ 在弹出的【段落】对话框中设置段落格式；❷ 完成设置后单击【确定】按钮，如图 22-42 所示。

Step04 返回【根据格式设置创建新样式】对话框，❶ 单击【格式】按钮；❷ 在弹出的菜单中选择【边框】命令，如图 22-43 所示。

图 22-42

图 22-43

Step05 弹出【边框和底纹】对话框，❶ 切换到【底纹】选项卡；❷ 在【填充】下拉列表中选择底纹颜色；❸ 单击【确定】按钮；❹ 在返回的【根据格式设置创建新样式】对话框中单击【确定】按钮，如图 22-44 所示。

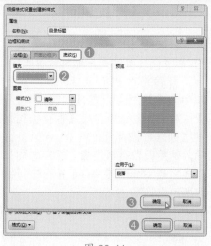

图 22-44

Step 06 返回文档,即可看见当前段落应用了新建的样式,如图 22-45 所示。

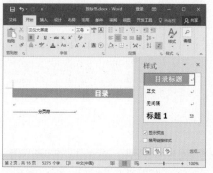

图 22-45

Step 07 参照上述方法,在当前文档中新建其他样式,并分别应用到相应的段落中,此处不再赘述。如图 22-46 所示为部分样式应用后的效果。

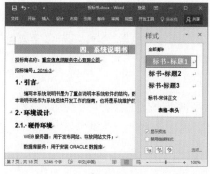

图 22-46

22.2.3 设置页眉和页脚

接下来将为投标书设计页眉和页

脚,具体操作方法如下。

Step 01 在第 2 页双击页眉进入页眉编辑区,❶ 切换到【页眉和页脚工具 / 设计】选项卡;❷ 在【选项】组中选中【首页不同】和【奇偶页不同】复选框,如图 22-47 所示。

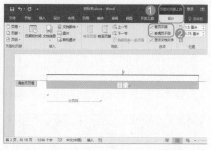

图 22-47

Step 02 在偶数页的页眉中输入并编辑页眉内容,如图 22-48 所示。

图 22-48

Step 03 在奇数页的页眉中输入并编辑页眉内容,如图 22-49 所示。

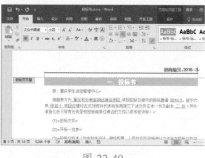

图 22-49

Step 04 将光标定位到偶数页的页脚,❶ 单击【页眉和页脚】组中的【页码】按钮;❷ 在弹出的下拉列表中依次选择【当前位置】→【普通数字】选项,如图 22-50 所示。

图 22-50

Step 05 输入页码后,对其设置字符格式及右对齐,如图 22-51 所示。

图 22-51

Step 06 ❶ 用同样的方法,在奇数页页脚插入页码并编辑页码内容格式;❷ 单击【关闭】组中的【关闭页眉和页脚】按钮,退出页眉页脚编辑状态即可,如图 22-52 所示。

图 22-52

22.2.4 设置目录

接下来设置投标书的目录,具体操作方法如下。

Step 01 ❶ 将光标插入点定位在需要插入目录的位置;❷ 切换到【引用】选项卡;❸ 单击【目录】组中的【目录】按钮;❹ 在弹出的下拉列表中选择【自定义目录】选项,如图 22-53 所示。

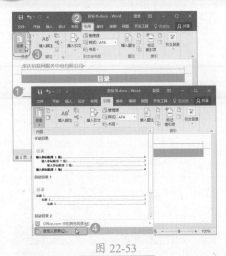

图 22-53

图 22-54

Step 02 弹出【目录】对话框，❶ 将【显示级别】微调框的值设置为"3"；❷ 单击【确定】按钮，如图 22-54 所示。

Step 03 返回文档，光标插入点所在位置即可插入目录，如图 22-55 所示。至此，完成了投标书的制作，最终效果如图 22-55 所示。

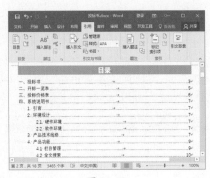

图 22-55

22.2.5 转换为 PDF 文档

将投标书制作好后，为了方便查阅，以及防止其他用户随意修改内容，可将其转换为 PDF 文档。在"投标书 .docx"文档中，按【F12】键打开【另存为】对话框，在【保存类型】下拉列表中选择【PDF（*.pdf）】选项，然后设置存放位置、保存名称等参数，最后单击【保存】按钮进行保存即可，如图 22-56 所示。

图 22-56

22.3　制作问卷调查表

实例门类	使用 ActiveX 控件＋设置宏代码＋限制编辑
教学视频	光盘＼视频＼第 22 章＼22.3.mp4

在企业开发新产品或推出新服务时，为了使产品服务更好地适应市场的需求，通常需要事先对市场需求进行调查。本例将使用 Word 制作一份问卷调查表，并利用 Word 中的 Visual Basic 脚本添加一些交互功能，使调查表更加人性化，让被调查者可以更快速、方便地填写问卷信息。接下来将以制作婴儿手推车问卷调查表为例，讲解问卷调查表的制作过程，完成制作后的效果如图 22-57 所示。

图 22-57

22.3.1　将文件另存为启用宏的 Word 文档

在问卷调查表中，需要使用 ActiveX 控件，并需要应用宏命令实现部分控件的特殊功能，所以需要将 Word 文档另存为启动宏的 Word 文档格式，操作方法为：打开"光盘＼素材文件＼第 22 章＼问卷调查表 .docx"的文件，按【F12】键，弹出【另存为】对话框，在【保存类型】下拉列表中选择【启用宏的 Word 文档（*.docm）】选项，然后设置存放位置、保存名称等参数，最后单击【保存】按钮进行保存即可，如图 22-58 所示。完成保存后，将得到一个"问卷调查表 .docm"文档。

图 22-58

22.3.2 在调查表中应用 ActiveX 控件

接下来,将结合使用文本框控件、选项按钮控件、复选框控件和命令按钮控件来制作问卷调查表,具体操作方法如下。

Step01 在上述保存的"问卷调查表.docm"文档中,❶ 将光标插入点定位到需要插入控件的位置;❷ 切换到【开发工具】选项卡;❸ 单击【控件】组中的【旧式工具】按钮 ▦;❹ 在弹出的下拉列表中单击【ActiveX 控件】栏中的【单选按钮(ActiveX 控件)】图标 ◉,如图 22-59 所示。

图 22-59

Step02 ❶ 光标插入点所在位置即可插入一个单选按钮控件,使用鼠标对其单击;❷ 在弹出的快捷菜单中选择【属性】命令,如图 22-60 所示。

图 22-60

Step03 弹出【属性】对话框,❶ 将【AutoSize】属性的值设置为【True】;❷【WordWrap】属性的值设置为【False】;❸【Caption】属性的值设置为【男】;❹【GroupName】属性的值设置为【问 1】;❺ 单击【Font】

属性右侧出现的 ⋯ 按钮,如图 22-61 所示。

图 22-61

Step04 弹出【字体】对话框,❶ 设置选项内容的字体格式;❷ 单击【确定】按钮,如图 22-62 所示。

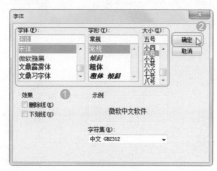

图 22-62

Step05 返回【属性】对话框,单击【关闭】按钮 ✕ 关闭【属性】对话框,如图 22-63 所示。

图 22-63

Step06 返回文档,完成了问题 1 的第 1 个选项的制作,如图 22-64 所示。

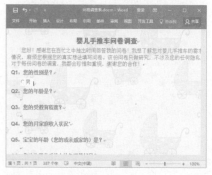

图 22-64

Step07 通过插入单选按钮控件,继续制作问题 1 的第 2 个选项,如图 22-65 所示。

图 22-65

Step08 通过插入单选按钮控件,依次设置问题 2~6、问题 9~12 的选项,效果如图 22-66 所示。

图 22-66

Step09 ❶ 将光标插入点定位到问题 7 下方;❷ 单击【控件】组中的【旧式工具】按钮 ▦;❸ 在弹出的下拉列表中单击【ActiveX 控件】栏中的【复选框(ActiveX 控件)】图标 ☑,如

图 22-67 所示。

图 22-67

Step⑩ ❶ 光标插入点所在位置即可插入一个复选框控件，使用鼠标对其单击；❷ 在弹出的快捷菜单中选择【属性】命令，如图 22-68 所示。

图 22-68

Step⑪ 弹出【属性】对话框，❶ 将【AutoSize】属性的值设置为【True】；❷【WordWrap】属性的值设置为【False】；❸【Caption】属性的值设置为【价格】；❹【GroupName】属性的值设置为【问 7】；❺ 单击【Font】属性右侧出现的□按钮，如图 22-69 所示。

图 22-69

Step⑫ 弹出【字体】对话框，❶ 设置选项内容的字体格式；❷ 单击【确定】按钮，如图 22-70 所示。

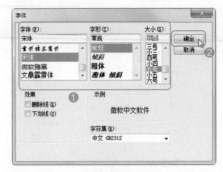

图 22-70

Step⑬ 返回【属性】对话框，单击【关闭】按钮 区 关闭【属性】对话框，完成问题 7 中第 1 个选项的制作，如图 22-71 所示。

图 22-71

Step⑭ 通过插入复选框控件，继续设置问题 7 的选项，如图 22-72 所示。

图 22-72

Step⑮ 通过插入复选框控件，依次设置问题 8、问题 13~15 的选项，效果如图 22-73 所示。

图 22-73

Step⑯ ❶ 将光标插入点定位到问题 16下方；❷ 单击【控件】组中的【旧式工具】按钮▣▾；❸ 在弹出的下拉列表中单击【ActiveX 控件】栏中的【文本框（ActiveX 控件）】图标 abl，如图 22-74 所示。

图 22-74

Step⑰ 光标插入点所在位置即可插入一个文本框控件，通过文本框控件四周的控制点调整大小，效果如图22-75 所示。

图 22-75

Step⑱ ❶ 将光标插入点定位到文本框控件的下方；❷ 单击【控件】组中的【旧式工具】按钮▣；❸ 在弹出的下拉列表中单击【ActiveX 控件】栏中的【命令按钮（ActiveX 控件）】图标▭，如图 22-76 所示。

图 22-76

Step⑲ ❶ 光标插入点所在位置即可插入一个命令按钮控件，使用鼠标对其单击；❷ 在弹出的快捷菜单中选择【属性】命令，如图 22-77 所示。

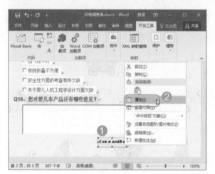

图 22-77

Step⑳ 弹出【属性】对话框，❶ 将【AutoSize】属性的值设置为【True】；❷【WordWrap】属性的值设置为【False】；❸【Caption】属性的值设置为【提交】；❹ 单击【Font】属性右侧出现的...按钮，如图 22-78 所示。

图 22-78

Step㉑ 弹出【字体】对话框，❶ 设置标签内容的字体格式；❷ 单击【确定】按钮，如图 22-79 所示。

图 22-79

Step㉒ 返回【属性】对话框，单击【关闭】按钮 ⊠ 关闭【属性】对话框，即可完成按钮的制作，如图 22-80 所示。

图 22-80

22.3.3 添加宏代码

在用户填写完调查表后，为了使用户更方便地将文档进行保存，并以邮件方式将文档发送至指定邮箱，可在上述制作的"提交"按钮上添加程序，使用户单击该按钮后自动保存文件并发送邮件，具体操作方法如下。

Step① 双击文档中的【提交】按钮，如图 22-81 所示。

图 22-81

Step② 打开代码窗口，光标插入点将自动定位到该按钮单击事件过程代码

处，如图 22-82 所示。

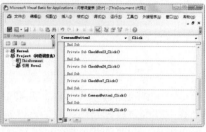

图 22-82

Step③ 在按钮单击事件过程中输入程序代码【ThisDocument.SaveAs2 " 问卷调查信息反馈"】，如图 22-83 所示。该代码的含义为：调用当前文档对象 ThisDocument 中的另存文件方法 SaveAs2，将文件另存到 Word 当前默认的路径，并将该文件命名为"问卷调查信息反馈"。

图 22-83

Step④ ❶ 在上述代码之后添加邮件发送代码【ThisDocument.SendForReview "http://549491170@qq.com", " 问卷调查信息反馈"】；❷ 单击【关闭】按钮 ⊠ 关闭代码窗口即可，如图 22-84 所示。代码含义为：调用 ThisDocument 对象的 SendForReview 方法，设置邮件地址为"http://549491170@qq.com"，设置邮件主题为"问卷调查信息反馈"。

图 22-84

22.3.4 完成制作并测试调查表程序

为了保证调查表不被用户误修改，需要进行保护调查表的操作，使用户只能修改调查表中的控件值。同时，为了查看调查表的效果，还需要对整个调查表程序功能进行测试，具体操作方法如下。

Step 01 在【开发工具】选项卡的【控件】组中单击【设计模式】按钮 ✎，取消其灰色底纹显示状态，从而退出设计模式，如图22-85所示。

图 22-85

Step 02 单击【保护】组中的【限制编辑】按钮，如图22-86所示。

图 22-86

Step 03 打开【限制编辑】窗格，❶ 在【2.编辑限制】栏中选中【仅允许在文档中进行此类型的编辑】复选框；❷ 在下面的下拉列表中选择【填写窗体】选项；❸ 单击【是，启动强制保护】按钮，如图22-87所示。

图 22-87

Step 04 弹出【启动强制保护】对话框，❶ 设置保护密码；❷ 单击【确定】按钮，如图22-88所示。至此，完成了问卷调查表的制作，其最终效果如图22-57所示。

图 22-88

Step 05 完成调查表的制作后，可以填写调查表进行测试。在调查表中填写相关信息，完成填写后单击【提交】按钮，如图22-89所示。

图 22-89

Step 06 此时，Word将自动调用Outlook程序，并自动填写了收件人地址、主题和附件内容，单击【发送】按钮即可直接发送邮件，如图22-90所示。

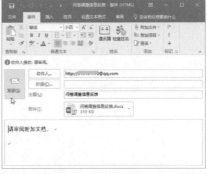

图 22-90

22.4 制作商业计划书

实例门类	制作封面＋设置页眉、页脚＋设置目录＋设置密码
教学视频	光盘\视频\第22章\22.4.mp4

商业计划书是一份全方位的项目计划，其主要意图是递交给投资商，以便于他们能对企业或项目作出评判，从而使企业获得融资。无论是生产型企业还是销售型企业，制作商业计划都是不可或缺的，而一份好的商业计划书为企业发展带来的商机和利益也是无限的。本节将要讲解制作商业计划书的过程，完成制作后的效果如图22-91所示。

图 22-91

22.4.1 制作商业计划书封面

对于一篇完整的长文档，一般需要一页漂亮的封面，使打印出来的文件更加美观和完整，下面将在商业计划书中制作封面，具体操作方法如下。

Step01 打开"光盘\素材文件\第22章\商业计划书.docx"的文件，❶定位光标插入点；❷切换到【插入】选项卡；❸单击【插图】组中的【图片】按钮，如图22-92所示。

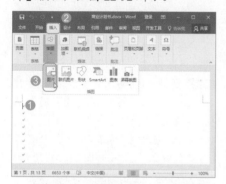

图 22-92

Step02 弹出【插入图片】对话框；❶选择需要插入的图片；❷单击【插入】按钮，如图22-93所示。

图 22-93

Step03 ❶选中图片；❷切换到【图片工具/格式】选项卡；❸在【排列】组中单击【环绕文字】按钮；❹在弹出的下拉列表中选择【衬于文字下方】选项，如图22-94所示。

Step04 通过鼠标调整图片位置及大小，使其铺满首页页面。❶切换到【插入】选项卡；❷单击【文本】组中的

【文本框】按钮；❸在弹出的下拉列表中选择【简单文本框】选项，如图22-95所示。

图 22-94

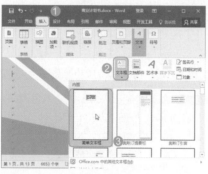

图 22-95

Step05 ❶文档中将插入一个文本框，在其中输入文本内容；❷切换到【开始】选项卡；❸在【字体】组中设置字符格式：中文字体【方正胖娃简体】，英文字体【Arial】，字号【二号】，字体颜色【蓝色，个性色1，深色50%】，加粗；❹在【段落】组设置居中对齐方式，如图22-96所示。

图 22-96

Step06 ❶选中文本框；❷切换到【绘图工具/格式】选项卡；❸在【形状

样式】组中单击【形状填充】按钮右侧的下拉按钮；❹在弹出的下拉列表中选择【无填充颜色】选项，如图22-97所示。

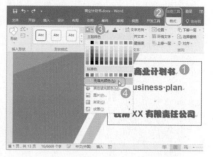

图 22-97

Step07 保持文本框的选中状态，❶在【形状样式】组中单击【形状轮廓】按钮右侧的下拉按钮；❷在弹出的下拉列表中选择【无轮廓】选项，如图22-98所示。

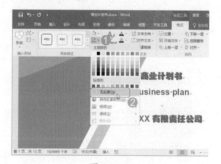

图 22-98

Step08 ❶切换到【插入】选项卡；❷单击【插图】组中的【形状】按钮；❸在弹出的下拉列表中选择【直线】绘图工具，如图22-99所示。

图 22-99

Step09 ❶在文档中绘制直线，并将其

调整至合适位置，然后选中该直线；❷切换到【绘图工具/格式】选项卡；❸在【形状样式】组中单击【形状轮廓】按钮右侧的下拉按钮；❹在弹出的下拉列表中选择轮廓颜色，如图22-100所示。

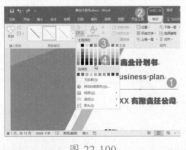

图 22-100

Step⑩ 保持直线的选中状态，❶在【形状样式】组中单击【形状轮廓】按钮右侧的下拉按钮；❷在弹出的下拉列表中依次选择【粗细】→【2.25磅】选项，如图22-101所示。

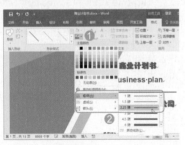

图 22-101

Step⑪ 参照1~3步操作，将"光盘\素材文件\第22章\logo 2.png"图片插入到首页，并对其设置【浮于文字上方】环绕方式，然后调整图片位置及大小，效果如图22-102所示。

图 22-102

22.4.2 设置页眉、页脚

接下来设置商业计划书的页眉、页脚，具体操作方法如下。

Step① 在第2页双击页眉进入页眉编辑区，❶切换到【页眉和页脚工具/设计】选项卡；❷在【选项】组中选中【首页不同】复选框，如图22-103所示。

图 22-103

Step② 在第2页的页眉中输入并编辑页眉内容，如图22-104所示。

图 22-104

Step③ 将光标插入点定位到第2页的页脚，❶单击【页眉和页脚】组中的【页码】按钮；❷在弹出的下拉列表中依次选择【当前位置】→【马赛克】选项，如图22-105所示。

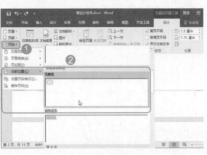

图 22-105

Step④ ❶将光标插入点定位在页码所在段落，按【Ctrl+E】组合键设置居中对齐方式；❷单击【关闭】组中的

【关闭页眉和页脚】按钮，退出页眉页脚编辑状态即可，如图22-106所示。

图 22-106

22.4.3 制作目录

接下来将要制作商业计划书的目录，具体操作方法如下。

Step① ❶将光标插入点定位在需要插入目录的位置；❷切换到【引用】选项卡；❸单击【目录】组中的【目录】按钮；❹在弹出的下拉列表中选择【自定义目录】选项，如图22-107所示。

图 22-107

Step② 弹出【目录】对话框，❶将【显示级别】微调框的值设置为"2"；❷在【格式】下拉列表中选择【优雅】选项；❸在【制表符前导符】下拉列表中选择制表符前导符样式；❹单击【确定】按钮，如图22-108所示。

Step③ 返回文档，光标插入点所在位置即可插入目录，如图22-109所示。至此，完成了商业计划书的制作，最终效果如图22-91所示。

图 22-108

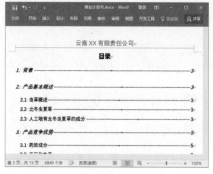

图 22-109

22.4.4 对商业计划书进行加密设置

商业计划书制作好后，为了防止内容泄密，最好对其进行加密设置，具体操作方法如下。

Step01 切换到【文件】选项卡，在【信息】操作界面中，❶单击【保护文档】按钮；❷在弹出的下拉菜单中选择【用密码进行加密】命令，如图 22-110 所示。

图 22-110

Step02 弹出【加密文档】对话框，❶在【密码】文本框中输入密码；

❷单击【确定】按钮，如图 22-111 所示。

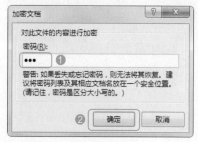

图 22-111

Step03 弹出【确认密码】对话框，❶在【重新输入密码】文本框中再次输入密码，❷单击【确定】按钮即可，如图 22-112 所示。

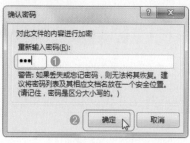

图 22-112

本章小结

本章通过具体实例讲解了 Word 在市场营销中的应用，主要涉及设置页面格式、制作封面、设置页眉页脚、制作目录、插入 ActiveX 控件等知识点。

第**23**章 实战应用：Word 在财务会计中的应用

➥ 对段落设置右对齐及左缩进后，会出现什么效果？

➥ 通过 SmartArt 图形制作流程图，无法通过添加形状来完成流程图的结构时怎么办？

➥ 如何设置文本框内容的垂直对齐方式？

➥ 怎样将所有表格的单元格内容设置为水平居中对齐方式？

本章将通过制作借款单、盘点工作流程图、财务报表分析报告以及企业年收入比较分析图表的相关财务工作的实例来为读者解答上述问题。

23.1 制作借款单

实例门类	输入与编辑内容＋编辑表格
教学视频	光盘\视频\第 23 章\23.1.mp4

借款单是借据的一种，是借贷双方借款行为的凭证，也是日后还款、收账的依据，同时还是解决纠纷的重要证据。个人向公司，或公司向公司借款，填写的借款单中需包含借款单位、借款理由、借款数额等信息，并交由上级领导和财务审批。本例将结合表格知识，为读者讲解如何制作借款单，完成制作后的效果如图 23-1 所示。

图 23-1

23.1.1 输入文档内容

要制作借款单，需要先新建一篇文档，再输入文档标题及相关内容，具体操作方法如下。

Step01 新建一篇名为"借款单"的空白文档，① 输入文档标题【借款单】；② 在【开始】选项卡的【字体】组中设置字符格式：字体【黑体】、字号【小二】，加粗；③ 在【段落】组中设置居中对齐方式，如图 23-2 所示。

图 23-2

Step02 ① 输入文档内容；② 在【字体】组中设置字符格式：字体【楷体－GB2312】，字号【小四】，加粗，将【资金性质：】后的空格设置下画线；③ 在标尺栏中添加一个【右对齐】制表符" ⌐ "，并拖动鼠标调整其位置，如图 23-3 所示。

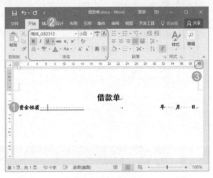

图 23-3

23.1.2 调整表格结构

接下来就需要在文档中插入表格并调整表格结构了，具体操作方法如下。

Step01 ① 将光标插入点定位到需要插入表格的位置；② 切换到【插入】选项卡；③ 单击【表格】组中的【表格】按钮；④ 在弹出的下拉列表中选择表格大小，本例中为【1×5】，如图 23-4 所示。

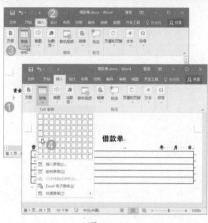

图 23-4

Step 02 插入表格后，❶ 选中第 1~3 行；❷ 切换到【表格工具 / 布局】选项卡；❸ 单击【合并】组中的【拆分单元格】按钮，如图 23-5 所示。

图 23-5

Step 03 弹出【拆分单元格】对话框，❶ 设置【列数】为【2】，【行数】为【3】；❷ 单击【确定】按钮，如图 23-6 所示。

图 23-6

Step 04 返回文档，完成单元格的拆分，如图 23-7 所示。

Step 05 参照这样的操作方法，对其他单元格进行拆分操作，拆分后的效果如图 23-8 所示。

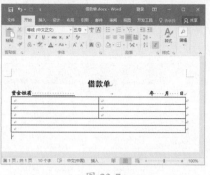

图 23-7

图 23-8

Step 06 ❶ 选中第 5 行的最后两个单元格；❷ 切换到【表格工具 / 布局】选项卡；❸ 单击【合并】组中的【合并单元格】按钮，将其合并为一个单元格，如图 23-9 所示。

图 23-9

Step 07 确定好的表格结构，效果如图 23-10 所示。

图 23-10

23.1.3 编辑表格内容

确定表格结构后，就可以在表格中输入并编辑内容了，具体操作方法如下。

Step 01 在表格中输入内容，并将字体设置为【楷体 _GB2312】，然后调整合适的行高和列宽，效果如图 23-11 所示。

图 23-11

Step 02 ❶ 选中第 1 列 1~3 行的单元格内容；❷ 切换到【表格工具 / 布局】选项卡；❸ 在【对齐方式】组中单击【水平居中】按钮，以设置水平居中对齐方式，如图 23-12 所示。

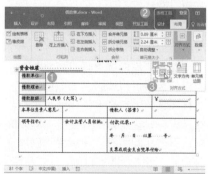

图 23-12

Step 03 用这样的方法，对其他单元格内容设置相应的对齐方式。❶ 完成设置后，选中第 3 行最后一个单元格；❷ 切换到【表格工具 / 设计】选项卡；❸ 在【边框】组中单击【边框】按钮下方的下拉按钮，如图 23-13 所示。

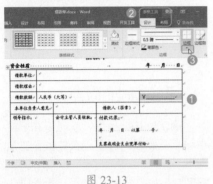

图 23-13

Step 04 在弹出的下拉列表中选择【左框线】选项，以取消所选单元格的左框线，如图 23-14 所示。

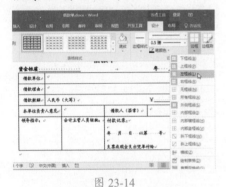

图 23-14

Step 05 ❶ 选中目标内容；❷ 切换到【开始】选项卡；❸ 单击【段落】组中的【功能扩展】按钮，如图 23-15 所示。

图 23-15

Step 06 弹出【段落】对话框，❶ 将【对齐方式】设置为【右对齐】；❷ 将【缩进】设置为【右侧：2 字符】；❸ 单击【确定】按钮即可，如图 23-16 所示。至此，完成了借款单的制作，其最终效果如图 23-1 所示。

图 23-16

23.2 制作盘点工作流程图

实例门类	编辑 SmartArt 图形＋插入形状＋编辑文本框
教学视频	光盘\视频\第 23 章\23.2.mp4

盘点是指定期或临时对库存商品的实际数量进行清查、清点的作业，其目的是通过对企业、团体的现存物料、原料、固定资产等进行点检以确保账面与实际相符合，以求达到加强对企业、团体管理的目的。通过盘点，不仅可以控制存货，以指导日常经营业务，还能够及时掌握损益情况，以便真实地把握经营绩效，并尽早采取防漏措施。盘点流程大致可分为 3 个部分，即盘前准备、盘点过程及盘后工作。接下来将结合 SmartArt 图形、文本框等相关知识点来制作盘点工作流程图，完成制作后的效果如图 23-17 所示。

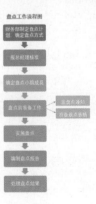

图 23-17

23.2.1 创建文档并输入标题

要制作流程图，需要先新建一篇文档，再输入文档标题，具体操作方法为：新建一篇名为"盘点工作流程图"的空白文档，输入文档标题【盘点工作流程图】，在【开始】选项卡的【字体】组中设置字符格式：字体【黑体】，字号【三号】，字体颜色【红色】，加粗，在【段落】组中设置居中对齐方式，如图 23-18 所示。

图 23-18

23.2.2 插入 SmartArt 图形

接下来就要在文档中插入一个 SmartArt 图形，并编辑图形内容，具体操作方法如下。

Step01 ❶ 将光标插入点定位到要插入 SmartArt 图形的位置；❷ 切换到【插入】选项卡；❸ 单击【插图】组中的【SmartArt】按钮，如图 23-19 所示。

图 23-19

Step02 弹出【选择 SmartArt 图形】对话框，❶ 在左侧列表框中选中【流程】选项；❷ 在右侧列表框中选择具体的

图形布局；❸ 单击【确定】按钮，如图 23-20 所示。

图 23-20

Step03 所选样式的 SmartArt 图形将插入到文档中，分别在各个形状内输入相应的内容，如图 23-21 所示。

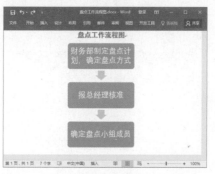

图 23-21

Step04 ❶ 选中【确定盘点小组成员】形状；❷ 切换到【SmartArt 工具 / 设计】选项卡；❸ 在【创建图形】组中单击【添加形状】按钮右侧的下拉按钮；❹ 在弹出的下拉列表中选择【在后面添加形状】选项，如图 23-22 所示。

图 23-22

Step05 【确定盘点小组成员】下方将新增一个形状，将其选中，直接输入文本内容，如图 23-23 所示。

图 23-23

Step06 用同样的方法，依次添加其他形状并输入内容，如图 23-24 所示。

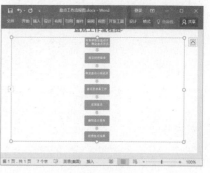

图 23-24

Step07 选中 SmartArt 图形，将鼠标指针指向底端中间的控制点，鼠标指针将呈双向箭头"↕"显示，如图 23-25 所示，按住鼠标左键并拖动鼠标，调整 SmartArt 图形的高度。

图 23-25

23.2.3 插入形状与文本框完善流程图

在编辑流程图时，有时需要在某个形状的左边或右边添加形状，但是本案例中的流程图无法通过添加形状

功能实现。此时，就需要插入形状与文本框来完成流程图的结构，具体操作方法如下。

Step01 ❶ 切换到【插入】选项卡；❷ 单击【插图】组中的【形状】按钮；❸ 在弹出的下拉列表中单击【线箭头】绘图工具，如图 23-26 所示。

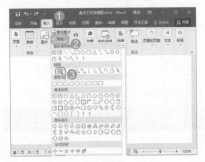

图 23-26

Step02 在文档中绘制一个线箭头图形，并调整合适的大小和位置，如图 23-27 所示。

图 23-27

Step03 ❶ 切换到【插入】选项卡；❷ 单击【文本】组中的【文本框】按钮；❸ 在弹出的下拉列表中选择【绘制文本框】选项，如图 23-28 所示。

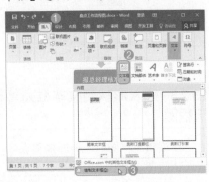

图 23-28

Step04 在文档中绘制一个文本框，在其中输入内容，并调整文本框的大小和位置，如图 23-29 所示。

图 23-29

Step05 用同样的方法，在合适位置继续绘制线箭头图形和文本框，如图 23-30 所示。

图 23-30

23.2.4 美化流程图

此时，流程图的结构已经确立了，接下来就对其进行美化操作，以使流程图更加美观，具体操作方法如下。

Step01 ❶ 选中 SmartArt 图形；❷ 切换到【SmartArt 工具 / 设计】选项卡；❸ 在【SmartArt 样式】组中单击【更改颜色】按钮；❹ 在弹出的下拉列表中选择需要的图形颜色，如图 23-31 所示。

图 23-31

Step02 ❶ 选中两个文本框；❷ 切换到【绘图工具 / 格式】选项卡；❸ 在【形状样式】组中单击【形状轮廓】按钮右侧的下拉按钮；❹ 在弹出的下拉列表中选择【无轮廓】选项，如图 23-32 所示。

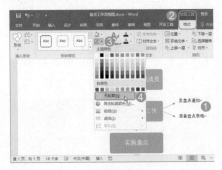

图 23-32

Step03 保持文本框的选中状态，❶ 在【形状样式】组中单击【形状填充】按钮右侧的下拉按钮；❷ 在弹出的下拉列表中选择文本框的填充颜色，如图 23-33 所示。

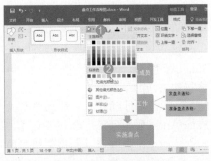

图 23-33

Step04 ❶ 使用鼠标右键单击第 1 个文本框；❷ 在弹出的快捷菜单中选择【设置形状格式】命令，如图 23-34 所示。

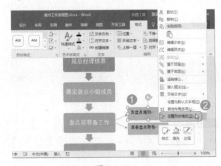

图 23-34

Step05 打开【设置形状格式】窗格，❶切换到【文本选项】界面；❷单击【布局属性】 标签，切换到【布局属性】设置页面；❸在【垂直对齐方式】下拉列表中选中文本内容在文本框中垂直的对齐方式，本例中选择【中部对齐】；❹单击【关闭】按钮 关闭窗格，如图23-35所示。

图 23-35

Step06 返回文档，可发现文本框中的文字将以中部对齐方式进行显示，如图23-36所示。

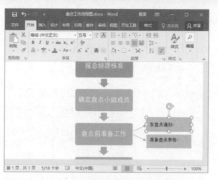

图 23-36

技术看板

文本框的垂直对齐方式主要包括顶端对齐、中部对齐和底端对齐3种方式，本案例中的中部对齐方式的显示效果可能不是特别明显。为了更好地理解文本框的垂直对齐方式，用户可以先将文本框的高度设置得更高一些，再查看设置各种对齐方式后的效果。

Step07 用同样的方法，将另一个文本框的垂直对齐方式设置为中部对齐，效果如图23-37所示。

图 23-37

Step08 ❶切换到【开始】选项卡；❷在【字体】组中设置文本框内容的字符格式：字号【15】，字体颜色【白色】；❸在【段落】中设置居中对齐方式 ，如图23-38所示。至此，完成了盘点工作流程图的制作，其最终效果如图23-17所示。

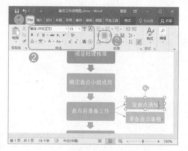

图 23-38

23.3 制作财务报表分析报告

实例门类	题注＋宏的应用＋制作目录
教学视频	光盘\视频\第23章\23.3.mp4

要很好地了解企业的财务状况、经营业绩和现金流量，以评价企业的偿债能力、盈利能力和营运能力，财务报表分析报告是不可或缺的文件。在公司运营中，财务报表报告对于帮助制定经济决策有着至关重要的作用。本案例中将结合题注、宏等知识点来完善财务报表分析报告的排版工作，完成后的效果如图23-39所示。

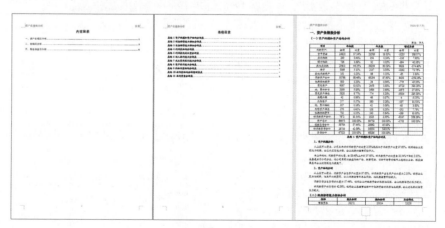

图 23-39

23.3.1 将文件另存为启用宏的 Word 文档

因为本案例中涉及宏的使用，所以需要将 Word 文档另存为启动宏的 Word 文档格式，操作方法为：打开"光盘＼素材文件＼第 23 章＼财务报表分析报告 .docx"的文件，按【F12】键，弹出【另存为】对话框，【保存类型】下拉列表中选中【启用宏的 Word 文档（*.docm）】选项，然后设置存放位置、保存名称等参数，最后单击【保存】按钮进行保存即可，如图 23-40 所示。完成设置后，将得到一个"财务报表分析报告 .docm"文档。

图 23-40

23.3.2 对表格设置题注

在制作财务报表分析报告这类文档时，必然会使用很多表格数据，如果要对表格进行编号，最好使用题注功能来完成，具体操作方法如下。

Step 01 在之前保存的"财务报表分析报告 .docm"文档中，❶选择需要添加题注的表格；❷切换到【引用】选项卡；❸单击【题注】组中的【插入题注】按钮，如图 23-41 所示。

Step 02 弹出【题注】对话框，❶在【标签】下拉列表中选择【表格】选项；❷在【位置】下拉列表中选择【所选项目下方】选项；❸在【题注】文本框的题注编号后面输入一空格，再输入表格的说明文字；❹单击【确定】按钮，如图 23-42 所示。

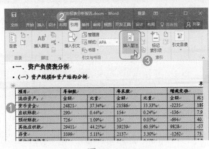

图 23-41

图 23-42

Step 03 返回文档，所选表格的下方插入了一个题注。选中题注，切换到【开始】选项卡，在【字体】组中设置字符格式，在【段落】组中设置居中对齐方式，如图 23-43 所示。

图 23-43

Step 04 用同样的方法，对其他表格添加题注，完成设置后的效果如图 23-44 所示。

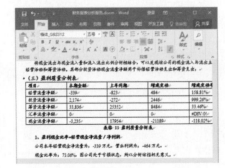

图 23-44

23.3.3 调整表格

接下来需要对表格进行相应的调整，主要包括利用宏将所有表格的单元格内容设置为水平居中对齐方式，设置表格的表头跨页，具体操作方法如下。

Step 01 ❶切换到【开发工具】选项卡；❷单击【代码】组中的【录制宏】按钮，如图 23-45 所示。

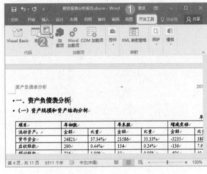

图 23-45

Step 02 弹出【录制宏】对话框，❶在【宏名】文本框内输入要录制的宏的名称；❷在【将宏保存在】下拉列表中选择【财务报表分析报告 .docm（文档）】选项；❸在【将宏指定到】栏中单击【按钮】图标，如图 23-46 所示。

图 23-46

Step 03 弹出【Word 选项】对话框，❶在中间列表框中选择当前设置的按钮；❷通过单击【添加】按钮将其添加到右侧的列表框中；❸单击【确定】按钮，如图 23-47 所示。

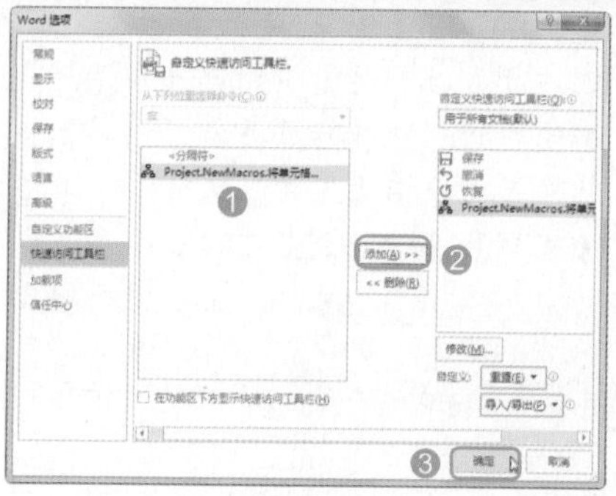

图 23-47

Step04 返回文档，在【开发工具】选项卡的【代码】组单击【停止录制】按钮，如图 23-48 所示。

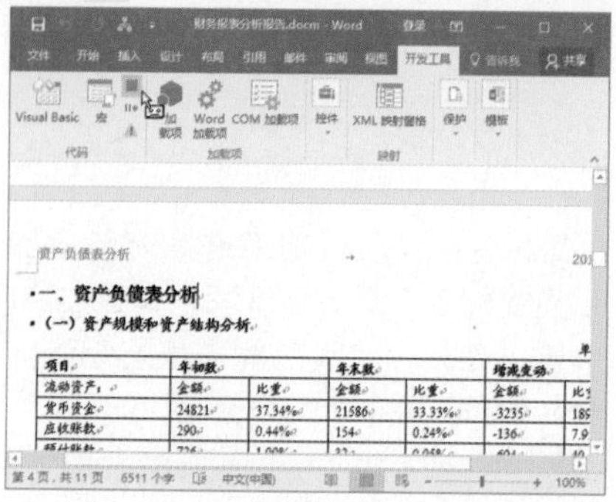

图 23-48

Step05 停止录制宏后，单击【代码】组中的【宏】按钮，如图 23-49 所示。

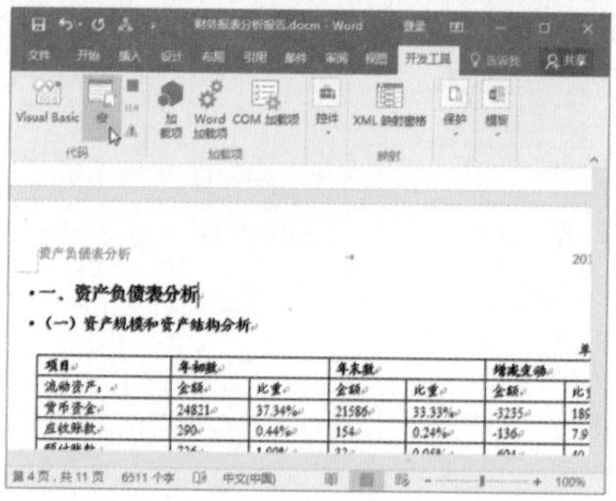

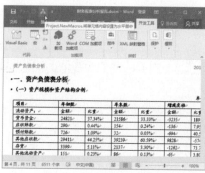

图 23-49

Step06 弹出【宏】对话框，① 在【宏名】列表框中选中刚才创建的宏；② 单击【编辑】按钮，如图 23-50 所示。
Step07 ① 打开 VBE 编辑器窗口，在模块窗口中输入如下代码；② 单击【关闭】按钮 关闭 VBE 编辑器窗口，如图 23-51 所示。

```
Dim n
    For n = 1 To ThisDocument.
Tables.Count
        With ThisDocument.
Tables(n)
            .Range.Paragraph
Format.Alignment = wdAlign
ParagraphCenter
            .Range.Cells.Vertical
Alignment = wdCellAlign
VerticalCenter
        End With
    Next n
```

图 23-50

图 23-51

Step08 返回文档，在快速访问工具栏中单击之前设置的宏按钮 ，如图 23-52 所示。

图 23-52

Step09 此时，所有表格中的单元格内容呈水平居中对齐方式进行显示，如图 23-53 所示。

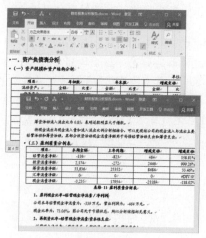

图 23-53

Step10 在跨了页的表格中，① 选中标题行；② 切换到【表格工具/布局】选项卡；③ 单击【数据】组中的【重复标题行】按钮，如图 23-54 所示。

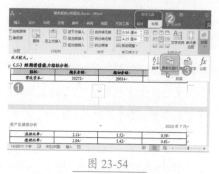

图 23-54

Step11 此时，可看见标题行跨页重复显示，如图 23-55 所示。用这样的方法，对其他跨了页的表格设置重复标题行。

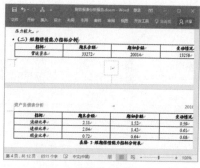

图 23-55

23.3.4 设置文档目录

接下来将在文档的相应位置创建正文标题目录与表格目录，具体操作方法如下。

Step 01 ❶ 将光标插入点定位在需要插入目录的位置；❷ 切换到【引用】选项卡；❸ 单击【目录】组中的【目录】按钮；❹ 在弹出的下拉列表中选择【自定义目录】选项，如图 23-56 所示。

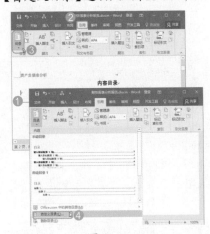

图 23-56

Step 02 弹出【目录】对话框，❶ 将【显示级别】微调框的值设置为"1"；❷ 在【格式】下拉列表中选择【正式】选项；❸ 单击【确定】按钮，如图 23-57 所示。

Step 03 返回文档，光标插入点所在位置即可插入文档标题的目录，如图 23-58 所示。

Step 04 ❶ 将光标插入点定位到需要插入表格目录的位置；❷ 切换到【引用】选项卡；❸ 单击【题注】组中的【插入表目录】按钮，如图 23-59

所示。

图 23-57

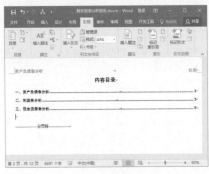

图 23-58

图 23-59

Step 05 弹出【图表目录】对话框，❶ 在【题注标签】下拉列表中选择表格使用的题注标签；❷ 在【格式】下拉列表中选择【正式】选项；❸ 单击【确定】按钮，如图 23-60 所示。

图 23-60

Step 06 返回文档，即可看见光标所在位置创建了一个表格目录，如图 23-61 所示。至此，完成了财务报表分析报告的制作，最终效果如图 23-39 所示。

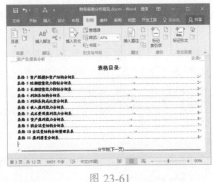

图 23-61

23.4 制作企业年收入比较分析图表

实例门类	使用图表
教学视频	光盘\视频\第 23 章\23.4.mp4

收入作为企业的重要资金来源，不仅是企业正常运作的保障，同时也是企业扩大规模，提高市场竞争力的资金储备。为了能够直观地查看各项收支，可以通过图表来实现。本案例中，将利用柱形图比较分析企业的各项收入情况，以及利用饼图直观地反映企业各项收入占总收入的比例，完成制作后的效果如图 23-62 所示。

图 23-62

23.4.1 插入与编辑柱形图

本案例中首先插入一个柱形图，并对其进行相应的编辑，具体操作方法如下。

Step01 打开"光盘\素材文件\第 23 章\企业年收入比较分析图表 .docx"的文件，❶将光标插入点定位到需要插入图表的位置；❷切换到【插入】选项卡；❸单击【插图】组中的【图表】按钮，如图 23-63 所示。

图 23-64

Step03 文档中将插入所选样式的图表，同时自动打开一个 Excel 窗口，❶在 Excel 窗口中输入需要的行列名称和对应的数据内容，并通过右下角的蓝色标记"■"调整数据区域的范围；❷编辑完成后，单击【关闭】按钮✕关闭 Excel 窗口，如图 23-65 所示。

图 23-65

Step04 在 Word 文档中，直接在图表标题编辑框中输入图表标题内容，如图 23-66 所示。

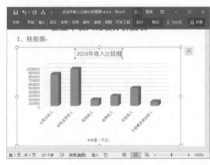

图 23-66

Step05 ❶选中图表；❷切换到【图表工具/设计】选项卡；❸在【图表样式】组的列表框中选择需要的图表样式来美化图表，如图 23-67 所示。

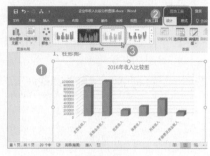

图 23-67

Step06 保持图表的选中状态，在【图表工具/设计】选项卡中，❶单击【图表布局】组中的【添加图表元素】按钮；❷在弹出的下拉列表中依次选择【数据表】→【无图例项标示】选项，如图 23-68 所示。

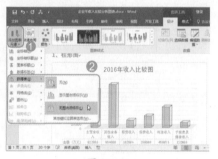

图 23-68

Step07 通过上述操作后，完成了柱形图的制作，效果如图 23-69 所示。

图 23-69

Step02 弹出【插入图表】对话框，❶在左侧列表中选择【柱形图】选项；❷在右侧栏中选择需要的图表样式；❸单击【确定】按钮，如图 23-64 所示。

23.4.2 插入与编辑饼图

接下来将插入一个饼图，并对其进行相应的编辑，具体操作方法如下。

Step01 ❶ 将光标插入点定位到需要插入图表的位置；❷ 切换到【插入】选项卡；❸ 单击【插图】组中的【图表】按钮，如图 23-70 所示。

图 23-70

Step02 弹出【插入图表】对话框，❶ 在左侧列表中选择【饼图】选项；❷ 在右侧栏中选择需要的图表样式；❸ 单击【确定】按钮，如图 23-71 所示。

图 23-71

Step03 文档中将插入所选样式的图表，同时自动打开一个 Excel 窗口，❶ 在 Excel 窗口中输入需要的行列名称和对应的数据内容；❷ 编辑完成后，单击【关闭】按钮 ╳ 关闭 Excel 窗口，如图 23-72 所示。

Step04 ❶ 选中图表；❷ 切换到【图表工具 / 设计】选项卡；❸ 单击【图表布局】组中的【添加图表元素】按钮；❹ 在弹出的下拉列表中依次选择【数据标签】→【数据标签内】选项，

如图 23-73 所示。

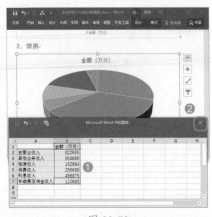

图 23-72

图 23-73

Step05 ❶ 选中所有数据标签，右击；❷ 在弹出的快捷菜单中选择【设置数据标签格式】命令，如图 23-74 所示。

图 23-74

Step06 打开【设置数据标签格式】窗格，默认显示在【标签选项】界面，❶ 在【标签选项】▮▮ 设置页面中，在【标签包括】栏中选中【百分比】复选框，取消【值】复选框的选中；❷ 单击【关闭】按钮 ╳ 关闭该窗格，如图 23-75 所示。

Step07 返回文档，在图表标题编辑框中输入图表标题内容，如图 23-76

所示。

图 23-75

图 23-76

Step08 ❶ 选中图表；❷ 在【图表工具 / 设计】选项卡中，单击【图表样式】组中的【更改颜色】按钮；❸ 在弹出的下拉列表中可以为数据系列选择需要的颜色方案，如图 23-77 所示。

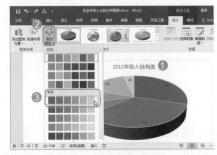

图 23-77

Step09 这时完成了饼图的制作，效果如图 23-78 所示。至此，完成了企业年收入比较分析图表的制作，其最终效果如图 23-62 所示。

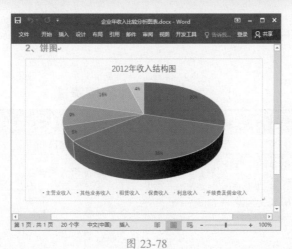

图 23-78

本章小结

　　本章通过具体实例讲解了 Word 在财务会计中的应用，主要涉及表格、图表、SmartArt、题注、目录等知识点。在实际工作中，读者可能会遇到更为复杂的案例，但万变不离其宗，只要合理地综合运用前面所学知识，一切操作都会变得简单明朗。

附录 A　Word 快捷键速查表

1. 文档基本操作的快捷键

执行操作	快捷键	执行操作	快捷键
新建文档	Ctrl+N	隐藏或显示功能区	Ctrl+Fl
打开文档	Ctrl+O 或 Ctrl+F12 或 Ctrl+Alt+F2	关闭当前打开的对话框	Esc
保存文档	Ctrl+S 或 Shift+F12 或 Alt+Shift+F2	显示或隐藏编辑标记	Ctrl+*
另存文档	F12	切换到页面视图	Alt+Ctrl+P
关闭文档	Ctrl+W	切换到大纲视图	Alt+Ctrl+O
打印文档	Ctrl+P 或 Ctrl+Shift+F12	切换到草稿视图	Alt+Ctrl+N
退出 Word 程序	Alt+F4	拆分文档窗口	Alt+Ctrl+S
显示帮助	F1	取消拆分的文档窗口	Alt+Shift+C

2. 定位光标位置的快捷键

执行操作	快捷键	执行操作	快捷键
左移一个字符	←	上移一屏	PageUp
右移一个字符	→	下移一屏	PageDown
上移一行	↑	移至文档结尾	Ctrl+End
下移一行	↓	移至文档开头	Ctrl+Home
左移一个单词	Ctrl+ ←	移至下页顶端	Ctrl+PageDown
右移一个单词	Ctrl+ →	移至上页顶端	Ctrl+PageUp
上移一段	Ctrl+ ↑	移至窗口顶端	Alt+Ctrl+PageUp
下移一段	Ctrl+ ↓	移至窗口结尾	Alt+Ctrl+PageDown
移至行尾	End	移至上一次关闭时进行操作的位置	Shift+F5
移至行首	Home		

3. 选择文本的快捷键

执行操作	快捷键	执行操作	快捷键
选择文档内所有内容	Ctrl+A	将所选内容扩展到段落的开头	Ctrl+Shift+ ↑
使用扩展模式选择	F8	将所选内容扩展到一行的末尾	Shift+End
关闭扩展模式	Esc	将所选内容扩展到一行的开头	Shift+Home

续表

执行操作	快捷键	执行操作	快捷键
将所选内容向右扩展一个字符	Shift+ →	将所选内容扩展到文档的开头	Ctrl+Shift+Home
将所选内容向左扩展一个字符	Shift+ ←	将所选内容扩展到文档的末尾	Ctrl+Shift+End
将所选内容向下扩展一行	Shift+ ↓	将所选内容向下扩展一屏	Shift+PageDown
将所选内容向上扩展一行	Shift+ ↑	将所选内容向上扩展一屏	Shift+PageUp
将所选内容扩展到字词的末尾	Ctrl+Shift+ →	将所选内容扩展到窗口的末尾	Alt+Ctrl+Shift+PageDown
将所选内容扩展到字词的开头	Ctrl+Shift+ ←	将所选内容扩展到窗口的开头	Alt+Ctrl+Shift+PageUp
将所选内容扩展到段落的末尾	Ctrl+Shift+ ↓	纵向选择内容	按住 Alt 键拖动鼠标

4. 编辑文本的快捷键

执行操作	快捷键	执行操作	快捷键
复制选中的内容	Ctrl+C	打开【导航】窗格	Ctrl+F
剪切选中的内容	Ctrl+X	打开【查找和替换】对话框，并自动定位在【替换】选项卡	Ctrl+H
粘贴内容	Ctrl+V	打开【查找和替换】对话框，并自动定位在【定位】选项卡	Ctrl+G
从文本复制格式	Ctrl+Shift+C	撤销上一步操作	Ctrl+Z
将复制格式应用于文本	Ctrl+Shift+V	恢复或重复上一步操作	Ctrl+Y
删除光标左侧的一个字符	Backspace	重复上一步操作	F4
删除光标右侧的一个字符	Delete	选中内容后打开【新建构建基块】对话框	Alt+F3
删除光标左侧的一个单词	Ctrl+BackSpace	在最后 4 个已编辑过的位置间切换	Shift+F5 或 Alt+Ctrl+Z
删除光标右侧的一个单词	Ctrl+Delete		

5. 插入特殊字符及分隔符的快捷键

执行操作	快捷键	执行操作	快捷键
长破折号	Alt+Ctrl+ 减号（必须是数字键盘中的减号）	可选连字符	Ctrl+ 连字符（-）
短破折号	Ctrl+ 减号（必须是数字键盘中的减号）	不间断连字符	Ctrl+Shift+ 连字符（-）
版权符号 ©	Ctrl+Alt+C	不间断空格	Ctrl+Shift+ 空格键
注册商标符号 ®	Ctrl+Alt+R	插入换行符	Shift+Enter
商标符号™	Ctrl+Alt+T	插入分页符	Ctrl+Enter
欧元符号€	Ctrl+Alt+E	分栏符	Ctrl+Shift+Enter

6. 设置字符格式与段落格式的快捷键

执行操作	快捷键	执行操作	快捷键
打开【字体】对话框	Ctrl+D	右对齐	Ctrl+R
增大字号	Ctrl+Shift+>	居中对齐	Ctrl+E
减小字号	Ctrl+Shift+<	两端对齐	Ctrl+J
逐磅增大字号	Ctrl+]	分散对齐	Ctrl+Shift+J
逐磅减小字号	Ctrl+[	单倍行距	Ctrl+1（主键盘区中的1）
使文字加粗	Ctrl+B	双倍行距	Ctrl+2（主键盘区中的2）
使文字倾斜	Ctrl+I	1.5 倍行距	Ctrl+5（主键盘区中的5）
对文字添加下画线	Ctrl+U	在段前添加或删除一行间距	Ctrl+0（主键盘区中的0）
对文字添加双下画线	Ctrl+Shift+D	左缩进	Ctrl+M
只给单词添加下画线，不给空格添加下画线	Ctrl+Shift+W	取消左缩进	Ctrl+Shift+M
设置下标格式	Ctrl+=	悬挂缩进	Ctrl+T
设置上标格式	Ctrl+Shift+=	减小悬挂缩进量	Ctrl+Shift+T
更改字母大小写	Shift+F3	打开【样式】任务窗格	Alt+Ctrl+Shift+S
将所有字母设置为大写	Ctrl+Shift+A	打开【应用样式】任务窗格	Ctrl+Shift+S
将所有字母设置为小型大写字母	Ctrl+Shift+K	应用【正文】样式	Ctrl+Shift+N
左对齐	Ctrl+L	应用【标题1】样式	Alt+Ctrl+1（主键盘区中的1）
应用【标题2】样式	Alt+Ctrl+2（主键盘区中的2）	下移所选段落	Alt+Shift+↓
应用【标题3】样式	Alt+Ctrl+3（主键盘区中的3）	在大纲视图模式下，展开标题下的文本	Alt+Shift+加号（+）
提升段落级别	Alt+Shift+←	在大纲视图模式下，折叠标题下的文本	Alt+Shift+减号（-）
降低段落级别	Alt+Shift+→	在大纲视图模式下，展开或折叠所有文本或标题	Alt+Shift+A
降级为正文	Ctrl+Shift+N	在大纲视图模式下，显示首行正文或所有正文	Alt+Shift+L
上移所选段落	Alt+Shift+↑	在大纲视图模式下，显示所有具有【标题1】样式的标题	Alt+Shift+1（主键盘区中的1）

7. 操作表格的快捷键

执行操作	快捷键	执行操作	快捷键
定位到上一行	↑	向上选择一行	Shift+↑
定位到下一行	↓	向下选择一行	Shift+↓
定位到一行中的下一个单元格，或选择下一个单元格的内容	Tab	从上到下选择光标所在的列	Alt+Shift+PapeDown

续表

执行操作	快捷键	执行操作	快捷键
定位到一行中的上一个单元格，或选择上一个单元格的内容	Shift+Tab	从下到上选择光标所在的列	Alt+Shift+PageUp
定位到一行中的第一个单元格	Alt+Home	选定整张表格	Alt+ 数字键盘上的 5(需关闭 NumLock)
定位到一行中的最后一个单元格	Alt+End	将当前内容上移一行	Alt+Shift+ ↑
定位到一列中的第一个单元格	Alt+PageUp	将当前内容下移一行	Alt+Shift+ ↓
定位到一列中的最后一个单元格	Alt+PageDown	在单元格中插入制表符	Ctrl+Tab

8. 域和宏的快捷键

执行操作	快捷键	执行操作	快捷键
插入空白域	Ctrl+F9	解除锁定域	Ctrl+Shift+F11
更新选定的域	F9	定位到上一个域	Shift+Fll 或 Alt+Shift+F1
在当前选择的域代码及域结果间切换	Shift+F9	定位到下一个域	F11 或 Alt+F1
在文档内所有域代码及域结果间切换	Alt+F9	打开【宏】对话框	Alt+F8
将选中的域结果转换为普通文本	Ctrl+Shift+F9	VBE 编辑器窗口	Alt+F11
锁定域	Ctrl+F11	在 VBE 编辑器窗口中运行宏	F5

附录 B Word 查找和替换中的特殊字符

1. 【查找内容】文本框中可以使用的字符

（选中【使用通配符】复选框）

特殊字符	代码	特殊字符	代码
任意单个字符	?	不间断空格	^s
任意字符串	*	不间断连字符	^~
1 个以上前一字符或表达式	@	可选连字符	^-
非，即不包含、取反	!	表达式	()
段落标记	^13	单词结尾	<
手动换行符	^l 或 ^11	单词开头	>
图形	^g	任意数字（单个）	[0-9]

特殊字符	代码	特殊字符	代码
1/4 长画线	^q	任意英文字母	[a-zA-Z]
长画线	^+	指定范围外任意单个字符	[!x-z]
短画线	^=	指定范围内任意单个字符	[-]
制表符	^t	n 个前一字符或表达式	{n}
脱字号	^^	n 个以上前一字符或表达式	{n,}
分栏符	^n 或 ^14	n 到 m 个前一字符或表达式	{n,m}
分节符 / 分页符	^12	所有小写英文字母	[a-z]
手动分节符 / 分页符	^m	所有大写英文字母	[A-Z]
脚注或尾注标记	^2	所有西文字符	[^1-^127]
省略号	^i	所有中文汉字和中文标点	[!^1-^127]
全角省略号	^j	所有中文汉字（CJK统一字符）	[一 - 顉] 或 [一 - 隝]
无宽非分隔符	^z	所有中文标点	[! 一 - 顉 ^1-^127]
无宽可选分隔符	^x	所有非数字字符	[!0-9]

2. 【查找内容】文本框中可以使用的字符
（不选中【使用通配符】复选框）

特殊字符	代码	特殊字符	代码
任意单个字符	^?	全角省略号	^j
任意数字	^#	无宽非分隔符	^z
任意英文字母	^$	无宽可选分隔符	^x
段落标记	^p	不间断空格	^s
手动换行符	^l	不间断连字符	^~
图形	^g 或 ^1	¶ 段落符号	^v
1/4 长画线	^q	§ 分节符	^%
长画线	^+	脚注标记	^f 或 ^2
短画线	^=	尾注标记	^e
制表符	^t	可选连字符	^-
脱字号	^^	空白区域	^w
分节符	^b	手动分页符	^m
分栏符	^n	域	^d
省略号	^i		

3. 【替换为】文本框中可以使用的字符
（选中【使用通配符】复选框）

特殊字符	代码	特殊字符	代码
要查找的表达式	\n（n 表示表达式的序号）	脱字号	^^
段落标记	^p	手动分页符 / 分节符	^m
手动换行符	^l	可选连字符	^-

续表

特殊字符	代码	特殊字符	代码
【查找内容】文本框中的内容	^&	不间断连字符	^~
剪贴板中的内容	^c	不间断空格	^s
省略号	^i	无宽非分隔符	^z
全角省略号	^j	无宽可选分隔符	^x
制表符	^t	分栏符	^n
长画线	^+	§ 分节符	^%
1/4 长画线	^q	¶ 段落符号	^v
短画线	^=		

4. 【替换为】文本框中可以使用的字符
（不选中【使用通配符】复选框）

特殊字符	代码	特殊字符	代码
段落标记	^p	脱字号	^^
手动换行符	^l	手动分页符	^m 或 ^12
【查找内容】文本框中的内容	^&	可选连字符	^-
剪贴板中的内容	^c	不间断连字符	^~
省略号	^i	不间断空格	^s
全角省略号	^j	无宽非分隔符	^z
制表符	^t	无宽可选分隔符	^x
长画线	^+	分栏符	^n
1/4 长画线	^q	§ 分节符	^%
短画线	^=	¶ 段落符号	^v

附录 C　Word 实战案例索引表

1. 软件功能学习类

实例名称	所在页	实例名称	所在页	实例名称	所在页
实战：设置 Microsoft 账户	8	实战：在状态栏显示【插入／改写】状态	12	实战：以只读方式打开文档	15
实战：自定义快速访问工具栏	8	实战：创建空白文档	13	实战：以副本方式打开文档	16
实战：设置功能区的显示方式	9	实战：使用模板创建文档	13	实战：在受保护视图中打开文档	16
实战：自定义功能区	10	实战：保存文档	14	实战：恢复自动保存的文档	17
实战：设置文档的自动保存时间间隔	11	实战：将 Word 文档转换为 PDF 文件	14	实战：直接打印日历表	17
实战：设置最近使用的文档的数目	12	实战：打开与关闭文档	15	实战：打印指定的页面内容	17

续表

续表

实例名称	所在页	实例名称	所在页	实例名称	所在页
实战：利用单选按钮控件制作单项选择题	309	实战：插入 Flash 动画	320	实战：在 Word 文档中插入 PowerPoint 演示文稿	323
实战：利用复选框控件制作不定项选择题	311	实战：编辑 Excel 数据	321	实战：在 Word 中使用单张幻灯片	324
实战：插入音频	316	实战：将 Excel 工作表转换为 Word 表格	322	实战：将 Word 文档转换为 PowerPoint 演示文稿	325
实战：插入视频	318	实战：轻松转换员工基本信息表的行与列	322	实战：将 PowerPoint 演示文稿转换为 Word 文档	325

2. 商务办公实战类

实例名称	所在页	实例名称	所在页	实例名称	所在页
制作会议通知	330	制作劳动合同	353	制作借款单	376
制作员工行为规范	333	制作员工入职培训手册	356	制作盘点工作流程图	378
制作企业内部刊物	337	制作促销宣传海报	361	制作财务报表分析报告	381
制作商务邀请函	342	制作投标书	364	制作企业年收入比较分析图表	384
制作招聘简章	347	制作问卷调查表	368		
制作求职信息登记表	351	制作商业计划书	372		

附录 D Word 功能及命令应用索引表

一、Word 软件自带选项卡

1. "文件"选项卡

命令	所在页	命令	所在页	命令	所在页
帮助	20	打开 > 这台电脑	15	打印 > 设置 > 第一个下拉列表	17
信息 > 保护文档 > 用密码进行加密	277	保存 > 这台电脑	14	打印 > 设置 > 最后一个下拉列表	18
信息 > 检查问题 > 检查兼容性	19	另存为 > 这台电脑	14	导出 > 创建 PDF/XPS 文档	14
新建 > 空白文档	13	打印 > 打印	17	关闭	15
新建 > 个人	189	打印 > 份数	17	选项	39
打开 > 最近	22	打印 > 打印机	17		

2．"开始"选项卡

命令	所在页	命令	所在页	命令	所在页
◆ "剪贴板"组		删除线	61	行和段落间距	74
粘贴	50	下标	60	底纹	65
粘贴 > 选择性粘贴	52	上标	60	边框 > 边框和底纹 > 字符边框	64
粘贴 > 保留源格式	349	文本效果和版式	59	边框 > 边框和底纹 > 段落边框	74
粘贴 > 只保留文本	51	以不同颜色突出显示文本	63	边框 > 边框和底纹 > 字符底纹	65
粘贴 > 使用目标样式	322	以不同颜色突出显示文本 > 无颜色	64	边框 > 边框和底纹 > 段落底纹	75
粘贴 > 链接与使用目标格式	328	字体颜色	58	中文版式 > 纵横混排	93
剪切	50	字体颜色 > 其他颜色	58	中文版式 > 合并字符	93
复制	50	字体颜色 > 渐变	58	中文版式 > 双行合一	92
单击格式刷	87	字符底纹	65	中文版式 > 字符缩放	62
双击格式刷	87	带圈字符	65	显示 / 隐藏编辑标记	12
功能扩展按钮	52	功能扩展按钮 > 设置字符缩放大小	62	功能扩展按钮 > 设置垂直对齐方式	72
◆ "字体"组		功能扩展按钮 > 设置字符间距	62	功能扩展按钮 > 设置段落缩进	72
字体	57	功能扩展按钮 > 设置字符位置	63	功能扩展按钮 > 设置段落间距	73
字号	58	◆ "段落"组		◆ "样式"组	
字号 > 设置特大号的文字	67	项目符号	75	列表框	168
增大字号	58	项目符号 > 定义新项目符号	76	功能扩展按钮	167
减小字号	58	项目符号 > 更改列表级别	76	◆ "编辑"组	
更改大小写	61	编号	78	查找 > 高级查找	196
清除所有格式	69	编号 > 定义新编号格式	78	查找 > 转到	230
拼音指南	66	编号 > 设置编号值	81	替换 > 逐个替换	198
字符边框	65	多级列表	79	替换 > 全部替换	197
加粗	59	多级列表 > 更改列表级别	79	选择 > 全选	48
倾斜	59	多级列表 > 定义新的多级列表	80	选择 > 选择对象	121
下画线	60	各对齐方式按钮	71		

3．"插入"选项卡

命令	所在页	命令	所在页	命令	所在页
◆ "页面"组		表格 > Excel 电子表格	129	屏幕截图 > 可用的视窗	107
封面	34	表格 > 快速表格	129	屏幕截图 > 屏幕剪辑	108
封面 > 将所选内容保存到封面库	35	◆ "插图"组		◆ "链接"组	
分页	95	图片	106	超链接	231
◆ "表格"组		联机图片	107	书签	231
表格 > 虚拟表格	128	形状	114	交叉引用	232
表格 > 插入表格	129	形状 > 新建绘图画布	121	◆ "页眉和页脚"组	
表格 > 绘制表格	130	SmartArt	122	页眉	99
表格 > 文本转换成表格	143	图表	154	页码	100

命令	所在页	命令	所在页	命令	所在页
◆ "文本"组		首字下沉 > 下沉	91	公式 > 内置	45
文本框 > 内置	116	首字下沉 > 首字下沉选项	91	公式 > 插入新公式	46
文本框 > 绘制文本框	116	日期和时间	303	公式 > 墨迹公式	47
文本框 > 绘制竖排文本框	116	对象 > 对象	316	符号 > 其他符号	42
文档部件 > 域	304	对象 > 文件中的文字	45	编号	43
艺术字	116	◆ "符号"组			

4. "设计"选项卡

命令	所在页	命令	所在页	命令	所在页
◆ "文档格式"组		字体	180	水印 > 自定义水印	35
主题	180	字体 > 自定义字体	180	水印 > 删除水印	35
主题 > 保存当前主题	182	效果	180	页面颜色	36
列表框	179	设为默认值	184	页面颜色 > 填充效果	36
颜色	180	◆ "页面背景"组		页面边框	37
颜色 > 自定义颜色	181	水印	35		

5. "布局"选项卡

命令	所在页	命令	所在页	命令	所在页
◆ "页面设置"组		分隔符 > 下一页	95	功能扩展按钮 > 设置文字方向和字数	34
纸张方向	32	分隔符 > 连续	95	◆ "稿纸"组	
纸张大小	32	分隔符 > 偶数页	95	稿纸设置	31
分栏	96	分隔符 > 奇数页	95	◆ "段落"组	
分栏 > 更多分栏	96	功能扩展按钮 > 设置纸张大小	32	缩进	73
分隔符 > 分页符	94	功能扩展按钮 > 纸张方向	32	间距	73
分隔符 > 分栏符	94	功能扩展按钮 > 设置页边距	33		
分隔符 > 自动换行符	94	功能扩展按钮 > 设置页眉和页脚的大小	33		

6. "引用"选项卡

命令	所在页	命令	所在页	命令	所在页
◆ "目录"组		插入尾注	242	插入表目录	252
目录 > 内置	248	功能扩展按钮 > 改变脚注和尾注的位置	243	◆ "索引"组	
目录 > 自定义目录	249	功能扩展按钮 > 设置脚注和尾注的编号格式	243	标记索引项	257
目录 > 删除目录	257	功能扩展按钮 > 脚注与尾注互相转换	244	插入索引	258
更新目录	256	◆ "题注"组		更新索引	264
◆ "脚注"组		插入题注 > 为图片设置题注	238		
插入脚注	242	插入题注 > 为表格设置题注	239		

7. "邮件"选项卡

命令	所在页	命令	所在页	命令	所在页
◆ "创建"组		开始邮件合并 > 目录	289	预览结果	293
中文信封	281	选择收件人 > 使用现有列表	288	上一记录	29
信封	284	编辑收件人列表	293	下一记录	293
标签	286	◆ "编写和插入域"组		◆ "完成"组	
◆ "开始邮件合并"组		插入合并域	288	完成并合并 > 编辑单个文档	289
开始邮件合并 > 信函	288	◆ "预览结果"组			

8. "审阅"选项卡

命令	所在页	命令	所在页	命令	所在页
◆ "校对"组		下拉列表 > 简单标记	269	接受 > 接受所有修订	271
拼写和语法	267	下拉列表 > 所有标记	269	拒绝 > 拒绝并移到下一条	270
字数统计	268	下拉列表 > 无标记	269	拒绝 > 拒绝更改	270
◆ "中文简繁转换"组		下拉列表 > 原始状态	269	拒绝 > 拒绝所有修订	271
简转繁	43	显示标记 > 批注框	272	上一条	270
◆ "批注"组		显示标记 > 批注框 > 在批注框中显示修订	271	下一条	270
新建批注	271	显示标记 > 批注框 > 以嵌入方式显示所有修订	271	◆ "比较"组	
删除 > 删除	272	显示标记 > 批注框 > 仅在批注框中显示批注和格式	271	比较 > 比较	274
删除 > 删除所有显示的批注	279	显示标记 > 特定人员	279	比较 > 合并	273
删除 > 删除文档中的所有批注	272	功能扩展按钮	269	◆ "保护"组	
◆ "修订"组		◆ "更改"组		限制编辑	175
修订 > 修订	268	接受 > 接受并移到下一条	270		
修订 > 锁定修订	278	接受 > 接受此修订	270		

9. "视图"选项卡

命令	所在页	命令	所在页	命令	所在页
◆ "视图"组		导航窗格	27	全部重排	28
视图模式按钮	25	导航窗格 > 查找	195	拆分	29
◆ "显示"组		导航窗格 > 替换	195	并排查看	30
标尺	27	◆ "显示比例"组		同步滚动	30
标尺 > 设置段落缩进	73	显示比例	26	重设窗口位置	30
标尺 > 制表位	83	◆ "窗口"组		切换窗口	30
网格线	27	新建窗口	28		

二、浮动选项卡

1. "图片工具 / 格式"选项卡

命令	所在页	命令	所在页	命令	所在页
◆"调整"组		重设图片 > 重设图片	113	环绕文字	113
删除背景	110	重设图片 > 重设图片和大小	113	旋转	109
更正 > 亮度 / 对比度	112	◆"图片样式"组		◆"大小"组	
更正 > 图片更正选项	112	列表框	113	裁剪	110
颜色 > 饱和度	112	图片边框 > 边框颜色	112	裁剪 > 裁剪为形状	110
颜色 > 色调	112	图片边框 > 粗细	111	裁剪 > 纵横比	110
颜色 > 重新着色	112	图片边框 > 虚线	111	设置图片大小	109
颜色 > 其他变体	112	图片效果	111	功能扩展按钮	109
艺术效果	112	图片版式	124		
更改图片 > 来自文件	125	◆"排列"组			

2. "表格工具 / 设计"选项卡

命令	所在页	命令	所在页	命令	所在页
◆"表格样式"组		◆"边框"组		◆功能扩展按钮	140
列表框	141	边框	140		
底纹	141	边框 > 斜下框线	139		

3. "表格工具 / 布局"选项卡

命令	所在页	命令	所在页	命令	所在页
◆"表"组		在下方插入	134	宽度	133
选择	132	在左侧插入	135	分布行	133
查看网格线	141	在右侧插入	135	分布列	133
属性	139	功能扩展按钮	134	◆"对齐方式"组	
◆"行和列"组		◆"合并"组		对齐方式按钮	140
删除 > 删除单元格	135	合并单元格	136	◆"数据"组	
删除 > 删除列	136	拆分单元格	137	排序	146
删除 > 删除行	135	拆分表格	138	重复标题行	142
删除 > 删除表格	136	◆"单元格大小"组		转换为文本	143
在上方插入	134	高度	133	公式	144

4. "图表工具 / 设计"选项卡

命令	所在页	命令	所在页	命令	所在页
◆"图表布局"组		添加图表元素 > 数据标签 > 数据标签内	386	快速布局	159
添加图表元素	159	添加图表元素 > 数据表 > 无图例项标示	385	◆"图表样式"组	

续表

命令	所在页	命令	所在页	命令	所在页
列表框	162	选择数据	164	◆ "类型"组	
◆ "数据"组		编辑数据 > 编辑数据	157	更改图表类型	156

5. "图表工具/格式"选项卡

命令	所在页	命令	所在页	命令	所在页
◆ "当前所选内容"组		形状填充	161	大小	156
"图表元素"下拉列表	160	形状轮廓	161	功能扩展按钮	157
◆ "形状样式"组		形状效果	161		
列表框	161	"大小"组			

6. "绘图工具/格式"选项卡

命令	所在页	命令	所在页	命令	所在页
◆ "插入形状"组		文本轮廓	117	下移一层 > 置于底层	119
编辑形状 > 更改形状	115	文本效果	117	选择窗格	120
◆ "形状样式"组		文本效果 > 阴影	117	组合 > 组合	121
列表框	118	文本效果 > 转换	117	旋转	115
形状填充	118	◆ "文本"组		◆ "大小"组	
形状轮廓	118	创建链接	118	设置大小	115
◆ "艺术字样式"组		◆ "排列"组		功能扩展按钮	115
列表框	117	上移一层	120		
文本填充	117	下移一层	120		

7. "SmartArt 工具/设计"选项卡

命令	所在页	命令	所在页	命令	所在页
◆ "创建图形"组		添加形状 > 添加助理	123	列表框	122
添加形状 > 在后面添加形状	123	升级	123	列表框 > 其他布局	122
添加形状 > 在前面添加形状	123	降级	123	◆ "SmartArt 样式"组	
添加形状 > 在上方添加形状	123	从右向左	123	更改颜色	124
添加形状 > 在下方添加形状	123	◆ "版式"组		列表框	123

8. "页眉和页脚工具/设计"选项卡

命令	所在页	命令	所在页	命令	所在页
◆ "页眉和页脚"组		转至页眉	101	首页不同	101
页脚 > 选择页脚样式	99	转至页脚	99	奇偶页不同	102
页码 > 当前位置	104	下一节	101	显示文档文字	105
页码 > 设置页码格式	100	链接到前一条页眉	103	◆ "关闭"组	
◆ "导航"组		◆ "选项"组		关闭页眉和页脚	99

9. "大纲"选项卡

命令	所在页	命令	所在页	命令	所在页
◆ "大纲工具"组		展开	223	显示文档 > 取消链接	229
下拉列表	221	折叠	223	显示文档 > 合并	234
升级	222	显示级别	222	显示文档 > 拆分	234
降级	222	仅显示首行	222	显示文档 > 锁定文档	229
提升至标题 1	222	◆ "主控文档"组		显示文档 > 展开子文档	227
降级为正文	222	显示文档	225	折叠子文档	226
上移	224	显示文档 > 创建	225		
下移	224	显示文档 > 插入	226		

三、自定义选项卡

"开发工具"选项卡

命令	所在页	命令	所在页	命令	所在页
◆ "代码"组		◆ "控件"组		旧式工具 > 命令按钮（ActiveX 控件）	370
宏	300	旧式工具 > 文本框（ActiveX 控件）	306	设计模式	308
录制宏	297	旧式工具 > 组合框（窗体控件）	308	◆ "保护"组	
暂停录制	298	旧式工具 > 单选按钮（ActiveX 控件）	309	限制编辑	372
停止录宏	298	旧式工具 > 复选框（ActiveX 控件）	311	◆ "模板"组	
宏安全性	302	旧式工具 > 其他控件	317	文档模板	187

目录

Contents

技巧1 日常事务记录和处理

面对繁忙的工作、杂乱的事务，很多时候都会忙得不可开交，甚至是一团乱麻。一些工作或事务就会很"自然"地被遗忘，往往带来不必要的麻烦和后果。这时，用户可采用一些实用的日常事务记录和处理技巧。

PC端日常事务记录和处理

1. 便笺附件

便笺是 Windows 程序中自带的一个附件程序，小巧轻便。用户可直接启用它来记录日常的待办事项或重要事务，其具体操作步骤如下。

Step 01 单击"开始"按钮，❶ 单击"所有程序"菜单项，❷ 单击"附件"文件夹，❸ 在展开的选项中选择"便笺"程序选项，操作过程如下图所示。

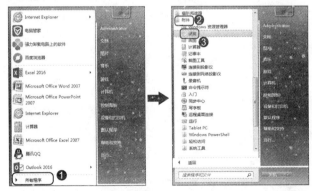

Step 02 系统自动在桌面的右上角添加一个新的便笺，❶ 用户在其中输入

第一条事项，❷ 单击+按钮，❸ 新建空白便签，在其中输入相应的事项，操作过程如下图所示。

2. 印象笔记

印象笔记（EverNote）是较为常用的一款日常事务记录与处理的程序，供用户添加相应的事项并按指定时间进行提醒（用户可在相应网站进行下载，然后将其安装到电脑中才能使用）。其具体操作如下。

Step01 ❶ 在桌面上双击印象笔记的快捷方式将其打开，❷ 单击"登录"按钮展开用户注册区，❸ 输入注册的账户和密码，❹ 单击"登录"按钮，操作过程如下图所示。

Step02 ❶ 单击"新建笔记"按钮，打开"印象笔记"窗口，❷ 在文本框中输入事项，❸ 单击"添加标签"超链接，操作过程如下图所示。

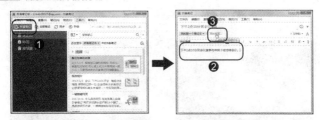

Step 03 ❶ 在出现的标签文本框中输入第一个便签，单击出现的"添加标签"超链接进入其编辑状态，❷ 输入第二个标签，操作过程如下图所示。

Step 04 ❶ 单击 ▼ 按钮，❷ 在弹出下拉列表选项中选择"提醒"选项，❸ 在弹出的面板中选择"添加日期"命令，操作过程如下图所示。

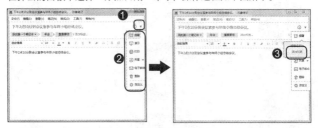

Step 05 在弹出的日期设置器中，❶ 设置提醒的日期，如这里设置为"2017年1月5日13:19:00"，❷ 单击"关闭"按钮，返回到主窗口中即可查看到添加笔记，操作过程及效果如下图所示。

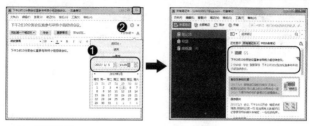

3. 滴答清单

滴答清单是一款基于 GTD 理念设计的跨平台云同步的待办事项和任务提醒程序，用户可在其中进行任务的添加，并让其在指定时间进行提醒。如下面新建"工作"清单，并在其中添加一个高优先级的"选题策划"任务为例，其具体操作步骤如下。

Step 01 启动"滴答清单"程序，❶ 单击 ☰ 按钮，❷ 在展开的面板中单击"添加清单"超链接（若用户不需要对事项进行分类，可在直接"所有"窗口中进行任务事项的添加设置），操作过程如下图所示。

Step 02 ❶ 在打开的清单页面中输入清单名称，如这里输入"工作"，❷ 单击相应的颜色按钮，❸ 单击"保存"按钮，❹ 在打开的任务窗口输入具体任务，❺ 单击 ▦ 按钮，操作过程如下图所示。

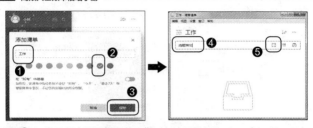

Step**03** ❶ 在日历中设置提醒的日期，如这里设置为 2017 年 1 月 6 日，❷ 单击"设置时间"按钮，❸ 选择小时数据，滚动鼠标滑轮调节时间，❹ 单击"准时"按钮，操作过程如下图所示。

Step**04** ❶ 在弹出的时间提醒方式选择相应的选项，❷ 单击"确定"按钮，❸ 返回到主界面中单击"确定"按钮，操作过程如下图所示。

| 教您一招：设置重复提醒（重复事项的设置）| ::::::

在设置时间面板中单击"设置重复"按钮，在弹出的面板中选择相应的重复项。

Step 05 ❶ 单击 ⋮⋮⋮ 按钮，❷ 在弹出的下拉选项中选择相应的级别选项，如这里选择"高优先级"选项，按【Enter】键确认并添加任务，❸ 在任务区中即可查看到新添加的任务（要删除任务，可其选择后，在弹出区域的右下角单击"删除"按钮 🗑），操作过程和效果如下图所示。

移动端在日历中添加日程事务提醒

日历在大部分手机上都默认安装存在，用户可借助于该程序来轻松地记录一些事项，并让其自动进行提醒，其具体操作步骤如下。

Step 01 打开日历，❶ 点击要添加事务的日期，进入到该日期的编辑页面，❷ 点击 按钮添加新的日程事务，❸ 在事项名称文本框中输入事项名称，如这里输入"拜访客户"，❹ 设置开始时间，操作过程如下图所示。

Step02 ❶ 选择"提醒"选项，❷ 在弹出的选项中选择提醒发生时间选项，如这里选择"30 分钟前"选项，❸ 点击"添加"按钮，操作过程如下图所示。

技巧 2 时间管理

要让工作生活更加有节奏、做事效率更高，效果更好。不至于总是处于"瞎忙"状态，大家可尝试进行一些常用的时间管理技巧并借用一些时间管理的小程序，如番茄土豆、doit.im、工作安排的"两分法"等，下面分别进行介绍。

PC 端时间管理

1. 番茄土豆

番茄土豆是一个结合了番茄（番茄工作法）与土豆（To-do List）的在线工具，它能帮助大家更好地改进工作效率，减少工作时间，其具体操作步骤如下。

Step 01 启动"番茄土豆"程序，❶ 在"添加新土豆"文本框中输入新任务名称，如这里输入"网上收集时间管理小程序"，❷ 单击"开始番茄"按钮，❸ 系统自动进入 25 分钟的倒计时，操作过程及效果如下图所示。

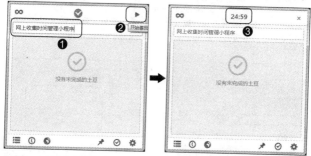

Step 02 一个番茄土豆的默认工作时长是 25 分钟，中途休息 5~15 分钟，用户可根据自身的喜好进行相应的设置，其方法为：❶ 单击"设置"按

钮 ⚙，❷ 在弹出的下拉选项中选择"偏好设置"选项，打开"偏好设置"对话框，❸ 单击"番茄相关"选项卡，❹ 设置相应的参数，❺ 单击"关闭"按钮，如下图所示。

2. doit.im

doit.im 采用了优秀的任务管理理念，也就是 GTD 理念，有条不紊地组织规划各项任务，轻松应对各项庞大繁杂的工作。下面以添加上午工作时间管理为例，其具体操作步骤如下。

Step 01 启动"doit.im"程序，❶ 在打开的登录页面中输入账户和密码（用户在 https://i.doitim.com/register 网址中进行注册），❷ 选中"中国"单选按钮，❸ 单击"登录"按钮，❹ 在打开的页面中根据实际的工作情况设置各项参数，❺ 单击"好了，开始吧"按钮，操作过程如下图所示。

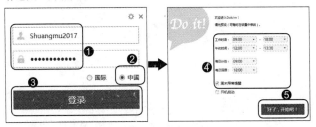

Step02 进入到 doit.im 主界面，❶ 单击"新添加任务"按钮，打开新建任务界面，❷ 在"标题"文本框中输入任务名称，❸ 在"描述"文本框中输入任务的相应说明内容，❹ 取消选中"全天"复选框，❺ 单击左侧的 ⏱ 按钮，在弹出下拉选项中选择"今日待办"选项，在右侧选择日期并设置时间，操作过程如下图所示。

Step03 ❶ 在截至日期上单击，❷ 在弹出的日期选择器中设置工作截至时间，❸ 在情景区域上单击，❹ 在弹出的下拉选项中选择工作任务进行的场所，如这里选择"办公室"选项，❺ 单击"保存"按钮，操作过程如下图所示。

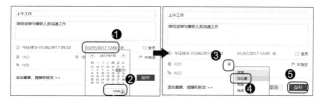

3. 工作安排的"两分法"

要让一天的时间变得更加有效率，除了对任务时间进行有效的安排和规划外，大家还可以对工作进行安排，从而让时间用到"刀刃上"，让时间的"含金量"更多。

工作安排的两分法分为两部分：一是确定工作制作时间，是否必须是当天完成，是否需要他人协作；二是明确该工作是否必须自己来完成，是否可以交给其他人员或团队来完成，从而把时间安排到其他的工作任务中。

在工作安排两分法中，若是工作紧急情况较高，通常要由多人协作来快速完成。对于非常重要的任务一般不设置完成期限。对于一些不重要或是他人可待办的事务，可分配给相应人员，从而有更多时间用于完成其他工作任务。

4. 管理生物钟

对于那些精力容易涣散，时间观念不强的用户而言，管理生物钟将会是非常有帮助的时间管理术。用户大体可以按照以下几个方面来执行。

(1) 以半个小时为单位，并将这些时间段记录下来，如 8:00–8:30、8:31–9:00。

(2) 为每一时间段，安排要完成的任务。

(3) 在不同时间段，询问自己在这个时间段应该做什么，实际在做什么。

(4) 制定起床和睡觉的时间。并在睡觉前的一小段时间将明天的工作进行简要规划和安排。

(5) 在当天上班前，抽出半个小时左右回顾当天的工作日程。

(6) 找出自己工作效率、敏捷度、状态最好和最差的时间。并将重要和紧急的任务安排在自己效率最好、敏捷度和状态最好的时刻。

┃教您一招：早起的 4 个招数┃

早起对于一些人而言是不容易的，甚至是困难的，这里介绍让自己早起的 4 个小招数。
① 每天保持在同一时间起床。
② 让房间能随着太阳升起变得"亮"起来。
③ 起床后喝一杯水，然后尽快吃早饭，唤醒肚子中的"早起时钟"。
④ 按时睡觉，在睡觉前不做令自己兴奋的事情，如看电视、玩游戏、听动感很强的音乐等。

移动端时间管理

1. 利用闹钟进行时间提醒

手机闹钟是绝大部分手机都有的小程序，除了使用它作为起床闹铃外，用户还可以将其作为时间管理的一款利器，让它在指定时间提醒自己该做什么事情，以及在该点是否将事项完成等。如使用闹铃提示在 15 点 03 分应该完成调研报告并上交，其具体操作步骤为：打开闹钟程序，❶ 点击 ┿ 按钮进入添加闹钟页面，❷ 设置闹钟提醒时间，❸ 选择"标签"选项，进入标签编辑状态，❹ 输入标签，点击"完成"按钮，❺ 返回到"添加闹钟"页面中点击"存储"按钮保存当前闹钟提醒方案，如下图所示。

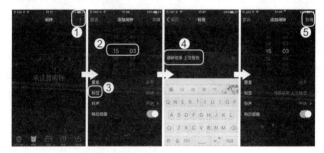

2. 借用"爱今天"管理时间

"爱今天"是一款以一万小时天才理论为主导的安卓时间管理软件，能够记录用户花费在目标上的时间，保持对自己时间的掌控，知道时间都去哪儿了，从而更加高效地利用时间。下面以添加的投资项"调研报告"为例，其具体操作步骤如下。

Step 01 打开"爱今天"程序，❶ 点击"投资"项的 ▶ 按钮，❷ 在打开的"添加目标"页面中点击"添加"按钮，❸ 进入项目添加页面中，输入项目名称，操作过程如下图所示。

Step02 ❶ 点击"目标"选项卡，❷ 点击"级别"项后的"点击选择"按钮，❸ 在打开的页面中选择"自定义"选项，❹ 在打开的"修改需要时间"页面中输入时间数字，如这里设置修改时间为"9"，❺ 点击"确定"按钮，操作过程如下图所示。

Step03 ❶ 点击"期限"项后的"点击选择"按钮，❷ 在弹出的日期选择器中选择当前项目的结束日期，点击"确定"按钮，程序自动将每天的时间进行平均分配，❸ 点击"保存"按钮，操作过程如下图所示。

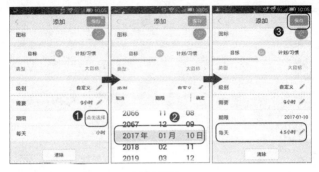

| 教您一招：执行项目 |

　　新建项目后，要开始按计划进行，可单击目标项目后的⊡按钮，程序自动进行计时统计。

技巧 3 邮件处理

　　邮件处理在办公事务中或私人事务中都会经常涉及。这里介绍一些能让邮件处理变得简单、轻松、快速和随时随地的方法技巧。

PC 端日常事务记录和处理

　　1. 邮件处理利器

　　邮件处理程序有很多，如 Outlook、Foxmail、网页邮箱等，用户可借助这些邮件处理利器来对邮件进行轻松处理。下面以 Outlook 为例进行邮件多份同时发送为例（Office 中自带的程序），其具体操作步骤为：启动 Outlook 程序，❶ 单击"新建电子邮件"按钮，进入发送邮件界面，❷ 在"收件人"文本框中输入相应的邮件地址（也可以是单一的），❸ 在"主题"文本框中输入邮件主题，❹ 在邮件内容文本框中输入邮件内容，然后单击"发送"按钮即可，如下图所示。

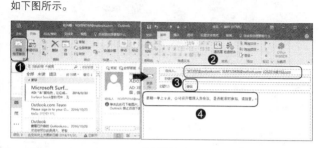

| 教您一招：发送附件 |::::::

　　要发送一些文件，如报表、档案等，用户可 ❶ 单击"添加文件"下拉按钮，❷ 在弹出的下拉列表中选择"浏览此电脑"命令，❸ 在打开的对话框中选择要添加的附件文件，❹ 单击"插入"按钮，最后发送即可，如下图所示。

2. TODO 标记邮件紧急情况

　　收到邮件后，用户可根据邮件的紧急情况来对其进行相应的标记，如用 TODO 来标记邮件，表示该邮件在手头工作完成后立即处

理，其具体操作步骤为：❶ 选择"收件箱"选项，在目标邮件上右击，
❷ 在弹出的快捷菜单中选择"后续标志"命令，❸ 在弹出的子菜单命令中选择"添加提醒"命令，打开"自定义"对话框，❹ 在"标志"文本框中输入"TODO"，❺ 设置提醒日期和时间，❻ 单击"确定"按钮，如下图所示。

| 温馨提示 |

　　我们收到的邮件，不是全天候都有，有时有，有时没有。除了那些特别重要或紧急的邮件进行及时回复外，其他邮件，我们可以根据邮件的多少来进行处理：如果邮件的总量小于当前工作的 10%，可立即处理。若大于 10% 则可在指定时间点进行处理，也就是定时定点。

3. 4D 邮件处理法

　　收到邮件后，用户可采取 4 种处理方法：行动（DO）或答复、搁置（Defer）、转发（Delegate）和删除（Delete）。下面分别进行介绍。

- 行动：对于邮件中重要的工作或事项，可以立即完成的，用户可立即采取行动（小于当前工作量的 10%），如对当前邮件进行答复（其方法为：打开并查看邮件后，❶ 单击"答复"按钮，❷ 进入答复界面，❸ 输入答复内容，❹ 单击"答复"按钮）。

- 搁置：对于那些工作量大于当前工作量 10% 的邮件，用户可以将其暂时放置，同时可使用 TODO 标记进行提醒。
- 转发：对于那些需要处理，同时他人处理会更加合适或效率更高的邮件，用户可将其进行转发（❶ 选择目标邮件，❷ 单击"转发"按钮，❸ 在回复邮件界面中输入收件人邮箱和主题，❹ 单击"发送"按钮），如下图所示。

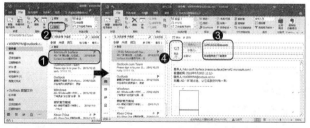

- 删除：对于那些只是传达信息或垃圾邮件，可直接将其删除，其方法为：选择目标邮件，单击"删除"按钮，如下图所示。

移动端邮件处理

1. 配置移动邮箱

当用户没有使用电脑时，为了避免重要邮件不能及时查阅和处理，用户可在移动端配置移动邮箱。下面以在手机上配置的移动Outlook 邮箱为例进行介绍，其具体操作步骤如下。

Step 01 在手机上下载并安装启动 Outlook 程序，❶ 点击"请通知我"按钮，❷ 在打开页面中输入 Outlook 邮箱，❸ 点击"添加账户"按钮，❹ 打开"输入密码"页面，输入密码，❺ 点击"登录"按钮，如下图所示。

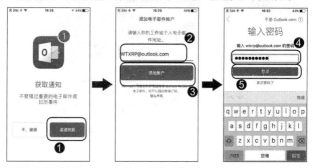

Step 02 在打开的页面中，❶ 点击"是"按钮，❷ 在打开页面中点击"以后再说"按钮，如下图所示。

2. 随时随地收发邮件

在移动端配置邮件收发程序后，系统会自动接收邮件，用户只需对邮件进行查看即可。然后发送邮件，则需要用户手动进行操作。下面以手机端用 Outlook 程序发送邮件为例进行介绍，其具体操作步骤为：启动 Outlook 程序，❶ 点击✍按钮进入"新建邮件"页面，❷ 分别设置收件人、主题和邮件内容，❸ 点击▷按钮，如下图所示。

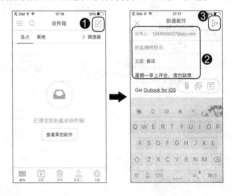

技巧 4 垃圾清理

　　用户在使用计算机或移动端的过程中都会产生大量的垃圾，会占用设备内存和移动磁盘空间，导致其他文件放置空间减少，甚至使设备反映变慢，这时需要用户手动进行清理。

PC 端垃圾清理

1. 桌面语言清理系统垃圾

　　设备运行的快慢，很大程度受到系统盘的空间大小影响。所以，每隔一段时间可以对其进行垃圾清理，以腾出更多的空间，供系统运行。为了更加方便和快捷，用户可复制一小段程序语言来自制简易的系统垃圾清理小程序，其具体操作步骤如下。

Step 01 新建空白的记事本，❶ 在其中输入清理系统垃圾的语言（可在网页上复制，这里提供一网址"http://jingyan.baidu.com/article/e9fb46e1ae37207520f76645.html"），❷ 将其保存为".bat"格式文件。

Step 02 在目标位置双击保存的清理系统 BAT 文件，系统自动对系统垃圾进行清理，如下图所示。

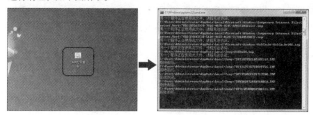

2. 利用杀毒软件清理

计算机设备中都会安装的杀毒软件，以保证的计算机的安全，用户可借助这些杀毒软件进行垃圾的清理。如下面通过电脑管家软件对计算机垃圾进行清理为例，其具体操作步骤为：打开电脑管家软件，❶单击"清理垃圾"按钮，进入垃圾清理页面，❷单击"扫描垃圾"按钮，系统自动对计算机中的垃圾进行扫描，❸单击"立即清理"按钮清除，如下图所示。

移动端垃圾清理

1. 利用手机管家清理垃圾

移动设备上垃圾清理，可直接借助于手机上防护软件进行清理。如下面在手机上使用腾讯手机管家清理手机垃圾为例，其具体操作步骤为：启动腾讯手机管家程序，❶点击"清理加速"，系统自动对手机垃圾进行扫描，❷带扫描结束后点击"一键清理加速"按钮清理垃圾，❸点击"完成"按钮，如下图所示。

2. 使用净化大师快速清除垃圾

除了手动对移动设备进行垃圾清理外，用户还可以通过使用净化大师智能清理移动端垃圾，其具体操作步骤为：安装并启动净化大师程序，系统自动对手机进行垃圾清理（同时还会对后台的一些自启动程序进行关闭和阻止再启），如下图所示。

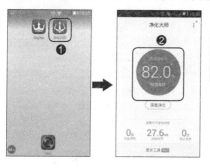

| 温馨提示 |

如果大概知道文件存储的位置，可以打开文件存储的盘符或者文件夹进行搜索，可以提高搜索的速度。

技巧 5 桌面整理

整洁有序的桌面，不仅可让用户感觉到清爽，同时，还有助于用户找到相应的程序的快捷方式或文件等。下面就介绍几个常用和实用的整理桌面的方法技巧。

PC 端桌面整理

1. 桌面整理原则

整理电脑桌面，并不是将所有程序的快捷方式或文件删除，而是要让其更加简洁和实用，用户可以遵循如下几个原则。

(1) 桌面是系统盘的一部分，因此桌面的文件越多，占有系统盘的空间越大，直接会影响到系统的运行速度，所以用户在整理电脑桌面时，需将各类文件或文件夹剪切放置到其他的盘符中，如 E 盘、F 盘等，让桌面上尽量是快捷图标方式。

(2) 对于桌面上不需要或不常用的程序快捷方式，用户可手动将其删除 (其方法为：选择目标快捷方式选项，按【Delete】键删除)，让桌面上放置常用的快捷方式，从而让桌面更加简洁清爽。

(3) 对桌面文件或快捷方式较多时，用户可按照一定的顺序对其进行整理排列，如名称、时间等，让桌面放置对象显得有条理，同时，将桌面上的对象集中放置，而不是处于散乱放置状态，其方法为：在桌面任一空白处右击，❶ 在弹出的快捷菜单中选择"排序方式"命令，❷ 在弹出的子菜单中选择相应的排列选项，如下左图所示。

(4) 桌面图标的大小要适度，若桌面上的对象较少时，可让其以大图标或中等图标显示；若对象较多时，则最好用小图标。其更改方法为：在桌面任一空白处右击，❶ 在弹出的快捷菜单中选择"查看"命令，❷ 在弹出的子菜单中选择相应的排列选项，如下右图所示。

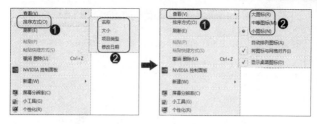

2. 用 QQ 管家整理桌面

用户不仅可以手动对桌面对象进行整理，同时还可以借助于 QQ 管家整理桌面，让对象智能分类，从而让桌面显得整洁有序、结构分明，其操作步骤如下。

打开电脑管家操作界面，❶ 单击"工具箱"按钮，❷ 单击"桌面整理"按钮，即可完成桌面的快捷整理，如下图所示。

| 教您一招：再次桌面整理或退出桌面整理 |

使用 QQ 管家进行桌面整理后，桌面上又产生了新的文件或快捷方式等对象，可在桌面任意空白位置处右击，在弹出的快捷菜单中选择"一键桌面整理"命令，如下左图所示；若要退出桌面整理应用，可在桌面任意空白位置处右击，在弹出的快捷菜单中选择"退出桌面整理"命令，如下右图所示。

移动端手机桌面整理

随着手机中 App 程序的增多，手机桌面将会越来越挤、越来越杂，给用户在使用上造成一定的麻烦，这时用户可按照如下几种方法对手机桌面进行整理。

(1) 卸载 App 程序：对于手机中那些不必要的程序或很少使用的程序以及那些恶意安装的程序，用户可将其直接卸载。其方法为：❶ 按住任一 App 程序图标，直到进入让手机处于屏幕管理状态，单击目标程序图标上出现的卸载符号，❷ 在弹出的面板中点击"删除"按钮，删除该程序桌面图标并卸载该程序，如下图所示。

在一些安卓程序中，进入屏幕管理状态后，需要将卸载的程序图标按住并将其移动到屏幕上方出现的卸载面板中，才能进行卸载。

(2) 移动 App 程序图标位置：手机桌面分成多个屏幕区域，用户可将指定程序图标移到指定的位置（也可是当前屏幕区域的其他位置），其方法为：进入屏幕管理状态后，按住指定程序图标并将其拖动到目标屏幕区域位置，然后释放。

(3) 对 App 程序图标归类：若是 App 程序图标过多，用户可将指定 App 程序图标放置在指定的文件夹中。其方法为：进入屏幕管理状态，❶ 按住目标程序图标移向另一个目标程序图标，让两个应用处于重合状态，系统自动新建文件夹，❷ 输入文件夹名称，❸ 点击"完成"按钮，点击桌面任一位置退出的文件夹编辑状态，完成后即可将多个程序置于同一文件夹中，如下图所示。

(4) 使用桌面整理程序：在手机中（或是平板电脑中），用户也可借助于一些桌面管理程序，自动对桌面进行整理，如 360 手机桌面、点心桌面等。下面是使用 360 手机桌面程序整理的效果样式。

技巧 6 文件整理

无论是计算机、手机还是其他设备，都会存在或产生大量的文件。为了便于管理和使用这些文件，用户可掌握一些常用和实用的文件整理的方法和技巧。

PC 端文件整理

1. 文件整理 5 项原则

在使用计算机进行办公或使用过程中，会随着工作量的增加、时间的延长，增加大量的文件。为了方便文件的处理和调用等，用户可按照如下 5 项原则进行整理。

(1) 非系统文件存放在非系统盘中：系统盘中最好存放与系统有关的文件，或是尽量少放与系统无关的文件。因为系统盘中存放过多会直接导致计算机卡顿，同时容易造成文件丢失，造成不必要的损失。

(2) 文件分类存放：将同类文件或相关文件尽量存放在同一文件夹中，便于文件的查找和调用。

(3) 文件或文件夹命名准确：根据文件内容对文件进行准确命令，同样，将存放文件的文件夹进行准确的命令，从而便于文件的查找和管理。

(4) 删除无价值文件：对于那些不再使用或无实际意义的文件或文件夹，可将它们直接删除，以腾出更多空间置有价值的文件或文件夹。

(5) 重要文件备份：为了避免文件的意外损坏或丢失，用户可通过复制的方式对重要文件进行手动备份。

2. 搜索指定文件

当文件放置的位置被遗忘或手动寻找比较烦琐时，可通过搜索文件来快速将其找到，从而提高工作效率，节省时间和精力。

在桌面双击"计算机"快捷方式，❶ 在收缩文本框中输入搜索文件名称或部分名称(若能确定文件存放的盘符，可先进入该盘符)，如这里输入"会议内容"，按【Enter】键确认并搜索，❷ 系统自动进行搜索找到该文件，用户可根据需要对其进行相应操作，如复制、打开等，如下图所示。

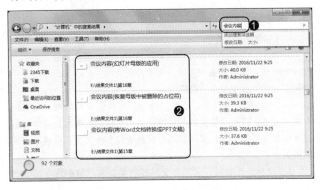

3. 创建文件快捷方式

对于一些经常使用到或最近常要打开的文件或文件夹，用户可以为其在桌面上创建快捷方式，便于再次快速打开。

在目标文件或文件夹上右击，❶ 在弹出的快捷菜单中选择"发送到"命令，❷ 在弹出的子菜单中选择"桌面快捷方式"命令，操作如下图所示。

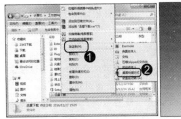

效果

移动端文件整理

1. TXT 文档显示混乱

移动设备中 TXT 文档显示混乱，很大可能是该设备中没有安装相应的 TXT 应用程序。这时，可卜载安装 TXT 应用来轻松解决。下面以苹果手机中下载 txt 阅读器应用为例进行讲解。

Step 01 打开 "App Store"，❶ 在搜索框中输入 "txt 阅读器"，❷ 在搜索到应用中点击需要应用的 "获取" 按钮，如这里点击 "多多阅读器" 应用的 "获取" 按钮进行下载，❸ 点击 "安装" 按钮进行安装，❹ 点击 "打开" 按钮，如下图所示。

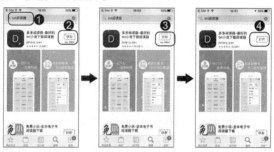

Step 02 ❶ 在弹出的面板中点击 "允许"/"不允许" 按钮，❷ 在弹出的面板中点击 "Cancel" 按钮，完成安装，如下图所示。

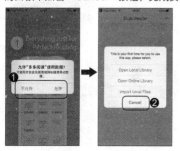

| 温馨提示 |

手机或 iPad 等移动设备中，一些文档需要 PDF 阅读器进行打开。一旦这类文档出现混乱显示，可下载安装 PDF 阅读器应用。

2. Office 文档无法打开

Office 文档无法打开，也就是 Word、Excel 和 PPT 文件无法正常打开，这对协同和移动办公很有影响，不过用户可直接安装相应的 Office 应用，如 WPS Office，或单独安装 Office 的 Word、Excel 和 PPT 组件。这里以苹果手机中下载 WPS Office 应用为例进行讲解。

Step 01 打开"App Store"，❶ 在搜索框中输入"Office"，点击"搜索"按钮在线搜索，❷ 点击 WPS Office 应用的"获取"按钮，如下图所示。

Step 02 ❶ 点击"安装"按钮安装，❷ 点击"打开"按钮，❸ 在弹出的面板中点击"允许"/"不允许"按钮，如下图所示。

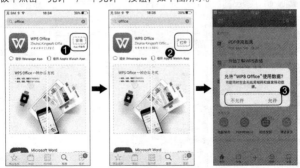

3. 压缩文件无法解压

在移动端中压缩文件无法解压，很可能是没有解压应用程序，这时用户只需下载并安装该类应用程序。下面在应用宝中下载解压应用程序为例进行介绍。

打开"应用宝"应用程序，❶ 在搜索框中输入"Zip"，❷ 点击"搜索"按钮，❸ 点击"解压者"应用的"下载"按钮，❹ 点击"安装"按钮，❺ 点击"安装"按钮，❻ 点击"下一步"按钮，❼ 点击"完成"按钮，如下图所示。

温馨提示

要对指定文件进行解压，只需打开解压工具，选择要解压文件选项，然后进行解压。

技巧 7 文件同步

数据同步是指移动设备能够迅速实现与台式计算机、笔记本电脑等实现数据同步与信息共享，保持数据完整性和一致性。下面就分别介绍的 PC 端和移动端的文件同步的常用方法和技巧。

PC 端文件同步

1. 数据同步

数据同步，特点在于"同步"，也就是数据的一致性和安全性及操作简单化，实现多种设备跨区域进行文件同步查看、下载。

- 一致性：保证在多种设备上能及时查看、调用和下载到最新的文件，如刚上传的图片、刚修改内容的文档，刚收集的音乐等。
- 安全性：同步计数能将本地的文件，同步上传到指定网盘中，从而自动生成了备份文件，这就增加了文件安全性，即使本地文件损坏、遗失，用户都能从网盘中下载找回。
- 操作简单化：随着网络科技的发展，同步变得越来越简单和智能，如 OneDrive、百度云、360 云盘等，只需用户指定同步文件，程序自动进行文件上传和存储。

2. OneDrive 上传

在 Office 办公文档中，用户可直接在当前程序中将文件上传到 OneDrive 中进行文件备份和共享，如在 Excel 中将当前工作簿上传到 OneDrive 的"文档"文件夹中，其具体操作步骤如下。

Step 01 单击"文件"选项卡进入 Backstage 界面，❶ 单击"另存为"选项卡，❷ 双击登录成功后的 OneDrive 个人账号图标，打开"另存为"对话框，如下图所示。

Step02 ● 选择 "文档" 文件夹，❷ 单击 "打开" 按钮，❸ 单击 "保存" 按钮，同步上传文件，如下图所示。

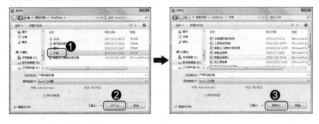

3. 文件同步共享

在 Office 组件中对文件进行同步上传，只能将当前文件同步上传，同时也只能将当前类型的文件同步上传。当用户需要将其他类型文件（如图片、音频、视频等）同步上传，就无法做到。此时，用户可使用 OneDrive 客户端来轻松解决。下面将指定文件夹中所有的文件同步上传。

Step01 按【Windows】键，❶ 选择 "Microsoft OneDrive" 选项启动 OneDrive 程序，❷ 在打开的窗口中输入 Office 账号，❸ 单击 "登录" 按钮，如下图所示。

Step 02 ❶ 在打开的"输入密码"窗口中输入 Office 账号对应的密码，❷ 单击"登录"按钮，❸ 在打开的窗口中单击"更改位置"超链接，如下图所示。

Step 03 打开"选择你的 OneDrive 位置"对话框，❶ 选择要同步上传共享的文件夹，❷ 单击"选择文件夹"按钮，❸ 在打开的窗口中选中的相应的复选框，❹ 单击"下一步"按钮，如下图所示。

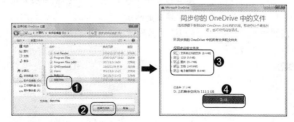

Step 04 在打开的窗口中即可查看到共享文件夹的时时同步状态，在任务栏中单击 OneDrive 程序图标，也能查看到系统自动将 OneDrive 中的文件进行下载同步的当前进度状态，如下图所示。

文件同步下载状态

文件同步状态

| 教您一招：断开 OneDrive 同步 |

❶ 在任务栏中单击 OneDrive 图标，❷ 在弹出的菜单选项中选择"设置"命令，打开"Microsoft OneDrive"对话框，❸ 单击"账户"选项卡，❹ 单击"取消链接 OneDrive"按钮，❺ 单击"确定"按钮，如下图所示。

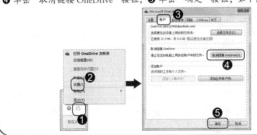

4. 腾讯微云

在 Office 办公文档中，用户可直接在当前程序中将文件上传到 OneDrive 中进行文件备份和共享，如在 Excel 中将当前工作簿上传到 OneDrive 的"文档"文件夹中，其具体操作步骤如下。

Step01 下载并安装腾讯微云并将其启动，❶ 单击"QQ 登录"选项卡，❷ 输入登录账户和密码，❸ 单击"登录"按钮，❹ 在主界面中单击"添加"按钮，如下图所示。

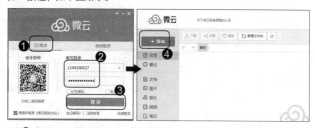

Step02 打开"上传文件到微云"对话框，❶ 选择要同步上传的文件或文件夹，❷ 在打开的对话框中单击"上传"按钮，❸ 单击"开始上传"按钮，如下图所示。

教您一招：修改文件上传位置

❶ 在"选择上传目的地"对话框中单击"修改"按钮，❷ 单击"新建文件夹"超链接，❸ 为新建文件夹进行指定命令，按【Enter】键确认，❹ 单击"开始上传"按钮，如下图所示。

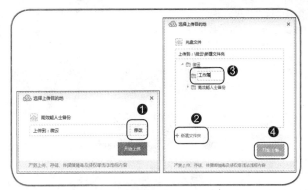

Step 03 系统自动将整个文件夹上传到腾讯云盘中(用户可单击"任务列表"选项卡，查看文件上传情况，如速度、上传不成功文件等)，如下图所示。

指定文件夹上传到腾讯云端状态

| 教您一招：修改文件上传位置 |

要将腾讯云中的文件或文件夹等对象下载到本地计算机上，可在目标对象上右击，在弹出的快捷菜单中选择"下载"命令。

移动端文件同步

1. 在 OneDrive 中下载文件

通过计算机或其他设备将文件或文件夹上传到 OneDrive 中，用户不仅可以在其他计算机上进行下载，同时还可以在其他移动设备上进行下载。如在手机中通过 OneDrive 程序下载指定 Office 文件，其具体操作步骤如下。

Step 01 在手机上下载安装 OneDrive 程序并将其启动，❶ 在账号文本框中输入邮箱地址，❷ 点击"前往"按钮，❸ 在"输入密码"页面中输入密码，❹ 点击"登录"按钮，如下图所示。

Step 02 ❶ 选择目标文件，如这里选择"产品利润方案（1）"，❷ 进入预览状态点击 Excel 图表按钮，❸ 系统自动从 OneDrive 中进行工作簿下载，如下图所示。

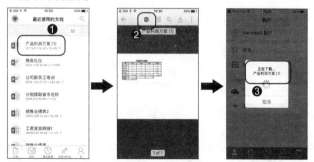

Step 03 系统自动将工作簿以 Excel 程序打开，❶ 点击 🖫 按钮，❷ 设置保存工作簿的名称，❸ 在"位置"区域中选择工作簿保存的位置，如这里选择"iPhone"，❹ 点击"保存"按钮，系统自动将工作簿保存

到手机上，实现工作簿文件从 OneDrive 下载到手机上的目的，如下图所示。

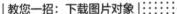

| 教您一招：下载图片对象 |

❶ 选择目标图片，进入到图片显示状态，❷ 点击圃按钮，❸ 在弹出的下拉选项中选择"下载"选项，如右图所示。

2. 将文件上传到腾讯微云中

在移动端不仅可以下载文件，同时也可将文件上传到指定的网盘中，如腾讯微云、360 网盘及 OneDrive 中。由于它们大体操作基本相同，如这里以在手机端上传文件到腾讯微云中进行备份保存为例。其具体操作步骤如下。

Step 01 在手机上下载安装腾讯微云程序并将其启动，❶ 点击"QQ 登录"

按钮，❷ 在 QQ 登录页面中分别输入 QQ 账号和密码，❸ 点击"登录"
按钮，❹ 点击◙按钮，如下图所示。

Step02 ❶ 选择需要上传的文件类型，如这里选择图片，❷ 选择要上传图
片选项，❸ 点击"上传"按钮，❹ 系统自动将文件上传到腾讯微云中，
如下图所示。

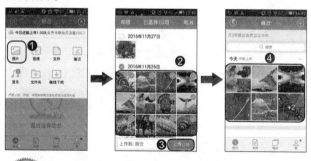

技巧 8 人脉与通讯录管理

　　我们每个人都是社会中的一员，与相关人员发生这样或那样的

关系。这就产生了人际关系网，也就是人脉。为了更好地管理这些人际关系或人脉的信息数据，用户可以使用一些实用和高效的方法和技巧。

PC 端人脉管理

1. 脉客大师

脉客大师是一款可以拥有方便快捷的通讯录管理功能，可使用户更好、更方便管理人脉资料的软件。其中较为常用的人脉关系管理主要包括通讯录管理、人脉关系管理。下面通过对同事通讯录进行添加并将他们之间的人脉关系进行整理为例，其具体操作步骤如下。

Step 01 在官网上下载并安装脉客大师（http://www.cvcphp.com/index. html），❶ 双击"脉客大师"快捷方式将其启动，❷ 在打开的窗口中输入用户名和密码（默认用户名和密码都是"www.cvcphp.com"），❸ 单击"登录"按钮，打开"快速提醒"对话框，❹ 单击"关闭"按钮，如下图所示。

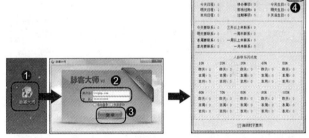

Step 02 进入脉客大师主界面，❶ 在右侧关系区域选择相应的人脉关系选项，如这里选择"同事"选项，❷ 单击"通讯录添加"选项卡，❸ 输入相应通讯录内容，❹ 单击"保存"按钮，如下图所示。

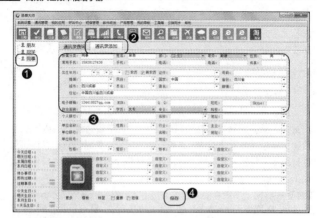

教您一招：更改人脉关系

随着时间的推移人际关系可能会发生这样或那样的变化，通讯录中的关系也需要作出及时的调整：一是自己人脉关系的调整，二是联系人之间的关系调整。

● 在通讯录中要将关系进行调整，可在目标对象上右击，❶ 在弹出的快捷菜单中选择"修改"命令，❷ 在弹出的子菜单中选择"修改"命令，打开通讯录修改对话框，在关系文本框中单击，❸ 在弹出的下拉选项中选择相应的关系选项，如下图所示。

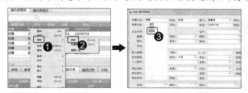

● 对通讯录中人员之间的人脉关系进行修改，特别是朋友、恋人这些可能发生变化的修改，❶ 选择目标对象，❷ 在人脉关系选项卡双击现有的人脉关系，打开人脉关系对话框，在人脉关系上右击，❸ 在弹出的快捷菜单中选择"删除"命令（若有其他关系，可通过再次添加人际关系的方法添加），如下图所示。

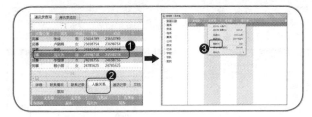

2. 鸿言人脉管理

鸿言人脉管理是一款用来管理人际关系及人际圈子的共享软件，该软件可以方便、快捷、安全地管理自己的人脉信息，并且能直观地展示人脉关系图，如下图所示。

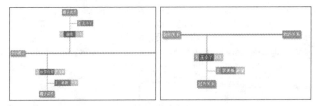

下面就分别介绍添加圈子和添加关系的操作方法。

（1）添加圈子

Step 01 在官网上下载并安装鸿言人脉管理软件（http://www.hystudio.net/1.html），❶ 双击"鸿言人脉管理"快捷方式，❷ 在打开的登录对话框中输入密码（默认密码是"123456"），❸ 单击"登录"按钮，如下图所示。

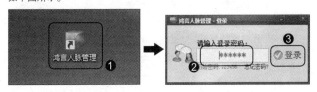

Step02 进入主界面，❶ 单击"我的圈子"按钮，❷ 单击"添加圈子"按钮，打开"添加我的圈子"对话框，❸ 设置相应的内容，❹ 选中"保存后关闭窗口"复选框，❺ 单击"保存"按钮，如下图所示。

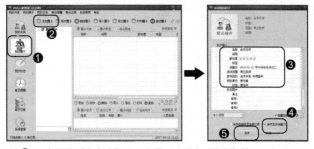

Step03 ❶ 在圈子列表中选择圈子选项，❷ 单击"添加"按钮，打开"添加"对话框，❸ 设置相应的内容，❹ 选中"保存后关闭窗口"复选框，❺ 单击"保存"按钮，添加圈子成员，如下图所示。

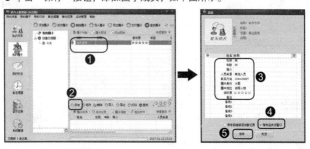

（2）添加我的关系

❶ 在主界面中单击"我的关系"按钮，❷ 单击"添加关系"按钮，打开"添加我的关系"对话框，❸ 设置相应的内容，❹ 选中"保存后关闭窗口"复选框，❺ 单击"保存"按钮，如下图所示。

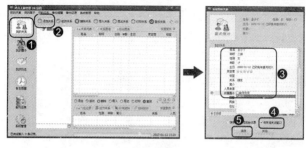

|教您一招：为关系人员添加关系|:::::::

　　要为自己关系的人员添加关系人员，从而帮助自己扩大关系圈，❶用户可在"关系列表"中选择目标对象，❷单击"对方关系"选项卡，❸单击"添加"按钮，❹在打开的"添加对方关系"对话框中输入相应内容，❺选中"保存后关闭窗口"复选框，❻单击"保存"按钮，如下图所示。

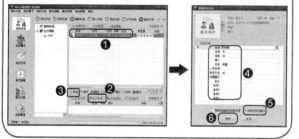

3. 佳盟个人信息管理软件

　　佳盟个人信息管理软件集合了好友与客户管理等应用功能，是一款性能卓越、功能全面的个人信息管理软件。其中人脉管理模块能帮助用户记录和管理人脉网络关系。下面在佳盟个人信息管理软件中添加朋友的信息为例进行介绍。

Step01 在官网上下载并安装佳盟个人信息管理软件（http://www.baeit.com/），❶ 双击"佳盟个人信息管理软件"快捷方式，❷ 在打开的对话框中输入账号和密码（新用户注册可直接在官网中进行），❸ 单击"登录"按钮，如下图所示。

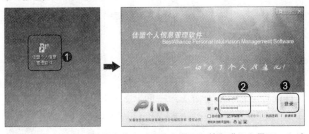

Step02 ❶ 在打开的对话框中单击"我的主界面"按钮进入主界面，❷ 选择"人脉管理"选项，展开人脉管理选项和界面，❸ 单击"增加好友"按钮，如下图所示。

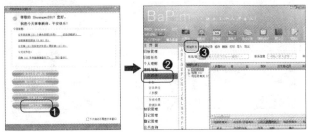

Step03 打开"好友维护"对话框，❶ 在其中输入相应的信息，❷ 单击"保存"按钮，❸ 返回到人脉关系的主界面中即可查看到添加的好友信息，如下图所示。

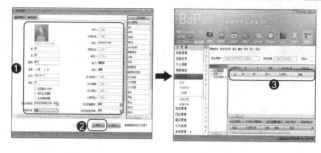

移动端人脉管理

1. 名片管理和备份

名片在商务活动中应用非常广泛，用户要用移动端收集和管理这些信息，可借用一些名片的专业管理软件，如名片全能王。

（1）添加名片并分组

Step01 启动名片管理王，进入主界面，❶ 点击 📷 按钮，❷ 进入拍照界面，对准名片，点击拍照按钮，程序自动识别并获取名片中的关键信息，❸ 点击"保存"按钮，如下图所示。

Step02 ❶ 选择"分组和备注"选项，❷ 选择"设置分组"选项，❸ 选择

"新建分组"选项，如下图所示。

│温馨提示│::::::

在新建分组页面中，程序会默认一些分组类型，如客户、供应商、同行、合作伙伴等。若满足用户需要，可直接对其进行选择调用，不用在进行新建分组的操作。

Step 03 打开"新建分组"面板，❶ 在文本框中输入分组名称，如这里输入"领导"，❷ 点击"完成"按钮，❸ 点击"确认"按钮完成操作，如下图所示。

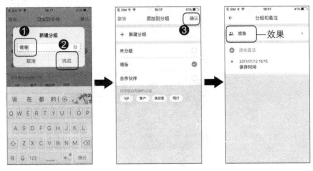

（2）名片备份

Step 01 在主界面，❶ 点击"我"按钮，进入"设置"页面，❷ 点击"账户与同步"按钮，进入"账户与同步"页面，❸ 选择相应备份方式，如这里选择"添加备份邮箱"选项，如下图所示。

Step 02 进入"添加备用邮箱"页面，❶ 输入备用邮箱，❷ 点击"绑定"按钮，❸ 在打开的"查收绑定邮件"页面中输入验证码，❹ 点击"完成"按钮，如下图所示。

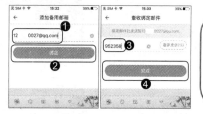

温馨提示

与邮箱绑定后，程序自动将相应名片自动保存到绑定邮箱中，一旦名片数据丢失，可在邮箱中及时找回。

---

2. 合并重复联系人

在通讯录中若是有多个重复的联系人，则会让整个通讯录变得臃肿，不利于用户的使用。这时，用户可使用 QQ 助手来合并那些重复的联系人，其具体操作步骤如下。

Step01 启动 QQ 同步助手，进入主界面，❶ 点击左上角的▇▇按钮，❷ 在打开的页面中选择"通讯录管理"选项，进入"通讯录管理"页面，❸选择"合并重复联系人"选项，如下图所示。

Step02 程序自动查找到重复的联系人，❶ 点击"自动合并"按钮，❷ 点击"完成"按钮，❸ 在弹出的"合并成功"面板中单击相应的按钮，如这里点击"下次再说"按钮，如下图所示。

3. 恢复联系人

若是误将联系人删除或需要找回删除的联系人，可使用 QQ 同步助手将其快速准确的找回，其具体操作步骤如下。

Step01 在 QQ 同步助手主界面中，❶ 点击左上角的▇按钮，❷ 在打开的页面中选择"号码找回"选项，进入"号码找回"页面，程序自动找到删除的号码，❸ 点击"还原"按钮，如下图所示。

Step 02 ❶ 在打开的"还原提示"面板中点击"确定"按钮，打开"温馨提示"面板，❷ 点击"确定"按钮，如下图所示。

| 温馨提示 |::::

　　若是通过合并重复联系人功能删除的联系人，程序可能无法正常将其找回 / 恢复，这点用户需要注意

| 教您一招: 与 QQ 绑定 |

无论是使用 QQ 同步助手合并重复联系人, 还是恢复联系人, 首先需要将其绑定指定 QQ (或是微信), 其方法为: ❶ 在主界面中点击 🔄 按钮, 进入 "账号登录" 页面, ❷ 点击 "QQ 快速登录" 按钮 (或是 "微信授权登录" 按钮), ❸ 在打开的登录页面, 输入账号和密码, ❹ 点击登录按钮, 如下图所示。

4. 利用微信对通讯录备份

若是误将联系人删除或需要找回删除的联系人, 可使用 QQ 同步助手将其快速准确的找回, 其具体操作步骤如下。

Step01 启动微信, ❶ 在 "我" 页面中点击 "设置", 进入 "设置" 页面, ❷ 选择 "通用" 选项, ❸ 在打开的页面中选择 "功能" 选项, 如下图所示。

Step02 进入到 "功能" 页面, ❶ 选择 "通讯录同步助手" 选项, 进入 "详细资料" 页面, ❷ 点击 "启用该功能" 按钮, ❸ 启用通讯录同步助手,

如下图所示。

技巧 9 空间整理术

是否能很好地提高办公效率，空间环境在其中会起到一定的作用。因此，一个高效率办公人士，也要会懂得几项实用的空间整理术。

1. 办公桌整理艺术

办公桌是办公人员的主要工作场所，也是主要"战斗"的地方，为了让工作效率更高，工作更加得心应手，用户可按照如下几条方法对办公桌进行整理，其具体操作方法如下。

(1) 常用办公用品置办公桌上。

日常的办公用品，如便签、签字笔、订书机、固体胶等，可以将它们直接放在办公桌上，方便随时地拿取和使用，也避免放置在抽屉或其他位置不易找到，花去不必要的时间寻找。当然，对于一些签字笔、橡皮擦、修正液等，用户可将它们统一放在笔筒里。

(2) 办公用品放置办公桌的固定位置。

若是办公用品多且杂，用户可以将它们分配一个固定的地方，每次使用完毕后，可将其放回在原有的位置，这样既能保证办公桌的规整，同时，方便再次快速找到它。

（3）办公用品放置伸手可及的位置。

对于那些最常用的办公用品，不要放在较远的地方，最好是放置在伸手可及的位置，这样可以节省很多移动拿办公用品的碎片时间，从而更集中精力和时间在办公上。

（4）办公桌不要慌忙整理。

当一项事务还没有完成，用户不必要在下班后对其进行所谓的"及时"整理，因为再次接着做该事项，会发现一些用品或资料不在以前的位置，从而会花费一些时间进行设备和资料的寻找，浪费时间，也不利于集中精力开展工作。

（5）抽屉里的办公用品要整理。

一些不常用的办公用品或设备会放置在抽屉中，但并不意味可以随意乱放，也需要将其规整，以方便办公用品或设备的寻找和使用。

2. 文件资料整理技巧

文件资料的整理并不是将所有资料进行打包或直接放进纸箱，需要一定整理技巧。下面介绍几种常用的整理资料的技巧，帮助用户提高资料整理、保管和查阅调用的效率。

（1）正在开展事项的文件资料整理。

对于正在开展事项的文件资料，用户可根据项目来进行分类，同时，将同一项目或相关项目的文件资料放在一个大文件夹中。若是文件项目过多，用户可以将它们放在多个文件夹中，并分别为每一文件夹贴上说明的标签，从而方便对文件资料的快速精确查找。

把近期需要处理的文件资料放在比较显眼的地方，并一起将它们放置在"马上待办"文件夹中。把那些现在无法处理或不急需处理的文件资料放置在"保留文件"文件夹中。对于一些重复的文件资料，可保留一份，将其重复多余的文件资料处理掉，如粉碎等。

(2) 事项开展结束的文件资料整理。

事项结束后，相应的文件资料应该进行归类处理并在相应的文件夹上贴上说明标签。其遵循的原则是：是否便于拿出、是否便于还原、是否能及时找到。因此，用户可按项目、内容、日期、客户名称、区域等进行分类。同时，在放置时，最好按照一定顺序进行摆放，如 1 期资料→2 期资料→3 期资料。

3. 书籍、杂志、报刊的整理

书籍、杂志、报刊的整理技巧有如下几点。

(1) 将书籍、杂志和报刊的重要内容或信息进行摘抄或复印，将它们保存在指定的笔记本电脑中或计算机中（中以 Word 和 TXT 存储）。一些特别的内容页，用户可将它们剪下来进行实物保管。这样，那些看过的书籍、报刊和杂志就可以处理掉，从而不占用有空间。

(2) 对于一些重要或常用的书籍，如工具书等，用户可将它们放置在指定位置，如书柜。

(3) 对于杂志和报刊，由于信息更新非常快，在看完后，可以直接将其处理掉或将近期杂志报刊保留，将前期的杂志报刊处理掉。

技巧 10 支付宝和微信快捷支付

支付宝和微信的快捷支付在一定程度上改变了广大用户的支付方式和支付习惯，为人们的消费支付带来了很大的便利和一定实惠。

PC 端支付宝快捷支付

1. 设置高强度登录密码

登录密码是支付宝的第一道保护，密码最好是数字和大小字母的组合，形成一种高强度的保护（当然，用户更不能设置成自己的生日、纪念日、相同的数字等，因为很容易被他人猜中）。若是设置的登录密码过于简单，用户可对其进行更改，其具体操作步骤如下。

Step01 登录支付宝，❶ 在菜单栏中单击"账户设置"菜单导航按钮，❷ 单击登录密码对应的"重置"超链接，如下图所示。

Step02 ❶ 单击相应的验证方式对应的"立即重置"按钮，如这里单击通过登录密码验证方式对应的"立即重置"按钮，❷ 在"登录密码"文本框中输入原有密码，❸ 单击"下一步"按钮，如下图所示。

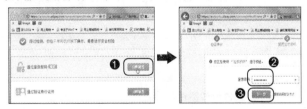

Step03 ❶ 在输入"新的登录密码"和"确认新的登录密码"文本框中输入新的密码（两者要完全相同），❷ 单击"确认"按钮，在打开的页面中即可查看到重置登录密码成功，如下图所示。

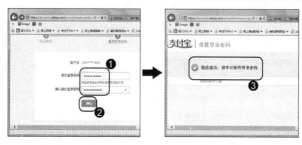

2. 设置信用卡还款

设置信用卡还款的操作步骤如下。

Step01 ❶ 在菜单栏中单击"信用卡还款"菜单导航按钮，❷ 在打开的页面中设置信用卡的发卡行、卡号及还款金额，❸ 单击"提交还款金额"按钮，如下图所示。

Step02 ❶ 在打开的页面中选择支付方式，❷ 输入支付宝的支付密码，❸ 单击"确认付款"按钮，如下图所示。

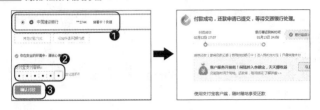

移动端支付宝和微信快捷支付

1. 设置微信支付安全防护

要让微信支付更加安全、更加放心和更加可靠，用户可设置微信支付的安全防护，从而防止自己的微信钱包意外"掉钱"，如这里以开启手势密码为例，其具体操作步骤如下。

Step 01 登录微信，❶ 点击"我"按钮进入到"我"页面，❷ 选择"钱包"选项进入"钱包"页面，❸ 点击■■■按钮，❹ 在弹出的面板中选择"支付管理"选项，如下图所示。

Step 02 进入"支付管理"页面，❶ 滑动"手势密码"上的滑块到右侧，❷ 在打开的"验证身份"页面中输入设置的支付密码以验证身份，❸ 在"开启手势密码"页面中先后两次绘制同样的支付手势，如下图所示。

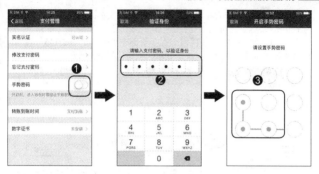

2. 微信快捷支付和转账

要让微信支付更加安全、更加放心和更加可靠，用户可设置微信支付的安全防护，从而防止自己的微信钱包意外"掉钱"，如这里以开启手势密码为例，其具体操作步骤如下。

Step 01 登录微信，❶ 点击"我"按钮进入"我"页面，❷ 选择"钱包"选项进入"钱包"页面，❸ 选择"信用卡还款"选项，❹ 点击"我要还款"按钮，如下图所示。

Step 02 ❶ 在打开的"添加信用卡"页面中要先添加还款的信用卡信息，

包括信用卡号、持卡人和银行信息（只有第一次在微信绑定信用卡才会有此步操作，若是已绑定，则会跳过添加信用卡的页面操作），❷ 点击"确认绑卡"按钮，❸ 进入"信用卡还款"页面中点击"现在去还款"按钮，❹ 输入还款金额，❺ 点击"立即还款"按钮，如下图所示。

Step03 ❶ 在弹出的面板中输入支付密码，❷ 点击"完成"按钮，如下图所示。

3. 微信快捷支付

微信不仅能够发信息、红包和对信用卡还款，还能直接通过付款功能来进行快捷支付，特别是一些小额支付，其具体操作步骤为：

点击"我"按钮进入"我"页面，选择"钱包"选项进入"钱包"页面，
❶ 点击"付款"按钮（要为微信好友进行转账，可在"钱包"页面
选择"转账"选项，在打开页面中选择转账好友对象，然后输入支
付密码即可），❷ 在"开启付款"页面中输入支付密码，程序自动
弹出二维码，用户让商家进行扫描即可快速实现支付，如下图所示。

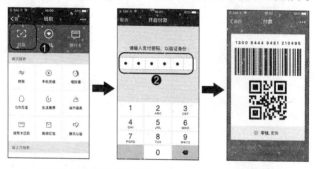

4. 用支付宝给客户支付宝转账

若是自己和客户都安装了支付宝，对于一些金额不大的来往，
可直接通过支付宝来快速完成，其具体操作步骤如下。

Step01 打开支付宝，❶ 选择目标客户对象，❷ 进入对话页面点击⊕按钮，
❸ 点击"转账"按钮，❹ 在打开的页面中输入转账金额，❺ 点击"确
认转账"按钮，如下图所示。

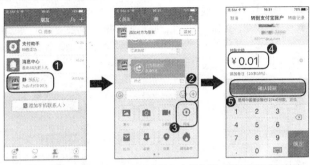

Step 02 ❶ 打开的"输入密码"页面中输入支付密码，系统自动进行转账，❷ 点击"完成"按钮，系统自动切换到会话页面中并等待对方领取转账金额，如下图所示。